全国高职高专教育建筑工程技术专业新理念教材

⊙多媒体立体化教材　⊙随书标配8GB容量的单面双层DVD光盘

工程测量

覃　辉　任沂军　编著

同济大学出版社
TONGJI UNIVERSITY PRESS

内 容 提 要

"工程测量"是土建与交通类专业的核心课程,是一门实践性强、理论与实践紧密结合的课程。本课程的实践能力主要体现在应用测量的基本原理、基本方法和测量仪器进行测、算、绘作业三个方面,本书在这三个方面都引入了成熟的先进技术。"测"的重点是操作主流全站仪、数字水准仪与 GNSS RTK;"算"的重点是应用随书光盘提供的工程编程机 fx-5800P 程序进行现场快速计算;"绘"的重点是操作数字测图软件 CASS 进行数字测图及其数字地形图的应用,建筑物放样的重点是数字化放样方法,路线曲线放样的重点是编程计算器程序计算与全站仪坐标放样。

本书适合高职高专土建与交通类各专业使用,也可作为本行业施工技术人员的继续教育教材。

图书在版编目(CIP)数据

工程测量/覃辉,任沂军编著 . --上海:同济大学出版社,
2013.8
ISBN 978-7-5608-5246-1

Ⅰ. ①工… Ⅱ. ①覃… ②任… Ⅲ. ①工程测量—高等职业教育—教材 Ⅳ. ①TB22

中国版本图书馆 CIP 数据核字(2013)第 178251 号

高职高专多媒体立体化教材

工程测量

覃 辉 任沂军 编著

责任编辑 杨宁霞 责任校对 徐春莲 封面设计 陈益平

出版发行 同济大学出版社 www.tongjipress.com.cn
(地址:上海市四平路 1239 号 邮编:200092 电话:021-65985622)
经 销 全国各地新华书店
印 刷 苏州望电印刷有限公司
开 本 787mm×1092mm 1/16
印 张 23.5
印 数 1—4 100
字 数 586000
版 次 2013 年 8 月第 1 版 2013 年 8 月第 1 次印刷
书 号 ISBN 978-7-5608-5246-1

定 价 49.80 元

前　言

　　这是一本适用于高职高专土建与交通类各专业的多媒体立体化教材,随书标配8GB单面双层DVD光盘,其中提供了本课程所需的全部电子教学文件。

　　本书按培养学生的测、算、绘应用技能为主线编写,其中"测"是操作常规光学仪器、全站仪、数字水准仪、GNSS RTK采集或放样点位的坐标,"算"是应用工程编程机fx-5800P程序计算点位的坐标,"绘"是应用Auto CAD与数字测图软件CASS编辑与采集点位的坐标。

　　从2012年开始,教育部在全国高职院校举办测量技能大赛,大赛的三项内容是:DS05精密水准仪二等水准测量、卡西欧图形机fx-9750GⅡ测量编程计算、南方CASS电子平板法数字测图。大赛内容实际上属于测、算、绘技能之一,也正是本书全力打造的基本内容。

　　卡西欧工程机fx-5800P与图形机fx-9750GⅡ的程序语言是完全相同的,学会了fx-5800P就很容易掌握fx-9750GⅡ的使用方法。fx-9750GⅡ可以使用通信软件FA-124与PC机进行数据通信,可以在FA-124中输入与编辑程序并上传到内存,因此,fx-9750GⅡ的程序输入与交流比fx-5800P更加方便,有兴趣的读者可以参阅文献[25]。

　　测量的任务是测定与测设,两者的基础是空间点位的三维坐标。土建与交通类专业学生到施工企业就业,所从事测量工作的内容,95%以上是测设。测设也称施工放样,施工放样的关键是获取放样点位的三维设计坐标。本书主要介绍建筑物与道路放样的原理与方法。

　　电子测量软硬件设备的应用与普及,对测量的原理与方法、教材的内容改革提出了新的挑战。在对测、算、绘技能,尤其是对卡西欧编程机程序十年研究成果的基础上,笔者对传统教材内容作了如下调整,以使教材内容适应施工测量生产实践的需要。

　　① 建筑物数字化放样:它是在AutoCAD中对建筑基础施工图dwg文件进行编辑、校准并变换为测量坐标系,再用数字测图软件CASS采集设计点位的坐标文件,最后将坐标文件上载到全站仪或GNSS RTK内存,就可以实现快速、高效、准确地放样。

　　② 公路与铁路中线属于三维空间曲线,路面属于三维空间曲面,设计院给出路线平曲线、竖曲线、纵断面与路基横断面设计图纸,路线附近任意中边桩点的设计三维坐标需要施工员根据设计图纸现场计算获得,本书采用fx-5800P程序QH2-7T计算。QH2-7T程序具有三维坐标正反算、超高及边桩设计高程计算、桥墩桩基坐标计算与隧道超欠挖计算等功能,程序取自参考文献[22]。

　　③ 为配合工程编程机fx-5800P的教学需要,光盘提供了"\电子章节\附录B_fx-5800P编程计算器简介.pdf"文件。

　　④ 附录A测量实验只给出了5个基础测量实验,这是学习本课程所需进行的最低限度的测量实验,我们在光盘"\测量实验与实习"文件夹下给出了完整的10个测量实验指导书及测量实习指导书的开放doc文件,以便于教师根据本校的实际情况选择与修改测量实验指导书及测量实习指导书的内容。

　　⑤ "建筑变形测量"是土建类专业学生应了解的内容,但按《建筑变形测量规程》[7]的规

定,变形与沉降观测网都要求按严密平差法进行数据处理,而非测绘专业的学生不具备这些知识。为压缩纸质教材篇幅,本书将该内容制作成"附录C_建筑变形测量.pdf"文件,放入光盘"\电子章节"文件夹。

⑥ 交通类专业学生应学习第13章的内容,土建类专业学生可以不学习。由于大型建筑公司一般都具有路桥施工资质,为拓宽就业领域,建议土建类专业学生能自学第13章的内容。

编著者希望广大读者给出批评意见,以便今后的修订工作,同时敬请将使用中发现的问题和建议及时发送到 qh-506@163.com 邮箱。

编 者

2012 年 10 月

随书标配 DVD 光盘的使用方法

随书标配一张容量约为 8GB 的单面双层 DVD 光盘目录见图 1 所示,其价格已包含在图书售价中,请读者购书时向经销商免费索取。光盘使用前,请先阅读下列说明。

① 将光盘放入 DVD 光驱中使用,不能放入 CD 光驱使用。

② 光盘"\电子章节"文件夹下放置了本书纸质教材以外的 pdf 格式文件。

③ 光盘"\电子教案"文件夹下放置了包含本书全部内容的电子教案 ppt 文件、含本书全部内容与建议学时数的教学日历 doc 文件,光盘"\辅助电子教案"文件夹下放置了为国内外测量仪器厂商制作的全系列测量仪器与软件介绍电子教案 ppt 文件。建议读者使用 Office2000 或以上版本打开。任课教师如要修改电子教案内容,请先将其复制到 PC 机硬盘中并取消文件的只读属性。

④ 光盘"\练习题答案 pdf 加密文件"文件夹下放置了包含本书全部章节练习题答案的 pdf 加密文件,**它们只对教师与工程技术人员开放,不对在校学生开放,请将本人:证件扫描后存为 JPG 图像文件发送到 qh‐506@163.com 邮箱获取密码。**

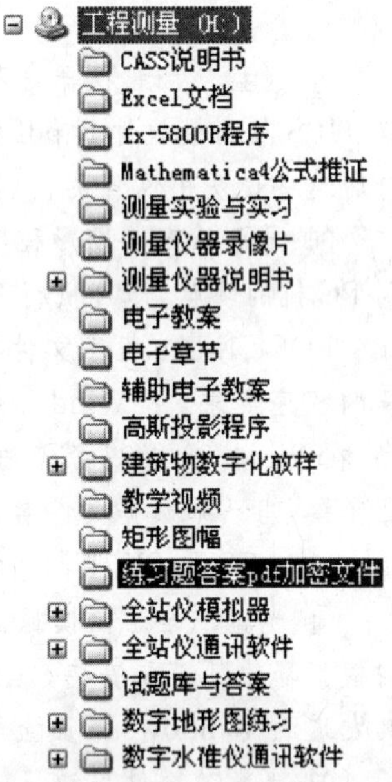

⑤ 光盘"\试题库与答案"文件夹下放置了测量试题库与参考答案,内容涵盖了本书全部教学内容。试题库按填空题、判断题、选择题、名词解释、简答题与计算题分类排列,教师只需要根据已完成的教学内容,在试题库的每类试题中各选择一部分试题就可以快速生成一份新试卷并得到试卷答案。

⑥ 如图 2 所示,光盘"\测量实验与实习"文件夹下放置了 14 次测量实验指导书与测量实习指导书的开放 doc 文件,教师可根据本校各专业的实际情况选择实验与实习的内容。

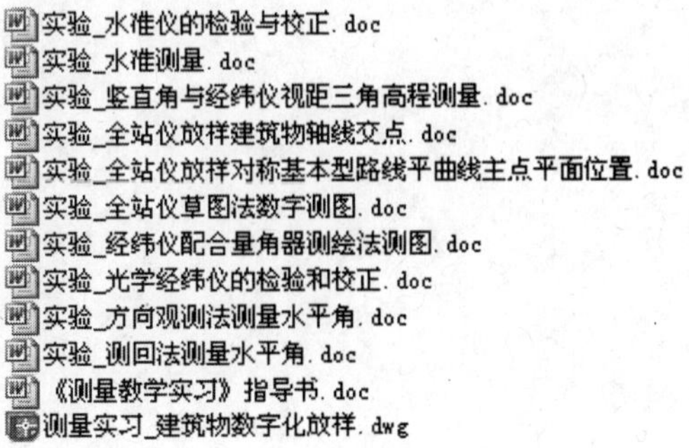

图 1 随书标配 DVD 光盘目录

图 2 "\测量实验与实习"文件夹下的开放 doc 文件目录

⑦ 光盘"\fx-5800P 程序"文件夹下放置了本书 fx-5800P 母机的 14 个程序的逐屏数码图片 ppt 文件,还放置了主要程序的操作视频文件。建议教师安排多名同学分别输入到各自的计算器内,然后通过数据通讯方式传输到一台 fx-5800P 中,最后分别传输给每位同学。

⑧ 光盘"\测量仪器录像片"与"\视频教学"文件夹下放置了反映当今国际先进测量仪器与测量方法的视频录像文件,主要有 mpg 与 AVI 视频格式文件,它们不能在普通 DVD机上播放,只能在 PC 机上使用视频播放软件播放,建议使用 Windows Media Player 软件播放。

⑨ 光盘"\测量仪器说明书"文件夹下放置了国内外主流仪器厂商生产的绝大部分全站仪、GPS 与测量软件的 pdf 格式说明书文件,它需要先安装 pdf 阅读器才可以打开、查看及打印这些说明书文件的内容。

⑩ 光盘"\高斯投影程序"文件夹放置了 PG2-1.exe 程序文件,请读者将该文件夹复制到 PC 机的硬盘,即可执行 PG2-1 程序计算。

PG2-1.exe 程序文件可以在 Win98、WinXP、Win7/32bit 下运行,方法是,先按书中介绍的程序要求,用 Windows 记事本编写一个已知数据文件并按程序要求的文件名存盘保存,在 Windows 的资源管理器下双击扩展名为 exe 的 PC 机程序,输入已知数据文件名,按回车键,当已知数据文件名、文件格式及其内容正确无误时,将在同文件夹生成一个 SU 成果文件和 CS 与 SK 坐标文件。用记事本打开它们即可查看计算成果。

⑪ 光盘"\全站仪模拟器"文件夹下放置了部分全站仪的模拟器软件,只有徕卡全站仪的模拟器软件需要安装,其余全站仪的模拟器软件只需要将其复制到用户 PC 机硬盘,并将其发送到 Windows 桌面上即可使用。

⑫ 光盘"\全站仪通讯软件"文件夹下放置了国内外主流全站仪生产厂商的全站仪通讯软件,其中,索佳、南方测绘与科力达公司的通讯软件不需要安装,只需将其复制到 PC 机的硬盘中,然后发送到 Windows 桌面上即可使用,其余通讯软件需要安装后才能使用。

编 者
2012 年 10 月

目　录

1 绪 论

本章导读

- **基本要求** 理解重力、铅垂线、水准面、大地水准面、参考椭球面、法线的概念及其相互关系;掌握高斯平面坐标系的原理;了解我国大地坐标系——"1954 北京坐标系"与"1980 西安坐标系"的定义、大地原点的意义;了解我国高程系——"1956 年黄海高程系"与"1985 国家高程基准"的定义、水准原点的意义;了解 2000 国家大地坐标系的定义。

- **重点** 测量的两个任务——测定与测设,其原理是测量并计算空间点的三维坐标,测定与测设都应在已知坐标点上安置仪器进行,已知点的坐标是通过控制测量的方法获得。

- **难点** 大地水准面与参考椭球面的关系,高斯平面坐标系与数学笛卡儿坐标系的关系与区别,我国对高斯平面坐标系 y 坐标的处理规则。

1.1 测量学简介

测量学是研究地球表面局部地区内测绘工作的基本原理、技术、方法和应用的学科,测量学将地表物体分为地物和地貌。

地物:地面上天然或人工形成的物体,它包括湖泊、河流、海洋、房屋、道路、桥梁等。

地貌:地表高低起伏的形态,它包括山地、丘陵和平原等。

地物和地貌总称为地形(landform),测量学的主要任务是测定和测设。

测定:使用测量仪器和工具,通过测量与计算将地物和地貌的位置按一定比例尺、规定的符号缩小绘制成地形图,供科学研究和工程建设规划设计使用。

测设:将在地形图上设计的建筑物和构筑物的位置在实地标定出来,作为施工的依据。

在城市规划、给水排水、煤气管道、工业厂房和民用建筑建设中的测量工作是:在设计阶段,测绘各种比例尺的地形图,供建、构筑物的平面及竖向设计使用;在施工阶段,将设计建、构筑物的平面位置和高程在实地标定出来,作为施工的依据;工程完工后,测绘竣工图,供日后扩建、改建、维修和城市管理应用,对某些重要的建、构筑物,在建设中和建成以后还应进行变形观测,以保证建、构筑物的安全。图 1-1 为在数字地形图上设计公园的案例。

在公路、铁路建设中的测量工作是:为了确定一条经济合理的路线,应预先测绘路线附近的地形图,在地形图上进行路线设计,然后将设计路线的位置标定在地面上以指导施工;当路线跨越河流时,应建造桥梁,建桥前,应测绘河流两岸的地形图,测定河流的水位、流速、流量、河床地形图与桥梁轴线长度等,为桥梁设计提供必要的资料,在施工阶段,需要将设计桥台、桥墩的位置标定到实地;当路线穿过山岭需要开挖隧道时,开挖前,应在地形图上确定隧道的位置,根据测量数据计算隧道的长度和方向;隧道施工通常是从隧道两端相向开挖,这就需要根据测量成果指示开挖方向及其断面形状,保证其正确贯通。图 1-2 为在数字地形图上设计道路、隧道、桥梁的案例。

广东省江门市北新区体育公园规划方案

测量单位：江门市勘测院，设计单位：江门市规划勘察设计研究院

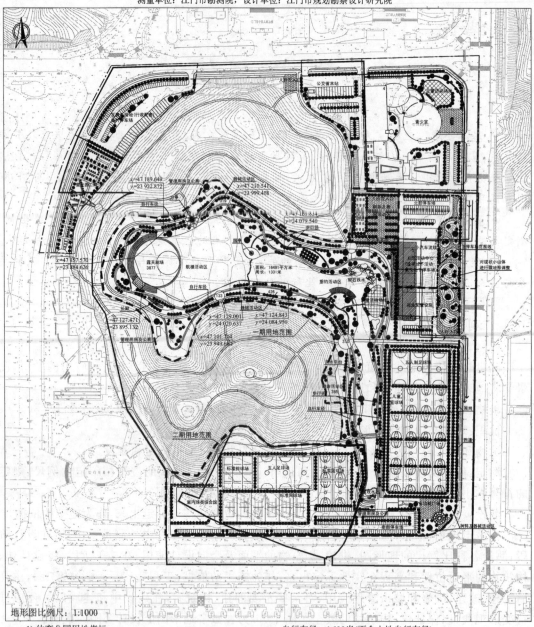

地形图比例尺: 1:1000

1) 体育公园用地指标：
   规划建设用地面积：一期94 000平方米；二期27 000平方米
2) 体育公园一期主要项目：
   五人足球场：3个
   标准篮球场：15个
   儿童篮球场：1个
   跑道：500米
   步行径：1800米(不含登山径)

自行车径：1600米(不含山地自行车径)
商业配套设施：2700平方米
地面小汽车停车位：320个
地下停车场面积：13 800平方米
星光园二期建设用地面积：4300平方米
妇联活动中心建设用地面积：10 029平方米
建筑面积：10 200平方米(含半地下活动室3375平方米)
公交首末站建设用地面积：2057平方米

图 1-1 广东省江门市北新区体育公园地形图与规划设计图

2

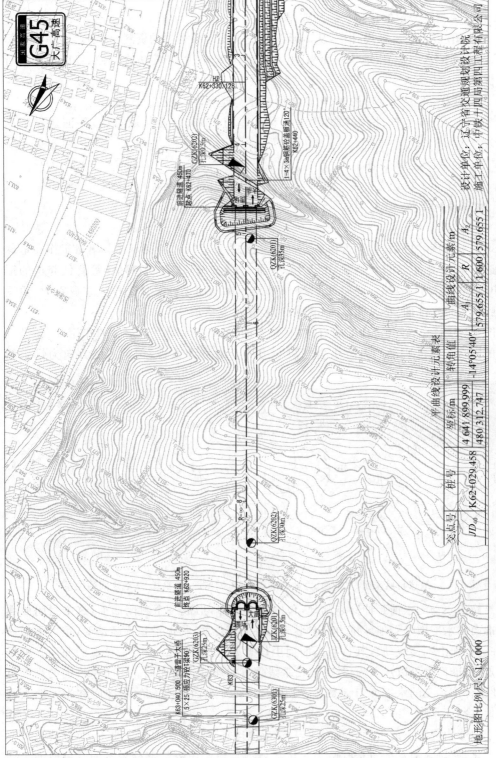

图 1-2 大(庆)广(州)高速公路(G45)河北省茅荆坝(蒙冀界)至承德段第 19 标段前进隧道带状地形图与设计图

设计单位：辽宁省交通规划设计院
施工单位：中铁十四局第四工程有限公司

地形图比例尺：1:2 000

平曲线设计元素表

交点号	桩号	坐标/m		转角值	曲线设计元素/m		
				转角值	A_1	R	A_2
JD_{40}	K62+029.458	4 641 899.999	480 312.747	-14°05′40″	579.655 1	1 600	579.655 1

对土建类专业的学生,通过本课程的学习,应掌握下列有关测定和测设的基本内容:

① 地形图测绘:应用各种测量仪器、软件和工具,通过实地测量与计算,把小范围内地面上的地物、地貌按一定的比例尺测绘成图。

② 地形图应用:在工程设计中,从地形图上获取设计所需要的资料,例如点的平面坐标和高程、两点间的水平距离、地块的面积、土方量、地面的坡度、指定方向的纵、横断面和进行地形分析等。

③ 施工放样:将图上设计的建、构筑物标定在实地上,作为施工的依据。

④ 变形观测:监测建、构筑物的水平位移和垂直沉降,以便采取措施,保证建筑物的安全。

⑤ 竣工测量:测绘竣工图。

1.2 地球的形状和大小

地球是一个南北极稍扁,赤道稍长、平均半径约为 6371km 的椭球体。测量工作在地球表面上进行,地球的自然表面有高山、丘陵、平原、盆地、湖泊、河流和海洋等高低起伏的形态,其中海洋面积约占 71%,陆地面积约占 29%。在地面进行测量工作应掌握重力、铅垂线、水准面、大地水准面、参考椭球面和法线的概念及关系。

如图 1-3(a)所示,由于地球的自转,其表面的质点 P 除受万有引力的作用外,还受到离心力的影响。P 点所受的万有引力与离心力的合力称为重力,称重力的方向为铅垂线方向。

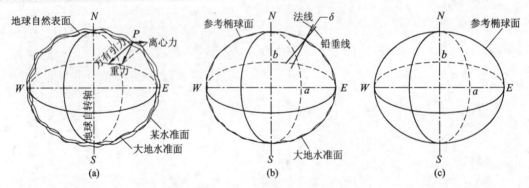

图 1-3 地球自然表面、水准面、大地水准面、参考椭球面、铅垂线、法线之间的关系

假想静止不动的水面延伸穿越陆地,包围整个地球,形成一个封闭曲面,这个封闭曲面称为水准面。水准面是受地球重力影响形成的重力等位面,物体沿该面运动时,重力不做功(如水在这个面上不会流动),其特点是曲面上任意一点的铅垂线垂直于该点的曲面。根据这个特点,水准面也可以定义为:处处与铅垂线垂直的连续封闭曲面。由于水准面的高度可变,因此符合该定义的水准面有无数个,其中与平均海水面相吻合的水准面称为大地水准面。大地水准面是唯一的。

由于地球内部物质的密度分布不均匀,造成地球各处万有引力的大小不同,致使重力方向产生变化,所以大地水准面是有微小起伏、不规则、很难用数学方程表示的复杂曲面。如果将地球表面上的物体投影到这个复杂曲面上,计算起来将非常困难。为了解决投影计算问题,通常是选择一个与大地水准面非常接近、能用数学方程表示的椭球面作为投影的基准面,这个椭球面是由长半轴为 a、短半轴为 b 的椭圆 $NESW$ 绕其短轴 NS 旋转而成的旋转椭球面(图 1-3(c))。旋转椭球又称为参考椭球,其表面称为参考椭球面。

如图 1-3(b)所示,由地表任一点向参考椭球面所作的垂线称为法线,地表点的铅垂线与法线一般不重合,其夹角 δ 称为垂线偏差。

如图 1-3(c)所示,决定参考椭球面形状和大小的元素是椭圆的长半轴 a、短半轴 b 与扁率 f,其关系为

$$f = \frac{a-b}{a} \tag{1-1}$$

我国采用的三个参考椭球元素值及 GNSS 测量使用的参考椭球元素值列于表 1-1[1]。

表 1-1 参考椭球元素值

序	坐标系名称	a/m	f
1	1954 北京坐标系	6 378 245	1 : 298.3
2	1980 西安坐标系	6 378 140	1 : 298.257
3	2000 国家大地坐标系	6 378 137	1 : 298.257 222 101
4	WGS-84 坐标系(GNSS)	6 378 137	1 : 298.257 223 563

在表 1-1 中,序 1 的参考椭球称为克拉索夫斯基椭球,序 2 的参考椭球是 1975 年 16 届"国际大地测量与地球物理联合会"(International Union of Geodesy and Geophysics)通过并推荐的椭球,简称 IUGG1975 椭球,序 4 的参考椭球是 1979 年 17 届"国际大地测量与地球物理联合会"通过并推荐的椭球,简称 IUGG1979 椭球。序 3 参考椭球的长半轴 a 与序 4 的相同,但扁率有微小的差异。

由于参考椭球的扁率很小,当测区范围不大时,可以将参考椭球近似看作半径为 6 371km 的圆球。

1.3 测量坐标系与地面点位的确定

无论测定还是测设,都需要通过确定地面点的空间位置来实现。空间是三维的,所以表示地面点在某个空间坐标系中的位置需要三个参数,确定地面点位的实质就是确定其在某个空间坐标系中的三维坐标。测量中,将空间坐标系分为参心坐标系和地心坐标系。"参心"意指参考椭球的中心,由于参考椭球的中心一般不与地球质心重合,所以它属于非地心坐标系,表 1-1 中的前两个坐标系是参心坐标系。"地心"意指地球的质心,表 1-1 中的后两个坐标系属于地心坐标系。

1.3.1 确定点的球面位置的坐标系

由于地表高低起伏不平,所以一般是用地面某点投影到参考曲面上的位置和该点到大地水准面间的铅垂距离来表示该点在地球上的位置。为此,测量上将空间坐标系分解为确定点的球面位置的坐标系(二维)和高程系(一维)。确定点的球面位置的坐标系有地理坐标

系和平面直角坐标系两类。

1) 地理坐标系

地理坐标系是用经纬度表示点在地球表面的位置。1884年,在美国华盛顿召开的国际经度会议上,正式将经过格林尼治天文台的经线确定为0度经线,纬度以赤道为0度,分别向南北半球推算。明朝末年,意大利传教士利玛窦(Matteo Ricci,1522－1610)最早将西方经纬度概念引入中国,但当时并未引起中国人的太多重视,直到清朝初年,通晓天文地理的康熙皇帝(1654－1722)才决定使用经纬度等制图方法,重新绘制中国地图。他聘请了十多位各有特长的法国传教士,专门负责清朝的地图测绘工作。

按坐标系所依据的基本线和基本面的不同以及求坐标方法的不同,地理坐标系又分为天文地理坐标系和大地地理坐标系两种。

(1) 天文地理坐标系

天文地理坐标又称天文坐标,表示地面点在大地水准面上的位置,其基准是铅垂线和大地水准面,它用天文经度 λ 和天文纬度 φ 来表示点在球面的位置。

如图1-4所示,过地表任一点 P 的铅垂线与地球旋转轴 NS 平行的平面称为该点的天文子午面,天文子午面与大地水准面的交线称为天文子午线,也称经线。设 G 点为英国格林尼治(Greenwich)天文台的位置,称过 G 点的天文子午面为首子午面。P 点天文经度 λ 的定义是:P 点天文子午面与首子午面的两面角,从首子午面向东或向西计算,取值范围是 $0°\sim180°$,在首子午线以东为东经,以西为西经。同一子午线上各点的经度相同。过 P 点垂直于地球旋转轴的平面与大地水准面的交线称为 P 点的纬线,过地球质心 O 的纬线称为赤道。P 点天文纬度 φ 的定义是:P 点铅垂线与赤道平面的夹角,自赤道起向南或向北计算,取值范围为 $0°\sim90°$,在赤道以北为北纬,以南为南纬。

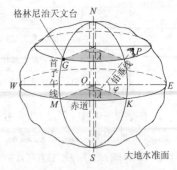

图1-4　天文地理坐标

可以应用天文测量方法测定地面点的天文纬度 φ 和天文经度 λ。例如广州地区的概略天文地理坐标为23°07′N,113°18′E,在谷歌地球上输入"23°07′N,113°18′E"即可搜索到该点的位置,注意其中的逗号应为西文逗号。

(2) 大地地理坐标系

大地地理坐标又称大地坐标,是表示地面点在参考椭球面上的位置,它的基准是法线和参考椭球面。它用大地经度 L 和大地纬度 B 表示。由于参考椭球面上任意点 P 的法线与参考椭球面的旋转轴共平面,因此,过 P 点与参考椭球面旋转轴的平面称为该点的大地子午面。

P 点的大地经度 L 是过 P 点的大地子午面和首子午面所夹的两面角,P 点的大地纬度 B 是过 P 点的法线与赤道面的夹角。大地经、纬度是根据起始大地点(又称大地原点,该点的大地经纬度与天文经纬度一致)的大地坐标,按大地测量所得的数据推算而得。我国以陕西省泾阳县永乐镇石际寺村大地原点为起算点,由此建立的大地坐标系,称为"1980西安坐标系",简称80西安;通过与苏联1942年普尔科沃坐标系联测,经我国东北传算过来的坐标系称为"1954北京坐标系",简称54北京系,其大地原点位于现俄罗斯圣彼得堡市普尔科沃天文台圆形大厅中心。

2）平面直角坐标系

（1）高斯平面坐标系

地理坐标对局部测量工作来说是非常不方便的。例如，在赤道上，$1''$的经度差或纬度差对应的地面距离约为30m。测量计算最好在平面上进行，但地球是一个不可展的曲面，应通过投影的方法将地球表面上的点位化算到平面上。地图投影有多种方法，我国采用的是高斯-克吕格正形投影，简称高斯投影。高斯投影的实质是椭球面上微小区域的图形投影到平面上后仍然与原图形相似，即不改变原图形的形状。例如，椭球面上一个三角形投影到平面上后，其三个内角保持不变。

高斯投影是高斯（1777－1855）在1820－1830年间，为解决德国汉诺威地区大地测量投影问题而提出的一种投影方法。1912年起，德国学者克吕格将高斯投影公式加以整理和扩充并推导了实用计算公式。以后，保加利亚学者赫里斯托夫等对高斯投影作了进一步的更新和扩充。使用高斯投影的国家主要有德国、中国与苏联。

如图1-5（a）所示，高斯投影是一种横椭圆柱正形投影。设想用一个横椭圆柱套在参考椭球外面，并与某一子午线相切，称该子午线为中央子午线或轴子午线，横椭圆柱的中心轴CC'通过参考椭球中心O并与地轴NS垂直。将中央子午线东西各一定经差范围内的地区投影到横椭圆柱面上，再将该横椭圆柱面沿过南、北极点的母线切开展平，便构成了高斯平面坐标系，如图1-5（b）所示。

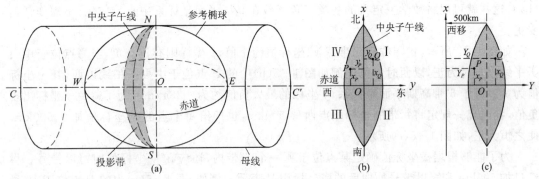

图1-5 高斯平面坐标系投影图

高斯投影是将地球按经线划分成若干带分带投影，带宽用投影带两边缘子午线的经度差表示，常用带宽为$6°$，$3°$和$1.5°$，分别简称为$6°$，$3°$和$1.5°$带投影。国际上对$6°$和$3°$带投影的中央子午线经度有统一规定，满足这一规定的投影称为统一$6°$带投影和统一$3°$带投影。

① 统一$6°$带投影

从首子午线起，每隔经度$6°$划分为一带，如图1-6所示，自西向东将整个地球划分为60个投影带，带号从首子午线开始，用阿拉伯数字表示。

第一个$6°$带的中央子午线的经度为$3°E$，任意带的中央子午线经度L_0与投影带号N的关系为

$$L_0 = 6N - 3 \qquad (1-2)$$

反之，已知地面任一点的经度L，计算该点所在的统一$6°$带编号N的公式为

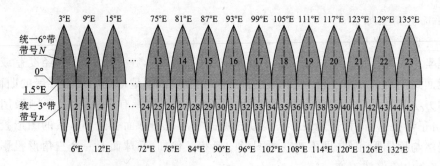

图 1-6 统一 6°带投影与统一 3°带投影高斯平面坐标系的关系

$$N = \text{Int}\left(\frac{L+3}{6}+0.5\right) \tag{1-3}$$

式中，Int 为取整函数。在 fx-5800P 编程计算器中，按 ⃝⃝ 1 ▽ 2 键输入取整函数 Int（。

投影后的中央子午线和赤道均为直线并保持相互垂直。以中央子午线为坐标纵轴（x 轴），向北为正；以赤道为坐标横轴（y 轴），向东为正，中央子午线与赤道的交点为坐标原点 O。

与数学的笛卡儿坐标系比较，在高斯平面坐标系中，为了定向的方便，定义纵轴为 x 轴，横轴为 y 轴，x 轴与 y 轴互换了位置，第 I 象限相同，其余象限按顺时针方向编号（图 1-5(b)），这样就可以将数学上定义的各类三角函数在高斯平面坐标系中直接应用，不需作任何变更。

如图 1-7 所示，我国位于北半球，x 坐标恒为正值，y 坐标则有正有负，当测点位于中央子午线以东时为正，以西时为负。例如图 1-5(b)中的 P 点位于中央子午线以西，其 y 坐标值为负。对于 6°带高斯平面坐标系，y 坐标的最大负值约为 -334km。为了避免 y 坐标出现负值，我国统一规定将每带的坐标原点西移 500km，也即给每个点的 y 坐标值加上 500km，使之恒为正，如图 1-5(c)所示。

为了能够根据横坐标值确定某点位于哪一个 6°带内，还应在 y 坐标值前冠以带号。将经过加 500km 和冠以带号处理后的横坐标用 Y 表示。例如，图 1-5(c)中的 P 点位于 19 号带内，其横坐标为 $y_P = -265\,214\text{m}$，则有 $Y_P = 19\,234\,786\text{m}$。

高斯投影属于正形投影的一种，它保证了球面图形的角度与投影后平面图形的角度不变，但球面上任意两点间的距离经投影后会产生变形，其规律是：除中央子午线没有距离变形以外，其余位置的距离均变长。

② 统一 3°带投影

统一 3°带投影的中央子午线经度 L_0' 与投影带号 n 的关系为

$$L_0' = 3n \tag{1-4}$$

反之，已知地面任一点的经度 L，要计算该点所在的统一 3°带编号 n 的公式为

$$n = \text{Int}\left(\frac{L}{3}+0.5\right) \tag{1-5}$$

统一 6°带投影与统一 3°带投影的关系如图 1-6 所示。

我国领土所处的概略经度范围为 73°27′E—135°09′E，应用式（1-3）求得统一 6°带投影

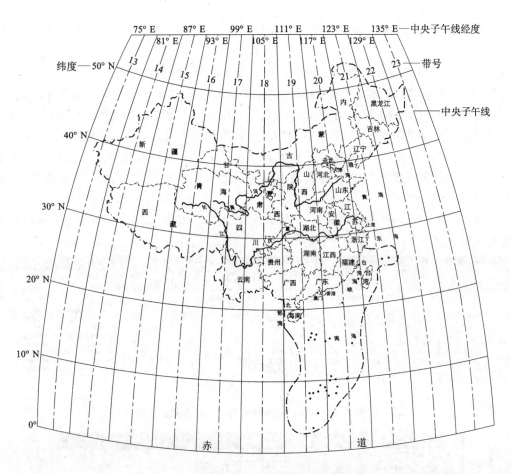

图 1-7 我国统一 6°带投影的分布情况

的带号范围为 13—23,应用式(1-5)求得统一 3°带投影的带号范围为 24—45。可见,在我国领土范围内,统一 6°带与统一 3°带的投影带号不重叠,关系如图 1-6 所示,其中统一 6°带投影的分布情况如图 1-7 所示。

③ 1.5°带投影

1.5°带投影的中央子午线经度与带号的关系,国际上没有统一规定,通常是使 1.5°带投影的中央子午线与统一 3°带投影的中央子午线或边缘子午线重合。

④ 任意带投影

任意带投影通常用于建立城市独立坐标系。例如可以选择过城市中心某点的子午线为中央子午线进行投影,这样,可以使整个城市范围内的距离投影变形都比较小。

(2) 大地地理坐标系与高斯平面坐标系的相互变换

我国使用的大地坐标系有"1954 北京坐标系"和"1980 西安坐标系",在同一个大地坐标系中,地理坐标与高斯平面坐标可以相互变换。称由地面点的大地经纬度 L,B 计算其高斯平面坐标 x,y 称为高斯投影正算,反之称为高斯投影反算,将点的高斯坐标换算到相邻投影带的高斯坐标称高斯投影换带计算。

例如,已知 P 点在"1980 西安坐标系"中的地理坐标为 $L=113°25'31.4880''E,B=21°58'47.0845''N$,应用式(1-3)可以求得 P 点位于统一 6°的 19 号带内,应用高斯投影正算公式可以求得其高斯坐标为 $x=2\,433\,544.439\text{m}$，$y=250\,543.296\text{m}$，处理后的 y 坐标为 $Y=19\,750\,543.296\text{m}$。

高斯投影正反算与换带计算程序 PG2-1.exe 及其使用说明放置在光盘"\高斯投影程序"文件夹下，程序操作的视频演示文件放置在光盘"\教学演示片"文件夹下，程序取自参考文献[2]。

执行程序 PG2-1 前，应先用 Windows 记事本编写一个已知数据文件并存盘，已知数据文件名的前两个字符应为"da"，扩展名为"txt"，文件名总字符数≤8，文件名中最好不要含中文字符。在 Windows 资源管理器下双击程序文件 PG2-1.exe，在弹出的程序界面下输入已知数据文件名后按回车键，程序自动生成前两个字符分别为"SU"的成果文件、为"CS"及"SK"的两个坐标文件。

执行程序 PG2-1 的界面如图 1-8 左图所示，图 1-8 右图为一个高斯投影正算已知数据文件案例。

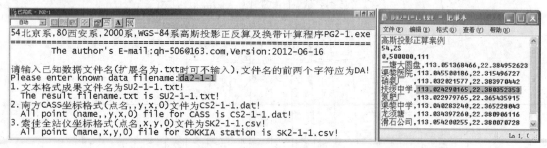

图 1-8　程序 PG2-1.exe 的运行界面与已知数据文件案例

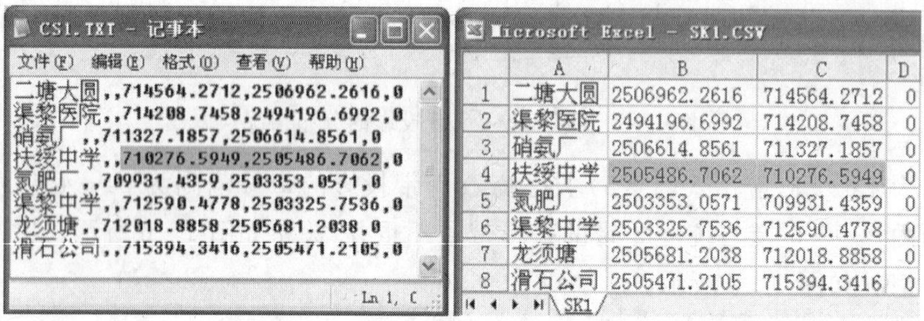

图 1-9　执行程序 PG2-1.exe 输出的两个坐标文件案例

CS 坐标文件的内容如图 1-9 左图所示，可用于南方测绘数字测图软件 CASS 展点及上载到拓普康与南方全站仪内存；SK 文件的内容见图 1-9 右图所示，可用于上载到索佳、徕卡与中纬全站仪内存；SU 文件为用于计算存档的成果文件，部分内容见图 1-10 所示。执行程序前，应使程序与已知数据文件位于用户机器硬盘或 U 盘的同一文件夹下。程序除计算出点的高斯坐标外，还能计算出点所在 1:100 万—5000 八种国家基本比例尺地形图的图幅编号及其西南角经纬度，分幅规则见第 10.1 节。

1.3.2　确定点的高程系

地面点到大地水准面的铅垂距离称为该点的绝对高程或海拔，简称高程，通常用 H 加点名作下标表示。如图 1-11 中 A，B 两点的高程表示为 H_A，H_B。

高程系是一维坐标系，它的基准是大地水准面。由于海水面受潮汐、风浪等影响，它的

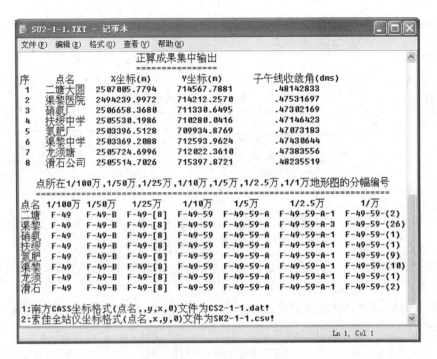

图1-10 执行程序 PG2-1.exe 输出的案例成果文件部分内容

高低时刻在变化。通常在海边设立验潮站,进行长期观测,求得海水面的平均高度作为高程零点,以通过该点的大地水准面为高程基准面,也即大地水准面上的高程恒为零。

最早应用平均海水面作为高程起算基准面的是我国元代水利与测量学家郭守敬,其概念的提出比西方早400多年。

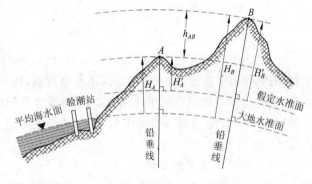

图1-11 高程与高差的定义及其相互关系

我国境内所测定的高程点是以青岛大港一号码头验潮站历年观测的黄海平均海水面为基准面,并于1954年在青岛市观象山建立水准原点,通过水准测量的方法将验潮站确定的高程零点引测到水准原点,求出水准原点的高程。

1956年我国采用青岛大港一号码头验潮站1950—1956年验潮资料计算确定的大地水准面为基准引测出水准原点的高程为72.289m,以该大地水准面为高程基准建立的高程系称为"1956年黄海高程系",简称"56黄海系"。

20世纪80年代中期,我国又采用青岛大港一号码头验潮站1953—1979年验潮资料计算确定的大地水准面为基准引测出水准原点的高程为72.260m,以这个大地水准面为高程基准建立的高程系称为"1985国家高程基准",简称"85高程基准"。如图1-12所示,在水准原点,"85高程基准"使用的大地水准面比"56黄海系"使用的大地水准面高出0.029m。

在局部地区,当无法知道绝对高程时,也可假定一个水准面作为高程起算面,地面点到

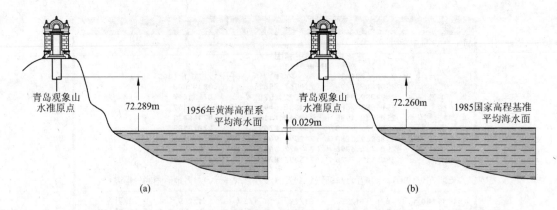

图1-12 水准原点分别至"1956年黄海高程系"平均海水面

及"1985国家高程基准"平均海水面的垂直距离

假定水准面的垂直距离,称为假定高程或相对高程,通常用 H' 加点名作下标表示。如图 1-11中 A,B 两点的相对高程表示为 H'_A,H'_B。

地面两点间的绝对高程或相对高程之差称为高差,用 h 加两点点名作下标表示。如 A, B 两点高差为

$$h_{AB}=H_B-H_A=H'_B-H'_A \tag{1-6}$$

1.3.3 地心坐标系

1) WGS-84 坐标系

WGS 的英文全称为"World Geodetic System"(世界大地坐标系),它是美国国防局为进行 GPS 导航定位于 1984 年建立的地心坐标系,1985 年投入使用。WGS-84 坐标系的几何意义是:坐标系的原点位于地球质心,z 轴指向 BIH1984.0 定义的协议地球极(CTP)方向,x 轴指向 BIH1984.0 的零度子午面和 CTP 赤道的交点,y 轴通过 x,y,z 符合右手规则确定,如图 1-13 所示。

2) 2000 国家大地坐标系

2000 国家大地坐标系是全球地心坐标系在我国的具体体现,其原点为包括海洋和大气的整个地球的质量中心,z 轴由原点指向历元 2000.0 的地球参考极的方向,该历元的指向由国际时间局给定的历元为 1984.0 的初始指向推算,定向的时间演化保证相对于地壳不产生残余的全球旋转,x 轴由原点指向格林尼治参考子午线与地球赤道面(历元 2000.0)的交点,y 轴与 z 轴、x 轴构成右手正交坐标系;采用广义相对论意义下的尺度。2000 国家大地坐标系于 2008 年 7 月 1 日启用,我国北斗卫星导航定位系统使用该坐标系。

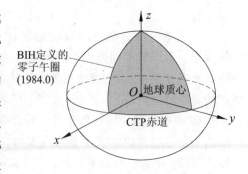

图1-13 WGS-84 世界大地坐标系

地心坐标系可以与"1954 北京坐标系"或"1980 西安坐标系"等参心坐标系相互变换,方法之一是:在测区内,利用至少 3 个以上公共点的两套坐标列出坐标变换方程,采用最小二

乘原理解算出 7 个变换参数就可以得到变换方程。7 个变换参数是指 3 个平移参数、3 个旋转参数和 1 个尺度参数,详细见参考文献[3]。

1.4 测量工作概述

1) 测定

如图 1－14(a)所示,测区内有山丘、房屋、河流、小桥、公路等,测绘地形图的方法是先测量出这些地物、地貌特征点的坐标,然后按一定的比例尺、以《1：500 1：1000 1：2000 地形图图式》[5]规定的符号缩小展绘在图纸上。例如,要在图纸上绘出一幢房屋,就需要在这幢房屋附近、与房屋通视且坐标已知的点(图中的 A 点)安置仪器,选择另一个坐标已知的点(图中的 B 点)作为定向方向(也称为后视方向),才能测量出这幢房屋角点的坐标。地物、地貌的特征点又称碎部点,测量碎部点坐标的方法与过程称为碎部测量。

由图 1－14(a)可知,在 A 点安置测量仪器还可以测绘出西面的河流、小桥,北面的山

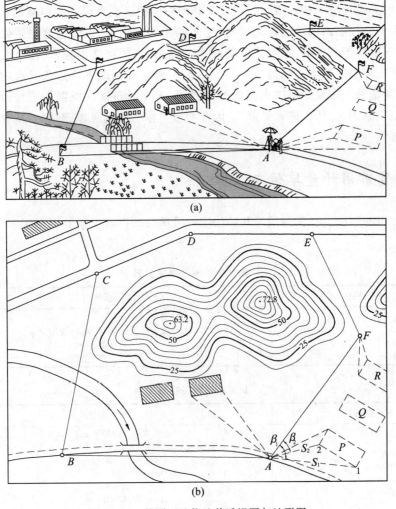

图 1－14　某测区地物地貌透视图与地形图

丘,但山北面的工厂区就看不见了。因此还需要在山北面布置一些点,如图中的 C,D,E 点,这些点的坐标应已知。由此可知,要测绘地形图,首先应在测区内均匀布置一些点,通过测量计算出它们的 x,y,H 三维坐标。测量上将这些点称为控制点,测量与计算控制点坐标的方法与过程称为控制测量。

2) 测设

设图 1-14(b)是测绘出来的图 1-14(a)的地形图。根据需要,设计人员已在图纸上设计出了 P,Q,R 三幢建筑物,用极坐标法将它们的位置标定到实地的方法是:在控制点 A 安置仪器,使用 F 点作为后视点定向,由 A,F 点及 P,Q,R 三幢建筑物轴线点的设计坐标计算出水平夹角 $\beta_1,\beta_2,\cdots$ 和水平距离 $S_1,S_2,\cdots$,然后用仪器分别定出水平夹角 $\beta_1,\beta_2,\cdots$ 所指的方向,并沿这些方向分别量出水平距离 $S_1,S_2,\cdots$ 即可在实地上定出 $1,2,\cdots$ 点,它们就是设计建筑物的实地平面位置。

由上述介绍可知,测定与测设都是在控制点上进行的,因此,测量工作的原则之一是"先控制后碎部"。《工程测量规范》规定,测量控制网应由高级向低级分级布设。如平面三角控制网是按一等、二等、三等、四等、$5''$、$10''$ 和图根网的级别布设,城市导线网是在国家一等、二等、三等或四等控制网下按一级、二级、三级和图根网的级别布设。一等网的精度最高,图根网的精度最低。控制网的等级越高,网点之间的距离就越大、点的密度也越稀、控制的范围就越大;控制网的等级越低,网点之间的距离就越小、点的密度也越密、控制的范围就越小。如国家一等三角网的平均边长为 $20\sim25km$,而一级导线网的平均边长只有约 $500m$。由此可知,控制测量是先布设能控制大范围的高级网,再逐级布设次级网加密,通常称这种测量控制网的布设原则为"从整体到局部"。因此测量工作的原则可以归纳为"从整体到局部,先控制后碎部"。

1.5 测量常用计量单位与换算

测量常用的角度、长度、面积等几种法定计量单位的换算关系分别列于表 1-2、表 1-3 和表 1-4。

表 1-2 角度单位制及换算关系

60 进制	弧度制
1 圆周 $=360°$ $1°=60'$ $1'=60''$	1 圆周 $=2\pi$ 弧度 1 弧度 $=180°/\pi=57.295\,779\,51°=\rho°$ $\qquad=3\,438'=\rho'$ $\qquad=206\,265''=\rho''$

表 1-3 长度单位制及换算关系

公制	英制
$1km=1\,000m$ $1m=10dm$ $\quad=100cm$ $\quad=1\,000mm$	1 英里(mile,简写 mi) 1 英尺(foot,简写 ft) 1 英寸(inch,简写 in) $1km=0.621\,4mi$ $\quad=3\,280.8ft$ $1m=3.280\,8ft$ $\quad=39.37in$

表 1 - 4　　　　　　　　　　面积单位制及换算关系

公制	市制	英制
$1km^2 = 1 \times 10^6 m^2$ $1m^2 = 100dm^2$ $= 1 \times 10^4 cm^2$ $= 1 \times 10^6 mm^2$	$1km^2 = 1500$ 亩 $1m^2 = 0.0015$ 亩 1 亩 $= 666.6666667 m^2$ $= 0.06666667$ 公顷 $= 0.1647$ 英亩	$1km^2 = 247.11$ 英亩 $= 100$ 公顷 $10000m^2 = 1$ 公顷 $1m^2 = 10.764ft^2$ $1cm^2 = 0.1550in^2$

本章小结

(1) 测量的任务有两个：测定与测设，其原理是测量与计算空间点的三维坐标，测量前应先了解所使用的坐标系。测定与测设都应在已知坐标点上安置仪器进行，已知点的坐标是通过控制测量的方法获得。

(2) 测量的基准是铅垂线与水准面，平面坐标的基准是参考椭球面，高程的基准是大地水准面。

(3) 高斯投影是横椭圆柱分带正形投影，参考椭球面上的物体投影到横椭圆柱上，其角度保持不变，除中央子午线外，其余距离变长，位于中央子午线西边的 y 坐标为负数。为保证高斯投影的 y 坐标均为正数，我国规定，将高斯投影的 y 坐标统一加 500000m，再在前面冠以 2 位数字的带号，因此完整的高斯平面坐标的 y 坐标应有 8 位整数。在同一个测区测量时，通常省略带号，此时的 y 坐标应有 6 位整数。

(4) 统一 6° 带高斯投影中央子午线经度 L_0 与带号 N 的关系为：$L_0 = 6N - 3$；已知地面任一点的经度 L，计算该点所在的统一 6° 带编号 N 的公式为：$N = \text{Int}\left(\dfrac{L+3}{6} + 0.5\right)$。我国领土在统一 6° 带投影的带号范围为 13—23。

(5) 统一 3° 带高斯投影中央子午线经度 L_0' 与带号 n 的关系为：$L_0' = 3n$；已知地面任一点的经度 L，计算该点所在的统一 3° 带编号 n 的公式为：$n = \text{Int}\left(\dfrac{L}{3} + 0.5\right)$。我国领土在统一 3° 带投影的带号范围为 24—45。

(6) 我国使用的两个参心坐标系为："1954 北京坐标系"与"1980 西安坐标系"，两个高程系为："1956 年黄海高程系"与"1985 国家高程基准"；一个地心坐标系为"2000 国家大地坐标系"。

(7) 过地面任意点 P 的铅垂线不一定与地球旋转轴共面，P 的法线一定与参考椭球的旋转轴共面。

思考题与练习题

[1-1]　测量学研究的对象和任务是什么？

[1-2]　熟悉和理解铅垂线、水准面、大地水准面、参考椭球面、法线的概念。

[1-3]　绝对高程和相对高程的基准面是什么？

[1-4]　"1956 年黄海高程系"使用的平均海水面与"1985 国家高程基准"使用的平均

海水面有何关系?

[1-5] 测量中所使用的高斯平面坐标系与数学上使用的笛卡儿坐标系有何区别?

[1-6] 广东省行政区域所处的概略经度范围是 $109°39'E\sim117°11'E$,试分别求其在统一 6°投影带与统一 3°投影带中的带号范围。

[1-7] 我国领土内某点 A 的高斯平面坐标为:$x_A=2\,497019.17m$,$Y_A=19\,710154.33m$,试说明 A 点所处的 6°投影带和 3°投影带的带号、各自的中央子午线经度。

[1-8] 天文经纬度的基准是大地水准面,大地经纬度的基准是参考椭球面。在大地原点处,大地水准面与参考椭球面相切,其天文经纬度分别等于其大地经纬度。"1954 北京坐标系"的大地原点在哪里?"1980 西安坐标系"的大地原点在哪里?

[1-9] 已知我国某点的大地地理坐标为 $L=113°04'45.119\,9''E$,$B=22°36'10.403\,9''N$,试用程序 PG2-1.exe 计算其在统一 6°带的高斯平面坐标(1954 北京坐标系)。

[1-10] 已知我国某点的高斯平面坐标为 $x=2\,500\,898.123\,7m$,$Y=38\,405\,318.870\,1m$,试用程序 PG2-1.exe 计算其大地地理坐标(1980 西安坐标系)。

[1-11] 试在 Google Earth 上获取北京国家大剧院中心点的经纬度,用程序 PG2-1.exe 计算其在统一 3°带的高斯平面坐标(1980 西安坐标系)。

[1-12] 桂林两江国际机场航站楼的地理坐标为 $L=110°18'59''E$,$B=25°11'33''N$,试在 Google Earth 上量取机场跑道的长度。

[1-13] 测量工作的基本原则是什么?

2　水准测量

本章导读

- **基本要求**　熟练掌握 DS3 水准仪的原理、产生视差的原因与消除方法、图根水准测量的方法、单一闭附合水准路线测量的数据处理;掌握水准测量的误差来源与削减方法、水准仪轴系之间应满足的条件,了解水准仪检验与校正的内容与方法、自动安平水准仪的原理与方法、精密水准仪的读数原理与方法、数字水准仪的原理与方法。

- **重点**　消除视差的方法,水准器格值的几何意义,水准仪的安置与读数方法,两次变动仪器高法与双面尺法,削减水准测量误差的原理与方法,单一闭附合水准路线测量的数据处理。

- **难点**　消除视差的方法,单一闭附合水准路线测量的数据处理。

测定地面点高程的工作,称为高程测量,它是测量的基本工作之一。高程测量按所使用的仪器和施测方法的不同,分为水准测量、三角高程测量、GNSS 拟合高程测量和气压高程测量。水准测量是精度最高的一种高程测量方法,它广泛应用于国家高程控制测量、工程勘测和施工测量中。

2.1　水准测量原理

水准测量是利用水准仪提供的水平视线,读取竖立于两个点上水准尺的读数,来测定两点间的高差,再根据已知点的高程计算待定点的高程。

如图 2-1 所示,地面上有 A,B 两点,设 A 点的高程为 H_A 已知。为求 B 点的高程 H_B,在 A,B 两点之间安置水准仪,A,B 两点上各竖立一把水准尺,通过水准仪的望远镜读取水平视线分别在 A,B 两点水准尺上截取的读数为 a 和 b,求出 A 点至 B 点的高差为

$$h_{AB}=a-b \qquad (2-1)$$

设水准测量的前进方向为 $A{\rightarrow}B$,则称 A 点为后视点,其水准尺读数 a 为后视读数;称 B 点为前视点,其水准尺读数 b 为前视读数;

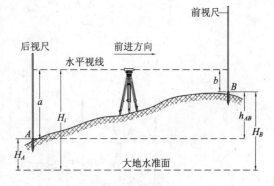

图 2-1　水准测量原理

两点间的高差等于"后视读数"−"前视读数"。如果后视读数大于前视读数,则高差为正,表示 B 点比 A 点高,$h_{AB}>0$;如果后视读数小于前视读数,则高差为负,表示 B 点比 A 点低,$h_{AB}<0$。

如果 A,B 两点相距不远,且高差不大,则安置一次水准仪,就可以测得 h_{AB}。此时,B 点

高程的计算公式为

$$H_B = H_A + h_{AB} \qquad (2-2)$$

B 点高程也可用水准仪的视线高程 H_i 计算,即

$$\left. \begin{aligned} H_i &= H_A + a \\ H_B &= H_i - b \end{aligned} \right\} \qquad (2-3)$$

当安置一次水准仪要测量出多个前视点 $B_1, B_2, \cdots B_n$ 点的高程时,采用视线高程 H_i 计算这些点的高程就非常方便。设水准仪对竖立在 $B_1, B_2, \cdots B_n$ 点上的水准尺读取的读数分别为 $b_1, b_2, \cdots b_n$ 时,则有高程计算公式为

$$\left. \begin{aligned} H_i &= H_A + a \\ H_{B_1} &= H_i - b_1 \\ H_{B_2} &= H_i - b_2 \\ &\vdots \\ H_{B_n} &= H_i - b_n \end{aligned} \right\} \qquad (2-4)$$

如果 A, B 两点相距较远或高差较大且安置一次仪器无法测得其高差时,就需要在两点间增设若干个作为传递高程的临时立尺点称为转点(turning point,缩写为 TP),如图 2-2 中的 $TP_1, TP_2, \cdots$ 点,依次连续设站观测。设测出的各站高差为

$$\left. \begin{aligned} h_{A1} &= h_1 = a_1 - b_1 \\ h_{12} &= h_2 = a_2 - b_2 \\ &\vdots \\ h_{(n-1)B} &= h_n = a_n - b_n \end{aligned} \right\} \qquad (2-5)$$

则 A, B 两点间高差的计算公式为

$$h_{AB} = \sum_{i=1}^n h_i = \sum_{i=1}^n a_i - \sum_{i=1}^n b_i \qquad (2-6)$$

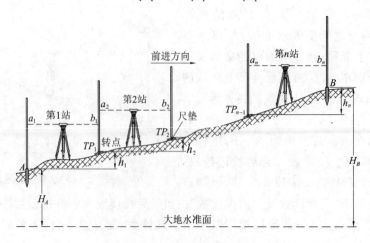

图 2-2　连续设站水准测量原理

式(2-6)表明，A，B两点间的高差等于各测站后视读数之和减去前视读数之和。常用式(2-6)检核高差计算的正确性。

2.2 水准测量的仪器与工具

水准测量所用的仪器为水准仪，工具有水准尺和尺垫。

1) 微倾式水准仪

水准仪的作用是提供一条水平视线，能瞄准离水准仪一定距离处的水准尺并读取尺上的读数。通过调整水准仪的微倾螺旋，使管水准气泡居中获得水平视线的水准仪称为微倾式水准仪，通过补偿器获得水平视线读数的水准仪称为自动安平水准仪。本节主要介绍微倾式水准仪的结构(图2-3)。

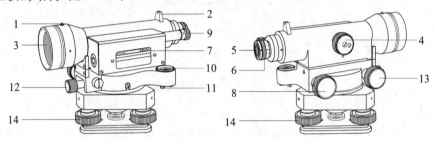

图2-3 DS3微倾式水准仪

1—准星；2—照门；3—物镜；4—物镜调焦螺旋；5—目镜；6—目镜调焦螺旋；7—管水准器；8—微倾螺旋；
9—管水准气泡观察窗；10—圆水准器；11—圆水准器校正螺丝；12—水平制动螺旋；13—水平微动螺旋；14—脚螺旋

国产微倾式水准仪的型号有：DS05、DS1、DS3、DS10，其中字母D，S分别为"大地测量"和"水准仪"汉语拼音的第一个字母，字母后的数字表示以mm为单位的、仪器每公里往返测高差中数的中误差。DS05、DS1、DS3、DS10水准仪每公里往返测高差中数的中误差分别为±0.5mm、±1mm、±3mm、±10mm。

通常称DS05、DS1为精密水准仪，主要用于国家一、二等水准测量和精密工程测量；称DS3、DS10为普通水准仪，主要用于国家三、四等水准测量和常规工程建设测量。工程建设中，使用最多的是DS3普通水准仪，如图2-3所示。

水准仪主要由望远镜、水准器和基座组成。

(1) 望远镜

望远镜用来瞄准远处竖立的水准尺并读取水准尺上的读数，要求望远镜能看清水准尺上的分划和注记并有读数标志。根据在目镜端观察到的物体成像情况，望远镜可分为正像望远镜和倒像望远镜。图2-4所示为倒像望远镜的结构图，它由物镜、调焦镜、十字丝分划板和目镜组组成。

如图2-5所示，设远处目标AB发出的光线经物镜及物镜调焦镜折射后，在十字丝分划板上成一倒立实像ab；通过目镜放大成虚像$a'b'$，十字丝分划板也同时被放大。

观测者通过望远镜观察虚像$a'b'$的视角为β，而直接观察目标AB的视角为α，显然$\beta > \alpha$。由于视角放大了，观测者就感到远处的目标移近了，目标看得更清楚了，从而提高了瞄准和读数的精度。通常定义$V = \beta/\alpha$为望远镜的放大倍数。DS3水准仪望远镜的放大倍数为

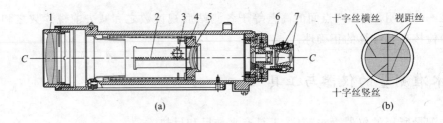

图 2-4 望远镜的结构

1—物镜组；2—齿条；3—调焦齿轮；4—调焦镜座；5—物镜调焦镜；6—十字丝分划板；7—目镜组

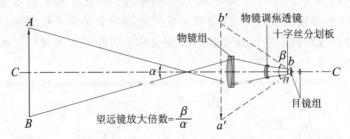

望远镜放大倍数 $= \dfrac{\beta}{\alpha}$

图 2-5 望远镜的成像原理

28×。

如图 2-4(b)所示，十字丝分划板是在一直径约为 10mm 的光学玻璃圆片上刻划出三根横丝和一根垂直于横丝的竖丝，中间的长横丝称为中丝，用于读取水准尺分划的读数；上、下两根较短的横丝称为上丝和下丝，上、下丝总称为视距丝，用来测定水准仪至水准尺的距离。称视距丝测量的距离为视距。

十字丝分划板安装在一金属圆环上，用四颗校正螺丝固定在望远镜筒上。望远镜物镜光心与十字丝分划板中心的连线称为望远镜视准轴，通常用 CC 表示。望远镜物镜光心的位置是固定的，调整固定十字丝分划板的四颗校正螺丝(图 2-21(f))，在较小的范围内移动十字丝分划板可以调整望远镜的视准轴。

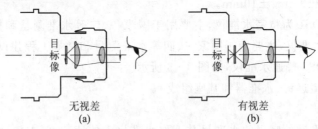

图 2-6 视差

物镜与十字丝分划板之间的距离是固定不变的，而望远镜所瞄准的目标有远有近。目标发出的光线通过物镜后，在望远镜内所成实像的位置随着目标的远近而改变，应旋转物镜调焦螺旋使目标像与十字丝分划板平面重合才可以读数。此时，观测者的眼睛在目镜端上、下微微移动时，目标像与十字丝没有相对移动，如图 2-6(a)所示。

如果目标像与十字丝分划板平面不重合，观测者的眼睛在目镜端上、下微微移动时，目标像与十字丝之间就会产生相对移动，称这种现象为视差，如图 2-6(b)所示。

视差会影响读数的正确性，读数前应消除它。消除视差的方法是：将望远镜对准明亮的背景,旋转目镜调焦螺旋,使十字丝十分清晰;将望远镜对准标尺,旋转物镜调焦螺旋使标尺像十分清晰。

(2) 水准器

水准器用于置平仪器,有管水准器和圆水准器两种。

① 管水准器

管水准器由玻璃圆管制成,其内壁磨成一定半径 R 的圆弧,如图 2-7(a)所示。将管内注满酒精或乙醚,加热封闭冷却后,管内形成的空隙部分充满了液体的蒸汽,称为水准气泡。因为蒸汽的比重小于液体,所以,水准气泡总是位于内圆弧的最高点。

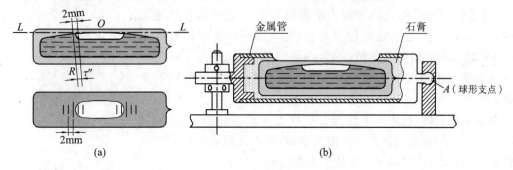

图 2-7 管水准器及其安装结构

管水准器内圆弧中点 O 称为管水准器的零点,过零点作内圆弧的切线 LL 称为管水准器轴。当管水准气泡居中时,管水准器轴 LL 处于水平位置。

在管水准器的外表面,对称于零点的左、右两侧,刻划有 2mm 间隔的分划线。定义2mm 弧长所对的圆心角为管水准器格值

$$\tau'' = \frac{2}{R}\rho'' \tag{2-7}$$

式中 $\rho'' = 206265$,为弧秒值,也即 1 弧度等于 $206265''$,R 为以 mm 为单位的管水准器内圆弧的半径。格值 τ'' 的几何意义为:当水准气泡移动 2mm 时,管水准器轴倾斜角度 τ''。显然,R愈大,τ''愈小,管水准器的灵敏度愈高,仪器置平的精度也愈高,反之置平精度就低。DS3 水准仪管水准器的格值为 $20''/2mm$。

为了提高水准气泡居中的精度,在管水准器的上方安装有一组符合棱镜,如图 2-8 所示。通过这组棱镜,将气泡两端的影像反射到望远镜旁的管水准气泡观察窗内,旋转微倾螺旋,当窗内气泡两端的影像吻合时,表示气泡居中。

制造水准仪时,使管水准器轴 LL 平行于望远镜的视准轴 CC。旋转微倾螺旋使管水准

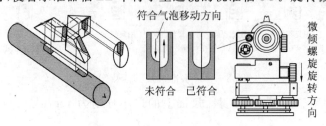

图 2-8 管水准器与符合棱镜

气泡居中时,管水准器轴 LL 处于水平位置,从而使望远镜的视准轴 CC 也处于水平位置。

管水准器一般安装在圆柱形、上面开有窗口的金属管内,用石膏固定。如图 2-7(b)所示,一端为球形支点 A,另一端用四个校正螺丝将金属管连接在仪器上。用校正针拨动校正螺丝,可以使管水准器相对于支点 A 进行升降或左右移动,从而校正管水准器轴平行于望远镜的视准轴。

② 圆水准器

如图 2-9 所示,圆水准器由玻璃圆柱管制成,其顶面内壁为磨成一定半径 R 的球面,中央刻划有小圆圈,其圆心 O 为圆水准器的零点,过零点 O 的球面法线为圆水准器轴 $L'L'$。当圆水准气泡居中时,圆水准器轴处于竖直位置;当气泡不居中,气泡偏移零点 2mm 时,轴线所倾斜的角度值,称为圆水准器的格值 τ'。τ' 一般为 $8'\sim10'$。圆水准器的 τ' 大于管水准器的 τ'',它通常用于粗略整平仪器。

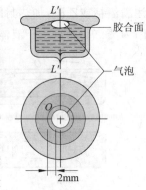

图 2-9 圆水准器

制造水准仪时,使圆水准器轴 $L'L'$ 平行于仪器竖轴 VV。旋转基座上的三个脚螺旋使圆水准气泡居中时,圆水准器轴 $L'L'$ 处于竖直位置,从而使仪器竖轴 VV 也处于竖直位置。

（3）基座

基座的作用是支承仪器的上部,用中心螺旋将基座连接到三脚架上。基座由轴座、脚螺旋、底板和三角压板构成。

2）水准尺和尺垫

水准尺一般用优质木材、玻璃钢或铝合金制成,长度从 2～5m 不等。根据构造可以分为直尺、塔尺和折尺,如图 2-10 所示。其中直尺又分单面分划和双面分划两种。

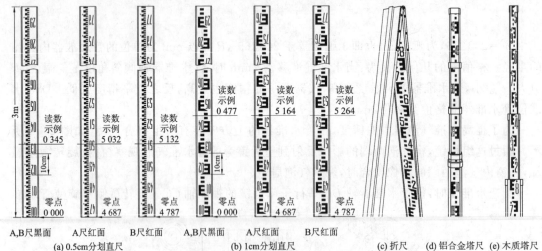

(a) 0.5cm分划直尺　　　　　　　(b) 1cm分划直尺　　　(c) 折尺　(d) 铝合金塔尺　(e) 木质塔尺

图 2-10 水准尺及其读数案例

塔尺和折尺常用于图根水准测量,尺面上的最小分划为 1cm 或 0.5cm,在每 1m 和每 1dm 处均有注记。

双面水准尺多用于三、四等水准测量,以两把尺为一对使用。尺的两面均有分划,一面为黑、白相间,称为黑面尺;另一面为红、白相间,称为红面尺,两面的最小分划均为 1cm,只在 dm 处有注记。两把尺的黑面均由零开始分划和注记。而红面,一把尺由 4.687m 开始分划和注记,另一把尺由 4.787m 开始分划和注记,两把尺红面注记的零点差为 0.1m。

尺垫是用生铁铸成的三角形板座,用于转点处放置水准尺用,如图 2-11 所示。尺垫中央有一凸起的半球用于放置水准尺,下有三个尖足便于将其踩入土中,以固稳防动。

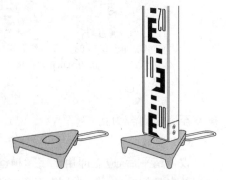

图 2-11 尺垫及其作用

3) 微倾式水准仪的使用

安置水准仪前,首先应按观测者的身高调节好三脚架的高度,为便于整平仪器,还应使三脚架的架头面大致水平,并将三脚架的三个脚尖踩入土中,使脚架稳定;从仪器箱内取出水准仪,放在三脚架的架头面上,立即用中心螺旋旋入仪器基座的螺孔内,以防止仪器从三脚架头上摔下来。

用水准仪进行水准测量的操作步骤为:粗平→瞄准水准尺→精平→读数,具体介绍如下。

(1) 粗平

旋转脚螺旋使圆水准气泡居中,仪器竖轴大致铅垂,从而使望远镜的视准轴大致水平。旋转脚螺旋方向与圆水准气泡移动方向的规律是:用左手旋转脚螺旋时,左手大拇指移动方向即为水准气泡移动方向;用右手旋转脚螺旋时,右手食指移动方向即为水准气泡移动方向,如图 2-12 所示。初学者一般先练习用一只手操作,熟练后再练习用双手操作。

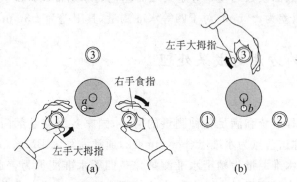

图 2-12 旋转脚螺旋方向与圆水准气泡移动方向的关系

(2) 瞄准水准尺

首先进行目镜对光,将望远镜对准明亮的背景,旋转目镜调焦螺旋,使十字丝清晰;再松开制动螺旋,转动望远镜,用望远镜上的准星和照门瞄准水准尺,拧紧制动螺旋。从望远镜中观察目标,旋转物镜调焦螺旋,使目标清晰,再旋转微动螺旋,使竖丝对准水准尺,如图 2-13所示。

(3) 精平

先从望远镜侧面观察管水准气泡偏离零点的方向,旋转微倾螺旋,使气泡大致居中,再从目镜左边的符合气泡观察窗中查看两个气泡影像是否吻合,如不吻合,再慢慢旋转微倾螺

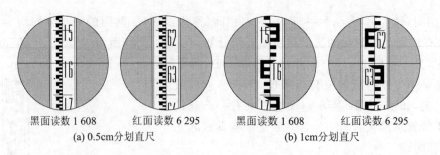

黑面读数 1 608　　　红面读数 6 295　　　黑面读数 1 608　　　红面读数 6 295

(a) 0.5cm分划直尺　　　　　　　　　(b) 1cm分划直尺

图 2-13　水准尺读数示例

旋直至完全吻合为止。

（4）读数

仪器精平后,应立即用十字丝横丝在水准标尺上读数。对于倒像望远镜,所用水准尺的注记数字是倒写的,此时从望远镜中所看到的像是正立的。水准标尺的注记是从标尺底部向上增加,而在望远镜中则变成从上向下增加,所以在望远镜中读数应从上往下读。可以从水准尺上读取 4 位数字,其中前面两位为 m 位和 dm 位,可从水准尺注记的数字直接读取,后面的 cm 位则要数分划数,一个 **E** 表示 0～5cm,其下面的分划位为 6～9cm,mm 位需要估读。

图 2-13(a)为 0.5cm 分划直尺读数,其中左图为黑面尺读数,右图为红面尺读数;图 2-13(b)为 1cm 分划直尺读数,其中左图为黑面尺读数,右图为红面尺读数。完成黑面尺的读数后,将水准标尺纵转 180°,立即读取红面尺的读数,这两个读数之差为 6 295－1 608＝4 687,正好等于该尺红面注记的零点常数,说明读数正确。

如果该标尺的红黑面读数之差不等于其红面注记的零点常数,《工程测量规范》规定,对于三等水准测量,其限差为±2mm;对于四等水准测量,其限差为±3mm。

2.3　水准测量的方法与成果处理

1）水准点

为统一全国的高程系统和满足各种测量的需要,国家各级测绘部门在全国各地埋设并测定了很多高程点,称这些点为水准点(benchmark,通常缩写为 BM)。在一、二、三、四等水准测量中,称一、二等水准测量为精密水准测量,三、四等水准测量为普通水准测量,采用某等级水准测量方法测出其高程的水准点称为该等级水准点,各等水准点均应埋设永久性标石或标志,水准点的等级应注记在水准点标石或标志面上,如图 2-14 所示。

《工程测量规范》将水准点标志分为墙脚水准标志与普通水准标石。图 2-14(a)为墙脚水准标志的埋设规格,图 2-14(b)为二、三等水准标石的埋设规格,图 2-14(c)为四等水准标石的埋设规格,三、四等水准点及四等以下高程控制点亦可利用平面控制点的点位标志。水准点在地形图上的表示符号如图 2-15 所示[5],图中的 2.0 表示符号圆的直径为 2mm。

在大比例尺地形图测绘中,常用图根水准测量来测量图根点的高程,这时的图根点也称图根水准点。

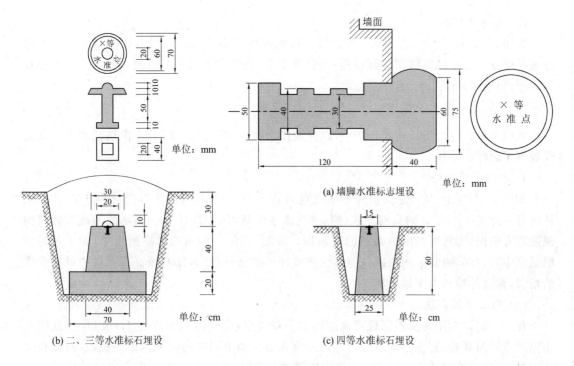

图 2-14 水准点标志

2) 水准路线

在水准点之间进行水准测量所经过的路线,称为水准路线。按照已知高程的水准点的分布情况和实际需要,水准路线一般布设为附合水准路线、闭合水准路线和支水准路线三种,如图 2-16 所示。

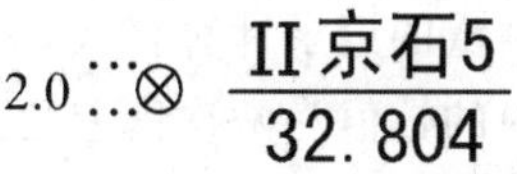

$$2.0 \quad \otimes \quad \dfrac{\text{II 京石 5}}{32.804}$$

图 2-15 水准点在地形图上的表示符号

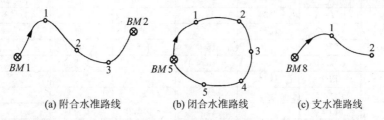

(a) 附合水准路线   (b) 闭合水准路线   (c) 支水准路线

图 2-16 水准路线的类型

(1) 附合水准路线

如图 2-16(a) 所示,它是从一个已知高程的水准点 BM1 出发,沿各高程待定点 1,2,3 进行水准测量,最后附合到另一个已知高程的水准点 BM2 上,各站所测高差之和的理论值应等于由已知水准点的高程计算出的高差,即有

$$\sum h_{理论} = H_{BM2} - H_{BM1} \qquad (2-8)$$

(2) 闭合水准路线

如图 2-16(b) 所示,它是从一个已知高程的水准点 BM5 出发,沿各高程待定点 1,2,3,4,5 进行水准测量,最后返回到原水准点 BM5 上,各站所测高差之和的理论值应等于零,即有

$$\sum h_{理论} = 0 \qquad (2-9)$$

25

(3) 支水准路线

如图 2-16(c)所示,它是从一个已知高程的水准点 *BM*8 出发,沿各高程待定点 1,2 进行水准测量。支水准路线应进行往返观测,理论上,往测高差总和与返测高差总和应大小相等,符号相反,即有

$$\sum h_{往} + \sum h_{返} = 0 \qquad\qquad (2-10)$$

式(2-8)、式(2-9)、式(2-10)可以分别作为附合水准路线、闭合水准路线和支水准路线观测正确性的检核。

3) 水准测量方法

如图 2-2 所示,从一已知高程的水准点 *A* 出发,一般要用连续水准测量的方法,才能测算出另一待定水准点 *B* 的高程。在进行连续水准测量时,如果任何一测站的后视读数或前视读数有错误,都将影响所测高差的正确性。因此,在每一测站的水准测量中,为了及时发现观测中的错误,通常采用两次仪器高法或双面尺法进行观测,以检核高差测量中可能发生的错误,称这种检核为测站检核。

(1) 两次仪器高法

在每一测站上用两次不同仪器高度的水平视线(改变仪器高度应在 10cm 以上)来测定相邻两点间的高差,理论上两次测得的高差应相等。如果两次高差观测值不相等,对图根水准测量,其差的绝对值应小于 5mm,否则应重测。表 2-1 给出了对一附合水准路线进行水准测量的记录计算格式,表中灰底色背景的数值为原始观测值,其余数值为计算结果,圆括弧内的数值为两次高差之差。

表 2-1　　　　　　　　　　　水准测量记录(两次仪器高法)

测站	点号	水准尺读数/mm		高差/m	平均高差/m	高程/m	备注
		后视	前视				
1	*BM-A*	1134				13.428	
		1011					
	TP1		1677	−0.543	(0.000)		
			1554	−0.543	−0.543		
2	TP1	1444					
		1624					
	TP2		1324	+0.120	(+0.004)		
			1508	+0.116	+0.118		
3	TP2	1822					
		1710					
	TP3		0876	+0.946	(0.000)		
			0764	+0.946	+0.946		
4	TP3	1820					
		1923					
	TP4		1435	+0.385	(+0.002)		
			1540	+0.383	+0.384		
5	TP5	1422					
		1604					
	BM-D		1308	+0.114	(−0.002)		
			1488	+0.116	+0.115		
检核计算	Σ	15.514	13.474	2.040	1.020		

（2）双面尺法

在每一测站上同时读取每把水准尺的黑面和红面分划读数，然后由前、后视尺的黑面读数计算出一个高差，前后视尺的红面读数计算出另一个高差，以这两个高差之差是否小于某一限值进行检核。由于在每一测站上仪器高度不变，因此可加快观测的速度。每站仪器粗平后的观测步骤如下。

① 瞄准后视点水准尺黑面分划→精平→读数；

② 瞄准后视点水准尺红面分划→精平→读数；

③ 瞄准前视点水准尺黑面分划→精平→读数；

④ 瞄准前视点水准尺红面分划→精平→读数。

将上述观测顺序简称为"后—后—前—前"，对于尺面分划来说，顺序为"黑—红—黑—红"。表2-2给出了某附合水准路线水准测量的记录计算格式。

表 2-2　　　　　　　　　　　　　水准测量记录（双面尺法）

测站	点号	水准尺读数/mm		高差/m	平均高差/m	高程/m	备注
		后视	前视				
1	BM-C	1211				3.688	
		5998					
	TP1		0586	+0.625	(0.000)		
			5273	+0.725	+0.625		
2	TP1	1554					
		6241					
	TP2		0311	+1.243	(−0.001)		
			5097	+1.144	+1.2435		
3	TP2	0398					
		5186					
	TP3		1523	−1.125	(−0.001)		
			6210	−1.024	−1.1245		
4	TP3	1708					
		6395					
	D		0574	+1.134	(+0.000)		
			5361	+1.034	+1.134	5.566	
检核计算	Σ	28.691	24.935	+3.756	+1.878		

由于在一对双面水准尺中，两把尺子的红面零点注记分别为4687与4787，零点差为100mm，所以在表2-2每站观测高差的计算中，当4787水准尺位于后视点而4687水准尺位于前视点时，采用红面尺读数算出的高差比采用黑面尺读数算出的高差大100mm；当4687水准尺位于后视点，4787水准尺位于前视点时，采用红面尺读数算出的高差比采用黑面尺读数算出的高差小100mm。因此，在每站高差计算中，应先将红面尺读数算出的高差减或加100mm后才能与黑面尺读数算出的高差取平均。

4）fx-5800P 图根水准测量记录计算程序

fx-5800P 程序 QH4-5 能记录计算两次仪器高法或双面尺法图根水准测量成果,能根据用户输入的 4 个中丝读数,自动识别所使用的水准测量方法,完成观测后,程序自动统计出和检核数据与高差观测站数。

5）水准测量的成果处理

在每站水准测量中,采用两次仪器高法或双面尺法进行测站检核还不能保证整条水准路线的观测高差没有错误,例如用作转点的尺垫在仪器搬站期间被碰动所引起的误差不能用测站检核检查出来,还需要通过水准路线闭合差来检验。

水准测量的成果整理内容包括:测量记录与计算的复核,高差闭合差的计算与检核,高差改正数与各点高程的计算。

（1）高差闭合差的计算

高差闭合差一般用 f_h 表示,根据式(2-8)、式(2-9)与式(2-10)可以写出如下三种水准路线的高差闭合差计算公式。

① 附合水准路线高差闭合差

$$f_h = \sum h - (H_{终} - H_{起}) \tag{2-11}$$

② 闭合水准路线高差闭合差

$$f_h = \sum h \tag{2-12}$$

③ 支水准路线高差闭合差

$$f_h = \sum h_{往} + \sum h_{返} \tag{2-13}$$

受仪器精密度和观测者分辨力的限制及外界环境的影响,观测数据中不可避免地含有一定的误差,高差闭合差 f_h 就是水准测量观测误差的综合反映。当 f_h 在容许范围内时,认为精度合格,成果可用,否则应返工重测,直至符合要求为止。

《工程测量规范》规定,图根水准测量的主要技术要求,应符合表 2-3 的规定:

表 2-3　　　　　　　　　　　　图根水准测量的主要技术要求

每 km 高差中误差/mm	附合路线长度/km	仪器类型	视线长度/m	观测次数		往返较差、附合或环线闭合差/mm	
				附合或闭合路线	支水准路线	平地	山地
20	≤5	DS10	≤100	往一次	往返各一次	$40\sqrt{L}$	$12\sqrt{n}$

注：① L 为往返测段、附合环线的水准路线长度(km),n 为测站数;

② 当水准路线布设成支线时,其路线长度不应大于 2.5km。

（2）高差闭合差的分配和待定点高程的计算

当 f_h 的绝对值小于 $f_{h容}$ 时,说明观测成果合格,可以进行高差闭合差的分配、高差改正及待定点高程计算。

对于附合或闭合水准路线,一般按与路线长 L 或测站数 n 成正比的原则,将高差闭合差反号进行分配。也即在闭合差为 f_h、路线总长为 L (或测站总数为 n)的一条水准路线上,设某两点间的高差观测值为 h_i、路线长为 L_i(或测站数为 n_i),则其高差改正数 V_i 的计算公式为

$$V_i = -\frac{L_i}{L}f_h \left(\text{或 } V_i = -\frac{n_i}{n}f_h\right) \tag{2-14}$$

改正后的高差为 $\hat{h}_i = h_i + V_i$。

对于支水准路线,采用往测高差减去返测高差后取平均值,作为改正后往测方向的高差,即

$$\hat{h}_i = (h_{往} - h_{返})/2 \tag{2-15}$$

[例 2-1]　图 2-17 为按图根水准测量要求在平地施测某附合水准路线略图。$BM-A$ 和 $BM-B$ 为已知高程的水准点,箭头表示水准测量的前进方向,路线上方的数值为测得的两点间的高差,路线下方的数值为该段路线的长度,试计算待定点 1,2,3 点的高程。

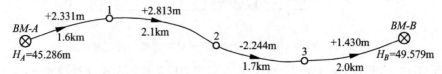

图 2-17　图根附合水准路线略图

[解]　全部计算在表 2-4 中进行,计算步骤说明如下:

① 高差闭合差的计算与检核

$$\sum = h2.331 + 2.813 - 2.244 + 1.43 = 4.33 \text{m}$$

$$f_h = \sum h - (H_B - H_A) = 4.33 - (49.579 - 45.286) = 0.037 \text{m} = 37 \text{mm}$$

$$f_{h容} = \pm 40\sqrt{L} = \pm 40 \times \sqrt{7.4} = \pm 109 \text{mm}$$

$|f_h| < |f_{h容}|$,符合表 2-3 的规定,可以分配闭合差。

② 高差改正数和改正后的高差计算

高差改正数的计算式:$V_i = -\frac{L_i}{L}f_h$,改正后的高差计算式:$\hat{h}_i = h_i + V_i$,在表 2-4 中计算。

表 2-4　　　　　　　　　　　　　　图根水准测量的成果处理

点名	路线长 L_i/km	观测高差 h_i/m	改正数 V_i/m	改正后高差 $\hat{h}_i$/m	高程 H/m
$BM-A$					**45.285**
	1.6	+2.331	−0.008	2.323	
1					47.609
	2.1	+2.813	−0.011	2.802	
2					50.411
	1.7	−2.244	−0.008	−2.252	
3					48.159
	2.0	+1.430	−0.010	+1.420	
$BM-B$					**49.579**
$\sum$	7.4	+4.330	−0.037	+4.293	

③ 高程的计算

1 点高程的计算过程为:$H_1 = H_A + \hat{h}_1 = 45.286 + 2.323 = 47.609$m,其余点的高程计算

过程依此类推,作为检核,最后推算出的 B 点高程应该等于其已知高程。

也可以用 fx-5800P 程序 QH4-7 计算图 2-17 附合水准路线未知点的高程。按 (MODE)[1]键进入 COMP 模式,按 (FUNCTION)[6][1][EXE]键执行 ClrStat 命令清除统计存储器;按 (MODE)[4] 键进入 REG 模式,将图 2-17 四个测段的水准路线长顺序输入统计串列 List X,高差观测值 顺序输入统计串列 List Y,此时,List Freq 串列单元的数值自动变成 1,请不要改变它们的 值,结果如图 2-18 所示。

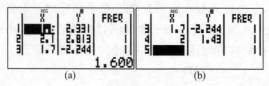

(a)　　　　　(b)

图 2-18　执行 QH4-7 程序前在统计串列输入的观测数据

执行 QH4-7 程序,输入图 2-17 已知点高程的屏幕提示及操作过程如下:

屏幕提示	按键	说明
SINGLE MAPPING LEVEL QH4-7	[EXE]	显示程序标题
TOTAL NUM=4	[EXE]	显示统计串列测段数
START H(m)=?	**45.286** [EXE]	输入起点已知高程
END H(m)=?	**49.579** [EXE]	输入终点已知高程
PLATE(0),HILL(≠0)=?	**0** [EXE]	输入 0 选择平地
∑(L)km=7.4	[EXE]	显示总路线长
h CLOSE ERROR(mm)=37	[EXE]	显示高差闭合差
n=1	[EXE]	显示 1 点数据
h ADJUST(m)=2.323	[EXE]	显示第 1 测段调整后的高差
Hn ADJUST(m)=47.609	[EXE]	显示 1 点平差后高程
n=2	[EXE]	显示 2 点数据
h ADJUST(m)=2.803	[EXE]	显示第 2 测段调整后的高差
Hn ADJUST(m)=50.412	[EXE]	显示 2 点平差后高程
n=3	[EXE]	显示 3 点数据
h ADJUST(m)=-2.253	[EXE]	显示第 3 测段调整后的高差
Hn ADJUST(m)=48.159	[EXE]	显示 3 点平差后高程
n=4	[EXE]	显示 4 点数据
h ADJUST(m)=1.420	[EXE]	显示第 4 测段调整后的高差
Hn ADJUST(m)=49.579	[EXE]	显示检核点高程
h CLOSE TEST(mm)=0.000	[EXE]	高差闭合差检核结果
QH4-7⇒END		程序执行结束显示

🖉 程序计算结果只供屏幕显示,不存入统计串列,也即,执行程序不会破坏预先输入到 统计串列中的高差观测数据,允许反复多次执行程序。

2.4　微倾式水准仪的检验与校正

1) 水准仪的轴线及其应满足的条件

如图 2-19(a)所示,水准仪的主要轴线有视准轴 CC、管水准器轴 LL、圆水准器轴 $L'L'$ 和竖轴 VV。为使水准仪能正确工作,水准仪的轴线应满足下列三个条件:

(1) 圆水准器轴应平行于竖轴($L'L'/\!/VV$);

（2）十字丝分划板的横丝应垂直于竖轴VV；

（3）管水准器轴应平行于视准轴（$LL /\!/ CC$）。

2）水准仪的检验与校正

（1）圆水准器轴平行于竖轴的检验与校正

检验：旋转脚螺旋，使圆水准气泡居中；将仪器绕竖轴旋转$180°$，如果气泡中心偏离圆水准器的零点，则说明$L'L'$不平行于VV，需要校正。

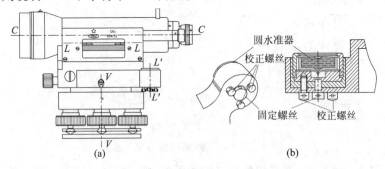

图2-19　水准仪的轴线与圆水准器校正螺丝

校正：旋转脚螺旋使气泡中心向圆水准器的零点移动偏距的一半，然后使用校正针拨动圆水准器的三个校正螺丝，如图2-19(b)所示，使气泡中心移动到圆水准器的零点，将仪器再绕竖轴旋转$180°$，如果气泡中心与圆水准器的零点重合，则校正完毕，否则还需要重复前面的校正工作，最后，勿忘拧紧固定螺丝。检验与校正操作的原理如图2-20所示。

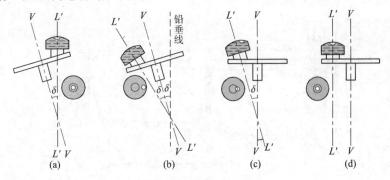

图2-20　圆水准器轴的检验与校正原理

（2）十字丝分划板的横丝垂直于竖轴的检验与校正

检验：整平仪器后，用十字丝横丝的一端对准远处一明显标志点P（图2-21(a)），旋紧制动螺旋，旋转微动螺旋转动水准仪，如果标志点P始终在横丝上移动（图2-21(b)），说明横丝垂直于竖轴。否则，需要校正（图2-21(c)和图2-21(d)）。

校正：旋下十字丝分划板护罩（图2-21(e)），用螺丝批松开四个压环螺丝（图2-21(f)），按横丝倾斜的反方向转动十字丝组件，再进行检验。如果P点始终在横丝上移动，表明横丝已经水平，最后用螺丝批拧紧4个压环螺丝。

（3）管水准器轴平行于视准轴的检验与校正

如果管水准器轴在竖直面内不平行于视准轴，说明两轴之间存在一个夹角i。当管水准气泡居中时，管水准器轴水平，视准轴相对于水平线则倾斜了i角。

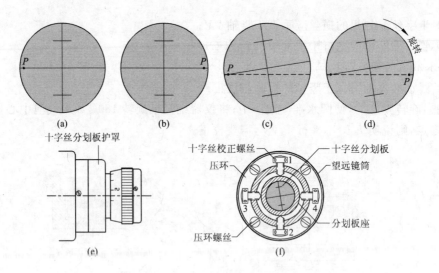

图 2-21　十字丝横丝的检验与校正

检验：如图 2-22 所示，在平坦场地选定相距约 80m 的 A,B 两点，打木桩或放置尺垫作标志并在其上竖立水准尺。将水准仪安置在与 A,B 两点等距离处的 C 点，采用变动仪器高法或双面尺法测出 A,B 两点的高差，若两次测得的高差之差不超过 3mm，则取其平均值作为最后结果 h_{AB}。由于测站距两把水准标尺的水平距离相等，所以，i 角引起的前、后视尺的读数误差 x（也称视准轴误差）相等，可以在高差计算中抵消，故 h_{AB} 不受 i 角误差的影响。

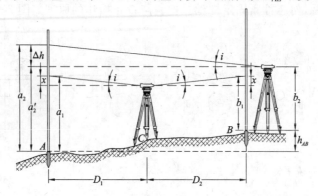

图 2-22　管水准器轴平行于视准轴的检验

将水准仪搬到距 B 点约 2～3m 处，安置仪器，测量 A,B 两点的高差，设前、后视尺的读数分别为 a_2,b_2，由此计算出的高差为 $h'_{AB}=a_2-b_2$，两次设站观测的高差之差为 $\Delta h=h'_{AB}-h_{AB}$，由图 2-22 可以写出 i 角的计算公式为

$$i''=\frac{\Delta h}{S_{AB}}\rho''=\frac{\Delta h}{80}\rho'' \tag{2-16}$$

式中 $\rho''=206\,265$。《工程测量规范》规定，用于三、四等水准测量的水准仪，其 i 角不应超过 $20''$。否则，需要校正。

校正：由图 2-22 可以求出 A 点水准标尺上的正确读数为 $a'_2=a_2-\Delta h$。旋转微倾螺旋，使十字丝横丝对准 A 尺上的正确读数 a'_2，此时，视准轴已处于水平位置，而管水准气泡必然偏离中心。用校正针拨动管水准器一端的上、下两个校正螺丝（图 2-23），使气泡的两个影像符合。注意,这种成对的校正螺丝在校正时应遵循"先松后紧"的规则,即如要抬高管水准器的一端,必须先松开上校正螺丝,让出一定的空隙,然后再旋出下校正螺丝。

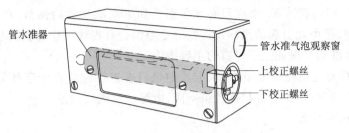

图 2-23 管水准器的校正

《工程测量规范》规定,在水准测量作业开始的第一周内应每天测定一次 i 角,i 角稳定后可每隔 15 天测定一次。

2.5 水准测量的误差及其削减方法

水准测量误差包括仪器误差、观测误差和外界环境的影响三个方面。

1) 仪器误差

(1) 仪器校正后的残余误差:规范规定,DS3 水准仪的 i 角大于 20″ 才需要校正,因此,正常使用情况下,i 角将保持在 ±20″ 以内。由图 2-22 可知,i 角引起的水准尺读数误差 x 与仪器至标尺的距离成正比,只要观测时注意使前、后视距相等,便可消除或减弱 i 角误差的影响。在水准测量的每站观测中,使前、后视距完全相等是不容易做到的,因此规范规定,对于四等水准测量,一站的前、后视距差应小于等于 5m,任一测站的前、后视距累积差应小于等于 10m。

(2) 水准尺误差:由于水准尺分划不准确、尺长变化、尺弯曲等原因而引起的水准尺分划误差会影响水准测量的精度,因此,须检验水准尺每米间隔平均真长与名义长之差。规范规定,对于区格式木质标尺,不应大于 0.5mm,否则,应在所测高差中进行米真长改正。一对水准尺的零点差,可在每个水准测段观测中安排偶数个测站予以消除。

2) 观测误差

(1) 管水准气泡居中误差:水准测量的原理要求视准轴必须水平,视准轴水平是通过居中管水准气泡来实现的。精平仪器时,如果管水准气泡没有精确居中,将造成管水准器轴偏离水平面而产生误差。由于这种误差在前视与后视读数中不相等,所以,高差计算中不能抵消。

DS3 水准仪管水准器格值为 $\tau''=20''/2\text{mm}$,当视线长为 80m,气泡偏离居中位置 0.5 格时引起的读数误差为

$$\frac{0.5 \times 20}{206\,265} \times 80 \times 1000 = 4\text{mm}$$

削减这种误差的方法只能是每次读尺前、进行精平操作时,使管水准气泡严格居中。

(2) 读数误差:普通水准测量观测中的 mm 位数字是依据十字丝横丝在水准尺 cm 分划内的位置估读的,在望远镜内看到的横丝宽度相对于 cm 分划格宽度的比例决定了估读的精

度。读数误差与望远镜的放大倍数和视线长有关。视线愈长,读数误差愈大。因此,《工程测量规范》规定,使用 DS3 水准仪进行四等水准测量时,视线长应不大于 100m。

（3）水准尺倾斜:读数时,水准尺必须竖直。如果水准尺前后倾斜,在水准仪望远镜的视场中不会察觉,但由此引起的水准尺读数总是偏大。且视线高度愈大,误差就愈大。在水准尺上安装圆水准器是保证尺子竖直的主要措施。

（4）视差:视差是指在望远镜中,水准尺的像没有准确地成在十字丝分划板上,造成眼睛的观察位置不同时,读出的标尺读数也不同,由此产生读数误差。

3）外界环境的影响

（1）仪器下沉和尺垫下沉:仪器或水准尺安置在软土或植被上时,容易产生下沉。采用"后—前—前—后"的观测顺序可以削弱仪器下沉的影响,采用往返观测取观测高差的中数可以削弱尺垫下沉的影响。

（2）大气折光:晴天在日光的照射下,地面温度较高,靠近地面的空气温度也较高,其密度较上层为稀。水准仪的水平视线离地面越近,光线的折射也就越大。《工程测量规范》规定,四等水准测量,视线离地面的高度应大于等于 0.2m。

（3）温度:当日光直接照射水准仪时,仪器各构件受热不均匀引起仪器的不规则膨胀,从而影响仪器轴线间的正常关系,使观测产生误差。观测时应注意撑伞遮阳。

2.6 自动安平水准仪

自动安平水准仪的结构特点是没有管水准器和微倾螺旋,视线安平原理如图 2 - 24 所示。

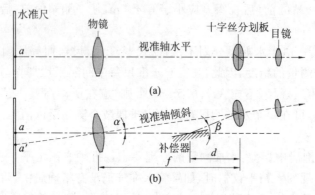

图 2 - 24 视线安平原理

当视准轴水平时,设在水准尺上的正确读数为 a,因为没有管水准器和微倾螺旋,依据圆水准器将仪器粗平后,视准轴相对于水平面将有微小的倾斜角 α。如果没有补偿器,此时在水准尺上的读数设为 a';当在物镜和目镜之间设置有补偿器后,进入十字丝分划板的光线将全部偏转 β 角,使来自正确读数 a 的光线经过补偿器后正好通过十字丝分划板的横丝,从而读出视线水平时的正确读数。图 2 - 25 为天津欧波 DS30 自动安平水准仪,各构件的名称见图中注记。

图 2 - 26 为其补偿器结构图。仪器采用精密微型轴承悬吊补偿器棱镜组 3,利用重力原理安平视线。补偿器的工作范围为 ±15′,视线自动安平精度为 ±0.5″,每 km 往返测高差中

数的中误差为±1.5mm。

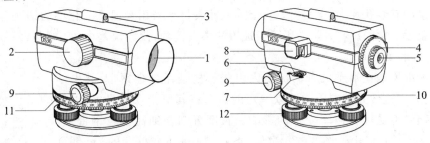

图 2-25 天津欧波 DS30 自动安平水准仪

1—物镜；2—物镜调焦螺旋；3—粗瞄器；4—目镜调焦螺旋；5—目镜；6—圆水准器；7—圆水准器校正螺丝；
8—圆水准器反光镜；9—无限位微动螺旋；10—补偿器检测按钮；11—水平度盘；12—脚螺旋

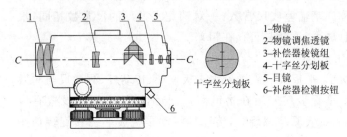

1—物镜
2—物镜调焦透镜
3—补偿器棱镜组
4—十字丝分划板
5—目镜
6—补偿器检测按钮

十字丝分划板

图 2-26 DS30 自动安平水准仪补偿器的结构

2.7 精密水准仪与铟瓦水准尺

精密水准仪主要用于国家一、二等水准测量和精密工程测量中，例如，建、构筑物的沉降观测，大型桥梁工程的施工测量和大型精密设备安装的水平基准测量等。

1）精密水准仪

图 2-27 为苏州一光 DS05 自动安平精密水准仪，望远镜物镜孔径为 45mm，放大倍数为 38×，圆水准器格值 $\tau=10'/2mm$，补偿器的工作范围为 $\pm15'$，视准线安平精度为 $\pm0.3''$，配合铟瓦水准尺测量时，每 km 往返测高差中数的中误差为 $\pm0.5mm$。

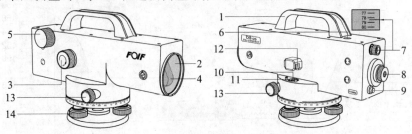

图 2-27 苏州一光 DS05 自动安平精密水准仪

1—手柄；2—物镜；3—物镜调焦螺旋；4—平板玻璃；5—平板玻璃测微螺旋；6—平板玻璃测微器照明窗；
7—平板玻璃测微器读数目镜；8—目镜；9—补偿器检查按钮；10—圆水准器；11—圆水准器校正螺丝；
12—圆水准器反射棱镜；13—无限位水平微动螺旋；14—脚螺旋

与 DS3 普通水准仪比较,精密水准仪的特点是:① 望远镜的放大倍数大、分辨率高;② 望远镜物镜的有效孔径大,亮度好;③ 望远镜外表材料采用受温度变化小的铟瓦合金钢,以减小环境温度变化的影响;④ 采用平板玻璃测微器读数,读数误差小;⑤ 配备铟瓦水准尺。

2) 铟瓦水准尺

铟瓦水准尺是在木质尺身的凹槽内引张一根铟瓦合金钢带,其中零点端固定在尺身上,另一端用弹簧以一定的拉力将其引张在尺身上,以使铟瓦合金钢带不受尺身伸缩变形的影响。长度分划在铟瓦合金钢带上,数字注记在木质尺身上。图 2-28 为与 DS05 精密水准仪配套的 2m 铟瓦水准尺(也可选购 3m 铟瓦水准尺)。在铟瓦合金钢带上刻有两排分划,右边一排分划为基本分划,数字注记从 0cm 到 200cm,左边一排分划为辅助分划,数字注记从 300cm 到 500cm,基本分划与辅助分划的零点相差一个常数 301.55cm,称为基辅差或尺常数,一对铟瓦水准尺的尺常数相同,水准测量作业时,用以检查读数是否存在粗差。

3) 平板玻璃测微器

如图 2-29 所示,平板玻璃测微器由平板玻璃、传动杆、测微尺与测微螺旋等构件组成。平板玻璃安装在物镜前,它与测微尺之间用设置有齿条的传动杆连接,当旋转测微螺旋时,传动杆带动平板玻璃绕其旋转轴作仰俯倾斜。视线经过倾斜的平板玻璃时,产生上下平行移动,可以使原来并不对准铟瓦水准尺上某一分划的视线能够精确对准某一分划,从而读到一个整分划读数(图 2-29 中的 147cm 分划),而视线在尺上的平行移动量则由测微尺记录下来,测微尺的读数通过光路成像在望远镜的测微尺读数目镜视场内。

图 2-28 2m 铟瓦水准尺

旋转平板玻璃测微螺旋,可以产生的最大视线平移量为 10mm,它对应测微尺上 100 个分格,因此,测微尺上 1 个分格等于 0.1mm,如在测微尺上估读到 0.1 分格,则可以估读到 0.01mm。将标尺上的读数加上测微尺上的读数,就等于标尺的实际读数。例如,图 2-29 的读数为 147+0.784=147.784cm=1.47784m。

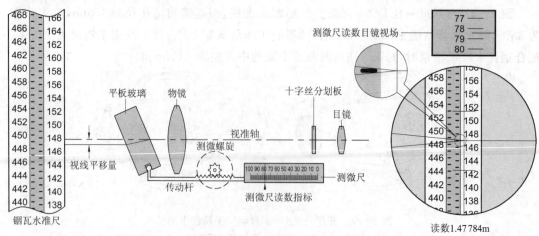

图 2-29 苏州一光 DS05 的平板玻璃测微器读数原理

2.8 拓普康 DL-502 数字水准仪

数字水准仪是在仪器望远镜光路中增加分光棱镜与 CCD 阵列传感器等部件,采用条码水准尺和图像处理系统构成光、机、电及信息存储与处理的一体化水准测量系统。与光学水准仪比较,数字水准仪的特点是:① 自动测量视距与中丝读数;② 快速进行多次测量并自动计算平均值;③ 能自动存储测量数据,使用后处理软件可实现水准测量从外业数据采集到最后成果计算的一体化。

1) DL-502 的测量原理

图 2-30 为拓普康 DL-502 数字水准仪光路图,图 2-31 为与之配套的 3m 条码铟瓦水准尺 BIS30(2m 条码铟瓦水准尺为 BIS20)。望远镜瞄准标尺并调焦后,标尺的条码影像入射到分光棱镜 4 上,分光棱

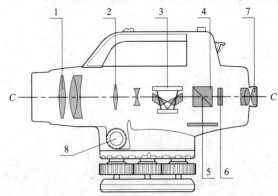

图 2-30 拓普康 DL-502 数字水准仪光路图
1—物镜组件;2—调焦镜组件;3—磁阻尼摆式补偿器;
4—分光棱镜;5—CCD 阵列传感器;6—十字丝分划板;
7—目镜组件;8—无限位水平微动螺旋

图 2-31 BIS30 条码
铟瓦水准尺

镜将其分为可见光和红外光两部分,可见光影像成像在十字丝分划板 6 上,供目视观测;红外光影像成像在 CCD 阵列传感器 5 上,传感器将接收到的光图像先转换成模拟信号,再转换为数字信号传送给仪器的处理器,通过与机内事先存储好的标尺条码本源数字信息进行相关比较,当两信号处于最佳相关位置时,即获得水准尺上的水平视线读数和视距读数并输出到屏幕显示。

2) DL-502 的主要技术参数

DL-502 数字水准仪各构件的功能见图 2-32 的注记,操作面板与键功能见图 2-33 所示,条码尺铟瓦合金钢带的热膨胀系数为 $-0.11 \times 10^{-6}/℃$,远低于普通标尺的热膨胀系数 $13.8 \times 10^{-6}/℃$。

DL-502 的主要技术参数为:防尘防水等级为 IPX4,望远镜放大倍数为 $32\times$,视场角为 $1°20'(2.3m/100m)$,测量范围为 1.6~100m;使用磁阻尼摆式补偿器,补偿范围为 $\pm15'$;采用条码铟瓦水准尺 BIS20 或 BIS30 测量时,1km 往返观测高差中数的中误差为 $\pm0.4mm$,采用条码玻璃钢水准尺 BGS40 或 BGS50 测量时,1km 往返观测高差中数的中误差为 $\pm1.0mm$,屏幕显示的最小中丝读数为 0.01mm;采用 7.2V、容量为 2430mAh 的锂离子电

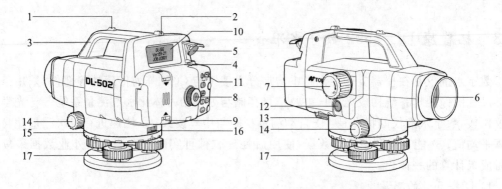

图 2-32 拓普康 DL-502 数字水准仪

1—准星；2—照门；3—提手；4—圆水准器；5—圆水准器反射镜；6—物镜；7—物镜调焦螺旋；8—目镜；
9—电池护盖钮；10—显示屏幕；11—电源开关按钮；12—测量键◉；13—RS232C 接口；14—无限位水平微动螺旋；
15—水平度盘设置环；16—水平度盘读数窗；17—脚螺旋

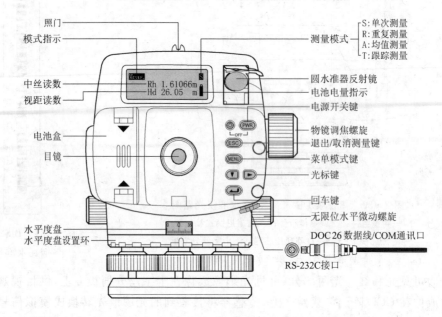

图 2-33 DL-502 的操作面板与键功能

池 BDC46C 供电，一块充满电的 BDC46C 电池可供连续测量 8.5h。BDC46C 电池与拓普康 HiPer Ⅱ G GNSS RTK 接收机的电池通用。

外业观测数据可以自动存储在内存文件，内存最多可以存储 2 000 个点的观测数据，用 DOC26 或 DOC27 数据线连接仪器的 RS-232C 口与 PC 机的 COM 口，使用通讯软件（见光盘"\数字水准仪通讯软件\索佳 SDL 拓普康 DL\SDL_TOOL.exe"）可以将仪器观测数据下载到 PC 机。

3）DL-502 的开机界面

图 2-33 为 DL-502 的正面图，按◉PWR键开机，屏幕依次显示图 2-34(a) 所示的拓普康商标、图 2-34(b) 所示的机载软件版本信息及工作文件名后，自动进入图 2-34(c) 所示的状态模式界面，重复按◉ESC键为在图 2-34(b) 与图 2-34(c) 所示界面之间相互切换。瞄准条码水准尺，按仪器右侧的◉键开始测量，案例见图 2-34(d) 所示。按◉键为打开屏幕背景光

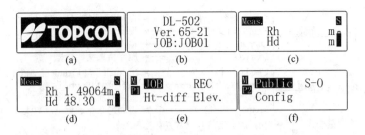

图 2-34　DL-502 开机屏幕显示、状态模式与菜单模式界面

与十字丝分划板照明灯,按住 PWR 键不放,再按 ⊛ 键为关机。

在图 2-34(c)所示的状态模式界面下,只能测量水准尺的中丝读数 Rh 与视距 Hd,且测量结果不能存入工作文件。当条码水准尺正立时,中丝读数为正数,案例如图 2-35(a)所示;条码水准尺倒置时,中丝读数为负数,案例如图 2-35(b)所示,应用该原理可以精确地测量建筑物的层高,案例如图 2-35(c)所示。

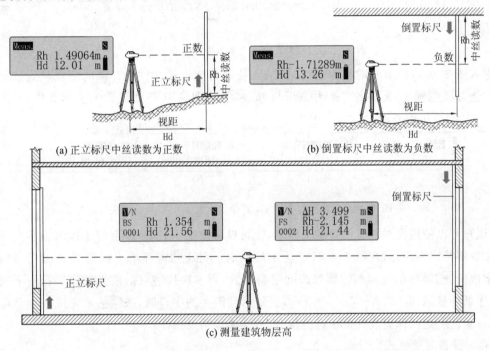

图 2-35　正立条码水准尺与倒置条码水准尺中丝读数的差异

4)DL-502 的菜单模式

使用仪器的主要功能,需要按 MENU 键进入图 2-34(e)所示的菜单模式,它有 P1 与 P2 两页主菜单,按 MENU 键为在 P1 与 P2 页主菜单之间相互切换。菜单模式的操作方法是,按 ▶ 或 ▼ 键移动光标到所需要的选项,按 ↵ 键进入光标所在选项的下级菜单;按 ESC 键为返回上级菜单。图 2-35 为菜单模式的菜单总图,本节介绍菜单模式常用命令的操作方法。

5)常用基本设置命令

(1)设置工作文件

按 MENU 键进入图 2-37(a)所示的 P1 页主菜单,光标自动位于 JOB 命令,按 ↵ 键执行 JOB 命令,进入图 2-37(b)所示的界面,光标自动位于 Select 命令,按 ↵ 键执行 Select 命

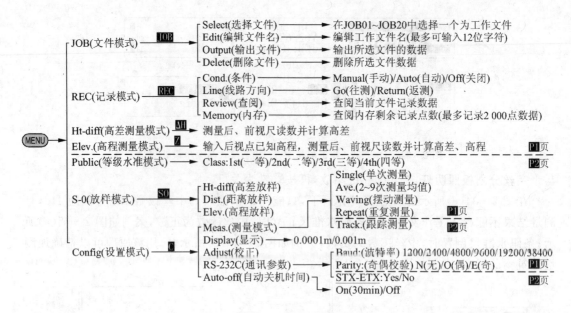

图 2-36 按 MENU 键进入菜单模式的菜单总图

令,进入图 2-37(c)所示的界面,第二行的 4 位数字为工作文件已存储的测点观测数据个数;按 ▶ 或 ▼ 键,使文件名切换为 JOB02 按 ⏎ 键,即将 JOB02 设置为工作文件,并返回图 2-37(b)所示的界面。

图 2-37　在 P1 页主菜单执行"JOB/Select"命令设置 JOB02 为工作文件的操作过程

用户可以使用仪器缺省设置的工作名,也可以修改工作名,修改后的工作名最多允许输入 12 位字符。方法是:在图 2-37(b)所示的界面下,按 ▶ 键移动光标到 Edit 命令按 ⏎ 键,多次按 ▶ 键移动光标到需要修改的字符位置,再多次按 ▼ 键,使光标位字符按下列字符顺序循环显示:0~9,A~Z,.,+,－_,当显示到需要的字符时,按 ⏎ 键完成一个字符的输入。重复上述操作完成其余字符的修改,按 ⏎ 键结束操作。

(2)设置测量模式

按 MENU 键进入图 2-38(b)所示的 P2 页主菜单,按 ▼ 键移动光标到 Config 命令按 ⏎ 键,进入图 2-38(c)所示的界面,光标自动位于 Meas. 命令,按 ⏎ 键进入图 2-38(d)所示

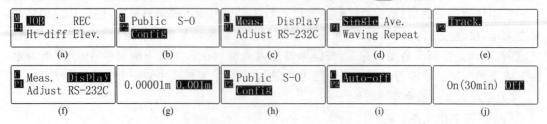

图 2-38　在 P2 页主菜单的 Config 命令下执行 Meas. 命令设置单次测量
执行 Display 命令设置 0.001m,执行 Auto-Off 命令关闭自动关机的操作过程

的 P1 页菜单[按 ⬛MENU 键可切换至图 2－38(e)所示的 P2 页菜单]，光标自动位于 Single 命令，按 ⬛ 键设置为单次测量模式并返回图 2－38(c)所示的界面。

在图 2－38(d)—(e)所示的界面下，设置为 Single 的功能是完成一次精测读数后自动停止测量，设置为 Ave. 的功能是连续 n 次精测读数后停止测量，并显示 n 次读数的平均值，n 可以设置为 2～9 之间的整数；设置为 Waving 的功能是摆动测量，当标尺因故前后小幅摇摆不定时，仪器连续精测读数直至测出一个最小中丝读数时停止测量；设置为 Repeat 的功能是连续精测读数直至按 ⬛ 或 ⬛MEAS 键停止测量；设置为 Track. 的功能是连续粗测读数直至按 ⬛ 或 ⬛MEAS 键停止测量，粗测读数的中丝 Rh 只显示到 cm 位，视距 Hd 只显示到 dm 位。

✍ 摆动测量是 DL－502 新增的一个功能，主要用于很难稳定立尺的情形，在该模式下按 ⬛MEAS 键测量时，如果屏幕显示"Too low"，说明标尺竖立的很稳定，无法进行摆动测量，应将测量模式修改为其余四种模式之一。

（3）设置中丝读数显示的小数位数

在图 2－38(c)所示的界面下，按 ⬛▶ 键移动光标到 Display 命令，按 ⬛ 键进入图 2－38(g)所示的界面，移动光标到 0.001m 按 ⬛ 键为设置中丝读数显示到 0.001m 位，并返回图 2－38(f)所示的界面。

（4）关闭自动关机时间

在图 2－38(f)所示的界面下，按 ⬛MENU 键翻页到图 2－38(i)所示的 P2 页设置菜单，按 ⬛ 键执行 Auto－Off 命令，进入图 2－38(j)所示的界面，移动光标到 Off 按 ⬛ 键为关闭自动关机时间，并返回图 2－38(h)所示的界面。

（5）设置记录模式

按 ⬛MENU ⬛▶ ⬛ 键执行 REC 命令，进入图 2－39(c)所示的界面，光标自动位于 Cond. 命令，按 ⬛ 键进入图 2－39(d)所示的界面，移动光标到 Manul 按 ⬛ 键为设置手动记录模式，并返回图 2－39(c)所示的界面。

图 2－39　在 P2 页主菜单执行 REC/Cond. 命令设置手动记录的操作过程

6）高差测量模式

高差测量模式是测量一个后视点分别至多个前视点的高差，测量结果可以存入工作文件。

按 ⬛MENU ⬛▼ ⬛ 键执行 Ht－diff 命令，进入图 2－40(b)所示的界面，屏幕左侧中部显示的"BS"为后视标尺(Back Staff)的简称，屏幕左下角显示的"0001"表示本次观测的记录号。使望远镜瞄准后视标尺，按 ⬛MEAS 键测量，见案例图 2－40(c)所示，因前已设置记录模式为 Manual，故屏幕左上角显示"Y/N"，意义为是否将屏幕显示的观测数据存入工作文件，按 ⬛ 键为存入工作文件，或按 ⬛▶ ⬛ 键为不存入工作文件。如选择存入工作文件，屏幕显示图 2－40(d)所示的记录号界面后进入图 2－40(e)所示的界面，屏幕左侧中部显示的"FS"为前视标尺(Front Staff)的简称，屏幕左下角显示的工作文件记录号自动增加为"0002"。

使望远镜瞄准前视标尺，按 ⬛MEAS 键测量，案例如图 2－40(f)所示，屏幕显示的 ΔH 为本站高差；按 ⬛ 键为存入工作文件，屏幕显示图 2－40(g)所示的记录号界面后进入图 2－40(h)

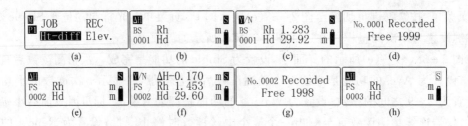

图 2-40 执行 P1 页主菜单 Ht-diff 命令测量一站高差的操作过程

所示的重复观测前视标尺界面,此时,屏幕左下角显示的工作文件记录号自动增加为"0003"。

✍ ①DL-502 的内存最多可以存储 2000 个测点的观测数据;②进入高差测量模式后,仪器只需要测量一次后视标尺读数,前视标尺读数的测量次数无限制,每测量一次前视标尺读数,仪器算出后视至前视标尺的高差,若要测量另一个后视标尺读数,需要按 (ESC) 键先返回图 2-40(a)所示的 P1 页主菜单,再按 键进入图 2-40(b)所示的后视标尺测量界面。

7)高程测量模式

先输入后视点的已知高程,测量一个后视点分别至多个前视点的高差并显示前视点的高程,测量结果可以存入工作文件。

按 (MENU) ▼ ► 键执行 Elev. 命令,进入图 2-41(b)所示的界面,要求输入后视点的已知高程。输入后视点已知高程 4.336m 的操作方法是:按 ► ► ► ► 键移动光标到 m 位,按 ▼ ▼ ▼ ▼ 键输入数字 4;按 ► 键移动光标到 dm 位,按 ▼ ▼ ▼ 键输入数字 3;按 ► 键移动光标到 cm 位;按 ▼ ▼ ▼ 键输入数字 3,按 ► 键移动光标到 mm 位,按 ▼ ▼ ▼ ▼ ▼ ▼ 键输入数字 6,结果如图 2-41(c)所示。按 键进入图 2-41(d)所示的后视点测量界面。

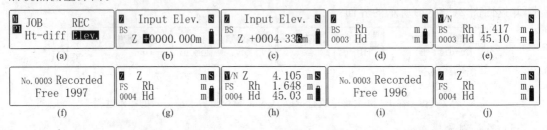

图 2-41 执行 P1 页主菜单 Elev. 命令测量一站高差与前视点高程的操作过程

使望远镜瞄准后视标尺,按 键测量,案例如图 2-41(e)所示,按 键存入工作文件,屏幕显示图 2-41(f)所示的记录号界面后,进入图 2-41(g)所示的前视点测量界面;使望远镜瞄准前视标尺,按 键测量,案例见图 2-41(h)所示,按 键存入工作文件,屏幕显示图 2-41(i)所示的记录号界面后进入图 2-41(j)所示的前视点测量界面。

8)放样模式

按 (MENU)(MENU) ► 键进入图 2-42(b)所示的放样模式界面,有 Ht-diff(高差放样)、Dist(距离放样)与 Elev.(高程放样)三个命令。

(1)高差放样

输入后视点至放样点的设计高差,测量后视点与放样点,屏幕显示放样点的挖填高差。

在图 2-42(b)所示的界面下,执行 Ht-diff 命令,进入图 2-42(c)所示的界面,要求输入放样高差。图 2-42(d)为输入 0.671m,按 ⏎ 键进入图 4-42(e)所示的后视测量界面,使望远镜瞄准后视标尺,按 MEAS 键测量,案例见图 2-42(f)所示,按 ⏎ 键存入工作文件;使望远镜瞄准前视标尺,按 MEAS 键测量,图 2-42(h)所示的案例为填(Fill)高,图 2-42(i)所示的案例为挖(Cut)高,图 2-42(j)所示的案例为满足设计高差要求。

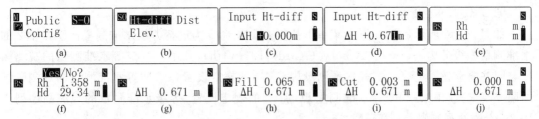

图 2-42　执行 P2 页主菜单 S-O/Ht-diff 命令放样高差的操作过程

(2) 高程放样

输入后视点的已知高程、放样点的设计高程,测量后视点与放样点,屏幕显示放样点的挖填高差。

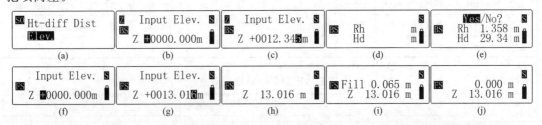

图 2-43　执行 P2 页主菜单 S-O/Elev.命令放样高程的操作过程

在图 2-43(a)所示的界面下,执行 Elev. 命令,进入图 2-43(b)所示的界面,要求输入后视点已知高程。图 2-43(c)为输入 12.345m,按 ⏎ 键进入图 4-43(d)所示的后视测量界面,使望远镜瞄准后视标尺,按 MEAS 键测量,案例见图 2-43(e)所示,按 ⏎ 键存入工作文件;使望远镜瞄准前视标尺,按 MEAS 键测量,图 2-43(i)所示案例为填(Fill)高,图 2-43(j)所示案例为满足设计高程要求。

(3) 视距放样

输入放样点的视距并测量放样点,屏幕显示的视距差等于"实测视距-放样视距"。

在图 2-44(b)所示的界面下执行 Dist.命令,进入图 2-44(c)所示的界面,要求输入放样视距。图 2-44(d)为输入 30m,按 ⏎ 键进入图 4-45(e)所示的界面,使望远镜瞄准后视

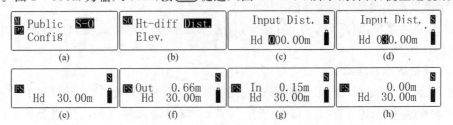

图 2-44　执行 P2 页主菜单 S-O/Dist 命令放样视距的操作过程

标尺,按⊙键测量,图 2-44(f)所示案例为需要向远离测站方向移动的距离(Out),图 2-44(g)所示案例为需要向接近测站方向移动的距离(In),图 2-44(h)所示案例为满足设计视距要求。

  ☞ ① 视距放样的测量结果不能存入工作文件;② 在上述任意测量或放样模式下,按⟨MENU⟩键都可以调出图 2-38(c)所示的界面设置测量模式。

9) 等级水准测量

如图 2-36 所示,在 P2 页主菜单下执行 Public 命令为进行等级水准测量。DL-502 的水准测量等级分为一(1st)、二(2nd)、三(3rd)、四等(4th),其中,一、二等水准测量的观测顺序与限差要求按《国家一、二等水准测量规范》[16] 的规定设置,三、四等水准测量的观测顺序与限差要求按《国家三、四等水准测量规范》[17] 的规定设置,等级水准测量的观测顺序列于表 2-5,测站观测限差列于表 2-6。

表 2-5   等级水准测量一站观测顺序

方向	测站	一等	二等	三等	四等
往测(Go)	奇数站(Odd)	后—前—前—后	后—前—前—后	后—前—前—后	后—后—前—前
返测(Return)	偶数站(Even)	前—后—后—前	前—后—后—前	后—前—前—后	后—后—前—前
往测(Go)	奇数站(Odd)	后—前—前—后	后—前—前—后	后—前—前—后	后—后—前—前
返测(Return)	偶数站(Even)	后—前—前—后	前—前—后—后	后—前—前—后	后—后—前—前

表 2-6   等级水准测量一站观测限差

限差项	一等	二等	三等	四等
视线长度	≥4m 且≤30m	≥3m 且≤50m	≤100m	≤150m
视线高度	≤2.8m 且≥0.65m	≤2.8m 且≥0.55m	无	无
前后视距差	≤1.0m	≤1.5m	≤2.0m	≤3.0m
前后视距累计差	≤3.0m	≤6.0m	≤5.0m	≤10.0m
两次高差之差	≤0.4mm	≤0.6mm	≤3.0mm	≤5.0mm
重复测量次数	≥3 次	≥2 次	1	1

下面介绍使用 DL-502 进行四等水准测量的操作步骤。

(1) 设置工作文件

在 P1 页主菜单执行 JOB/Select 命令,设置 JOB03 为工作文件,操作过程如图 2-45(a)—(c)所示。

(2) 设置水准测量方向为往测

在 P1 页主菜单执行 REC/Line 命令,设置水准测量方向为往测(Go),操作过程如图 2-45(d)—(f)所示。

(3) 开始四等水准测量

在 P2 页主菜单执行 Public 命令,进入图 2-45(i)所示的界面,按▶键若干次选择四等水准(4st)按◀┘键,进入图 2-45(j)所示的界面,需要输入起点的已知高程值。图 2-45(k)输入的起点高程为 4.336m,按◀┘键进入图 2-45(l)所示的后视测量界面,仪器自动:按后(BS1)—后(BS2)—前(FS1)—前(FS2)的观测顺序显示观测界面。

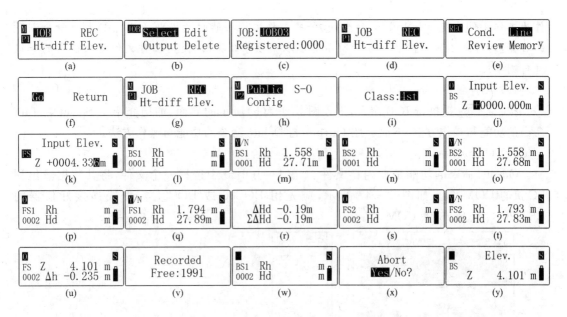

图 2-45　四等水准测量的操作过程

　　使望远镜瞄准已知点标尺，按_{MEAS}键开始第 1 次后视尺(BS1)测量，案例如图 2-45(m)所示，按⏎键存入工作文件；重复上述操作完成第 2 次后视尺(BS2)测量。

　　使望远镜瞄准前视标尺，按_{MEAS}键开始第 1 次前视尺测量，案例如图 2-45(q)所示，按⏎键存入工作文件，屏幕显示本站前后视距差 ΔHd 与前后视距累计差 $\Sigma \Delta Hd$，案例如图 2-45(r)所示；按⏎键重复上述操作完成第 2 次后视尺测量，案例如图 2-45(t)所示，按⏎键屏幕显示前视立尺点的高程 Z 与本站高差 Δh，按⏎键保存结果，进入图 2-45(w)所示的第 2 站测量界面。将仪器搬站到第 2 站，重复上述操作。

　　在图 2-45(w)所示的界面下，按(ESC)键进入图 2-45(x)所示的界面，按⏎键退出等级水准测量，屏幕显示本次测量的终点高程 Z，再按(ESC)键返回 P2 页主菜单。

　　在图 2-45(w)所示的界面下，按(MENU)键为查阅前视点的高程 Z 与测段路线长 ΣS，案例如图 2-46(b)所示，按⏎键返回图 2-46(a)所示的第 2 站后视尺测量界面。

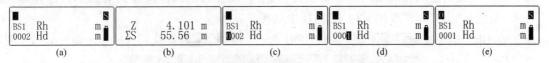

图 2-46　执行查阅测量成果与重新测量最近一站高差的操作过程

　　如要放弃已存入工作文件的测站测量数据，可以在图 2-46(a)所示的界面下按⏎键，此时，光标停留在当前记录号数字，结果如图 2-46(c)所示，按▶键移动光标，按▼键为切换光标位的数字，图 2-46(d)为将当前记录好修改为 0001，最后按⏎键返回图 2-46(e)所示的界面，此时，可以重新测量第 1 站读数。

　　完成一个测段的水准测量后按(ESC)键，进入图 2-45(w)所示的界面，按⏎键退出。

　　☞①只有工作文件为空文件时，执行 P2 页主菜单的 Public 命令，屏幕才显示图 2-45(i)所示的水准测量等级界面；②执行 Public 命令，屏幕显示"Select New JOB"时，说明工作文件已存储了非等级水准测量数据，需要执行 P1 页主菜单的 JOB 命令，重新设置一个空文件为工作文件才能执行 Public 命令；③如果工作文件存储的数据也是执行 Public 命令测量的数据，则屏幕不显示图 2-45(i)所示的水准测量等级界面，使用工作文件首次设置的等级进行测量。

10) 文件模式

按⟨MENU⟩⟨↵⟩键执行 JOB 命令，进入图 2-37(b)所示的界面，前已介绍了 Select 与 Edit 命令的功能与操作方法，下面介绍 Output 与 Delete 命令的功能与操作方法。

(1) Output 命令

Output 命令的功能是在内存文件 JOB01～JOB20 中选择一个文件，将其数据输出到 PC 机的 COM 口。如图 2-47 所示，应先用 DOC26 或 DOC27 数据线连接好仪器的 RS232C 口与 PC 机的 COM 口。

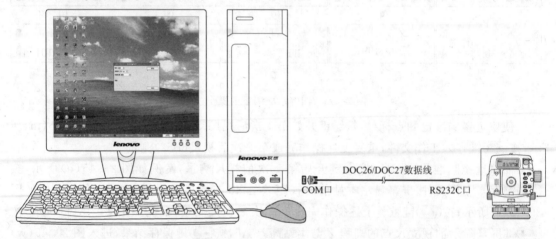

图 2-47 DL-502 数字水准仪→PC 机下载数据

将随书光盘"\数字水准仪通讯软件\拓普康 DL500"文件夹复制到 PC 机硬盘，再将该文件夹下的"DL-500_TOOL.exe"文件发送到 Windows 桌面，鼠标左键双击桌面图标 ，启动通讯软件 DL-500_TOOL，界面见图 2-48 所示。软件缺省设置的通讯参数与仪器出厂设置的通讯参数相同，"存储位置"列表为设置通讯软件接收到的数据文件存储文件夹，只能在"桌面"与"我的文件夹"两项中选择。

在 DL-502 按⟨MENU⟩⟨↵⟩键，执行 JOB 命令，按⟨▼⟩⟨↵⟩键执行 Output 命令，进入图

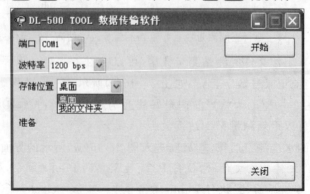

图 2-48 DL-500_TOOL 通讯软件缺省设置界面

2-49(c)所示的界面,多次按 ▶ 键选择需要输出的文件名,第 2 行右侧的数字为该文件存储的测站数,右侧的 * 表示该文件还未输出过;按 ⏎ 键进入图 2-49(d)所示的界面,可以两种格式输出,缺省设置为 CSV 格式;按 (MENU) 键调出通讯参数设置菜单,图 2-49(e)所示的通讯参数为仪器出厂设置的内容,如无需改变,则再次按 (MENU) 键,调出图 2-49(f)所示的 CSV 格式设置菜单,按 ▶ 键选择"Yes",再按 ⏎ 键返回图 2-49(d)所示的界面。

先在 PC 机用鼠标左键单击 DL-500_TOOL 的 [开始] 按钮启动通讯软件接收数据,再在 DL-502 上按 ⏎ 键启动仪器发送数据,进程界面见图 2-49(h)所示;通讯软件 DL-500_TOOL 自动将接收到的数据输出到"DL-500_mmddyyyy_hhmmss.csv"文件,该文件位于图 2-48"存储位置"列表所设置的文件夹。仪器完成文件数据发送后返回图 2-49(b)所示的界面。

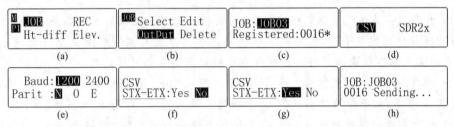

M JOB REC	JOB Select Edit	JOB: JOB03	CSV SDR2x
P1 Ht-diff Elev.	OutPut Delete	Registered:0016*	
(a)	(b)	(c)	(d)

Baud:1200 2400	CSV	CSV	JOB: JOB03
Parit :N O E	STX-ETX:Yes No	STX-ETX:Yes No	0016 Sending...
(e)	(f)	(g)	(h)

图 2-49 设置 DL-502 的通讯参数及下载 JOB03 文件数据到 PC 机的操作过程

图 2-50 为将四站四等水准测量观测数据下载到 DL-500_07112012_193153.csv 文件,并用 MS-Excel 打开该文件的内容。

	A	B	C	D	E	F	G	H
1	DL-502	6521	510810	JOB03	0	17	4	
2	1	1	0	1	1	27.71	1.558	4.336
3	2	1	0	1	1	27.68	1.558	4.336
4	3	2	0	1	2	27.89	1.794	4.1
5	4	2	0	1	2	27.83	1.793	4.101
6	5	2	0	1	1	32.86	1.803	4.1
7	6	2	0	1	1	32.87	1.803	4.1
8	7	3	0	1	2	32.97	1.949	3.954
9	8	3	0	1	2	33.15	1.954	3.949
10	9	3	0	1	1	17.05	1.696	3.952
11	10	3	0	1	1	17.04	1.696	3.952
12	11	4	0	1	2	17.81	1.765	3.883
13	12	4	0	1	2	17.82	1.765	3.883
14	13	4	0	1	1	19.47	1.741	3.883
15	14	4	0	1	1	19.46	1.741	3.883
16	15	5	0	1	2	19.3	1.574	4.05
17	16	5	0	1	2	19.28	1.574	4.05

◄◄ ◄ ► ►◄ \ DL-500 07112012 193153 /

图 2-50 下载的四站四等水准观测数据文件

(2) Delete 命令

Delete 命令的功能是在内存文件 JOB01~JOB20 中选择一个文件,并删除该文件的数据,使该文件为空文件,但不能删除文件本身。图 2-51 为删除 JOB03 文件的操作过程,屏幕显示图 2-51(c)所示的提示界面时,按 ▶⏎ 键完成删除 JOB03 文件数据的操作。

为保证内存文件的安全,Delete 命令只能删除已执行 Output 命令输出过数据的文件,

| (a) | (b) | (c) | (d) |

图 2-51　在 P1 页主菜单执行 JOB/Delete 命令删除 JOB03 文件的操作过程

也即图 2-51 第 2 行的数据个数 0016 右侧无"*"。当用户企图删除未执行 Output 命令输出过数据的文件时,屏幕显示"Send first"提示,表示需要先执行 Output 命令输出该文件的数据。

本章小结

(1) 水准测量是通过水准仪视准轴在后、前标尺上截取的读数之差获取高差,使用圆水准器与脚螺旋使仪器粗平后,微倾式水准仪是用管水准器与微倾螺旋使望远镜视准轴精确整平,自动安平水准仪是通过补偿器获得望远镜视准轴水平时的读数。

(2) 水准器格值 τ 的几何意义是:水准器内圆弧 2mm 弧长所夹的圆心角,τ 值大,安平的精度低;τ 值小,安平的精度高,DS3 水准仪圆水准器的 $\tau=8'$,管水准器的 $\tau=20''$。

(3) 水准测量测站检核的方法有两次仪器高法和双面尺法,图根水准测量可以任选其中一种方法观测,等级水准测量应选择双面尺法观测。

(4) 水准路线的布设方式有三种:附合水准路线、闭合水准路线与支水准路线,水准测量限差有测站观测限差与路线限差。当图根水准路线闭合差 f_h 满足规范要求时,应按下列公式计算测段高差 h_i 的改正数 V_i 与平差值 $\hat{h}_i$

$$V_i = -\frac{L_i}{L}f_h \quad \text{或} \quad V_i = -\frac{n_i}{n}f_h, \quad \hat{h}_i = h_i + V_i$$

再利用已知点高程与 $\hat{h}_i$ 推算各未知点的高程。

(5) 称望远镜视准轴 CC 与管水准器轴 LL 在竖直面的夹角为 i 角,规范规定,DS3 水准仪的 $i \leqslant 20''$ 时可以不校正,为削弱 i 角误差的影响,观测中要求每站的前后视距之差、水准路线的前后视距累积差不应超过一定的限值。

(6) 水准测段的测站数为偶数时,可以消除一对标尺零点差的影响;每站观测采用"后—前—前—后"的观测顺序可以减小仪器下沉的影响;采用往返观测高差的中数可以减小尺垫下沉的影响。

(7) 光学精密水准仪使用平板玻璃测微器直接读取水准标尺的 0.1mm 位的读数,配套的水准标尺为引张在木质尺身上的铟瓦合金钢带尺,以减小环境温度对标尺长度的影响。

(8) 数字水准仪是将条码标尺影像成像在仪器的 CCD 板上,通过与仪器内置的本源数字信息进行相关比较,获取条码尺的水平视线读数和视距读数并输出到屏幕显示,实现了读数与记录的自动化。

思考题与练习题

[2-1]　试说明视准轴、管水准器轴、圆水准器轴的定义?水准器格值的几何意义是什

么？水准仪上的圆水准器与管水准器各有何作用？

[2-2]　水准仪有哪些轴线？各轴线间应满足什么条件？

[2-3]　什么是视差？产生视差的原因是什么？怎样消除视差？

[2-4]　水准测量时为什么要求前、后视距相等？

[2-5]　水准测量时,在哪些立尺点处需要放置尺垫？哪些点上不能放置尺垫？

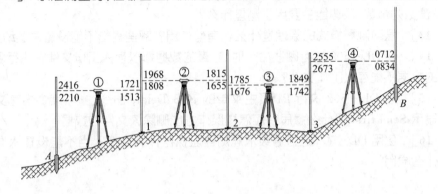

图 2-52　水准路线测量观测结果

[2-6]　什么是高差？什么是视线高程？前视读数、后视读数与高差、视线高程各有何关系？

[2-7]　与普通水准仪比较,精密水准仪有何特点？

[2-8]　用两次变动仪器高法观测一条水准路线,其观测成果标注于图 2-52 中,图中视线上方的数字为第 2 次仪器高的读数,试计算高差 h_{AB}。

[2-9]　表 2-7 为一附合水准路线的观测成果,试计算 A,B,C 三点的高程。

表 2-7　　　　　　　　　　　　　　　图根水准测量的成果处理

点名	测站数	观测高差 h_i/m	改正数 V_i/m	改正后高差 $\hat{h}_i$/m	高程 H/m
BM_1					489.523
A	15	+4.675			
B	21	-3.238			
C	10	4.316			
BM_2	19	-7.715			487.550
Σ					
辅助计算	$H_2-H_1=$ $f_h=$ $f_{h容}=$ 一站高差改正数$=\dfrac{-f_h}{总站数}$				

[2-10]　在相距 100m 的 A,B 两点的中央安置水准仪,测得高差 $h_{AB}=0.306m$,仪器

搬站到 B 点附近安置，读得 A 尺的读数 $a_2=1.792\mathrm{m}$，B 尺读数 $b_2=1.467\mathrm{m}$。试计算该水准仪的 i 角。

〔2－11〕 拓普康 DL－502 数字水准仪内置了多少个内存文件名？文件名是否可以修改？修改后的文件名最多允许输入多少位字符？

〔2－12〕 条码尺正立时，DL－502 测得的中丝读数为正数，条码尺倒置时，DL－502 测得的中丝读数为负数，该功能主要用于测量什么？

〔2－13〕 摆动测量模式的原理是什么？有何作用？哪些情形不能设置为摆动测量？

〔2－14〕 在 DL－502 执行哪些命令时，测量的数据可以存入工作文件？执行哪些命令时，测量的数据不能存入工作文件？

〔2－15〕 在 DL－502 执行 P1 页主菜单的 JOB/Delete 命令，删除某个内存文件的数据，屏幕显示 Send first 是什么意思？应怎样操作才能删除该文件的数据？

〔2－16〕 使用 DL－502 进行等级水准测量应执行什么命令？当不能设置水准测量等级时，是什么原因？

3 角度测量

本章导读

• **基本要求** 掌握 DJ6 级光学经纬仪角度测量的原理、对中整平方法、测回法观测单个水平角的方法,了解方向观测法进行多方向水平角测量的操作步骤与计算内容;掌握水平角测量的误差来源与削减方法、经纬仪轴系之间应满足的条件,了解经纬仪检验与校正的内容与方法、竖盘指标自动归零补偿器的原理。

• **重点** 光学对中法及垂球对中法安置经纬仪的方法与技巧,测回法观测水平角的方法及记录计算要求,中丝法观测竖直角的方法及记录计算要求,双盘位观测水平角与竖直角能消除的误差内容。

• **难点** 消除视差的方法,经纬仪的两种安置方法,水平角与竖直角测量瞄准目标的方法。

测量地面点连线的水平夹角及视线方向与水平面的竖直角,称角度测量,它是测量的基本工作之一。角度测量所使用的仪器是经纬仪和全站仪。水平角测量用于求算点的平面位置,竖直角测量用于测定高差或将倾斜距离化算为水平距离。

3.1 角度测量原理

1) 水平角测量原理

地面一点到两个目标点连线在水平面上投影的夹角称为水平角,它也是过两条方向线的铅垂面所夹的两面角。如图 3-1 所示,设 A,B,C 为地面上任意三点,将三点沿铅垂线方向投影到水平面上得到 A_1,B_1,C_1 三点,则直线 B_1A_1 与直线 B_1C_1 的夹角 β 即为地面上 BA 与 BC 两方向线间的水平角。为了测量水平角,应在 B 点上方水平安置一个有刻度的圆盘,称为水平度盘,水平度盘中心应位于过 B 点的铅垂线上;另外,经纬仪还应有一个能瞄准远方目标的望远镜,望远镜应可以在水平面和铅垂面内旋转,通过望远镜分别瞄准高低不同的目标 A 和 C,设在水平度盘上的读数分别为 a 和 c,则水平角为

$$\beta = c - a \qquad (3-1)$$

2) 竖直角测量原理

在同一竖直面内,视线与水平线的夹角称为竖直角。视线在水平线上方时称为仰角,角值为正;视线在水平线下方时称为俯角,角值为负,如图 3-2 所示。

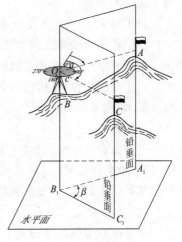

图 3-1 水平角测量原理

为了测量竖直角,经纬仪应在铅垂面内安置一个圆盘,称为竖盘。竖直角也是两个方向在竖盘上的读数之差,与水平角不同的是,其中有一个为水平方向。水平方向的读数可以通过竖盘指标管水准器或竖盘指标自动补偿装置来确定。设计经纬仪时,一般使视线水平时的竖盘读数为0°或90°的倍数,这样,测量竖直角时,只要照准目标,读出竖盘读数并减去仪器视线水平时的竖盘读数就可以计算出视线方向的竖直角。

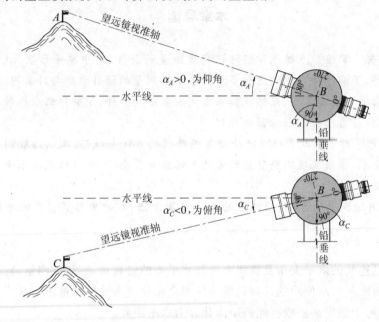

图 3-2 竖直角测量原理

3.2 光学经纬仪的结构与度盘读数

国产光学经纬仪按精度划分的型号有:DJ07,DJ1,DJ2,DJ6,DJ30,其中字母 D,J 分别为"大地测量"和"经纬仪"汉语拼音的第一个字母,07,1,2,6,30 分别为该仪器一测回方向观测中误差的秒数。

1)DJ6 级光学经纬仪的结构

根据控制水平度盘转动方式的不同,DJ6 级光学经纬仪又分为方向经纬仪和复测经纬仪。地表测量中,常使用方向经纬仪,复测经纬仪主要应用于地下工程测量。图 3-3 为 DJ6 级方向光学经纬仪,各构件的名称见图中注释。一般将光学经纬仪分解为基座、水平度盘和照准部,如图 3-4 所示。

(1)基座

基座上有三个脚螺旋,一个圆水准气泡,用来粗平仪器。水平度盘旋转轴套在竖轴套外围,拧紧轴套固定螺丝 21,可将仪器固定在基座上;旋松该螺丝,可将经纬仪水平度盘连同照准部从基座中拔出,以便换置觇牌。但平时应将该螺丝拧紧。

(2)水平度盘

水平度盘为圆环形的光学玻璃盘片,盘片边缘刻划并按顺时针注记有 0°~360° 的角度数值。

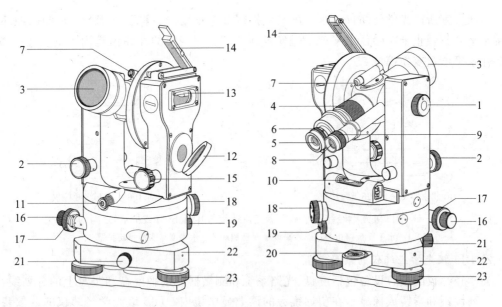

图 3-3　DJ6 级光学经纬仪

1—望远镜制动螺旋；2—望远镜微动螺旋；3—物镜；4—物镜调焦螺旋；5—目镜；6—目镜调焦螺旋；7—光学粗瞄器；
8—度盘读数显微镜；9—度盘读数显微镜调焦螺旋；10—照准部管水准器；11—光学对中器；12—度盘照明反光镜；
13—竖盘指标管水准器；14—竖盘指标管水准器观察反射镜；15—竖盘指标管水准器微动螺旋；16—水平制动螺旋；
17—水平微动螺旋；18—水平度盘变换螺旋；19—水平度盘变换锁止旋钮；20—基座圆水准器；
21—轴套固定螺丝；22—基座；23—脚螺旋

（3）照准部

照准部是指水平度盘之上，能绕其旋转轴旋转的全部部件的总称，它包括竖轴、U 形支架、望远镜、横轴、竖盘、管水准器、竖盘指标管水准器和光学读数装置等。

照准部的旋转轴称为竖轴，竖轴插入基座内的竖轴轴套中旋转；照准部在水平方向的转动，由水平制动、水平微动螺旋控制；望远镜纵向的转动，由望远镜制动及其微动螺旋控制；竖盘指标管水准器的微倾运动由竖盘指标管水准器微动螺旋控制；照准部管水准器，用于精确整平仪器。

水平角测量需要旋转照准部和望远镜依次照准不同方向的目标并读取水平度盘的读数，在一测回观测过程中，水平度盘是固定不动的。但为了角度计算的方便，在观测之前，通常将起始方向（称为零方向）的水平度盘读数配置为 0°左右，这就需要有控制水平度盘转动的部件。方向经纬仪使用水平度盘变换螺旋控制水平度盘的转动。

如图 3-3 所示，先顺时针旋开水平度盘变换锁止旋钮 19，再将水平度盘变换螺旋 18 推压进去，旋转该螺旋即可带动水平度盘旋转。完成水平度盘配置后，松开手，水平度盘变换螺旋 18 自动弹出，逆时针旋关水平度盘变换锁止旋钮 19。

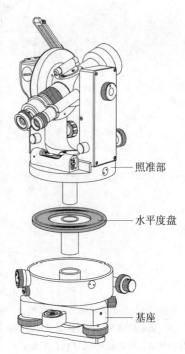

照准部

水平度盘

基座

图 3-4　DJ6 级光学经纬仪的结构

不同厂家所产光学经纬仪的水平度盘变换螺旋锁止机构一般不同,图3-5(a)的经纬仪是用水平度盘锁止卡1锁住水平度盘变换螺旋2,图3-5(b)的经纬仪是用水平度盘护罩3遮盖住水平度盘变换螺旋2。

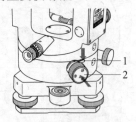
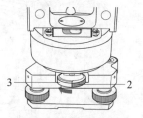

(a) 北京博飞公司DJ6级经纬仪   (b) 南京1002厂DJ6级经纬仪

图3-5 DJ6级光学经纬仪水平度盘变换螺旋与其锁止卡(或护罩)之间的关系

1—水平度盘锁止卡;2—水平度盘变换螺旋;3—水平度盘变换螺旋护罩

2) DJ6级光学经纬仪的读数装置

光学经纬仪的读数设备包括度盘、光路系统和测微器。水平度盘和竖盘上的分划线,通过一系列棱镜和透镜成像显示在望远镜旁的读数显微镜内。DJ6级光学经纬仪的读数装置可以分为测微尺读数和单平板玻璃读数两种,下面只介绍测微尺读数装置。

测微尺读数装置的光路见图3-6所示。将水平度盘和竖盘均刻划为360格,每格的角

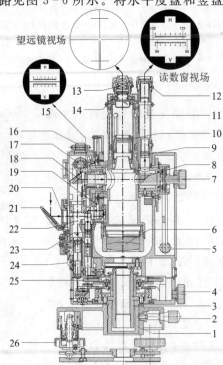

图3-6 使用测微尺的DJ6级光学经纬仪的度盘读数光路

1—竖轴套;2—轴套固定螺丝;3—竖轴;4—水平方向微动螺旋;5—望远镜微动螺旋;6—望远镜物镜;7—望远镜制动螺旋;
8—读数转向棱镜;9—读数显微镜物镜;10—望远镜调焦透镜;11—读数显微镜调焦透镜;12—读数显微镜目镜;
13—望远镜目镜;14—十字丝分划板;15—平凸镜测微尺;16—竖盘指标管水准器观察反光镜;17—竖盘指标管水准器;
18—反光棱镜;19—竖盘;20—进光窗;21—度盘照明反光镜;22—含水平度盘与竖盘成像的光线;
23—竖盘显微镜;24—水平度盘显微镜;25—水平度盘;26—脚螺旋

54

度为 1°,顺时针注记。照明光线通过反光镜 21 的反射进入进光窗 20,其中照亮竖盘的光线通过竖盘显微镜 23 将竖盘 19 上的刻划和注记成像在平凸镜 15 上;照亮水平度盘的光线通过水平度盘显微镜 24 将水平度盘 25 上的刻划和注记成像在平凸镜 15 上;在平凸镜 15 上有两个测微尺,测微尺上刻划有 60 格。仪器制造时,使度盘上一格在平凸镜 15 上成像的宽度正好等于测微尺上刻划的 60 格的宽度,因此测微尺上一小格代表 $1'$。通过棱镜 8 的反射,两个度盘分划线的像连同测微尺上的刻划和注记可以通过读数显微镜观察到。其中 9 是读数显微镜的物镜,11 是读数显微镜的调焦透镜,12 是读数显微镜的目镜。读数装置大约将两个度盘的刻划和注记影像放大了 65×。

图 3-7 为读数显微镜视场,注记有"H"字符窗口的像是水平度盘分划线及其测微尺的像,注记有"V"字符窗口的像是竖盘分划线及其测微尺的像。

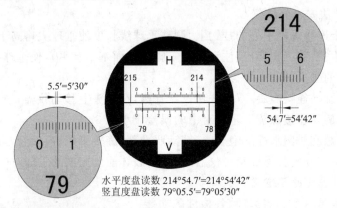

水平度盘读数 $214°54.7'=214°54'42''$
竖直度盘读数 $79°05.5'=79°05'30''$

图 3-7 测微尺读数显微镜视场

读数方法为:以测微尺上的"0"分划线为读数指标,"度"数由落在测微尺上的度盘分划线的注记读出,测微尺的"0"分划线与度盘上的"度"分划线之间小于 1° 的角度在测微尺上读出,最小读数可以估读到测微尺上 1 格的十分之一,即为 $0.1'$ 或 $6''$。图 3-7 的水平度盘读数为 $214°54.7'$,竖盘读数为 $79°5.5'$。测微尺读数装置的读数误差为测微尺上一格的十分之一,即 $0.1'$ 或 $6''$。

3.3 经纬仪的安置与水平角观测

1) 经纬仪的安置

经纬仪的安置包括对中和整平,目的是使仪器竖轴位于过测站点的铅垂线上,水平度盘和横轴处于水平位置,竖盘位于铅垂面内。对中的方式有垂球对中和光学对中两种,整平分粗平和精平。

粗平是通过伸缩脚架腿或旋转脚螺旋使圆水准气泡居中,其规律是圆水准气泡向伸高脚架腿的一侧移动,或圆水准气泡移动方向与用左手大拇指或右手食指旋转脚螺旋的方向一致;精平是通过旋转脚螺旋使管水准气泡居中,要求将管水准器轴分别旋至相互垂直的两个方向上使气泡居中,其中一个方向应与任意两个脚螺旋中心连线方向平行。如图 3-8 所示,旋转照准部至图 3-8(a)的位置,旋转脚螺旋 1 或 2 使管水准气泡居中;然后旋转照准部至图 3-8(b)的位置,旋转脚螺旋 3 使管水准气泡居中,最后还应将照准部旋回至图 3-8(a)

的位置,查看管水准气泡的偏离情况,如果仍然居中,则精平操作完成,否则还需按前面的步骤再操作一次。

经纬仪安置的操作步骤是:打开三脚架腿,调整好其长度使脚架高度适合于观测者的高度,张开三脚架,将其安置在测站上,使架头面大致水平。从仪器箱中取出经纬仪放置在三脚架头上,并使仪器基座中心基本对齐三脚架头的中心,旋紧连接螺旋后,即可进行对中整平操作。

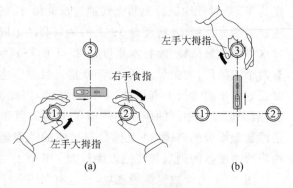

图 3-8 照准部管水准器整平方法

（1）垂球对中法安置经纬仪

将垂球悬挂于连接螺旋中心的挂钩上,调整垂球线长度使垂球尖略高于测站点。

粗对中与粗平:平移三脚架(应注意保持三脚架头面基本水平),使垂球尖大致对准测站点标志,将三脚架的脚尖踩入土中。

精对中:稍微旋松连接螺旋,双手扶住仪器基座,在架头上移动仪器,使垂球尖准确对准测站标志点后,再旋紧连接螺旋。垂球对中的误差应小于 3mm。

精平:旋转脚螺旋使圆水准气泡居中;转动照准部,旋转脚螺旋,使管水准气泡在相互垂直的两个方向居中。旋转脚螺旋精平仪器时,不会破坏前已完成的垂球对中关系。

（2）光学对中法安置经纬仪

光学对中器也是一个小望远镜,各构件的功能如图 3-9 所示。使用光学对中器之前,应先旋转目镜调焦螺旋使对中标志分划板十分清晰,再旋转物镜调焦螺旋(图 3-5(a)的仪器是拉伸光学对中器)看清地面的测点标志。

粗对中:双手握紧三脚架,眼睛观察光学对中器,移动三脚架使对中标志基本对准测站点的中心(应注意保持三脚架头面基本水平),将三脚架的脚尖踩入土中。

精对中:旋转脚螺旋使对中标志准确地对准测站点的中心,光学对中的误差应小于 1mm。

粗平:伸缩脚架腿,使圆水准气泡居中。

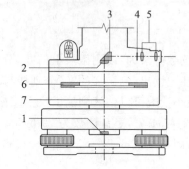

图 3-9 光学对中器的原理与光路
1—保护玻璃;2—物镜;3—转向棱镜;4—分划板;
5—目镜组;6—水平度盘;7—视准轴

精平:转动照准部,旋转脚螺旋,使管水准气泡在相互垂直的两个方向居中。精平操作会略微破坏前已完成的对中关系。

再次精对中:旋松连接螺旋,眼睛观察光学对中器,平移仪器基座(注意,不要有旋转运动),使对中标志准确地对准测站点标志,拧紧连接螺旋。旋转照准部,在相互垂直的两个方向检查照准部管水准气泡的居中情况。如果仍然居中,则仪器安置完成,否则应从上述的精平开始重复操作。

光学对中的精度比垂球对中的精度高,在风力较大的情况下,垂球对中的误差将变得很大,这时应使用光学对中法安置仪器。

2）瞄准和读数

测角的照准标志，一般是竖立于测点的标杆、测钎、用三根竹竿悬吊垂球的线或觇牌，如图 3-10 所示。测量水平角时，以望远镜的十字丝竖丝瞄准照准标志。望远镜瞄准目标的操作步骤如下：

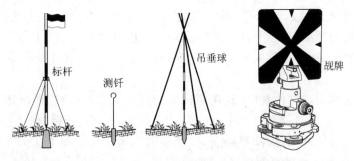

图 3-10　水平角测量的常用照准标志

（1）目镜对光：松开望远镜制动螺旋和水平制动螺旋，将望远镜对向明亮的背景（如白墙、天空等，注意不要对向太阳），转动目镜使十字丝清晰。

（2）粗瞄目标：用望远镜上的粗瞄器瞄准目标，旋紧制动螺旋，转动物镜调焦螺旋使目标清晰，旋转水平微动螺旋和望远镜微动螺旋，精确瞄准目标。可用十字丝纵丝的单线平分目标，也可用双线夹住目标，如图 3-11 所示。

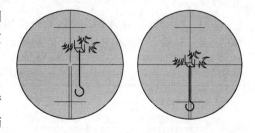

图 3-11　水平角测量瞄准目标的方法

（3）读数：打开度盘照明反光镜（图 3-6 的 21），调整反光镜的开度和方向，使读数窗亮度适中，旋转读数显微镜的目镜使刻划线清晰，然后读数。

3.4　水平角测量方法

常用水平角观测方法有测回法和方向观测法。

1）测回法

测回法用于观测两个方向之间的单角。如图 3-12 所示，要测量 BA 与 BC 两个方向之间的水平夹角 β，在 B 点安置好经纬仪后，观测 $\angle ABC$ 一测回的操作步骤如下：

图 3-12　测回法观测水平角

（1）盘左（竖盘在望远镜的左边，也称正镜）瞄准目标点 A，旋开水平度盘变换锁止螺旋，将水平度盘读数配置在 $0°$ 左右。检查瞄准情况后读取水平度盘读数如 $0°06'24''$，计入表3-1的相应栏内。

A 点方向称为零方向。由于水平度盘是顺时针注记，因此选取零方向时，一般应使另一个观测方向的水平度盘读数大于零方向的读数，也即，C 点位于 A 点的右边。

（2）顺时针旋转照准部，瞄准目标点 C，读取水平度盘读数如 $111°46'18''$，计入表3-1的相应栏内。计算正镜观测的角度值为 $111°46'18'' - 0°06'24'' = 111°39'54''$，称为上半测回角值。

（3）纵转望远镜为盘右位置（竖盘在望远镜的右边，也称倒镜），逆时针旋转照准部，瞄准目标点 C，读取水平度盘读数如 $291°46'36''$，计入表3-1的相应栏内。

（4）逆时针旋转照准部，瞄准目标点 A，读取水平度盘读数如 $180°06'48''$，计入表3-1的相应栏内。计算倒镜观测的角度值为 $291°46'36'' - 180°06'48'' = 111°39'48''$，称为下半测回角值。

（5）计算检核：计算出上、下半测回角度值之差为 $111°39'54'' - 111°39'48'' = 6''$，小于限差值 $\pm40''$ 时取上、下半测回角度值的平均值作为一测回角度值。

表 3-1 水平角测回法观测手簿

测站	目标	竖盘位置	水平度盘读数/ ° ′ ″	半测回角值/ ° ′ ″	一测回平均角值/ ° ′ ″	各测回平均值/ ° ′ ″
一测回 B	A	左	0 06 24	111 39 54	111 39 51	111 39 52
	C		111 46 18			
	A	右	180 06 48	111 39 48		
	C		291 46 36			
二测回 B	A	左	90 06 18	111 39 48	111 39 54	
	C		201 46 06			
	A	右	270 06 30	111 40 00		
	C		21 46 30			

《工程测量规范》没有给出测回法半测回角差的容许值，根据图根控制测量的测角中误差为 $\pm20''$，一般取中误差的两倍作为限差，即为 $\pm40''$。

当测角精度要求较高时，一般需要观测几个测回。为了减小水平度盘分划误差的影响，各测回间应根据测回数 n，以 $180°/n$ 为增量配置各测回的零方向水平度盘读数。

表 3-1 为观测两测回，第二测回观测时，A 方向的水平度盘读数应配置为 $90°$ 左右。如果第二测回的半测回角差符合要求，则取两测回角值的平均值作为最后结果。

2）方向观测法

当测站上的方向观测数 $\geqslant 3$ 时，一般采用方向观测法。如图 3-13 所示，测站点为 O，观测方向有 A,B,C,D 四个。在 O 点安置仪器，在 A,B,C,D 四个目标中选择一个标志十分清晰的点作为零方向。以 A 点为零方向时的一测回观测操作步骤如下：

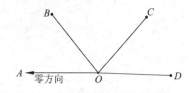

图 3-13 方向观测法观测水平角

（1）上半测回操作：盘左瞄准 A 点的照准标志，将水平度盘读数配置在 $0°$ 左右（称 A 点方向为零方向），检查瞄准情况后读取水平度盘读数并记录。松开制动螺旋，顺时针（向观测者的右边）转动照准部，依次瞄准 B、C、D 点的照准标志进行观测，其观测顺序是 $A \rightarrow B \rightarrow C \rightarrow D \rightarrow A$，最后返回到零方向 A 的操作称为上半测回归零，两次观测零方向 A 的读数之差称为上半测回归零差 Δ_L。《工程测量规范》规定，对于 DJ6 级经纬仪，半测回归零差不应大于 $18''$。

（2）下半测回操作：纵转望远镜，盘右瞄准 A 点的照准标志，读数并记录，松开制动螺旋，逆时针（向观测者的左边）转动照准部，依次瞄准 D、C、B、A 点的照准标志进行观测，其观测顺序是 $A \rightarrow D \rightarrow C \rightarrow B \rightarrow A$，最后返回到零方向 A 的操作称下半测回归零，归零差为 Δ_R，至此，一测回观测操作完成。如需观测几个测回，各测回零方向应以 $180°/n$ 为增量配置水平度盘读数。

（3）计算步骤。

① 计算 2C 值（又称两倍照准差）

理论上，相同方向的盘左、盘右观测值应相差 $180°$，如果不是，其偏差值称 2C，计算公式为

$$2C = 盘左读数 - （盘右读数 \pm 180°） \tag{3-2}$$

式（3-2）中的"$\pm$"，盘右读数大于 $180°$ 时，取"$-$"号，盘右读数小于 $180°$ 时，取"$+$"号，下同，计算结果填入表 3-2 的第 6 栏。

② 计算方向观测的平均值

$$平均读数 = \frac{1}{2}\left[盘左读数 + （盘右读数 \pm 180°）\right] \tag{3-3}$$

使用式（3-3）计算时，最后的平均读数为换算到盘左读数的平均值，也即，同一方向的盘右读数通过加或减 $180°$ 后，应基本等于其盘左读数，计算结果填入第 7 栏。

③ 计算归零后的方向观测值

先计算零方向两个方向值的平均值（表 3-2 中括弧内的数值），再将各方向值的平均值均减去括弧内的零方向值的平均值，计算结果填入第 8 栏。

表 3-2 水平角方向观测法手簿

测站	测回数	目标	水平度盘读数		2C=左－（右±180°）	平均读数=[左+（右±180°）]/2	归零后方向值	各测回归零方向值的平均值
			盘左	盘右				
			° ′ ″	° ′ ″	″	° ′ ″	° ′ ″	° ′ ″
1	2	3	4	5	6	7	8	9
O	1		$\Delta_L=6$	$\Delta_R=-6$		(0 02 06)		
		A	0 02 06	180 02 00	+6	0 02 03	0 00 00	
		B	51 15 42	231 15 30	+12	51 15 36	51 13 30	
		C	131 54 12	311 54 00	+12	131 54 06	131 52 00	
		D	182 02 24	2 02 24	0	182 02 24	182 00 18	
		A	0 02 12	180 02 06	+6	0 02 09		

测站	测回数	目标	水平度盘读数		2C=左-(右±180°)	平均读数=[左+(右±180°)]/2	归零后方向值	各测回归零方向值的平均值
			盘左	盘右				
			° ′ ″	° ′ ″	″	° ′ ″	° ′ ″	° ′ ″
O	2		$\Delta_L=6$	$\Delta_R=-12$		(90 03 32)		
		A	90 03 30	270 03 24	+6	90 03 27	0 00 00	0 00 00
		B	141 17 00	321 16 54	+6	141 16 57	51 13 25	51 13 28
		C	221 55 42	41 55 30	+12	221 55 36	131 52 04	131 52 02
		D	272 04 00	92 03 54	+6	272 03 57	182 00 25	182 00 22
		A	90 03 36	270 03 36	0	90 03 36		

④ 计算各测回归零后方向值的平均值

取各测回同一方向归零后方向值的平均值,计算结果填入第 9 栏。

⑤ 计算各目标间的水平夹角

根据第 9 栏的各测回归零后方向值的平均值,可以计算出任意两个方向间的水平夹角。

3)方向观测法的限差

《工程测量规范》规定,一级及以下导线,方向观测法的限差应符合表 3-3 的规定。

表 3-3 　　　　　　　　　　　方向观测法的各项限差

经纬仪型号	半测回归零差	一测回内 2C 互差	同一方向值各测回较差
DJ2	12″	18″	12″
DJ6	18″	—	24″

当照准点的竖直角超过±3°时,该方向的 2C 较差可按同一观测时间段内的相邻测回进行比较,其差值仍按表 3-3 的规定。按此方法比较应在手簿中注明。

在表 3-2 的计算中,两个测回的四个半测回归零差 Δ 分别为 6″,−6″,6″,−12″,其绝对值均小于限差要求的 18″;B,C,D 三个方向值两测回较差分别为−5″,4″,7″,其绝对值均小于限差要求的 24″。观测结果符合规范的要求。

4)水平角观测的注意事项

(1)仪器高度应与观测者的身高相适应;三脚架应踩实,仪器与脚架连接应牢固,操作仪器时不应用手扶三脚架;转动照准部和望远镜之前,应先松开制动螺旋,操作各螺旋时,用力应轻。

(2)精确对中,特别是对短边测角,对中要求应更严格。

(3)当观测目标间高低相差较大时,更应注意整平仪器。

(4)照准标志应竖直,尽可能用十字丝交点瞄准标杆或测钎底部。

(5)记录应清楚,应当场计算,发现错误,立即重测。

(6)一测回水平角观测过程中,不得再调整照准部管水准气泡,如气泡偏离中央超过 2 格时,应重新整平与对中仪器,重新观测。

3.5 竖直角测量方法

1) 竖直角的用途

竖直角主要用于将观测的倾斜距离化算为水平距离或计算三角高程。

(1) 倾斜距离化算为水平距离

如图 3-14(a) 所示，测得 A,B 两点间的斜距 S 及竖直角 α，其水平距离 D 的计算公式为

$$D = S\cos\alpha \qquad\qquad (3-4)$$

(2) 三角高程计算

如图 3-14(b) 所示，当用水准测量方法测定 A,B 两点间的高差 h_{AB} 有困难时，可以利用图中测得的斜距 S、竖直角 α、仪器高 i、标杆高 v，依下式计算 h_{AB}

$$h_{AB} = S\sin\alpha + i - v \qquad\qquad (3-5)$$

已知 A 点的高程 H_A 时，B 点高程 H_B 的计算公式为

$$H_B = H_A + h_{AB} = H_A + S\sin\alpha + i - v \qquad\qquad (3-6)$$

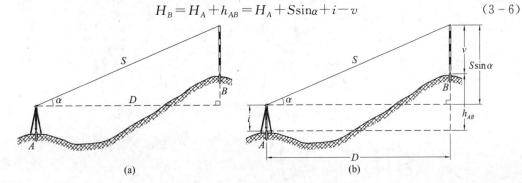

图 3-14 竖直角测量的用途

上述测量高程的方法称为三角高程测量。2005 年 5 月，我国测绘工作者测得世界最高峰——珠穆朗玛峰峰顶岩石面的海拔高程为 8844.43m，使用的就是三角高程测量方法。

2) 竖盘构造

如图 3-15 所示，经纬仪的竖盘固定在望远镜横轴一端并与望远镜连接在一起，竖盘随望远镜一起可以绕横轴旋转，竖盘面垂直于横轴。竖盘读数指标与竖盘指标管水准器连接在一起，旋转竖盘指标管水准器微动螺旋将带动竖盘指标管水准器和竖盘读数指标一起做微小的转动。

竖盘读数指标的正确位置是：望远镜处于盘左、竖盘指标管水准气泡居中时，读数窗的竖盘读数应为 90°（有些仪器设计为 0°、180° 或 270°，本书约定为 90°）。竖盘注记为 0°～360°，分顺时针和逆时针注记两种形式，本书只介绍顺时针注记的形式。

3) 竖直角的计算

如图 3-16(a) 所示，望远镜位于盘左位置，当视准轴水平、竖盘指标管水准气泡居中时，竖盘读数为 90°；当望远镜抬高 α 角度照准目标、竖盘指标管水准气泡居中时，竖盘读数设为 L，则盘左观测的竖直角为

$$\alpha_L = 90° - L \qquad\qquad (3-7)$$

如图 3-16(b) 所示，纵转望远镜于盘右位置，当视准轴水平、竖盘指标管水准气泡居中

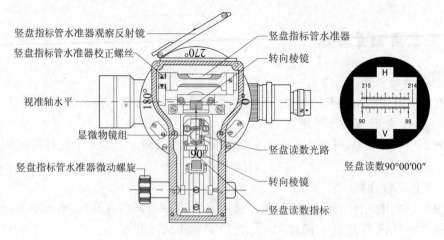

图 3-15 DJ6 级光学经纬仪竖盘的构造

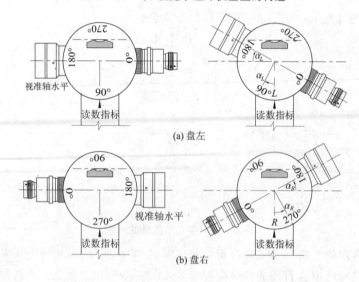

(a) 盘左

(b) 盘右

图 3-16 DJ6 级光学经纬仪竖直角的测量原理

时,竖盘读数为 270°;当望远镜抬高 α 角度照准目标、竖盘指标管水准气泡居中时,竖盘读数设为 R,则盘右观测的竖直角为

$$\alpha_R = R - 270° \qquad (3-8)$$

4) 竖盘指标差

当望远镜视准轴水平,竖盘指标管水准气泡居中,竖盘读数为 90°(盘左)或 270°(盘右)的情形称为竖盘指标管水准器与竖盘读数指标关系正确,竖直角计算公式(3-7)和(3-8)是在这个条件下推导出来的。

当竖盘指标管水准器与竖盘读数指标关系不正确时,则望远镜视准轴水平时的竖盘读数相对于正确值 90°(盘左)或 270°(盘右)有一个小的角度偏差 x,称 x 为竖盘指标差,如图 3-17 所示。设所测竖直角的正确值为 α,则考虑指标差 x 时的竖直角计算公式应为

$$\alpha = 90° + x - L = \alpha_L + x \qquad (3-9)$$

$$\alpha = R - (270° + x) = \alpha_R - x \qquad (3-10)$$

将式(3-9)减去式(3-10)求出指标差 x 为

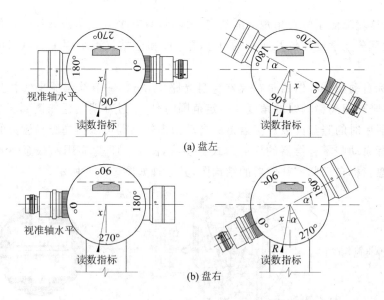

图 3-17　DJ6 级光学经纬仪的竖盘指标差

$$x = \frac{1}{2}(\alpha_R - \alpha_L) \tag{3-11}$$

取盘左、盘右所测竖直角的平均值

$$\alpha = \frac{1}{2}(\alpha_L + \alpha_R) \tag{3-12}$$

可以消除指标差 x 的影响。

　　5）竖直角观测

　　竖直角观测应用横丝瞄准目标的特定位置,例如标杆的顶部或标尺上的某一位置,操作步骤如下:

　　（1）在测站点上安置经纬仪,用小钢尺量出仪器高 i。仪器高是测站点标志顶部到经纬仪横轴中心的垂直距离。

　　（2）盘左瞄准目标,使十字丝横丝切于目标某一位置,旋转竖盘指标管水准器微动螺旋,使竖盘指标管水准气泡居中,读取竖盘读数 L。

　　（3）盘右瞄准目标,使十字丝横丝切于目标同一位置,旋转竖盘指标管水准器微动螺旋,使竖盘指标管水准气泡居中,读取竖盘读数 R。

　　竖直角的记录计算见表 3-4。

表 3-4　　　　　　　　　　　　　　　　　　竖直角观测手簿

测站	目标	竖盘位置	竖盘读数/ ° ′ ″	半测回竖直角/ ° ′ ″	指标差/ ″	一测回竖直角/ ° ′ ″
A	B	左	81 18 42	+8 41 18	+6	+8 41 24
		右	278 41 30	+8 41 30		
	C	左	94 03 30	−4 03 30	+12	−4 03 18
		右	265 56 54	−4 03 06		

　　6）竖盘指标自动归零补偿器

　　观测竖直角时,每次读数之前,都应旋转竖盘指标管水准器微动螺旋,使竖盘指标管水准气泡居中,这就降低了竖直角观测的效率。现在,只有少数光学经纬仪仍在使用这种竖盘读数装置,大部分光学经纬仪及所有的电子经纬仪和全站仪都采用了竖盘指标自动归零补偿器。

竖盘指标自动归零补偿器是在仪器竖盘光路中,安装一个补偿器来代替竖盘指标管水准器,当仪器竖轴偏离铅垂线的角度在一定范围内时,通过补偿器仍能读到相当于竖盘指标管水准气泡居中时的竖盘读数。竖盘指标自动归零补偿器可以提高竖盘读数的效率。

竖盘指标自动归零补偿器的构造形式有多种,图3-18为应用两根金属丝悬吊一组光学透镜作竖盘指标自动归零补偿器的结构图,其原理如图3-19所示。

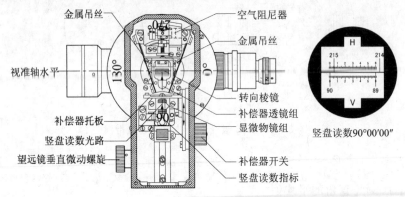

图 3-18　吊丝式竖盘指标自动归零补偿器结构图

在读数指标 A 和竖盘之间悬吊一组光学透镜,当仪器竖轴铅垂、视准轴水平时,读数指标 A 位于铅垂位置,通过补偿器读出盘左位置的竖盘正确读数为 90°。当仪器竖轴有微小倾斜,视准轴仍然水平时,因无竖盘指标管水准器及其微动螺旋可以调整,读数指标 A 偏斜到 A' 处,而悬吊的透镜因重力的作用由 O 偏移到 O' 处,此时,由 A' 处的读数指标,通过 O' 处的透镜,仍能读出正确读数 90°,达到竖盘指标自动归零补偿的作用。

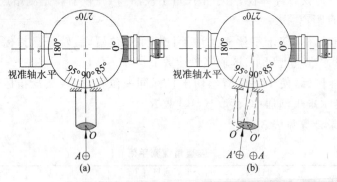

图 3-19　竖盘指标自动归零补偿器原理

3.6　经纬仪的检验和校正

1) 经纬仪的轴线及其应满足的关系

如图3-20所示,经纬仪的主要轴线有视准轴 CC、横轴 HH、管水准器轴 LL 和竖轴

VV。为使经纬仪正确工作，其轴线应满足下列关系：

(1) 管水准器轴应垂直于竖轴($LL \perp VV$)；

(2) 十字丝竖丝应垂直于横轴(竖丝$\perp HH$)；

(3) 视准轴应垂直于横轴($CC \perp HH$)；

(4) 横轴应垂直于竖轴($HH \perp VV$)；

(5) 竖盘指标差 x 应等于零；

(6) 光学对中器的视准轴与竖轴重合。

2) 经纬仪的检验与校正

(1) $LL \perp VV$ 的检验与校正

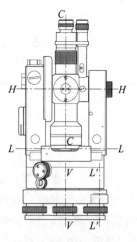

图 3-20 经纬仪的轴线

检验：旋转脚螺旋，使圆水准气泡居中，初步整平仪器。转动照准部使管水准器轴平行于一对脚螺旋，然后将照准部旋转 180°，如果气泡仍然居中，说明 $LL \perp VV$，否则需要校正，如图 3-21(a)和图 3-21(b)所示。

校正：用校正针拨动管水准器一端的校正螺丝，使气泡向中央移动偏距的一半(图 3-21(c))，余下的一半通过旋转与管水准器轴平行的一对脚螺旋完成(图 3-21(d))。该项校正需要反复进行几次，直至气泡偏离值在一格内为止。

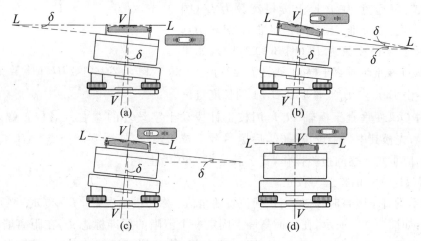

图 3-21 照准部管水准器的检验与校正

(2) 十字丝竖丝$\perp HH$ 的检验与校正

检验：用十字丝交点精确瞄准远处一目标 P，旋转水平微动螺旋，如 P 点左、右移动的轨迹偏离十字丝横丝(图 3-22(a))，则需要校正。

校正：卸下目镜端的十字丝分划板护罩，松开 4 个压环螺丝(图 3-22(b))，缓慢转动十字丝组，直到照准部水平微动时，P 点始终在横丝上移动为止，最后应旋紧 4 个压环螺丝。

(3) $CC \perp HH$ 的检验与校正

视准轴不垂直于横轴时，其偏离垂直位置的角值 C 称为视准轴误差或照准差。由式(3-2)可知，同一方向观测的 2 倍照准差 $2C$ 的计算公式为 $2C = L - (R \pm 180°)$，则有

$$C = \frac{1}{2}\left[L - (R \pm 180°)\right] \qquad (3-13)$$

65

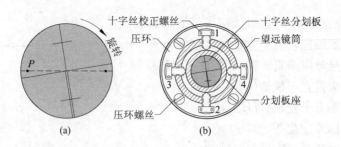

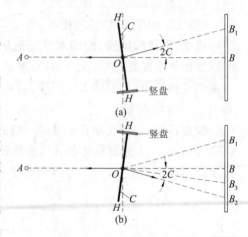

图 3-22　十字丝竖丝⊥HH 的检验与校正

　　虽然取双盘位观测值的平均值可以消除同一方向观测的照准差 C，但 C 值过大将不便于方向观测的计算，所以，当 $C>60''$ 时，必须校正。

　　检验：如图 3-23 所示，在一平坦场地上，选择相距约 100m 的 A，B 两点，安置仪器于 AB 连线的中点 O，在 A 点设置一个与仪器高度相等的标志，在 B 点与仪器高度相等的位置横置一把 mm 分划直尺，使其垂直于视线 OB。先盘左瞄准 A 点标志，固定照准部，然后纵转望远镜，在 B 尺上读得读数为 B_1（图 3-23(a)）；再盘右瞄准 A 点，固定照准部，纵转望远镜，在 B 尺上读得读数为 B_2（图 3-23(b)），如果 $B_1 = B_2$，说明视准轴垂直于横轴，否则需要校正。

图 3-23　$CC \perp HH$ 的检验与校正

　　校正：由 B_2 点向 B_1 点量取 $\overline{B_1 B_2}/4$ 的长度定出 B_3 点，此时 OB_3 便垂直于横轴 HH，用校正针拨动十字丝环的左右一对校正螺丝 3，4（图 3-22(b)），先松其中一个校正螺丝，后紧另一个校正螺丝，使十字丝交点与 B_3 点重合。完成校正后，应重复上述的检验操作，直至满足 $C<60''$ 为止。

　　（4）$HH \perp VV$ 的检验与校正

　　横轴不垂直于竖直时，其偏离正确位置的角值 i 称为横轴误差。$i>20''$ 时，必须校正。

　　检验：如图 3-24 所示，在一面高墙上固定一个清晰的照准标志 P，在距离墙面约 20～30m 处安置经纬仪，盘左瞄准 P 点，固定照准部，然后使望远镜视准轴水平（竖盘读数为 90°），在墙面上定出一点 P_1；纵转望远镜，盘右瞄准 P 点，固定照准部，然后使望远镜水平（竖盘读数为 270°），在墙面上定出一点 P_2，则横轴误差 i 的计算公式为

$$i = \frac{\overline{P_1 P_2}}{2D} \cot\alpha \rho'' \tag{3-14}$$

式中，α 为 P 点的竖直角，通过观测 P 点竖直角一测回获得；D 为测站至 P 点的水平距离。计算出的 $i>20''$ 时，必须校正。

　　校正：打开仪器的支架护盖，调整偏心轴承环，抬高或降低横轴的一端使 $i=0$。该项校正应在无尘的室内环境中，使用专用的平行光管进行操作，当用户不具备条件时，一般交专业维修人员校正。

　　（5）$x=0$ 的检验与校正

　　由式（3-12）可知，取目标双盘位所测竖直角的平均值，可以消除竖盘指标差 x 的影响。

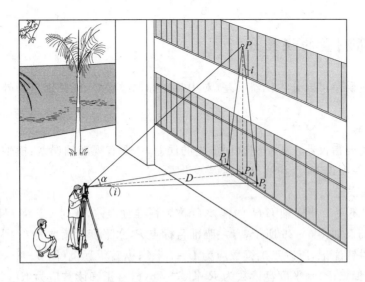

图 3-24 $HH \perp VV$ 的检验与校正

但当 x 较大时,将给竖直角的计算带来不便,所以,当 $x > \pm 1'$ 时,必须校正。

检验: 安置好仪器,用盘左、盘右观测某个清晰目标的竖直角一测回(注意,每次读数之前,应使竖盘指标管水准气泡居中),依式(3-11)计算出 x。

校正: 根据图 3-17(b),计算消除了指标差 x 的盘右竖盘正确读数应为 $R-x$,旋转竖盘指标管水准器微动螺旋,使竖盘读数为 $R-x$,此时,竖盘指标管水准气泡必然不再居中,用校正针拨动竖盘指标管水准器校正螺丝,使气泡居中。该项校正需要反复进行。

(6)光学对中器视准轴与竖轴重合的检验与校正

检验: 在地面上放置一张白纸,在白纸上画一十字形的标志 P,以 P 点为对中标志安置好仪器,将照准部旋转 $180°$,如果 P 点的像偏离了对中器分划板中心而对准了 P 点旁的另一点 P',则说明对中器的视准轴与竖轴不重合,需要校正。

校正: 用直尺在白纸上定出 P 与 P' 点的中点 O,转动对中器校正螺丝使对中器分划板的中心对准 O 点。光学对中器上的校正螺丝随仪器型号而异,有些是校正视线转向棱镜组(图 3-25 中的 2,3 棱镜组),有些是校正分划板(图 3-25 中的 4)。松开照准部支架间圆形护盖上的两颗固定螺丝,取出

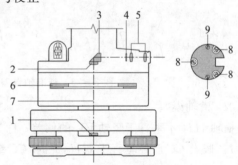

图 3-25 光学对中器的校正

1—保护玻璃;2—物镜;3—转向棱镜;

4—分划板;5—目镜组;6—水平度盘;

7—视准轴;8—物镜 2 与转向棱镜 3 前后倾斜调节螺丝;

9—物镜 2 与转向棱镜 3 左右倾斜调节螺丝

护盖,可以看见图 3-25 右图所示的五个校正螺丝,调节三个校正螺丝 8,使视准轴 7 前后倾斜;调节两个校正螺丝 9,使视准轴 7 左右倾斜,直至 P' 点与 O 点重合为止。

3.7 水平角测量的误差分析

水平角测量误差可以分为仪器误差、对中与目标偏心误差、观测误差和外界环境影响等四类。

1) 仪器误差

仪器误差主要指仪器校正不完善而产生的误差,主要有视准轴误差、横轴误差和竖轴误差,讨论其中任一项误差时,均假设其他误差为零。

(1) 视准轴误差

视准轴 CC 不垂直于横轴 HH 的偏差 C 称为视准轴误差,此时 CC 绕 HH 旋转一周将扫出两个圆锥面。如图 3-26 所示,盘左瞄准目标点 P,水平度盘读数为 L(图 3-26(a)),因水平度盘为顺时针注记,所以正确读数应为 $\tilde{L}=L+C$;纵转望远镜(图 3-26(b)),旋转照准部,盘右瞄准目标点 P,水平度盘读数为 R(图 3-26(c)),正确读数应为 $\tilde{R}=R-C$;盘左、盘右方向观测值取平均为

$$\bar{L}=\tilde{L}+(\tilde{R}\pm 180°)=L+C+R-C\pm 180°=L+R\pm 180° \tag{3-15}$$

式(3-15)说明,取双盘位方向观测的平均值可以消除视准轴误差的影响。

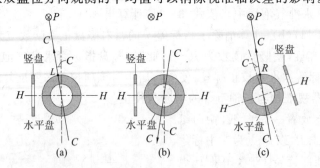

图 3-26 视准轴误差对水平方向观测的影响

(2) 横轴误差

横轴 HH 不垂直于竖轴 VV 的偏差 i 称为横轴误差,当 VV 铅垂时,HH 与水平面的夹角为 i。假设 CC 已经垂直于 HH,此时,CC 绕 HH 旋转一周将扫出一个与铅垂面成 i 角的倾斜平面。

如图 3-27 所示,当 CC 水平时,盘左瞄准 P_1' 点,然后将望远镜抬高竖直角 α,此时,当 $i=0$ 时,瞄准的是 P' 点,视线扫过的平面为一铅垂面;当 $i\neq0$ 时,瞄准的是 P 点,视线扫过的平面为与铅垂面成 i 角的倾斜平面。设 i 角对水平方向观测的影响为 (i),考虑到 i 和 (i) 均比较小,由图 3-27 可以列出下列等式

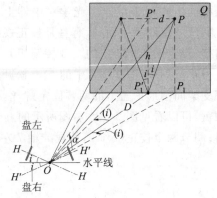

图 3-27 横轴误差对水平方向观测的影响

$$h=D\tan\alpha$$

$$d=h\frac{i''}{\rho''}=D\tan\alpha\frac{i''}{\rho''}$$

$$(i)'' = \frac{d}{D}\rho'' = \frac{D\tan\alpha\frac{i''}{\rho''}}{D}\rho'' = i''\tan\alpha \qquad (3-16)$$

由式(3-16)可知,当视线水平时,$\alpha = 0$,$(i)'' = 0$,此时,水平方向观测不受 i 角的影响。盘右观测瞄准 P_1' 点,将望远镜抬高竖直角 α,视线扫过的平面是一个与铅垂面成反向 i 角的倾斜平面,它对水平方向的影响与盘左时的情形大小相等,符号相反,因此,盘左、盘右观测取平均可以消除横轴误差的影响。

(3)竖轴误差

竖轴 VV 不垂直于管水准器轴 LL 的偏差 δ 称为竖轴误差,当 LL 水平时,VV 偏离铅垂线 δ 角,造成 HH 也偏离水平面 δ 角。因为照准部是绕倾斜了的竖轴 VV 旋转,无论盘左或盘右观测,VV 的倾斜方向都一样,致使 HH 的倾斜方向也相同,所以竖轴误差不能用双盘位观测取平均的方法消除。为此,观测前应严格校正仪器,观测时保持照准部管水准气泡居中,如果观测过程中气泡偏离,其偏离量不得超过一格,否则应重新进行对中整平操作。

(4)照准部偏心误差和度盘分划不均匀误差

照准部偏心误差是指照准部旋转中心与水平度盘分划中心不重合而产生的测角误差,盘左盘右观测取平均可以消除此项误差的影响。水平度盘分划不均匀误差是指度盘最小分划间隔不相等而产生的测角误差,各测回零方向根据测回数 n,以 $180°/n$ 为增量配置水平度盘读数可以削弱此项误差的影响。

2)对中误差与目标偏心误差

(1)对中误差

如图 3-28 所示,设 B 为测站点,由于存在对中误差,实际对中时对到了 B' 点,偏距为 e,设 e 与后视方向 A 的水平夹角为 θ,B 点的正确水平角为 β,实际观测的水平角为 β',则对中误差对水平角观测的影响为

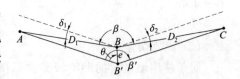

图 3-28 对中误差对水平角观测的影响

$$\delta = \delta_1 + \delta_2 = \beta - \beta' \qquad (3-17)$$

考虑到 δ_1,δ_2 很小,则有

$$\delta_1'' = \frac{\rho''}{D_1}e\sin\theta \qquad (3-18)$$

$$\delta_2'' = \frac{\rho''}{D_2}e\sin(\beta'-\theta) \qquad (3-19)$$

$$\delta'' - \delta_1'' + \delta_2'' = \rho''e\left(\frac{\sin\theta}{D_1} + \frac{\sin(\beta'-\theta)}{D_2}\right) \qquad (3-20)$$

当 $\beta = 180°$,$\theta = 90°$ 时,δ 取得最大值

$$\delta_{max}'' = \rho''e\left(\frac{1}{D_1} + \frac{1}{D_2}\right) \qquad (3-21)$$

设 $e = 3mm$,$D_1 = D_2 = 100m$,则求得 $\delta'' = 12.4''$。可见对中误差对水平角观测的影响是较大的,且边长愈短,影响愈大。

（2）目标偏心误差

目标偏心误差是指照准点上所竖立的目标
（如标杆、测钎、悬吊垂球线等）与地面点的标志
中心不在同一铅垂线上所引起的水平方向观测
误差，其对水平方向观测的影响如图 3-29 所
示。设 B 为测站点，A 为照准点标志中心，A' 为

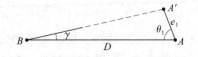

图 3-29　目标偏心误差对水平角观测的影响

实际瞄准的目标中心，D 为两点间的距离，e_1 为目标的偏心距，θ_1 为 e_1 与观测方向的水平夹
角，则目标偏心误差对水平方向观测的影响为

$$\gamma'' = \frac{e_1 \sin\theta_1}{D} \rho''　　　　　　　(3-22)$$

由式（3-22）可知，当 $\theta_1 = 90°$ 时，γ'' 取得最大值。也即与瞄准方向垂直的目标偏心对水平方
向观测的影响最大。

为了减小目标偏心对水平方向观测的影响，作为照准标志的标杆应竖直，水平角观测
时，应尽量瞄准标杆的底部。

3）观测误差

观测误差主要有瞄准误差与读数误差。

（1）瞄准误差

人眼可以分辨的两个点的最小视角约为 $60''$，当使用放大倍数为 V 的望远镜观测时，最
小分辨视角可以减小 V 倍，即为 $m_v = \pm 60''/V$。DJ6 级经纬仪的 $V = 26 \times$，则有
$m_v = \pm 2.3''$。

（2）读数误差

对于使用测微尺的 DJ6 级光学经纬仪，读数误差为测微尺上最小分划 $1'$ 的十分之一，即
为 $\pm 6''$。

4）外界环境的影响

外界环境的影响主要是指松软的土壤和风力影响仪器的稳定，日晒和环境温度的变化
引起管水准气泡的运动和视准轴的变化，太阳照射地面产生热辐射引起大气层密度变化带
来目标影像的跳动，大气透明度低时目标成像不清晰，视线太靠近建、构筑物时引起的旁折
光等等，这些因素都会给水平角观测带来误差。通过选择有利的观测时间，布设测量点位
时，注意避开松软的土壤和建、构筑物等措施来削弱它们对水平角观测的影响。

本章小结

（1）水平角测量原理要求水平度盘水平、水平度盘分划中心与测站点位于同一铅垂线
上，因此经纬仪安置的内容有整平与对中两项。

（2）水平角观测方法主要有测回法与方向观测法，测回法适用于两个方向构成的单角
观测，方向观测法适用于三个及以上方向的观测，方向观测法的零方向需要观测两次，因此，
有归零差的要求。

（3）双盘位观测取平均可以消除视准轴误差 C、横轴误差 i 与水平度盘偏心误差的影

响,各测回观测按照 $180°/n$ 变换水平度盘可以削弱水平度盘分划不均匀误差的影响。

(4) 双盘位观测取平均不能消除竖轴误差 δ 的影响,因此,观测前应严格校正仪器,观测时保持照准部管水准气泡居中,如果观测过程中气泡偏离,其偏离量不得超过一格,否则应重新进行对中整平操作。

(5) 对中误差与目标偏心误差对水平角的影响与观测方向的边长有关,边长愈短,影响愈大。

思考题与练习题

[3-1] 什么是水平角?用经纬仪瞄准同一竖直面上高度不同的点,其水平度盘读数是否相同?为什么?

[3-2] 什么是竖直角?观测竖直角时,为什么只瞄准一个方向即可测得竖直角值?

[3-3] 经纬仪的安置为什么包括对中和整平?

[3-4] 经纬仪由哪几个主要部分组成?各有何作用?

[3-5] 用经纬仪测量水平角时,为什么要用盘左、盘右进行观测?

[3-6] 用经纬仪测量竖直角时,为什么要用盘左、盘右进行观测?如果只用盘左、或只用盘右观测时应如何计算竖直角?

[3-7] 竖盘指标管水准器的作用是什么?

[3-8] 整理表3-5中测回法观测水平角的记录。

表3-5　　　　　　　　　　　　　　水平角测回法观测手簿

测站	目标	竖盘位置	水平度盘读数/ ° ′ ″	半测回角值/ ° ′ ″	一测回平均角值/ ° ′ ″	备注
A	B	左	0 05 18			
	C		46 30 24			
	B	右	180 05 12			
	C		226 30 30			
B	A	左	90 36 24			
	C		137 01 18			
	A	右	270 36 24			
	C		317 01 30			

[3-9] 整理表3-7中竖直角观测记录。

表3-7　　　　　　　　　　　　　　竖直角观测手簿

测站	目标	竖盘位置	竖盘读数/ ° ′ ″	半测回竖直角/ ° ′ ″	指标差/ ″	一测回竖直角/ ° ′ ″
A	B	左	78 25 24			
		右	281 34 54			
	C	左	98 45 36			
		右	261 14 48			

[3-10] 整理表 3-6 中方向观测法观测水平角的记录。

表 3-6　　　　　　　　　　　　　　水平角方向观测法观测手簿

测站	测回数	目标	水平度盘读数		2C=左-(右±180°)	平均读数=[左+(右±180°)]/2	归零后方向值	各测回归零方向值的平均值
			盘左	盘右				
			° ′ ″	° ′ ″	″	° ′ ″	′ ° ′ ″	′ ° ′ ″
1	2	3	4	5	6	7	8	9
O	1		$\Delta_L=$	$\Delta_R=$				
		A	0 05 18	180 05 24				
		B	68 24 30	248 24 42				
		C	172 20 54	352 21 00				
		D	264 08 36	84 08 42				
		A	0 05 24	180 05 36				
O	2		$\Delta_L=$	$\Delta_R=$				
		A	90 29 06	270 29 18				
		B	158 48 36	338 48 48				
		C	262 44 42	82 44 54				
		D	354 32 30	174 32 36				
		A	90 29 18	270 29 12				

[3-11] 已知 A 点高程为 56.38m,现用三角高程测量方法进行直反觇观测,观测数据见表 3-8,已知 AP 的水平距离为 2338.379m,试计算 P 点的高程。

表 3-8　　　　　　　　　　　　三角高程测量计算

测站	目标	竖直角/° ′ ″	仪器高/m	觇标高/m
A	P	1 11 10	1.47	5.21
P	A	−1 02 23	2.17	5.10

[3-12] 经纬仪有哪些主要轴线?它们之间应满足哪些条件?

[3-13] 盘左、盘右观测可以消除水平角观测的哪些误差?是否可以消除竖轴 VV 倾斜引起的水平角测量误差?

[3-14] 由对中误差引起的水平角观测误差与哪些因素有关?

4 距离测量与直线定向

本章导读

- **基本要求** 掌握钢尺量距的一般方法;掌握视距测量的原理,掌握相位式测距的原理,了解脉冲式测距的原理,掌握直线三北方向及其相互关系,了解陀螺仪指北的原理、逆转点法与中天法测量直线真方位角的原理与方法。
- **重点** 钢尺量距的一般方法,相位式测距原理,电磁波测距的气象改正,三北方向的定义与测量方法。
- **难点** 相位式测距仪精粗测尺测距的组合原理,三北方向的相互关系。

距离测量是确定地面点位的基本测量工作之一。距离测量方法有钢尺量距、视距测量、电磁波测距和 GNSS 测量等。本章重点介绍前三种距离测量方法,GNSS 测量在第 8 章介绍。

4.1 钢尺量距

1) 量距工具

(1) 钢尺

钢尺是用钢制成的带状尺,尺的宽度约为 10~15mm,厚度约为 0.4mm,长度有 20m,30m,50m 等几种。如图 4-1 所示,钢尺有卷放在圆盘形的尺壳内的,也有卷放在金属或塑料尺架上的,钢尺的基本分划为 mm,在每 cm、每 dm 及每 m 处有数字注记。

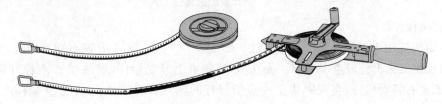

图 4-1 钢尺

根据零点位置的不同,钢尺有端点尺和刻线尺两种。端点尺是以尺的最外端为尺的零点,如图 4-2(a)所示;刻线尺是以尺前端的一条分划线作为尺的零点,如图 4-2(b)所示。

(2) 辅助工具

有测钎、标杆、垂球,精密量距时还需要有弹簧秤、温度计和尺夹。测钎用于标定尺段(图 4-3(a)),标杆用于直线定线(图 4-3(b)),垂球用于在不平坦地面丈量时将钢尺的端点垂直投影到地面,弹簧秤用于对钢尺施加规定的拉力(图 4-3(c)),温度计用于测定钢尺量距时的温度(图 4-3(d)),以便对钢尺丈量的距离施加温度改正。尺夹用于安装在钢尺末

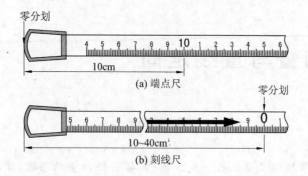

(a) 端点尺

(b) 刻线尺

图 4-2　钢尺的零点及其分划

端,以方便持尺员稳定钢尺。

2) 直线定线

当地面内点间的距离大于钢尺的一个尺段时,就需要在直线方向上标定若干个分段点,以便于用钢尺分段丈量。直线定线的目的是使这些分段点在待量直线端点的连线上,其方法有以下两种:

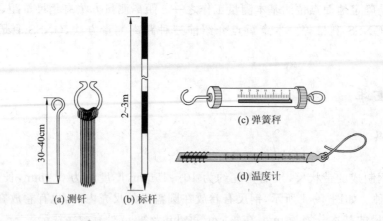

(a) 测钎　　(b) 标杆

(c) 弹簧秤

(d) 温度计

图 4-3　钢尺量距的辅助工具

(1) 目测定线

目测定线适用于钢尺量距的一般方法。如图 4-4 所示,设 A,B 两点相互通视,要在 A,B 两点的直线上标出分段点 1,2 点。先在 A,B 两点上竖立标杆,甲站在 A 点标杆后约 1m 处,指挥乙左右移动标杆,直到甲从在 A 点沿标杆的同一侧看到 A,2,B 三支标杆成一条直线为止。同法可以定出直线上的其他点。两点间定线,一般应由远到近,即先定 1 点,再定 2

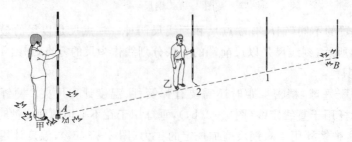

图 4-4　目测定线

点。定线时,乙所持标杆应竖直,利用食指和拇指夹住标杆的上部,稍微提起,利用重力的作用使标杆自然竖直。为了不挡住甲的视线,乙应持标杆站立在直线方向的左侧或右侧。

（2）经纬仪定线

经纬仪定线适用于钢尺量距的精密方法。设 A,B 两点相互通视,将经纬仪安置在 A 点,用望远镜竖丝瞄准 B 点,制动照准部,仰俯望远镜,指挥在两点间某一点上的助手,左右移动标杆,直至标杆像为竖丝所平分。为了减小照准误差,精密定线时,也可以用直径更细的测钎或垂球线代替标杆。

3）钢尺量距的一般方法

（1）平坦地面的距离丈量

丈量工作一般由两人进行。如图 4-5 所示,清除待量直线上的障碍物后,在直线两端点 A,B 竖立标杆,后尺手持钢尺的零端位于 A 点,前尺手持钢尺的末端和一组测钎沿 AB 方向前进,行至一个尺段处停下。后尺手用手势指挥前尺手将钢尺拉在 AB 直线上,后尺手将钢尺的零点对准 A 点,当两人同时将钢尺拉紧后,前尺手在钢尺末端的整尺段长分划处竖直插下一根测钎(在水泥地面上丈量插不下测钎时,可用油性笔在地面上划线做记号)得到 1 点,即量完一个尺段。前、后尺手抬尺前进,当后尺手到达插测钎或划记号处时停住,重复上述操作,量完第二尺段。后尺手拔起地上的测钎,依次前进,直到量完 AB 直线的最后一段为止。

图 4-5　平坦地面的距离丈量

最后一段距离一般不会刚好为整尺段的长度,称为余长。丈量余长时,前尺手在钢尺上读取余长值,则最后 A,B 两点间的水平距离为

$$D_{AB}=n\times 尺段长+余长 \tag{4-1}$$

式中,n 为整尺段数。

在平坦地面,钢尺沿地面丈量的结果就是水平距离。为了防止丈量中发生错误和提高量距的精度,需要往、返丈量。上述为往测,返测时要重新定线。往、返丈量距离较差的相对误差 K 为

$$K=\frac{|D_{AB}-D_{BA}|}{\overline{D}_{AB}} \tag{4-2}$$

式中,$\overline{D}_{AB}$ 为往、返丈量距离的平均值。在计算距离较差的相对误差时,一般将分子化为 1 的分式,相对误差的分母越大,说明量距的精度越高。对图根钢尺量距导线,钢尺量距往返丈量较差的相对误差一般不应大于 1/3000,当量距的相对误差没有超过规定时,取距离往、返丈量的平均值 $\overline{D}_{AB}$ 作为两点间的水平距离。

例如,A,B 的往测距离为 162.73m,返测距离为 162.78m,则相对误差 K 为

$$K = \frac{|162.73 - 162.78|}{162.755} = \frac{1}{3255} < \frac{1}{3000}$$

（2）倾斜地面的距离丈量

① 平量法

沿倾斜地面丈量距离，当地势起伏不大时，可将钢尺拉平丈量。如图 4-6(a)所示，丈量由 A 点向 B 点进行，甲立于 A 点，指挥乙将尺拉在 AB 方向线上。甲将尺的零端对准 A 点，乙将钢尺抬高，并目估使钢尺水平，然后用垂球尖将尺段的末端投影到地面上，插上测钎。若地面倾斜较大，将钢尺抬平有困难时，可将一个尺段分成若干个小段来平量，如图中的 ij 段。

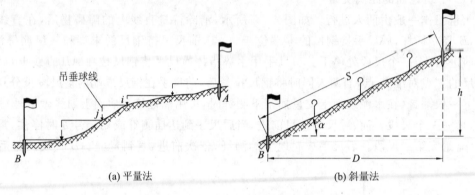

(a) 平量法   (b) 斜量法

图 4-6　倾斜地面的距离丈量

② 斜量法

如图 4-6(b)所示，当倾斜地面的坡度比较均匀时，沿斜坡丈量出 AB 的斜距 S，测出地面倾斜角 α 或两端点的高差 h，按下式计算 A，B 两点间的水平距离 D

$$D = S\cos\alpha = \sqrt{S^2 - h^2} \qquad\qquad (4-3)$$

4）钢尺量距的精密方法

用一般方法量距，其相对误差只能达到 1/5 000～1/1 000，当要求量距的相对误差更小时，例如 1/40 000～1/10 000，就应使用精密方法丈量。精密方法量距的工具为：钢尺、弹簧秤、温度计、尺夹等。其中钢尺应经过检验，并得到其检定的尺长方程式，量取大气温度是为了计算钢尺的温度改正数。随着全站仪的普及，现在，人们已经很少使用钢尺精密方法丈量距离，需要了解这方面内容的读者请参考有关的书籍。

5）钢尺量距的误差分析

（1）尺长误差

如果钢尺的名义长度与实际长度不符，将产生尺长误差。尺长误差具有积累性，即丈量的距离越长，误差越大。因此新购置的钢尺应经过检定，测出其尺长改正值 Δl_d。

（2）温度误差

钢尺的长度随温度而变化，当丈量时的温度与钢尺检定时的标准温度不一致时，将产生温度误差。按照钢的膨胀系数计算，温度每变化 1℃，丈量距离为 30m 时对距离的影响约为 0.4mm。

（3）钢尺倾斜和垂曲误差

在高低不平的地面上采用钢尺水平法量距时，钢尺不水平或中间下垂而成曲线时，都会使丈量的长度值比实际长度大。因此丈量时应注意使钢尺水平,整尺段悬空时,中间应有人托住钢尺,否则将产生垂曲误差。

（4）定线误差

丈量时钢尺没有准确地放置在所量距离的直线方向上,使所量距离不是直线而是一组折线,造成丈量结果偏大,这种误差称为定线误差。丈量 30m 的距离,当偏差为 0.25m 时,量距偏大 1mm。

（5）拉力误差

钢尺在丈量时所受拉力应与检定时的拉力相同,拉力变化±2.6kg 时的尺长误差为±1mm。

（6）丈量误差

丈量时在地面上标志尺端点位置处插测钎不准,前、后尺手配合不佳,余长读数不准等都会引起丈量误差,这种误差对丈量结果的影响可正可负,大小不定。在丈量中应尽量做到对点准确,配合协调。

4.2 视距测量

视距测量是一种间接测距方法,它利用测量仪器望远镜内十字丝分划板上的视距丝及刻有厘米分划的视距标尺(地形塔尺或普通水准尺),根据光学原理同时测定两点间的水平距离和高差的一种快速测距方法。其中测量距离的相对误差约为 1/300,低于钢尺量距;测定高差的精度低于水准测量。视距测量广泛应用于地形测量的碎部测量中。

1）视准轴水平时的视距计算公式

如图 4-7 所示,在 A 点安置水准仪或经纬仪,B 点竖立视距尺,设望远镜视线水平,瞄准 B 点的视距尺,此时视线与视距尺垂直。

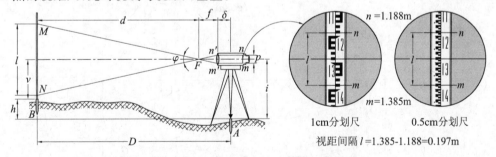

图 4-7 视准轴水平时的视距测量原理

在图 4-7 中,$p=\overline{nm}$ 为望远镜上、下视距丝的间距,$l=\overline{NM}$ 为标尺视距间隔,f 为望远镜物镜的焦距,δ 为物镜中心到仪器中心的距离。

由于望远镜上、下视距丝的间距 p 固定,因此从这两根丝引出去的视线在竖直面内的夹角 φ 也是固定的。设由上下视距丝 n,m 引出去的视线在标尺上的交点分别为 N,M,则在望远镜视场内可以通过读取交点的读数 N,M 求出视距间隔 l。图 4-7 右图所示的视距间隔为:$l=1.385-1.188=0.197m$(注:图示为倒像望远镜的视场,应从上往下读数)。

由于 $\triangle n'm'F$ 相似于 $\triangle NMF$，所以有 $\dfrac{d}{f}=\dfrac{l}{p}$，则

$$d=\frac{f}{p}l \tag{4-4}$$

顾及式(4-4)，由图4-7得

$$D=d+f+\delta=\frac{f}{p}l+f+\delta \tag{4-5}$$

令 $K=\dfrac{f}{p}$，$C=f+\delta$，则有

$$D=Kl+C \tag{4-6}$$

式中，K 为视距乘常数，C 为视距加常数。设计制造仪器时，通常使 $K=100$，C 接近于零。因此视准轴水平时的视距计算公式为

$$D=Kl=100l \tag{4-7}$$

图4-7所示的视距为 $D=100\times 0.197=19.7\text{m}$。如果再在望远镜中读出中丝读数 v（或取上、下丝读数的平均值），用小钢尺量出仪器高 i，则 A，B 两点的高差为

$$h=i-v \tag{4-8}$$

2) 视准轴倾斜时的视距计算公式

如图4-8所示，当视准轴倾斜时，由于视线不垂直于视距尺，所以不能直接应用式(4-7)计算视距。由于 φ 角很小（约为 $34'$），所以有 $\angle MO'M'=\alpha$，也即只要将视距尺绕与望远镜视线的交点 O' 旋转图示的 α 角后就能与视线垂直，并有

$$l'=l\cos\alpha \tag{4-9}$$

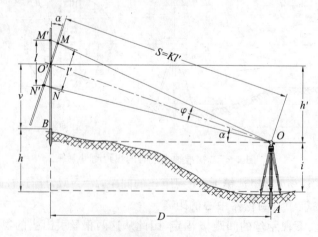

图4-8　视准轴倾斜时的视距测量原理

则望远镜旋转中心 O 与视距尺旋转中心 O' 之间的视距为

$$S=Kl'=Kl\cos\alpha \tag{4-10}$$

由此求得 A,B 两点间的水平距离为

$$D = S\cos\alpha = Kl\cos^2\alpha \tag{4-11}$$

设 A,B 的高差为 h，由图 4-8 容易列出方程

$$h + v = h' + i$$

式中，$h' = S\sin\alpha = Kl\cos\alpha\sin\alpha = \frac{1}{2}Kl\sin2\alpha$，或者 $h' = D\tan\alpha$。称 h' 为初算高差，将其代入上式，得高差公式

$$\begin{aligned}h &= h' + i - v \\ &= \frac{1}{2}Kl\sin2\alpha + i - v \\ &= D\tan\alpha + i - v \end{aligned} \tag{4-12}$$

[例 4-1]　在 A 点安置经纬仪，B 点竖立标尺，A 点的高程为 $H_A = 35.32$m，量得仪器高 $i = 1.39$m，测得上、下丝读数分别为 1.264m，2.336m，盘左观测的竖盘读数为 $L = 82°26'00''$，竖盘指标差为 $x = +1'$，求 A,B 两点间的水平距离和高差。

[解]　视距间隔为 $l = 2.336 - 1.264 = 1.072$m

竖直角为 $\alpha = 90° - L + x = 90° - 82°26'00'' + 1' = 7°35'$

水平距离为 $D = KL\cos^2\alpha = 105.333$m

中丝读数为 $v = (1.264 + 2.336)/2 = 1.8$m

高差为 $h_{AB} = D\tan\alpha + i - v = +13.613$m

B 点的高程为 $H_B = H_A + h_{AB} = 35.32 + 13.613 = 48.933$m。

可以用下列 fx-5800P 程序 P4-1 进行视距测量计算。

程序名:P4-1,占用内存 218 字节

"STADIA SUR P4-1"↵	显示程序标题
Deg:Fix 3↵	设置角度单位与数值显示格式
"H0(m)="?H:"i(m)="?I↵	输入测站点高程与仪器高
"X(Deg)="?X↵	输入经纬仪竖盘指标差
Lbl 0:"a(m),<0÷END="?→A↵	输入上丝读数
A<0÷Goto E↵	上丝读数为负数结束程序
"b(m)="?→B↵	输入下丝读数
"V(Deg)="?→V↵	输入碎部点方向盘左竖盘读数
90-V+X→W:100Abs(B-A)cos(W)²→D↵	计算测站至碎部点的水平距离
H+Dtan(W)+I-(A+B)÷2→G↵	计算碎部点的高程
"Dp(m)="?D◢	显示水平距离
"Hp(m)="?G◢	显示碎部点高程
Goto 0:Lbl E:"P4-1÷END"	

⌨ 输入程序时，按 [SHIFT][SET UP] [3] 键输入 **Deg**，按 [SHIFT][SET UP] [6] 键输入 **Fix**，按 [FUNCTION][1]▽▽
[1] 键输入 **m**，按 [FUNCTION][3]▽▽[3] 键输入 ÷，按 [FUNCTION][7][2]▽▽▽▽[1] 键输入 **a**，按 [FUNCTION][7][2]
▽▽▽[2] 键输入 **b**，按 [FUNCTION][3][2] 键输入 →，按 [FUNCTION][1]▽[1] 键输入 **Abs(**，按 [FUNCTION][1]▽▽
▽[4] 键输入 **p**。

执行程序 P4－1,计算[例 4－1]的屏幕提示与操作过程如下:

屏幕提示	按键	说明
STADIA SUR P4－1	[EXE]	显示程序标题
H0(m)=?	**35.32** [EXE]	输入测站高程
i(m)=?	**1.39** [EXE]	输入仪器高
X(Deg)=?	**0** [""] **1** [""] [EXE]	输入竖盘指标差
a(m),<0÷END=?	**1.264** [EXE]	输入上丝读数
b(m)=?	**2.336** [EXE]	输入下丝读数
V(Deg)=?	**82** [""] **26** [""] [EXE]	输入盘左竖盘读数
Dp(m)=105.333	[EXE]	显示水平距离
Hp(m)=48.933	[EXE]	显示碎部点高程
a(m),<0÷END=?	**-1** [EXE]	输入任意负数结束程序
P4－1÷END		程序结束显示

3) 视距测量的误差分析

(1) 读数误差

视距间隔 l 由上、下视距丝在标尺上截取的读数相减而得,由于视距乘常数 $K=100$,因此视距丝的读数误差将被扩大 100 倍地影响所测距离。如果读数误差为 1mm,则视距误差即为 0.1m。因此在标尺上读数前应先消除视差,读数时应十分仔细。另外,由于竖立标尺者不可能使标尺完全稳定不动,因此上、下丝读数应几乎同时进行。建议使用经纬仪的竖盘微动螺旋将上丝对准标尺的整分米分划后,立即估读下丝读数的方法;同时还应注意视距测量的距离不能太长,因为测量的距离越长,视距标尺上 1cm 分划的长度在望远镜十字丝分划板上的成像长度就越小,读数误差就越大。

(2) 标尺不竖直误差

当标尺不竖直且偏离铅垂线方向 $d\alpha$ 角时,对水平距离影响的微分关系为

$$dD=-\frac{1}{2}Kl\sin2\alpha\frac{d\alpha}{\rho} \tag{4-13}$$

目估使标尺竖直大约有 1° 的误差,即 $d\alpha=1°$,设 $Kl=100m$,按式(4-13)计算,当 $\alpha=5°$ 时,$dD=0.15m$;当 $\alpha=30°$ 时,$dD=0.76m$。由此可见,标尺倾斜对测定水平距离的影响随视准轴竖直角的增大而增大。山区测量时的竖直角一般较大,此时应特别注意将标尺竖直。视距标尺上一般装有水准器,立尺者在观测者读数时应参照尺上的水准器来使标尺竖直及稳定。

(3) 竖直角观测误差

竖直角观测误差在竖直角不大时对水平距离的影响较小,主要影响高差,公式为

$$dh=Kl\cos2\alpha\frac{d\alpha}{\rho} \tag{4-14}$$

设 $Kl=100m$,$d\alpha=1'$,当 $\alpha=5°$ 时,$dh=0.03m$。

由于视距测量时通常是用竖盘的一个位置(盘左或盘右)进行观测,因此事先应对竖盘指标差进行检验和校正,使其尽可能小;或者每次测量之前测定指标差,在计算竖直角时加以改正。

(4) 大气折光的影响

近地面的大气折光使视线产生弯曲,在日光照射下,大气湍流会使成像晃动,风力使标尺摇动,这些因素都会使视距测量产生误差。因此,视距测量时,不要使视线太贴近地面(即

不要用望远镜照准视距标尺的底部读数),在成像晃动剧烈或风力较大时,应停止观测。阴天且有微风时是观测的最有利气象条件。

在上述各种误差来源中,以(1),(2)两种误差影响最为突出,应给予充分注意。根据实践资料分析,在良好的外界条件下,距离在200m以内,视距测量的相对误差约为1/300。

4.3 电磁波测距

电磁波测距(electro-magnetic distance measuring,简称EDM)是用电磁波(光波或微波)作为载波传输测距信号,以测量两点间距离的一种方法。用光波作为载波的测距仪称为光电测距仪。

4.3.1 光电测距仪的基本原理

如图4-9所示,光电测距仪是通过测量光波在待测距离 D 上往、返传播一次所需要的时间 t_{2D},依式(4-15)来计算待测距离 D

$$D = \frac{1}{2}ct_{2D} \qquad (4-15)$$

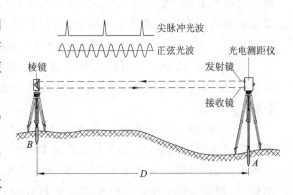

图4-9 光电测距原理

式中 $c = \frac{c_0}{n}$ 为光在大气中的传播速度,$c_0 = 299\,792\,458 \text{m/s} \pm 1.2 \text{m/s}$(米/秒),为光在真空中的传播速度;$n \geqslant 1$,为大气折射率,$n$ 是光波长 λ、大气温度 t 和气压 P 的函数,即

$$n = f(\lambda, t, P) \qquad (4-16)$$

由于 $n \geqslant 1$,所以 $c \leqslant c_0$,也即光在大气中的传播速度要小于其在真空中的传播速度。

红外测距仪一般采用 GaAs(砷化镓)发光二极管发出的红外光作为光源,其波长 $\lambda = 0.85 \sim 0.93 \mu m$。对一台红外测距仪来说,$\lambda$ 是一个常数。由式(4-16)可知,影响光速的大气折射率 n 只随大气温度 t 及气压 P 而变化,这就要求在光电测距作业中,应实时测定现场的大气温度和气压,并对所测距离施加气象改正。

根据测量光波在待测距离 D 上往、返一次传播时间 t_{2D} 方法的不同,光电测距仪可分为脉冲式和相位式两种。

1) 脉冲式光电测距仪

脉冲式光电测距仪是将发射光波的光强调制成一定频率的尖脉冲,通过测量发射的尖脉冲在待测距离上往返传播的时间来计算距离。如图4-10所示,在尖脉冲光波离开测距仪发射镜的瞬间,触发打开电子门,此时,时钟脉冲进入电子门填充,计数器开始计数。在仪器接收镜接收到由棱镜反射回来的尖脉冲光波的瞬间,关闭电子门,计数器停止计数。设时钟脉冲的振荡频率为 f_0,周期为 $T_0 = 1/f_0$,计数器计得的时钟脉冲个数为 q,则有

$$t_{2D} = qT_0 = \frac{q}{f_0} \qquad (4-17)$$

由于电子计数器只能记忆整数个时钟脉冲,小于一个时钟脉冲周期 T_0 的时间被计数器

丢掉了,这就使计数器测得的 t_{2D} 最大有一个时钟脉冲周期 T_0 的误差,也即 $m_{t_{2D}}=\pm T_0$。应用误差传播定律(第6.4节),由式(4-15)可以求得电子计数器的计数误差 $m_{t_{2D}}$ 对测距误差 m_D 的影响为

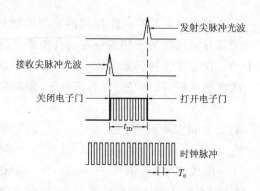

$$m_D=\frac{1}{2}cm_{t_{2D}}=\pm\frac{1}{2}cT_0=\pm\frac{1}{2f_0}c \quad (4-18)$$

由式(4-18)可知,时钟脉冲频率 f_0 越大,测距误差就越小。取 $c\approx3\times10^8$ m,当要求测距误差为 $m_D=\pm0.01$ m 时,由式(4-18)可以反求出仪器的时钟脉冲频率应为 $f_0=15\,000$ MHz。

图 4-10 脉冲测距原理

通常应用石英晶体振荡器(简称石英晶振)来产生时钟脉冲频率,石英晶振工作温度的稳定情况对其频率稳定度有很大的影响,且石英晶振的振荡频率越高,对工作温度的稳定度要求也越高。由于制造技术上的原因,目前世界上可以做到并稳定在 1×10^{-6} 级的石英晶振频率最高为 300MHz,将 $f_0=300$ MHz 代入式(4-18)求得仪器的测距误差 $m_D=\pm0.5$ m。

由此可知,如果不采用特殊技术测出被计数器舍弃的小于一个时钟脉冲周期 T_0 的时间,而仅仅靠提高时钟脉冲频率 f_0 的方法来使脉冲测距仪达到 mm 级的测距精度是困难的。

1985 年,徕卡公司推出了测程为 14km、标称测距精度为 $\pm(3\text{mm}\sim5\text{mm}+1\text{ppm})$ 的 DI3000 红外测距仪,它是当时测距精度最高的脉冲式光电测距仪,如图 4-11 所示。根据厂方资料介绍,该仪器采用了一个特殊的电容器做充、放电用,它的放电时间是充电时间的数千倍。测距过程中,由发射和接收的尖脉冲光波控制对该电容器充电 t_{2D} 时间,然后放电。设放电时间为 T_{2D},利用放电的开始、结束来开关电子门,通过计数填入电子门的时钟脉冲数来解算放电时间 T_{2D}。

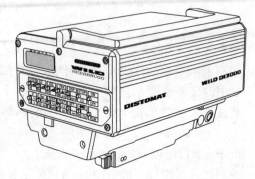

图 4-11 脉冲红外测距仪 DI3000

DI3000 红外测距仪的时钟脉冲频率 $f_0=15$ MHz,其周期为 $T_0=1/f_0=6.666\,666\,67\times10^{-8}$ s,则通过计数填入电子门的时钟脉冲数求得电容器的放电时间 T_{2D} 的误差为 $m_{T_{2D}}=\pm T_0=\pm6.666\,666\,67\times10^{-8}$ s。如果放电时间是充电时间的 3 000 倍(厂方没有提供详细资料),则求得的充电时间 t_{2D} 的误差为

$$m_{t_{2D}}=\frac{m_{T_{2D}}}{3000}=\pm2.222\,222\,22\times10^{-11}\text{s}$$

将上式代入式(4-18)可以求得测距误差为 $m_D=\pm3.3$ mm。

2)相位式光电测距仪

相位式光电测距仪是将发射光波的光强调制成正弦波,通过测量正弦光波在待测距离上往返传播的相位移来解算距离。图 4-12 是将返程的正弦波以棱镜站 B 点为中心对称展开后的光强图形。

正弦光波振荡一个周期的相位移是 2π,设发射的正弦光波经过 $2D$ 距离后的相位移为

φ,则 φ 可以分解为 N 个 2π 整数周期和不足一个整数周期相位移 $\Delta\varphi$,也即有

$$\varphi = 2\pi N + \Delta\varphi \qquad (4-19)$$

正弦光波振荡频率 f 的意义是一秒钟振荡的次数,则正弦光波经过 t_{2D} 秒钟后振荡的相位移为

$$\varphi = 2\pi f t_{2D} \qquad (4-20)$$

由式(4-19)和式(4-20)可以解出 t_{2D} 为

$$t_{2D} = \frac{2\pi N + \Delta\varphi}{2\pi f} = \frac{1}{f}\left(N + \frac{\Delta\varphi}{2\pi}\right) = \frac{1}{f}(N + \Delta N) \qquad (4-21)$$

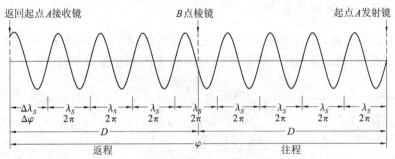

图 4-12 相位测距原理

式中 $\Delta N = \dfrac{\Delta\varphi}{2\pi}$,$0 < \Delta N < 1$。将式(4-21)代入式(4-15),得

$$D = \frac{c}{2f}(N + \Delta N) = \frac{\lambda_s}{2}(N + \Delta N) \qquad (4-22)$$

式中 $\lambda_s = c/f$ 为正弦波的波长,$\lambda_s/2$ 为正弦波的半波长,又称测距仪的测尺。取 $c \approx 3 \times 10^8$m,则不同的调制频率 f 对应的测尺长列于表 4-1 中。

表 4-1　　　　　　　　　　　　调制频率与测尺长度的关系

调制频率 f	15MHz	7.5MHz	1.5MHz	150kHz	75kHz
测尺长 $\lambda_s/2$	10m	20m	100m	1km	2km

由表 4-1 可知,f 与 $\lambda_s/2$ 的关系是:调制频率越大,测尺长度越短。

如果能够测出正弦光波在待测距离上往返传播的整周期相位移数 N 和不足一个周期的小数 ΔN,就可以依式(4-22)计算出待测距离 D。

在相位式光电测距仪中有一个电子部件,称相位计,它能将测距仪发射镜发射的正弦波与接收镜接收到的、传播了 $2D$ 距离后的正弦波进行相位比较,测出不足一个周期的小数 ΔN,其测相误差一般小于 $1/1000$。相位计测不出整周数 N,这就使相位式光电测距方程式(4-22)产生多值解,只有当待测距离小于测尺长度时(此时 $N=0$)才能确定距离值。人们通过在相位式光电测距仪中设置多个测尺,使用各测尺分别测距,然后组合测距结果来解决距离的多值解问题。

在仪器的多个测尺中,称长度最短的测尺为精测尺,其余为粗测尺。例如,一台测程为 1km 的相位式光电测距仪设置有 10m 和 1000m 两把测尺,由表 4-1 可查出其对应的调制频率为 15MHz 和 150kHz。假设某段距离为 586.486m,则

用 1000m 的粗测尺测量的距离为 $(\lambda_s/2)_{粗}\Delta N_{粗}=1000\times0.5871=587.1\text{m}$

用 10m 的精测尺测量的距离为 $(\lambda_s/2)_{精}\Delta N_{精}=10\times0.648\,6=6.486\text{m}$

精粗测尺测距结果的组合过程为　　　　587.1　　　　粗测尺测距结果

　　　　　　　　　　　　　　　　　　6.486　　　　精测尺测距结果

　　　　　　　　　　　　　　　　　　586.486m　　组合结果

　　精粗测尺测距结果组合由测距仪内的微处理器自动完成,并输送到显示窗显示,无需用户干预。

4.3.2　ND3000 红外测距仪简介

　　图 4-13 是南方测绘 ND3000 红外相位式测距仪,图 4-14 为配套的棱镜对中杆。ND3000 自带望远镜,望远镜的视准轴、发射光轴及接收光轴同轴,仪器的主要技术参数如下:

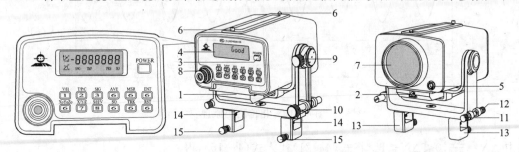

图 4-13　ND3000 红外测距仪

1—电池;2—外接电源插口;3—电源开关;4—显示屏;5—RS-232C 数据接口;6—粗瞄器;

7—望远镜物镜;8—望远镜物镜调焦螺旋;9—垂直制动螺旋;10—垂直微动螺旋;11,12—水平调整螺丝;

13—宽度可调连接支架;14—支架宽度调整螺丝;15—连接固定螺丝

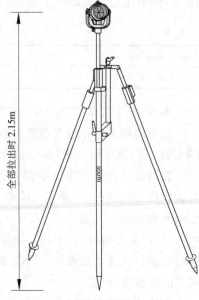

① 红外光源波长:0.865μm;

② 测尺长及对应的调制频率:

　精测尺:$\lambda_s/2=10\text{m}$,$f=14.835\,546\text{MHz}$;

　粗测尺 1:$\lambda_s/2=1000\text{m}$,$f=148.355\,46\text{kHz}$;

　粗测尺 2:$\lambda_s/2=10\,000\text{m}$,$f=14.835\,546\text{kHz}$;

③ 测程:2500m(单棱镜),3500m(三棱镜);

④ 标称精度:±(5mm+3ppm);

⑤ 测量时间:正常测距 3s,跟踪测距、初始测距 3s,以后每次测距 0.8s;

⑥ 供电:6V 镍镉(NiCd)可充电电池;

⑦ 气象改正比例系数计算公式:

$$\Delta D_1=278.96-\frac{0.290\,4P}{1+0.003\,661t}\qquad(4-23)$$

图 4-14　棱镜对中杆与支架

式中,P 为气压(hPa),t 为温度(℃),计算出的 ΔD_1 是以 ppm 为单位的气象改正比例系数,由于 1ppm = 1mm/km,所以它也代表每 km 的比例改正长度。可以将测距时的温度和气压输入仪器,由仪器自动为所测距离施加气象比例改正。

4.3.3 喜利得 PD42 手持激光测距仪

在建筑施工与房产测量中,经常需要测量距离、面积和体积,使用手持激光测距仪可以方便、快速地实现。图 4-15 为喜利得(HILTI)公司生产的 PD42 手持激光测距仪,按键功能及屏幕显示的意义见图中的注释,仪器的主要技术参数如下:

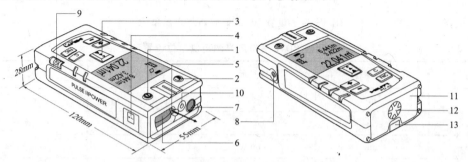

图 4-15　喜利得 PD42 手持激光测距仪

1—电源开关键;2—测距基准切换键;3—测距键;4—测距副键;5—激光发射镜;6—测距信号接收镜;
7—光学瞄准器物镜;8—光学瞄准器目镜;9—管水准器;10—圆水准器;11—AAA 电池盒盖;
12—电池盒盖与延长杆竖装连接孔;13—延长片

① 激光:2 级红色激光,波长 635nm,最大发射功率<1mW;

② 测量误差:±1mm;

③ 测程:0.05~200m,其中白色墙面为 100m,干燥混凝土面为 70m,干燥砖面为 50m。当测距表面太粗糙无法测距时应使用 PDA50 目标板,目标板背面有三块磁铁片可以将其吸附在钢铁物的表面,如图 4-16 所示;

④ 激光束光斑直径:6/30/60mm(10/50/100m);

⑤ 电源:2×1.5V 的 5 号 AAA 电池可供测量 8 000~10 000次,2×1.2V 的镍氢 5 号可充电电池可供测量6 000~8 000次。

按◎键打开 PD42 的电源并自动进入距离模式,再按◎键为关机;或按▯键(图 4-15 的 3)开机的同时发射指示激光;开机时,按▯键(图 4-15 的 4)为发射指示激光。

在低背景光下,按任意键可自动打开显示屏照明,10s后,显示屏照明亮度自动降低 50%,20s 内为按键,自动关闭显示屏照明,以节省电源。

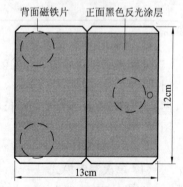

图 4-16　PDA50 目标板

1) 设置距离单位

按住◎键 2s 开机,屏幕显示图 4-17(a)的界面,按➕键为使测距蜂鸣声在"开/关"之间切换,关闭测距蜂鸣声的界面如图 4-17(b)所示;多次按➖键为使距离单位在"m/cm/mm/In/……/yd"之间切换,相应的距离、面积、体积单位列于表 4-2。

完成设置后按◎键关机,仪器自动记忆设置结果,以后再按◎键开机时,以最近一次的设置显示。

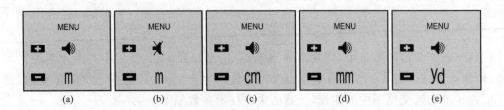

(a)　　　　　(b)　　　　　(c)　　　　　(d)　　　　　(e)

图 4-17　设置 PD42 蜂鸣声与距离单位

表 4-2　　　　　　　喜利得 PD42 手持激光测距仪单位设置

序	距离单位	距离显示	面积单位	体积单位
1	m	米	m²	m³
2	cm	cm	m²	m³
3	mm	mm	m²	m³
4	In	In	Inches²	Inches³
5	In 1/8	1/8 inch	Inches²	Inches³
6	In 1/16	1/16 inch	Inches²	Inches³
7	In 1/32	1/32 inch	Inches²	Inches³
8	ft	英尺,10 进位制	Feet²	Feet³
9	Ft 1/8	Feet－inches－1/8	Feet²	Feet³
10	Ft 1/16	Feet－inches－1/16	Feet²	Feet³
11	Ft 1/32	Feet－inches－1/32	Feet²	Feet³
12	Yd	码,10 进位制	Yards²	Yards³

2) 设置测距基准点

连续按 🔳 键可使 PD42 的测距基准点在后端(图 4-18(a))、前端(图 4-18(b))、PDA71 延长杆螺口中心(图 4-18(e))之间切换;打开延长片时,测距基准点自动设置为延长片尾端(图 4-18(c));将 PDA71 延长杆连接到 PD42 底部时,测距基准点自动设置为延长杆尾端(图 4-18(d))。

3) 距离测量

(1) 单次测距模式

按 🔳 键,PD42 发射红色指示激光供用户照准目标点,屏幕显示如图 4-19(a)所示,再按 🔳 键开始测距,屏幕显示 PD42 基准边至激光点的距离值,如图 4-19(b)所示。当所测距离>10m 时,建议用仪器一侧的望远镜照准目标。

(2) 连续测距模式

按住 🔳 键 2s 进入连续测距模式,此时,屏幕显示的距离值随着激光光斑的移动实时变化,变化速率为 6~10 次/s,再次按 🔳 键为停止连续测距模式。

(3) 距离相加功能

按 🔳 键,PD42 发射红色指示激光,再按 🔳 键测距,屏幕显示前次距离加本次距离之和,案例结果如图 4-19(c)—(d)所示。

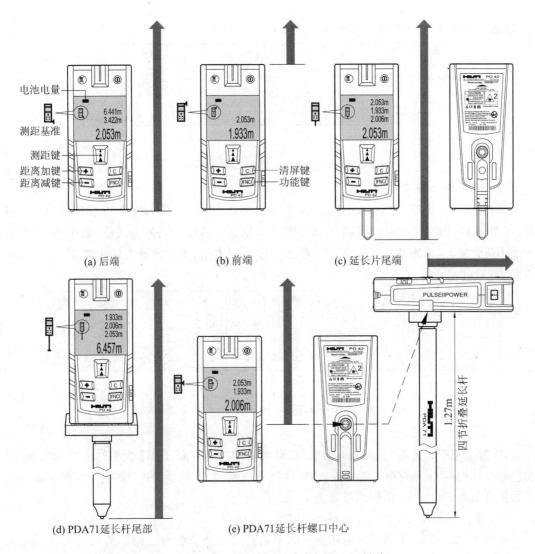

电池电量
测距基准
测距键
距离加键
距离减键

清屏键
功能键

(a) 后端   (b) 前端   (c) 延长片尾端

(d) PDA71延长杆尾部   (e) PDA71延长杆螺口中心

图 4-18　PD42 的测距基准点与 PDA71 延长杆

（4）距离相减功能

按 ⊟ 键，PD42 发射红色指示激光，再按 🔼 键测距，屏幕显示前次距离减本次距离之差，案例结果如图 4-19(e)—(f)所示。

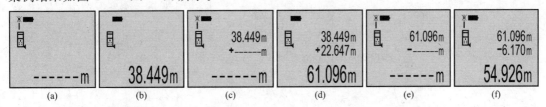

(a)　　　(b)　　　(c)　　　(d)　　　(e)　　　(f)

图 4-19　单次测距模式、距离相加、距离相减功能测量案例

（5）延迟测距功能

按 FNC 键进入图 4-20(a)的延迟测距功能，仪器内置"5s/10s/20s"三个延迟时间，按 ⊞ 键为向增加延迟时间方向切换，按 ⊟ 键为向减小延迟时间方向切换。完成延迟时间设置

后,按 🅘 键,仪器延迟设置的时间后开始测距。

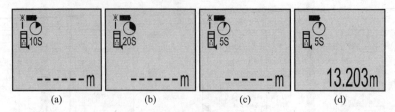

图 4-20　延迟测距功能测量案例

（6）Min/Max 测距功能

按 [FNC] 键若干次进入图 4-21(a)所示的 Min/Max 测距功能界面,PD42 发射红色指示激光,再按 🅘 键开始连续测距,屏幕中部以小数字分别显示所测距离的最大值、最小值、最大值与最小值之差,屏幕底部以大数字显示最近一次的距离值,再按 🅘 键为停止测距,案例结果如图 4-21(b)所示。

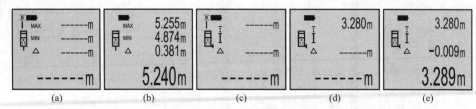

图 4-21　Min/Max 测距功能与距离放样功能测量案例

（7）距离放样功能

按 [FNC] 键若干次进入图 4-21(c)所示的距离放样功能界面,PD42 发射红色指示激光,照准已知距离点,按 🅘 键先测量已知距离;照准待放样距离点,按 🅘 键连续测距,屏幕实时显示已知距离与测距值之差,案例结果如图 4-21(e)所示。

（8）毕达哥拉斯(Pythagorase)测量功能

如图 4-22 所示,毕达哥拉斯功能实际上通过测量竖直面内三角形的邻边长,由 PD42算出其对边长。

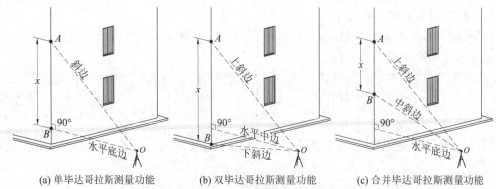

(a) 单毕达哥拉斯测量功能　　(b) 双毕达哥拉斯测量功能　　(c) 合并毕达哥拉斯测量功能

图 4-22　毕达哥拉斯(Pythagorase)测量原理

① 单毕达哥拉斯(Single Pythagorase)测量功能

通过测量直角三角形的斜边与水平底边长,计算另一直角边长。按 [FNC] 键若干次进入图

4-23(a)所示的界面,此时,斜边闪烁,照准斜边点,按⚡键单次测量斜边长;水平底边闪烁,照准水平底边点附近,按⚡键连续测量,再按⚡键,仪器自动记录连续测距的最小值,并算出另一直角边长度,案例结果如图4-23(c)所示。

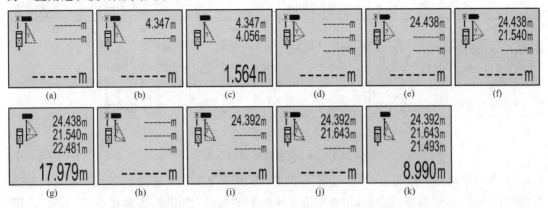

图4-23 毕达哥拉斯(Pythagorase)功能测量案例

② 双毕达哥拉斯(Double Pythagorase)测量功能

通过测量任意三角形的上斜边、水平中边与下斜边长,计算另一边长。按 FNC 键若干次进入图4-23(d)所示的界面,此时,上斜边闪烁,照准上斜边点,按⚡键单次测量上斜边长;此时,水平中边闪烁,照准上水平中边点附近,按⚡键连续测量水平中边长,再按⚡键,仪器自动记录连续测距的最小值;此时,下斜边闪烁,照准下斜边点,按⚡键单次测量下斜边长,仪器算出另一边长度,案例结果如图4-23(g)所示。

③ 合并毕达哥拉斯(Combined Pythagorase)测量功能

通过测量任意三角形的上斜边、中斜边与水平底边长,计算另一边长。按 FNC 键若干次进入图4-23(h)所示的界面,此时,上斜边闪烁,照准上斜边点,按⚡键单次测量上斜边长;此时,中斜边闪烁,照准中斜边点,按⚡键单次测量中斜边长;此时,水平底边闪烁,照准水平底边点附近,按⚡键连续测量水平底边,再按⚡键,仪器自动记录连续测距的最小值,并算出另一边长,案例结果如图4-23(k)所示。

在执行上述三种毕达哥拉斯测量功能时,测量斜边均为单次测量,只有测量水平边长时为连续测量,当所测三角形位于竖直面内时,应使管水准气泡居中(图4-15的9)准确照准水平边长点。

4)面积测量

(1)单个矩形面积测量功能

按 FNC 键若干次进入图4-24(a)所示的单个矩形面积测量功能,对准矩形的第一条边长按⚡键,对准矩形的第二条边长按⚡键,案例结果如图4-24(c)所示。也可以按 ➕ 或 ➖ 键开始面积测量,仪器自动计算各次面积测量的代数和。

(2)连续矩形面积测量功能

按 FNC 键若干次进入图4-24(d)所示的连续矩形面积测量功能,对准连续矩形的第一条底边按⚡键测量第一条底边长,按 ➕ 键进入图4-24(e)的加测第二条底边界面,对准连续矩形的第二条底边按⚡键,结果如图4-24(f)所示,其中4.001m为所测的第一条底边长,

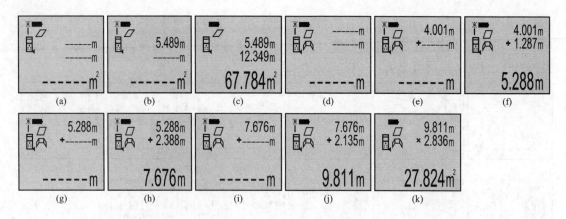

图 4-24　测量矩形面积案例

1.287m 为所测的第二条底边长,底部的 5.288m 为第一与第二条底边长之和。重复上述操作继续加测第三、第四条底边长,最后对准连续矩形的高边,按🔘键,屏幕显示第一、第二、第三、第四条底边长之和乘以所测高度的面积,案例结果如图 4-24(k)所示。使用该功能可以测量任意条数边长之和乘以所测高度的面积,常用于测量墙面面积以计算工程量。

5)体积测量

测量单个立方体的体积。按 FNC 键若干次进入图 4-25(a)所示的立方体体积测量功能。对准立方体的第一条边按🔘键,对准立方体的第二条边按🔘键,对准立方体的第三条边按🔘键,屏幕显示立方体体积,案例结果如图 4-25(d)所示。也可以按➕或➖键开始体积测量,仪器自动计算各次体积测量的代数和。

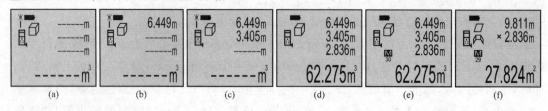

图 4-25　测量立方体体积与存储器案例

6)测量结果的存储

用 PD42 测量的结果及测量功能图形符号自动存入内存,最多可存储 30 个,当内存已存满 30 个测量结果时,最近一次测量结果存入第 30 号存储器,原 2~30 号存储器的结果分别自动存入第 1~29 号存储器,自动删除原 1 号存储器的结果。按 FNC 键若干次进入图 4-25(e)的界面,图中为显示 30 号存储器的最后一次体积测量结果,按➖键为 29 号存储器连续矩形面积测量结果,见图 4-25(f)所示,或按➕键显示 1 号存储器的测量结果。

4.3.4　相位式光电测距的误差分析

将 $c=c_0/n$ 代入式(4-22)得

$$D=\frac{c_0}{2fn}(N+\Delta N)+K \tag{4-24}$$

式中 K 为测距仪的加常数,它通过将测距仪安置在标准基线长度上进行比测,经回归统计计算求得。在式(4-24)中,待测距离 D 的误差来源于 c_0,f,n,ΔN 和 K 的测定误差。利用第6章的测量误差知识,通过将 D 对 c_0,f,n,ΔN 和 K 求全微分,然后利用误差传播定律求得 D 的方差 m_D^2 为

$$m_D^2 = \left(\frac{m_{c_0}^2}{c_0^2} + \frac{m_n^2}{n^2} + \frac{m_f^2}{f^2} \right) D^2 + \frac{\lambda_{s精}^2}{4} m_{\Delta N}^2 + m_K^2 \tag{4-25}$$

在式(4-25)中,c_0,f,n 的误差与待测距离成正比,称为比例误差,ΔN 和 K 的误差与待测距离无关,称为固定误差。一般将式(4-25)缩写成

$$m_D^2 = A^2 + B^2 D^2 \tag{4-26}$$

或者写成常用的经验公式

$$m_D = \pm(a + bD) \tag{4-27}$$

如 ND3000 红外测距仪的标称精度为 $\pm(5\text{mm} + 3\text{ppm})$ 即为上述形式。其中 $1\text{ppm} = 1\text{mm}/1\text{km} = 1 \times 10^{-6}$,也即测量 1km 的距离有 1mm 的比例误差。

下面对式(4-25)中各项误差的来源及削弱方法进行简要分析。

1) 真空光速测定误差 m_{c_0}

真空光速测定误差 $m_{c_0} = \pm 1.2\text{m/s}$,其相对误差为

$$\frac{m_{c_0}}{c_0} = \frac{1.2}{299\,792\,458} = 4.03 \times 10^{-9} = 0.004\text{ppm}$$

也就是说,真空光速测定误差对测距的影响是 1km 产生 0.004mm 的比例误差,可以忽略不计。

2) 精测尺调制频率误差 m_f

目前,国内外厂商生产的红外测距仪的精测尺调制频率的相对误差 m_f/f 一般为 $1 \sim 5 \times 10^{-6} = 1 \sim 5\text{ppm}$,其对测距的影响是 1km 产生 $1 \sim 5\text{mm}$ 的比例误差。但仪器在使用中,电子元器件的老化和外部环境温度的变化,都会使设计频率发生漂移,这就需要通过对测距仪进行检定,以求出比例改正数对所测距离进行改正。也可以应用高精度野外便携式频率计,在测距的同时测定仪器的精测尺调制频率来对所测距离进行实时改正。

3) 气象参数误差 m_n

大气折射率主要是大气温度 t 和大气压力 P 的函数。由测距仪的气象改正公式(4-23)可以计算出:大气温度测量误差为 1℃ 或者大气压力测量误差为 3mmHg 或 3.9mmbar时,都将产生 1ppm 的比例误差。严格地说,计算大气折射率 n 所用的气象参数 t,P 应该是测距光波沿线的积分平均值,由于实践中难以测到,所以一般是在测距的同时测定测站和镜站的 t,P 并取其平均来代替其积分值,由此引起的折射率误差称为气象代表性误差。实验表明,选择阴天,有微风的天气测距时,气象代表性误差较小。

4) 测相误差 $m_{\Delta N}$

测相误差包括自动数字测相系统的误差、测距信号在大气传输中的信噪比误差等(信噪比为接收到的测距信号强度与大气中杂散光强度之比)。前者决定于测距仪的性能与精度,后者与测距时的自然环境有关,例如大气的能见度、干扰因素的强弱、视线离地面及障碍物

的远近。

5) 仪器对中误差

光电测距是测定测距仪中心至棱镜中心的距离，因此仪器对中误差包括测距仪的对中误差和棱镜的对中误差。用经过校准的光学对中器对中，此项误差一般不大于2mm。

4.4 直线定向

确定地面直线与标准北方向间的水平夹角称为直线定向。

1) 标准北方向分类——三北方向

(1) 真北方向

如图4-26所示，过地表P点的天文子午面与地球表面的交线称为P点的真子午线，真子午线在P点的切线北方向称为P点的真北方向。可以用天文测量法或陀螺仪测定地表P点的真北方向。

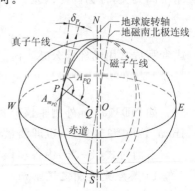

图4-26　A_{PQ} 与 $A_{m_{PQ}}$ 的关系图

(2) 磁北方向

在地表P点，磁针自由静止时北端所指方向为磁北方向，磁北方向可用罗盘仪测定。

(3) 坐标北方向

称高斯平面直角坐标系$+x$轴方向为坐标北方向，各点的坐标北方向相互平行。

测量上，称真北方向、磁北方向与坐标北方向为三北方向，在中、小比例尺地形图的图框外应绘有本幅图的三北方向关系图，详细如图10-2所示。

2) 表示直线方向的方法

测量中，常用方位角表示直线的方向，其定义为：由标准方向北端起，顺时针到直线的水平夹角。方位角的取值范围为$0°\sim360°$。利用上述介绍的三北方向，可以对地表任意直线PQ定义三个方位角。

(1) 由P点的真北方向起，顺时针到PQ的水平夹角，称PQ的真方位角，用A_{PQ}表示。

(2) 由P点的磁北方向起，顺时针到PQ的水平夹角，称PQ的磁方位角，用$A_{m_{PQ}}$表示。

(3) 由P点的坐标北方向起，顺时针到PQ的水平夹角，称PQ的坐标方位角，用α_{PQ}表示。

3) 三种方位角的关系

讨论直线PQ的三种方位角的关系实际上就是讨论P点三北方向的关系。

(1) A_{PQ} 与 $A_{m_{PQ}}$ 的关系

由于地球南北极与地磁南北极不重合，地表P点的真北方向与磁北方向也不重合，两者间的水平夹角称为磁偏角，用δ_P表示，其正负定义为：以真北方向为基准，磁北方向偏东，$\delta_P>0$；磁北方向偏西，$\delta_P<0$。图4-26中的$\delta_P>0$，由图可得

$$A_{PQ}=A_{m_{PQ}}+\delta_P \qquad (4-28)$$

我国磁偏角δ_P的范围大约在$+6°\sim-10°$之间。

（2）A_{PQ}与α_{PQ}的关系

如图 4-27 所示，在高斯平面直角坐标系中，P 点的真子午线是收敛于地球南北两极的曲线。所以，只要 P 点不在赤道上，其真北方向与坐标北方向就不重合，两者间的水平夹角称为子午线收敛角，用 γ_P 表示，其正负定义为：以真北方向为基准，坐标北方向偏东，$\gamma_P>0$；坐标北方向偏西，$\gamma_P<0$。图 4-27 中的 $\gamma_P>0$，由图可得

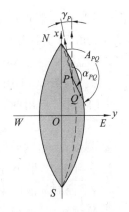

$$A_{PQ}=\alpha_{PQ}+\gamma_P \qquad (4-29)$$

子午线收敛角 γ_P 可以按下列近似公式计算

$$\gamma_P=(L_P-L_0)\sin B_P \qquad (4-30)$$

图 4-27 A_{PQ}与α_{PQ}的关系图

式中 L_0 为 P 点所在投影带中央子午线的经度，L_P，B_P 分别为 P 点的大地经度和纬度。γ_P 的精确值请使用高斯投影程序 PG2-1.exe 计算。

（3）α_{PQ}与$A_{m_{PQ}}$的关系

由式（4-28）和式（4-29）可得

$$\alpha_{PQ}=A_{m_{PQ}}+\delta_P-\gamma_P \qquad (4-31)$$

4）用罗盘仪测定磁方位角

（1）罗盘仪的构造

如图 4-28 所示，罗盘仪是测量直线磁方位角的仪器。罗盘仪构造简单，使用方便，但精度不高，外界环境对仪器的影响较大，如钢铁建筑和高压电线都会影响其测量精度。当测

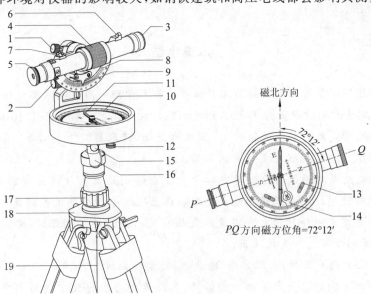

图 4-28 罗盘仪

1—望远镜制动螺旋；2—望远镜微动螺旋；3—物镜；4—物镜调焦螺旋；5—目镜调焦螺旋；

6—准星；7—照门；8—竖直度盘；9—竖盘读数指标；10—水平度盘；11—磁针；12—磁针固定螺旋；

13—管水准器；14—磁针固定杆；15—水平制动螺旋；16—球臼接头；17—接头螺丝；18—三脚架头；19—垂球线

区内没有国家控制点可用,需要在小范围内建立假定坐标系的平面控制网时,可用罗盘仪测量磁方位角,作为该控制网起始边的坐标方位角;陀螺仪精确定向时,也需要先用罗盘仪粗定向。罗盘仪的主要部件有磁针、刻度盘、望远镜和基座。

① 磁针:磁针 11 用人造磁铁制成,磁针在度盘中心的顶针尖上可自由转动。为了减轻顶针尖的磨损,不用时,应旋转磁针固定螺旋 12 升高磁针固定杆 14,将磁针固定在玻璃盖上。

② 刻度盘:用钢或铝制成的圆环,随望远镜一起转动,每隔 10° 有一注记,按逆时针方向从 0° 注记到 360°,最小分划为 1°。刻度盘内装有一个圆水准器或者两个相互垂直的管水准器 13,用手控制气泡居中,使罗盘仪水平。

③ 望远镜:罗盘仪的望远镜与经纬仪的望远镜结构基本相似,也有物镜对光螺旋 4、目镜对光螺旋 5 和十字丝分划板等,望远镜的视准轴与刻度盘的 0° 分划线共面。

④ 基座:采用球臼结构,松开接头螺旋 17,可摆动刻度盘,使水准气泡居中,度盘处于水平位置,然后拧紧接头螺旋。

(2) 用罗盘仪测定直线磁方位角的方法

欲测直线 PQ 的磁方位角,将罗盘仪安置在直线起点 P,挂上垂球对中后,松开球臼接头螺旋,用手向前、后、左或右方向转动刻度盘,使水准器气泡居中,拧紧球臼接头螺旋,使仪器处于对中与整平状态。松开磁针固定螺旋,让它自由转动;转动罗盘,用望远镜照准 Q 点标志;待磁针静止后,按磁针北端所指的度盘分划值读数,即为 PQ 边的磁方位角值,见图 4-28 所示。

使用罗盘仪时,应避开高压电线和避免铁质物体接近仪器,测量结束后,应旋紧固定螺旋将磁针固定在玻璃盖上。

本章小结

(1) 衡量距离测量的精度指标为相对误差。钢尺量距一般方法的相对误差为 1/5 000~1/1 000,视距测量的相对误差为 1/300,光电测距的相对误差一般小于 1/10 000。

(2) 视距测量是用仪器望远镜的上、下丝为指标,读取标尺上的读数,算出视距间隔 l,再乘以视距常数 100 获得仪器至标尺的距离。

(3) 脉冲式光电测距是通过测量尖脉冲光波在待测距离上往返传播的时间解算距离,相位式光电测距是通过测量正弦光波在待测距离上往返传播的相位差解算距离。电磁波在大气中的传播速度与测距时的大气温度和气压有关,因此,精密测距时,必须实时测量温度与气压,并对所测距离施加气象改正。

(4) 标准北方向有三种:真北方向、磁北方向、坐标北方向,简称三北方向。地面一点的真北方向与磁北方向的水平角 δ 称为磁偏角,真北方向与坐标北方向的水平角 γ 称为子午线收敛角。

(5) 标准北方向顺时针旋转到直线方向的水平角称为方位角,任意直线 PQ 的方位角有三种:真方位角 A_{PQ}、磁方位角 $A_{m_{PQ}}$、坐标方位角 α_{PQ},三者的相互关系是

$$A_{PQ} = A_{m_{PQ}} + \delta_P, \quad A_{PQ} = \alpha_{PQ} + \gamma_P, \quad \alpha_{PQ} = A_{m_{PQ}} + \delta_P - \gamma_P$$

思考题与练习题

[4-1]　直线定线的目的是什么？有哪些方法？如何进行？

[4-2]　简述用钢尺在平坦地面量距的步骤。

[4-3]　钢尺量距会产生哪些误差？

[4-4]　衡量距离测量的精度为什么采用相对误差？

[4-5]　说明视距测量的方法。

[4-6]　直线定向的目的是什么？它与直线定线有何区别？

[4-7]　标准北方向有哪几种？它们之间有何关系？

[4-8]　说明脉冲式测距和相位式测距的原理,为何相位式光电测距仪要设置精、粗测尺？

[4-9]　用钢尺往、返丈量了一段距离,其平均值为 167.38m,要求量距的相对误差为 1/3 000,问往、返丈量这段距离的绝对较差不能超过多少？

[4-10]　试将程序 P4-1 输入 fx-5800P,并完成下表的视距测量计算。其中测站高程 $H_0 = 45.00$m,仪器高 $i = 1.52$m,竖盘指标差 $x = +2'$,竖直角的计算公式为 $\alpha_L = 90° - L + x$。

目标	上丝读数 /m	下丝读数 /m	竖盘读数	水平距离 /m	高程 /m
1	0.960	2.003	83°50′24″		
2	1.250	2.343	105°44′36″		
3	0.600	2.201	85°37′12″		

[4-11]　测距仪的标称精度是任何定义的？相位式测距仪的测距误差主要有哪些？对测距影响最大的是什么误差？如何削弱？

[4-12]　用 ND3000 红外测距仪测得倾斜距离为 $D = 1397.691$m,竖直角 $\alpha = 5°21′12″$,气压 $P = 1013.2$hPa,空气温度 $t = 28.6℃$,已知气象改正公式(4-23),试计算该距离的气象改正值、改正后的斜距与水平距离。

5   全站仪测量

本章导读

- **基本要求**   理解绝对编码度盘电子测角的基本原理,理解科维 TKS-202R 全站仪的角度、距离、坐标、星键、菜单、校正模式的意义;熟练掌握前 4 种模式常用软键菜单的操作方法;掌握菜单模式下的"数据采集"、"放样"、"存储管理"命令的操作方法;掌握全站仪与PC机上传与下载坐标数据的操作方法。
- **重点**   在坐标模式下设置测站与后视定向的原理与方法,在菜单模式下执行"放样"与"数据采集"命令,设置测站与后视定向的原理与方法。
- **难点**   科维全站仪坐标文件的数据格式,用 TKS-COM 通讯软件编写坐标文件的方法,全站仪与 PC 机上传、下载坐标数据原理与方法,使用数字测图软件 CASS 下载科维全站仪坐标文件的方法及设置。

全站仪是由电子测角、光电测距、微处理器与机载软件组合而成的智能光电测量仪器,它的基本功能是测量水平角、竖直角和斜距,借助于机载软件,可以组成多种测量功能,如计算并显示平距、高差及镜站点的三维坐标,进行坐标测量、放样测量、偏心测量、悬高测量、对边测量、点到线测量、后方交会测量与面积计算等。

5.1   全站仪电子测角原理

电子测角是利用光电转换原理和微处理器自动测量度盘的读数并将测量结果输出到仪器屏幕显示。有三种电子测角系统:编码度盘测角系统、光栅度盘测角系统和动态测角系统。本节只介绍编码度盘测角系统的原理,这也是国内外量产全站仪广泛采用的测角系统。

编码度盘又分为多码道编码度盘与单码道编码度盘。多码道编码度盘是在玻璃圆盘上刻划 n 个同心圆环,称每个同心圆环为码道,n 为码道数。将外环码道圆环等分为 2^n 个扇形区,扇形区也称编码,编码按透光区与不透光区间隔排列,黑色部分为不透光编码,白色部分为透光编码,每个编码所包含的圆心角为 $\delta=360°\div 2^n$,称 δ 为角度分辨率,它是编码度盘能区分的最小角度。向着圆心方向,其余 $n-1$ 个码道圆环分别被等分为 $2^{n-1},2^{n-2},\cdots,2^1$ 个编码,这些编码的作用是确定当前方向位于外环码道的绝对位置。

图 5-1(a)为 4 码道二进制编码度盘,外环码道的编码数为 $2^4=16$,角度分辨率 $\delta=360°\div 16=22°30'$;向着圆心方向,其余 3 个码道的编码数依次为 $2^3=8,2^2=4,2^1=2$。

如图 5-1(b)所示,在编码度盘一侧、对应于每个码道位置安置一排发光二极管,在编码度盘的另一侧对称安置一排光敏二极管,当发光二极管的光线经过码道的透光编码被光敏二极管接收到时为逻辑 0,光线被码道不透光编码遮挡时为逻辑 1。使全站仪望远镜瞄准某一方向时,视准轴方向的度盘信息通过各码道的光敏二极管经光电转换为电信号输出,从而

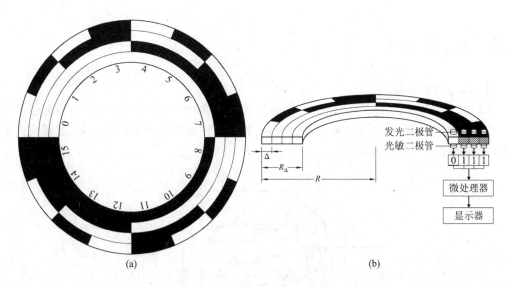

(a)   (b)

图 5-1 编码度盘的测角原理

获得该方向的二进制代码。表 5-1 列出了 4 码道编码度盘 16 个方向值的二进制代码值及其与码道图形的关系。

表 5-1   4 码道编码度盘 16 个方向值的二进制代码

方向序号	码道图形				二进制码	方向值	方向序号	码道图形				二进制码	方向值
	2^4	2^3	2^2	2^1				2^4	2^3	2^2	2^1		
0					0000	00°00′	8	■				1000	180°00′
1				■	0001	22°30′	9	■			■	1001	202°30′
2			■		0010	45°00′	10	■		■		1010	225°00′
3			■	■	0011	67°30′	11	■		■	■	1011	247°30′
4		■			0100	90°00′	12	■	■			1100	270°00′
5		■		■	0101	112°30′	13	■	■		■	1101	292°30′
6		■	■		0110	135°00′	14	■	■	■		1110	315°00′
7		■	■	■	0111	157°30′	15	■	■	■	■	1111	337°30′

    4 码道编码度盘的最小分辨角度为 22°30′，这显然不能满足精确测角的要求，可以通过提高码道数 n 来减小分辨角度。例如，取码道数 $n=16$ 时的角度分辨率 $\delta=360°\div2^{16}=0°00′19.78″$。但是，度盘半径 R 不变时增加码道数 n，码道的径向宽度 Δ 将减小，而 Δ 又不能太小，否则将使安置光电元器件产生困难。例如，科维 TKS-202R 全站仪的编码度盘半径 $R=35.5$mm，如令 $R_\Delta=R$，$n=16$，求出 $\Delta=2.22$mm，已经很小了。因此，利用多码道编码度盘不易达到较高的测角精度。

    现在的全站仪一般使用单码道编码度盘。它是在度盘外环刻划类似图 2-35 条码水准尺一样的、有约定规则的、无重复码段的二进制编码；当发光二极管照射编码度盘时，通过光敏二极管获取全站仪望远镜视准轴方向的度盘编码信息，通过微处理器译码换算为实际角度值并送显示器显示。

5.2 全站仪概述

1）三同轴望远镜

图 5-2 为科维 TKS-202R 全站仪的望远镜光路图,由图可知,全站仪望远镜的视准轴、红外测距光发射光轴、接收光轴三轴同轴,测量时使望远镜瞄准棱镜中心,就能同时测定目标点的水平角、竖直角和斜距。

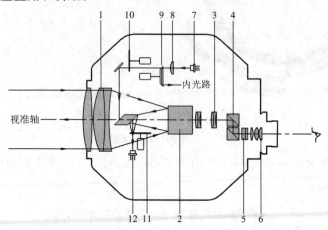

图 5-2 科维 TKS-202R 全站仪的望远镜光路
1—物镜组;2—分光棱镜;3—物镜调焦镜;4—内反射棱镜;5—十字丝分划板;6—目镜组;
7—发射二极管;8—发射二极管聚焦透镜;9—内外光路转换棱镜;10—发射光圆盘楔形减光板;
11—接收光圆盘楔形减光板;12—光敏二极管

2）键盘操作

全站仪测量是通过操作面板按键选择命令进行的,面板按键分硬键和软键两种。每个硬键有一个固定功能,或兼有第二、第三功能;软键(一般为 F1、F2、F3、F4等)用于执行机载软件的菜单命令,软键的功能通过显示窗最下一行对应位置的字符提示,在不同模式或执行不同命令时,软键的功能也不相同。

3）数据存储与通讯

科维 TKS-202R 全站仪的内存为闪存,可以存储 24 000 个点的测量数据与坐标数据,即使关机或更换电池,内存的数据也不会丢失。仪器设有一个 RS-232C 串行通讯接口,使用 CE-203 数据线与计算机的 COM 口连接,应用 TKS-COM 通讯软件实现全站仪与 PC 机的双向数据传输。

4）电子补偿器

仪器未精确整平致使竖轴倾斜引起的角度误差不能通过盘左、盘右观测取平均抵消,为了消除竖轴倾斜误差对角度观测的影响,全站仪设有电子补偿器。打开电子补偿器时,仪器能自动将竖轴倾斜量分解成视准轴方向(X 轴)和横轴方向(Y 轴)两个分量进行倾斜补偿,简称双轴补偿。

图 5-3 为科维全站仪使用的电子管水准器。电子管水准器内装导电液体,其玻璃壁上设置有三个电极 A,B,C,在输入端加载 1kHZ 反向交变电压,当管水准器轴 LL 倾斜时,气

泡中心偏离管水准器中心将导致输出端电压的变化,通过测量输出端电压的变化值即可反求出管水准器轴 LL 的倾斜角 δ,再用算得的 δ 值改正竖盘读数,此时,电子补偿器相当于竖盘指标自动归零补偿器。科维 TKS-202R 单轴液体补偿器的补偿范围为 $\pm 3'$。

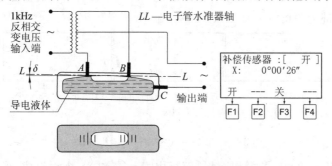

图 5-3　单轴电子补偿器原理

5.3　科维 TKS-202R 无棱镜测距(200m)全站仪

图 5-4 为拓普康(北京)科技发展有限公司生产的科维 TKS-202R 无棱镜测距中文界面全站仪,本章只介绍 TKS-202R 的常用功能与操作方法,详细请读者参阅随书光盘"测量仪器说明书\科维\"路径下的 pdf 说明书文件。

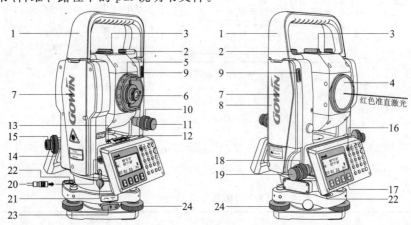

图 5-4　TKS-202R 全站仪

1—手柄;2—手柄固定螺丝;3—光学粗瞄器;4—物镜;5—物镜调焦螺旋;6—目镜;7—仪器高标志;8—电池盒 BC—L1A;
9—电池盒按钮;10—望远镜制动螺旋;11—望远镜微动螺旋;12—管水准器;13—管水准器校正螺丝;
14—光学对中器物镜调焦螺旋;15—光学对中器目镜调焦螺旋;16—电源开关键;17—显示窗;18—水平制动螺旋;
19—水平微动螺旋;20—RS232C 通讯接口;21 通讯接口橡胶盖;22—圆水准器;23—轴套锁定钮;24—脚螺旋

TKS-202R 带有数字/字符键盘、绝对编码度盘、电子管水准器单轴补偿,一测回方向观测中误差为 $\pm 2''$,电子管水准器的补偿范围为 $\pm 3'$,分辨率为 $1''$,可测最短距离为 1.3m,在良好大气条件下的最大测程分别为 900m(微型棱镜)、2.3km(单块棱镜)、3.1km(3 块棱镜)、4km(9 块棱镜)、200m(无棱镜),反射器为棱镜时的测距误差为 2mm+2ppm;内存容量为 1MB,可存储 24 000 个点的坐标数据或测量数据,一个 RS-232C 串行通讯口。仪器采用 7.4V 容量为 3 000mAh 的可充电锂离子电池 BC-L1A 供电,一块充满电的电池可供连续测距 7h,或连续测角 20h。

按 ⓪ 键开机,屏幕显示图 5-5(a)所示仪器型号与出厂编号 3s 后,进入图 5-5(b)所示的角度模式界面(出厂设置的开机模式为角度模式);仪器开机时,按 ⓪ 键进入图 5-5(c)所示的界面,再按 F3 键为关机。

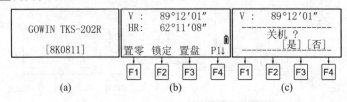

(a)　　　　　　(b)　　　　　　(c)

图 5-5　TKS-202R 的开/关机界面

图 5-5 为 TKS-202R 的操作面板,面板由显示窗和 24 个键组成,各键的功能见图中注释及表 5-2 的说明。

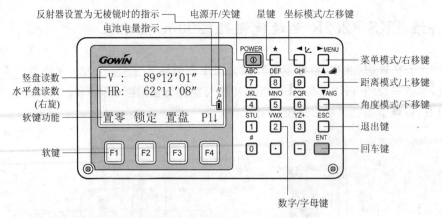

图 5-6　TKS-202R 的操作面板、屏幕显示与键功能

电池电量显示为 █ 时表示满电;显示为 ▊ 或 ▌ 时,表示还可进行测量;当显示为闪烁 ▎ 时,表示电池电量已不足,应尽快结束操作,更换电池并充电;一块电池充满电需要 3h。

表 5-2　　　　　　　　　　　TKS-202R 键盘功能表

按键	键名	功能
★	星键模式键	进入星键模式
ANG	角度模式键	进入角度模式
◢	距离模式键	进入距离模式
∠	坐标模式键	进入坐标模式
MENU	菜单模式键	进入菜单模式
按住 F1 ⓪ 键开机		进入校正模式
按住 F2 ⓪ 键开机		进入参数组 2
ESC	退出键	返回上一级菜单
⓪	电源开关键	打开或关闭电源
F2~F4	软键	对应于屏幕下部显示字符定义的功能
0~9 · −	数字键	输入数字或其上面注记的字母、小数点、负号
◀ ▶ ▲ ▼	光标移动键	输入数字/字母时用于移动光标
ENT	回车键	在输入值之后按此键

TKS-202R 有 6 种模式:角度模式(按ANG键)、距离模式(按▱键)、坐标模式(按▱键)、星键模式(按★键)、菜单模式(按MENU键)与校正模式(按F1①键开机),图 5-7 为前 4 种模式的菜单总图(菜单模式的菜单总图如图 5-28 所示),校正模式请参见光盘的说明书文件。

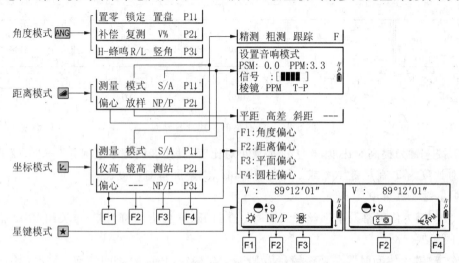

图 5-7 角度模式、距离模式、坐标模式与星键模式菜单总图

TKS-202R 专用棱镜与对中杆如图 5-8 所示,其中微型棱镜比较便于建筑放样。

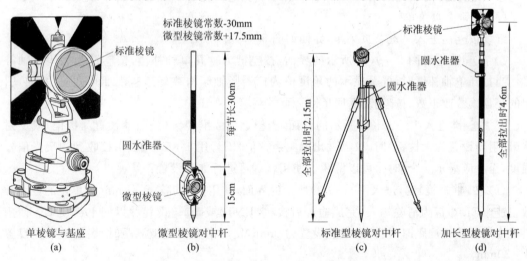

图 5-8 全站仪专用棱镜、基座、棱镜对中杆及其棱镜常数

5.4 科维 TKS-202R 全站仪的设置

可以在星键模式、参数组 1 与参数组 2 下设置 TKS-202R。

1) 星键

按★键进入图 5-9(a)所示的星键菜单,共有图 5-9(a)~(b)所示的 2 页菜单,按★键在 1~2 页星键菜单之间切换,按ESC键为退出星键菜单。

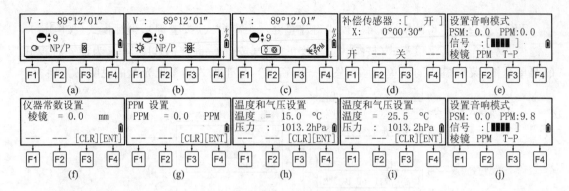

图 5-9　星键菜单及其设置界面

（1）按▲键为提高对比度，按▼键为减小对比度，对比度的调节范围为 1—15，仪器出厂设置的对比度为 9，在星键 1 页或 2 页菜单都可以调整屏幕对比度。

（2）星键 1 页菜单

① 按F1键为使屏幕及十字丝背景照明灯在打开（屏幕指示符为☼）与关闭（屏幕指示符为☺）之间切换。

② 按F2键为使反射器在无棱镜（No Prism）与棱镜（Prism）之间切换，当切换为无棱镜时，电池电量指示符上方显示为"NP"，如图 5-9（b）所示。

③ 按F3键为使准直激光在打开（屏幕指示符为❋）与关闭（屏幕指示符为⊗）之间切换。

（3）星键 2 页菜单

继续按★键进入星键 2 页菜单，界面如图 5-9（c）所示。

① 按F2键进入图 5-9（d）所示的界面，按F1键为打开单轴补偿，按F3键为关闭单轴补偿。当打开单轴补偿时，屏幕显示的角度值为仪器竖轴倾斜在望远镜视准轴方向（X 轴）引起的竖盘读数改正数，按ESC键返回星键 2 页主菜单。

② 按F4键进入图 5-9（e）所示的界面，当望远镜瞄准棱镜（反射器设置为棱镜）或反射器（反射器设置为无棱镜）时，仪器发出蜂鸣声；"信号"行用 1—5 个■显示接收到的反光信号强度，至少应显示一个■时才可以测距。使用软键可进行如下设置：

（a）按F1（棱镜）键，进入图 5-9（f）所示的界面，使用数字键输入以 mm 为单位的棱镜常数，按F3（CLR）键为清除输入，完成输入后按F4（ENT）或ENT键设置并返回上级菜单。使用科维专用圆棱镜测距时，棱镜常数应设置为 0mm，使用南方圆棱镜测距时，棱镜常数应设置为 -30mm。

（b）按F2（PPM）键，进入图 5-9（g）所示的界面，其功能为输入以 ppm 为单位的测距比例改正数。

（c）按F3（T-P）键，进入图 5-9（h）所示的界面，其功能为通过输入测距时的大气温度与气压值设置气象比例改正数。温度单位只能是℃，气压单位只能是 hPa，气象比例改正数的计算公式为：

$$PPM = 279.85 - \frac{79.585P}{273.15 + t} \text{(ppm)} \qquad (5-1)$$

仪器设计的标准大气状态为 $t_0 = 15℃$，$P_0 = 1013.25\text{hPa}$，将 P_0 与 t_0 的值代入式（5-1），

求得 $PPM=0$,也即在仪器设计标准大气状态下的气象比例改正数为0。

图 5-9(i)为将大气温度输入为 25.5℃,大气压力输入为 1013.25hPa,仪器自动算出气象比例改正数为 9.8ppm,结果如图 5-9(j)所示。

星键模式下设置的内容,关机后,仪器只保存图 5-9(a)所示的屏幕对比度与图 5-9(j)所示的"设置音响模式"的内容,也即棱镜常数、测距比例改正数或温度与气压值。

2) 数字/字符键

使用数字键 0~9、小数点键·和负号键−可以输入数字,也可以输入 0~9 键上方的英文字母或字符。

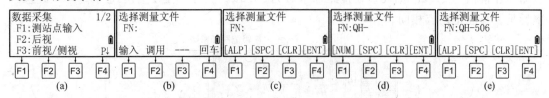

图 5-10 按 MENU F1 键执行"数据采集"命令输入文件名案例

例如,按 MENU 键进入图 5-10(a)所示的"菜单 1/2"界面,按 F1 (数据采集)键进入图 5-10(b)的"选择测量文件"界面,按 F1 (输入)键进入图 5-10(c)所示的界面,要求用户输入最多 10 个数字、字符或两者的组合作为数据采集文件名。其中,软键菜单中的"ALP"为英文单词 alpha(字母)的缩写,"NUM"为英文单词 number(数字)的缩写,"SPC"为英文单词 space(空格)的缩写,"CLR"为英文单词 clear(清除)的缩写,"ENT"为英文单词 enter(回车)的缩写。

输入文件名 QH-506 的方法是:按 F1 (ALP)键切换为图 5-10(d)所示的字符输入模式,按 6 键输入字母 Q,按 9 键输入字母 H,按 − 键输入负号"−";按 F1 (NUM)键切换为图 5-10(e)所示的数字输入界面,按 5 0 6 键输入数字 506,按 F4 (ENT)或 ENT 键完成文件名输入操作。

由于没有设置像 PC 键盘那样的退格键←,因此,当输入的字符或数字发生错误时,可以按 ◄ 或 ► 键移动光标到错输的字符或数字处,重新输入正确的字符或数字覆盖错输的字符或数字,或按 F3 (CLR)键为清除当前输入的全部内容。

3) 校正模式

按住 F1 键不放,再按 ⏻ 键开机,直到屏幕显示图 5-11 所示的"校正模式"菜单后,再放开 F1 键。校正模式有 3 个命令,其中"竖角零基准"的功能是通过双盘位观测一个与望远镜同高的清晰目标,求出竖盘指标差,仪器根据测得的竖盘指标差自动校准竖盘指标,使校准后的竖盘指标差为零;"仪器常数"是将仪器检测求出的棱镜测距加常数、无棱镜测距加常数、乘常数输入到仪器内存中供测距时自动改正;执行"频率检测模式"命令时,物镜端发射精测尺连续调制光,将便携式频率计的接收探头置于仪器物镜前,即可测出仪器的精测尺调制频率。

仪器出厂时,工厂已对全站仪进行过严格的检测,检测求出的每台仪器的棱镜测距加常数、无棱镜测距加常数与乘常数已输入到仪器内存中,同时注记于仪器 U 形支架右侧电池盒一边,将电池盒卸下即可见。图 5-12 为仪器编号为 8K0811(图 5-5(a))的机身 U 形支

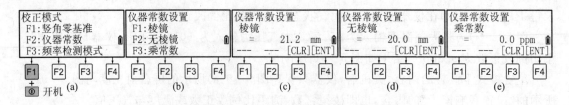

图 5-11 按住 F1 键不放,按 ⏻ 键开机进入校正模式

架右侧电池盒一边的常数内容为"P:21.2mm","NP:20.0mm",表示仪器出厂检测求出的棱镜测距加常数为21.2mm,无棱镜测距加常数为20.0mm。可以在校正模式主菜单下按 F2 键察看是否与注记内容相同。

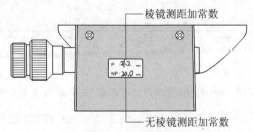

图 5-12 仪器编号为 8K0811 的 2 个测距加常数

在图 5-11(a)所示的校正模式主菜单下,按 F2 键进入图 5-11(b)所示的界面,按 F1 键进入图 5-11(c)所示的界面,屏幕显示的棱镜测距加常数与图 5-12 注记的内容相同;按 ESC 键返回图 5-11(b)所示的界面,按 F2 键进入图 5-11(d)所示的界面,屏幕显示的无棱镜测距加常数与图 5-12 注记的内容相同;按 ESC 键返回图 5-10(b)所示的界面,按 F3 键进入图 5-10(e)所示的界面,乘常数一般设置为0。

仪器出厂设置的棱镜测距加常数、无棱镜测距加常数、乘常数,在仪器未重新检测求出新的参数之前,用户不应修改其值。完成校正模式的设置后,应按 ⏻ F3 键关机,再按 ⏻ 键重新开机才能按新设置的常数测距。

4) 参数组 2

按住 F2 键不放,再按 ⏻ 键开机,待屏幕显示图 5-13 左图所示的"参数组 2"菜单后,再放开 F2 键。图 5-13 右图为"参数组 2"的菜单总图,各项设置内容的意义列于表 5-3。

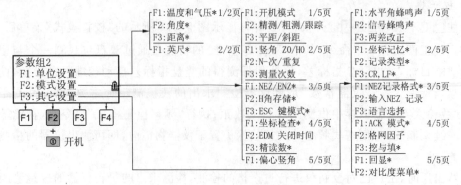

图 5-13 按住 F2 键不放,按 ⏻ 键开机进入参数组 2

科维 TKS-202R 全站仪的机载软件是拓普康 GTS 系列全站仪机载软件的简化版,拓普康(北京)科技发展有限公司根据中国用户的实际情况,已将拓普康 GTS 系列全站仪机载软件中不适用于中国市场的功能屏蔽。在图 5-13 与表 5-3 中,凡是有"＊"的选项已被工厂固定,不能设置;在表 5-3 中,灰底色字符选项为工厂出厂设置的内容。

表 5-3   TKS-202R 的参数组 2 设置内容

菜单命令	设置项目	选择项	说明
单位设置	温度和气压*	温度:℃/℉ 气压:hPa/mmHg/inHg	分别选择温度和气压单位
	角度*	度 DEG(360°) 公制度 GON(400G) 密位 MIL(6400M)	选择测角单位 一个圆周＝360°＝400G＝6400M
	距离*	m ft ft＋in	选择测距单位
	英尺*	美国英尺 国际英尺	选择 m/f 转换系数 美国英尺:1m＝3.280333333333 3ft 国际英尺:1m＝3.280839895013123ft
模式设置	开机模式	测角/测距	选择开机后进入角度模式或距离模式
	精测/粗测/跟踪	精测/粗测/跟踪	选择进入距离模式后的测距方式
	平距/斜距	平距和高差/斜距	开机后数据项显示顺序
	竖角 Z0/H0	天顶 0/水平 0	选择竖盘从天顶方向为零或水平方向为零
	N 一次/重复	N 次/重复	选择开机后的测距方式
	测量次数	1~99 次	设置精测方式测距的次数,N＝1 时为单次测距
	NEZ/ENZ*	NEZ/ENZ	坐标显示顺序为 N,E,Z 或 E,N,Z
	H 角存储*	开/关	设置水平角在关机后可被保存在仪器中
	ESC 键模式*	关	
	坐标检查*	开/关	选择在放样点时是否显示坐标
	EDM 关闭时间	0~99 分钟	设置 EDM 完成测距后到测距功能中断的时间 0:完成测距后立即中断测距功能 1~98:在 1~98min 后中断 99:测距功能一直有效
	精读数*	0.2mm/1mm	设置距离模式最小显示单位
	偏心竖角	自由/锁定	在角度偏心测量模式中选择竖角设置方式 自由:竖角随望远镜上、下转动而变化 锁定:竖角锁定,不因望远镜转动而变化

菜单命令	设置项目	选择项	说明
其它设置	水平角蜂鸣	开/关	当水平角每过 90°时是否发出蜂鸣声
	信号蜂鸣声	开/关	在音响模式下是否发出蜂鸣声
	两差改正	0.14/0.20/关	设置大气折光和地球曲率改正系数 K
	坐标记忆*	开/关	开机后是否恢复测站点坐标、仪器高和棱镜高
	记录类型	REC - A/REC - B	REC - A:重新进行测量并输出新的数据 REC - B:输出正在显示的数据
	CR,LF*	开/关	数据输出是否含回车和换行
	NEZ 记录格式	标准方式/附原始观测	选择坐标记录格式
	输入 NEZ 记录	开/关	在放样模式或数据采集模式下是否记录由键盘直接输入的坐标
	语言选择	英文/中文	选择机载软件显示语言
	ACK 模式*	标准方式/省略方式	标准方式:正常通讯过程 省略方式:即使外部设备省去[ACK]联络信息,数据也不再被发送
	格网因子	使用/不使用	坐标计算时是否要使用坐标格网因子
	挖和填*	标准方式/挖和填	在放样模式下,可显示挖/填高差,而不显示 dZ
	回显*	开/关	是否输出回显数据
	对比度菜单*	开/关	仪器开机时,是否显示图 5 - 9(b)的对比度调节菜单

根据测量需要,设置好表 5 - 3 的各项内容后,应按 ⓪ F3 键关机,再按 ⓪ 键重新开机才可以使用修改设置后的参数测量。"参数组 2"菜单下的全部设置,在关机后都能自动保存("参数组 1"的设置内容及其菜单总图如图 5 - 57 所示)。

5.5 科维 TKS - 202R 全站仪的角度、距离、坐标模式

仪器出厂设置的开机模式为"角度模式"(在表 5 - 3 参数组 2 下的"模式设置"为"测角"),按 ⓪ 键开机,大约 5s 时间后进入图 5 - 14 所示的角度模式界面,各模式的菜单总图如图 5 - 7 所示。

1)角度模式

按 ANG 键进入图 5 - 14 所示的角度模式,它有 P1,P2,P3 三页软键菜单,按 F4 键循环翻页。

(1)角度模式 P1 页软键菜单

F1(置零)键:设置当前望远镜视准轴方向的水平度盘读数为 0°00′00″,方法是按 F1 F3 键,操作过程如图 5 - 15(a)—(c)所示。

F2(锁定)键:锁定水平度盘读数值。如图 5 - 39 所示,假设已将全站仪安置在 C 点,将 C→B 方向的方位角设置为 9°07′56″的方法是:旋转全站仪照准部,当水平度盘读数接近 9°时,旋紧水平固定螺旋,旋转水平微动螺旋,使水平度盘读数为 9°07′56″,结果如图 5 - 15(d)

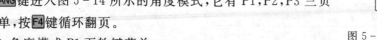

图 5 - 14 角度模式界面

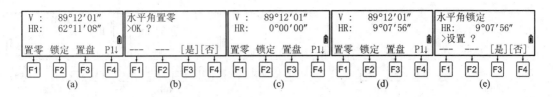

图 5-15　执行"置零"与"锁定"命令的操作过程

所示;在角度模式 P1 页菜单,按 F2 键锁定水平度盘读数,结果如图 5-15(e)所示,使望远镜瞄准后视点 B,按 F3(是)键。

F3(置盘)键:将水平度盘读数设置为输入值。上例的操作方法是:使望远镜瞄准后视点 B,按 F3 9 · 0 7 5 6 ENT 键,操作过程如图 5-16 所示。显然,执行"置盘"命令设置后视方位角比执行"锁定"命令简单。

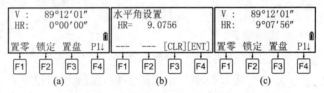

图 5-16　执行"置盘"命令的操作过程

与经纬仪的结构相同,全站仪的竖盘与望远镜是固联在一起的,只有纵转望远镜,才能改变竖盘读数,因此,竖盘读数不能通过按键设置。只能使竖盘读数的显示方式在天顶距、竖角与坡度之间切换。

(2)角度模式 P2 页软键菜单

F1(补偿)键:打开或关闭电子补偿器,操作界面与在图 5-9(c)所示的星键 2 页软键菜单中按 F2 键调出的图 5-9(d)所示的界面相同,完成设置后按 ESC 键退出。

F2(复测)键:将仪器作为复测经纬仪使用。复测经纬仪主要用于地下或黑暗环境中的水平角测量,现在已很少使用。

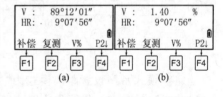

图 5-17　执行"V％"命令的操作过程

F3(V％)键:使屏幕显示的竖盘读数在天顶距与坡度之间切换,操作过程如图 5-17 所示。

(3)角度模式 P3 页软键菜单

F1(H-蜂鸣)键:打开或关闭水平角蜂鸣声,操作界面如图 5-18(b)所示。水平角蜂鸣声为"是"时,旋转照准部,当水平度盘读数接近 0°,90°,180°或 270°时发出蜂鸣声。执行该命令设置的水平角蜂鸣声,关机后不保存。仪器出厂设置的"H-蜂鸣"为"关",如要在开机时自动设置为"开",应在参数组 2 将"其他设置/水平角蜂鸣"设置为"开"。

F1(R/L)键:使水平度盘读数在右旋(Right)与左旋(Left)之间切换,右旋等价于水平度盘为顺时针注记,左旋等价于水平度盘为逆时针注记,同一个方向的"右旋角＋左旋角＝360°",操作案例如图 5-18(d)所示。

F3(竖角)键:使竖盘读数在天顶距与竖直角之间切换,望远镜位于盘左位置时的案例见图 5-18(e)所示。

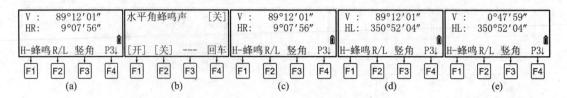

图 5-18　角度模式 P3 页软键菜单的操作界面

2）距离模式

按 ⬛ 键进入图 5-19 所示的距离模式并自动测量目标点的距离，它有 P1,P2 两页软键菜单，按 F4 键循环翻页。出厂设置的距离显示模式为斜距"SD"（Slope Distance），若要显示为平距与垂距"HD&VD"（Horizontal Distance and Vertical Distance），应在"参数组 2/模式设置"中设置，详细参见图 5-13 与表 5-3。

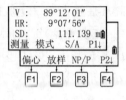

图 5-19　距离模式界面

（1）距离模式 P1 页软键菜单

F1（测量）键：按设置的距离模式测距，案例如图 5-20（a）所示。

屏幕第 3 行显示实测的斜距（SD）值，完成测距后，按 ⬛ 键切换至图 5-20（b）所示的界面，图中的 HD 值为平距，VD 值为垂距，三者的关系如图 5-20（c）所示，图中的垂距 VD，与在坐标模式输入的仪器高 i 与镜高 v 无关（图 5-25（d）—（f））；按 ⬛ 键，屏幕显示测点的 N, E, Z 三维坐标。其中，N, E 坐标即为高斯平面坐标 x, y, Z 坐标即为高程 H。要想使屏幕显示的测点三维坐标为测点的实际坐标值，应预先在坐标模式下设置测站点坐标、仪器高与镜高，在角度模式下设置后视方位角，详细参见坐标模式的内容。

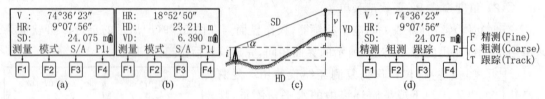

图 5-20　距离模式 P1 页软键菜单命令测量案例与结果说明

F2（模式）键：设置距离模式为"精测"、"粗测"或"跟踪"，界面如图 5-20（d）所示。当设置为"跟踪"模式时，仪器将连续测距，且屏幕显示的距离值只到 cm 位；"粗测"模式的距离显示位可以在图 5-57（b）所示的"参数组 1 1/2"界面下设置。

F3（S/A）键：设置音响模式，界面与图 5-9（e）相同。

（2）距离模式 P2 页软键菜单

F1（偏心）键：进入图 5-21（b）所示的偏心测量模式，有 2 页软键菜单，按 F4 键循环翻页。偏心测量常用于测量不便于安置棱镜的碎部点三维坐标。

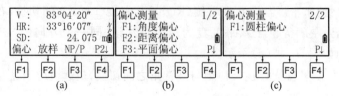

图 5-21　"偏心"命令软键菜单

① 角度偏心:如图 5-22(a)所示,仪器安置在测站点 O,当目标点 P 不便于安置棱镜时,可以在 P 点附近的 P' 点安置棱镜,要求水平距离 $\overline{OP}=\overline{OP'}$,执行"角度偏心"命令先测量 P' 点的距离,然后瞄准 P 点方向;多次按 ◢ 键切换,屏幕依次显示测站至 P 点的平距 HD、垂距 VD 与斜距 SD;多次按 ◪ 键切换,屏幕依次显示 P 点的 N,E,Z 坐标。

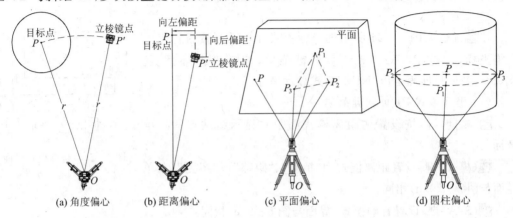

(a) 角度偏心　　　(b) 距离偏心　　　(c) 平面偏心　　　(d) 圆柱偏心

图 5-22　偏心测量原理

② 距离偏心:如图 5-22(b)所示,当待测点 P 不便于安置棱镜时,可以在 P 点附近的 P' 点安置棱镜,执行"距离偏心"命令线测量 P' 点的距离,输入 P 点相对于 P' 点的左右与前后偏距(左右偏距,右偏为正;前后偏距,后偏为正),然后瞄准 P 点方向;多次按 ◢ 键切换,屏幕依次显示测站至 P 点的平距 HD、垂距 VD 与斜距 SD;多次按 ◪ 键切换,屏幕依次显示 P 点的 N,E,Z 坐标。

③ 平面偏心:如图 5-22(c)所示,执行"平面偏心"命令,依次瞄准平面上不在一条直线上的任意三点 P_1,P_2,P_3 测距,然后瞄准 P 点;多次按 ◢ 键切换,屏幕依次显示测站至 P 点的平距 HD、垂距 VD 与斜距 SD;多次按 ◪ 键切换,屏幕依次显示 P 点的 N,E,Z 坐标。

④ 圆柱偏心:如图 5-22(d)所示,设 P 点为圆柱的圆心,P_1 点为直线 OP 与圆弧的交点,P_2、P_3 点分别为圆柱直径的左、右端点。执行"圆柱偏心"命令,先瞄准 P_1 点测量;再瞄准左边的 P_2 点,按 F4 (设置)键;最后瞄准右边的 P_3 点,按 F4 (设置)键,屏幕显示测站至圆心 P 的水平方向值与平距,多次按 ◢ 键切换距离显示;多次按 ◪ 键切换,屏幕依次显示 P 点的 N,E,Z 坐标。

F2 (放样)键:放样平距、垂距与斜距,执行"放样"命令进入如图 5-23(a)所示的界面。以放样平距 HD 为例,按 F1 (平距)键进入图 5-23(b)所示的界面,使用数字/字符键输入待放样的平距值 5.704,使望远镜瞄准棱镜,按 F4 (ENT)键测距,屏幕显示实测斜距值,案例如图 5-23(d)所示,按 ◢ 键切换屏幕显示至图 5-23(e)的界面,图中显示的 dHD 值为"实测

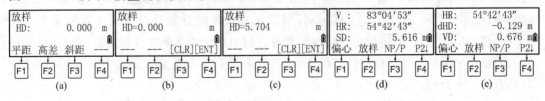

图 5-23　放样平距操作界面

平距−设计平距"。可多次按 ◢ 键切换距离显示,按 ◣ 键为显示棱镜点的三维坐标。

F3(NP/P)键:使反射器类型在"棱镜"与"无棱镜"之间切换,它与图 5 - 9(a)所示的星键 1 页软键菜单同名命令的功能相同,该设置在关机后不保存,关机后重新开机,自动恢复反射器类型为"棱镜"。

3) 坐标模式

按 ◣ 键进入图 5 - 24 所示的坐标模式并自动测量目标点的三维坐标,它有 P1,P2,P3 三页软键菜单,按 F4 键循环翻页。TKS - 202R 只能固定以"NEZ"格式显示坐标。

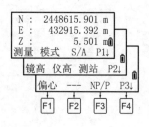

图 5 - 24　坐标模式界面

(1) 坐标模式 P1 页软键菜单

F1(测量)键:按设置的距离模式测距并显示镜站点的三维坐标。

F2(模式)键:设置距离模式为"精测"、"跟踪"或"粗测",菜单界面与图 5 - 20(d)相同。

F3(S/A)键:设置音响模式,界面与图 5 - 9(e)相同。

(2) 坐标模式 P2 页软键菜单

F1(镜高)键:输入棱镜高。

F2(仪高)键:输入仪器高。

F3(测站)键:输入测站点的三维坐标。

(3) 坐标模式 P3 页软键菜单

F1(偏心)键:与距离模式下的偏心命令相同。

F3(NP/P)键:使反射器类型在"棱镜"与"无棱镜"之间切换,它与图 5 - 9(a)所示的星键 1 页软键菜单及图 5 - 19 所示距离模式 2 页软键菜单同名命令的功能相同。

坐标测量之前,应先在角度模式下,将后视方向的水平度盘读数设置为该方向的方位角,在坐标模式下执行"测站"命令输入测站点的坐标,执行"仪高"命令输入测站的仪器高,执行"镜高"命令输入目标点的棱镜高,然后才可以开始坐标测量。目标点的坐标测量结果,只供屏幕显示,不能存入仪器的内存文件。

如图 5 - 39 所示,假设已将 TKS - 202R 全站仪安置在 C 点,量得仪器高为 1.456m,已算出 C→B 点的后视方位角为 9°07′56″,棱镜高为 1.52m,坐标测量前的设置步骤如下:

使望远镜瞄准 B 点的标志,按 ANG 键进入角度模式,按 F3(置盘)键,按 9 · 0 7 5 6 ENT 键,完成后视方位角的设置,操作过程如图 5 - 16 所示。

按 ◣ 键进入坐标模式,按 F4 键翻页到图 5 - 25(b)所示的 2 页软键菜单,按 F3(测站)键,使用数字/字符键输入 C 点的三维坐标,结果如图 5 - 25(c)所示;按 F4(ENT)键返回 2 页软键菜单,按 F2(仪高)键,按 1 · 4 5 6 ENT 键完成仪器高设置并返回 2 页软键菜单;按 F1(镜高)键,按 1 · 5 2 ENT 键完成镜高设置并返回 2 页软键菜单并自动测距,图 5 - 25(b)为输入测站点坐标前所测目标点的三维坐标案例,图 5 - 25(f)为输入测站点坐标后所测同一目标点的三维坐标。

进入坐标模式,分别执行完"测站"、"仪高"、"镜高"命令后,仪器都自动测距并显示目标点的三维坐标,因此,进入坐标模式之前,最好使望远镜瞄准待测目标点的棱镜,以避免测距

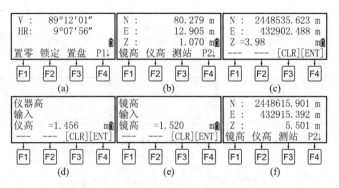

图 5-25　坐标测量前设置测站的操作过程

信号太弱、使仪器长时间处于测距状态而消耗电池电量。

5.6　科维 TKS-202R 全站仪的菜单模式

　　按 MENU 键进入图 5-26 所示的菜单模式,有 2 页软键菜单,按 F4 键循环翻页,其中"格网因子"固定为 1,不能设置。

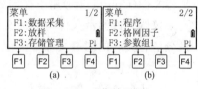

图 5-26　"菜单"模式

　　菜单模式的菜单总图见图 5-27 所示,它最多有四级菜单,本节只介绍常用命令的操作方法。

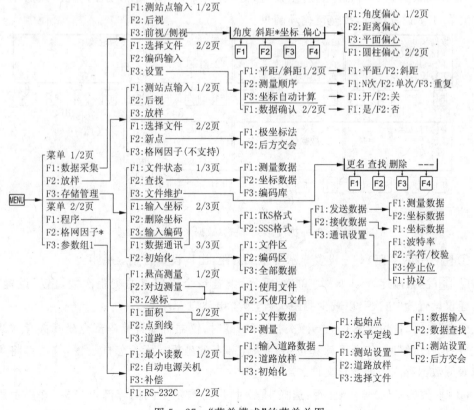

图 5-27　"菜单模式"的菜单总图

1）数据采集

测量并存储碎部点的测量数据与坐标数据。在图 5-28(a)所示的"菜单 1/2"界面下按 **F1**（数据采集）键，进入图 5-28(b)所示的界面。

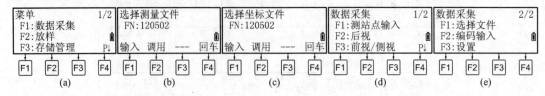

图 5-28　"菜单模式/数据采集"命令

屏幕显示最近一次执行"数据采集"命令使用的文件名，按 **F4**（回车）或 **ENT** 键为选择该文件为当前文件；按 **F2**（调用）键为从内存文件列表中选择一个文件为当前文件；按 **F1**（输入）键为以新输入字符作为当前文件名，仪器在内存中创建以新输入字符命名的两个文件并作为当前文件，其中测量文件（Measure）用于存储所测碎部点的水平度盘读数、竖盘读数与斜距，坐标文件（Coordinate）用于存储碎部点的 N,E,Z 三维坐标数据。

仪器允许测量文件与坐标文件不同名，但最好是同名，否则，内存文件比较多时，用户不易分清有关联的测量文件与坐标文件。完成文件选择后，进入图 5-28(d)所示的界面。

（1）设置

在执行"前视/侧视"命令测量碎部点的坐标之前，应先执行"设置"命令。在图 5-28(e)所示的"数据采集 2/2"界面下，按 **F3**（设置）键，进入图 5-29(b)所示的界面，该命令有 2 页软键菜单，4 个设置选项，按 **F4** 键循环翻页。

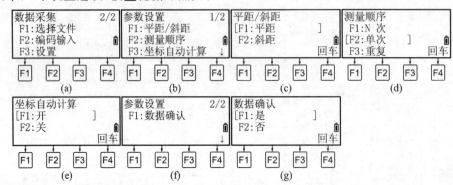

图 5-29　执行"菜单模式/数据采集/设置"命令

① **F1**（平距/斜距）——设置显示平距或斜距，出厂设置为显示平距。

② **F2**（测量顺序）——N 次/单次/重复：设置每个碎部点的测距次数，出厂设置为"重复"，建议设置为"单次"，以减少测距次数，节省电池电源。

③ **F3**（坐标自动计算）——开/关：选择"开"时，仪器自动计算碎部点坐标并存入当前坐标文件；选择"关"时，仪器不计算也不存储碎部点的坐标。无论怎样设置，仪器都将角度与距离观测数据存入当前测量文件。

④ **F1**（数据确认）——是/否：选择"是"时，屏幕显示实测的碎部点坐标，并提示用户确认是否正确；选择"否"时，屏幕不显示实测的碎部点坐标供用户确认，完成碎部点测量后，自

动将角度与距离观测数据和三维坐标存入当前文件。

(2) 测站点输入

在"数据采集 1/2"界面下,按 F1 键执行"测站点输入"命令,进入图 5-30(b)所示的界面,光标位于"点号"行;按 F1(输入)键,进入图 5-30(c)所示的界面;用数字/字符键输入测站点名 C 按 ENT 键,进入图 5-30(d)所示的界面,光标下移至"编码"行,根据需要输入编码与仪器高;按 F4(测站)键,进入图 5-30(e)所示的界面,按 F3(坐标)键进入图 5-30(f)所示的界面,用数字/字符键输入 C 点的坐标(图 5-39);完成测站坐标输入后,按 ENT 键进入图 5-30(g)所示的界面,按 F3(记录)F3(是)F3(是)键,将测站点坐标存入当前坐标文件,并返回图 5-30(j)所示的"数据采集 1/2"界面。

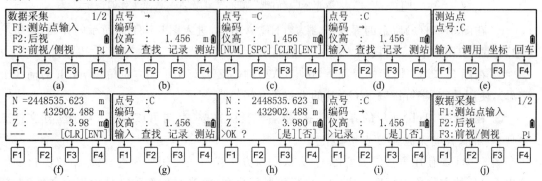

图 5-30 执行"菜单模式/数据采集/测站点输入"命令,手工输入测站点坐标的操作过程

☞ "点名"与"编码"最多允许输入 10 位字符,N,E,Z 坐标的整数位最多允许输入 8 位数字(不含负号),小数位最多允许输入 3 位数字。在坐标模式、执行"菜单模式/数据采集"命令、执行"菜单模式/放样"命令输入的测站点坐标都存储在仪器内存的同一位置,在三种模式或命令下设置的测站与后视定向数据相互通用。

在图 5-30(e)所示的界面下,按 F3(坐标)键进入图 5-30(f)所示的界面,屏幕显示的坐标为最近一次、在坐标模式输入的测站点坐标数据,如要使用屏幕显示的测站点坐标作为数据采集的测站点坐标,可按 ESC 键退出并返回图 5-30(e)所示的界面,再按 ENT 键进入图 5-30(g)所示的界面。

(3) 后视

在图 5-31(a)所示的"数据采集 1/2"界面下,按 F2 键执行"后视"命令,进入图 5-31(b)所示的界面,光标位于"后视点"行;按 F1(输入)键,进入图 5-31(c)所示的界面;用数字/字符键输入后视点名 B 按 ENT 键,进入图 5-31(d)所示的界面,光标下移至"编码"行,根据需要输入编码与棱镜高;按 F4(后视)键,进入图 5-31(e)所示的界面;按 F3(NE/AZ)键进入图 5-31(f)所示的界面,按 F1(输入)键,用数字/字符键输入 B 点的平面坐标,按 ENT 键进入图 5-31(h)所示的界面,使望远镜瞄准安置在 B 点的棱镜,按 F3(测量)F2(斜距)键开始测距,屏幕显示 B 点的观测数据,结果如图 5-31(h)所示,按 F3(是)将其存入当前测量文件,并返回图 5-31(a)所示的"数据采集 1/2"页菜单。

后视定向的作用是将测站点 C 至后视点 B 的水平度盘读数设置为 C→B 的方位角 9°07′56″,有下列三种方法:

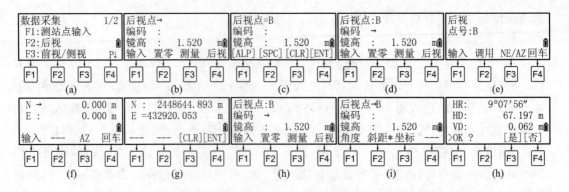

图 5-31　执行"菜单模式/数据采集/后视"命令,手工输入后视点坐标的操作过程

① 在图 5-31(e)所示的界面下,按F3(NE/AZ)键,进入图 5-31(f)所示的界面,再按F1(输人)键,使用数字/字符键输人 B 点的平面坐标。

② 在图 5-31(f)所示的界面下,按F3(AZ)键(AZ 为英文单词方位角 azimuth 的前 2 个字母),使用数字/字符键输入 C→B 的方位角 9°07′56″。

③ 在图 5-31(b)所示的界面下,按F4(后视)键,再按F2(调用)键,进入当前坐标文件点名列表界面,移动光标到 B 点按ENT键。

图 5-31 是使用方法①。实际上,方法①与方法③都是使用后视点坐标,由仪器自动反算出 C→B 的方位角进行后视定向。执行数据采集命令,当采用新建文件为当前文件时,新建文件内并没有测站点与后视点的坐标,此时,只能使用方法①或方法②进行后视定向。

完成后视点坐标或后视方位角输入后,在图 5-31(h)所示的界面下按F3(测量),应使望远镜瞄准后视点棱镜,才能按F1(角度)、F2(斜距)或F3(坐标)键进行测量,完成测量后,仪器自动将望远镜视准轴方向的水平度盘读数设置为 C→B 的方位角 9°07′56″。

图 5-31(h)为执行"斜距"命令的测量结果,与图 5-39 标注的数据比较,后视方向的水平度盘读数已设置为 C→B 的方位角 9°07′56″,平距 HD 与 C→B 的已知平距相同。当执行"坐标"命令测量时,图 5-31(h)所示的屏幕显示为实测 B 点的三维坐标;当后视点未安置棱镜时,应执行"角度"命令测量,此时,图 5-31(h)所示的屏幕显示为实测 B 点的竖盘与水平度盘读数。

(4) 前视/侧视

在图 5-32(a)所示的"数据采集 1/2"界面下,按F3键执行"前视/侧视"命令,进入图 5-32(b)所示的界面,光标位于"点号"行。

按F1(输入)键,使用数字/字符键输入第一个碎部点名"P1",假设棱镜高固定为 1.52m,使望远镜瞄准 P1 点的棱镜,按F3(测量)键,进入图 5-32(d)所示的界面,其中"斜距"右边的"∗"表示最近一次是执行"斜距"命令测量。按F3(坐标)键,开始测距并显示 P1 点的三维坐标,案例结果如图 5-32(e)所示,按F3(是)键将 P1 点的坐标存入当前坐标文件,并进入图 5-32(f)所示的界面,此时,点号自动更新为"P2";使望远镜瞄准 P2 点的棱镜,按F4(同前)键开始测距并显示 P2 点的三维坐标,案例结果如图 5-32(g)所示,测量其余碎部点三维坐标的操作方法同上。

在图 5-32(d)的所示的界面下,按F4键执行"偏心"测量命令的方法与距离模式下的同

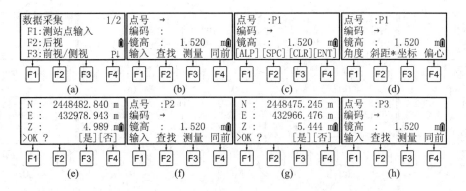

图5-32 执行"菜单模式/数据采集/前视/侧视"命令测量 P1 与 P2 号碎部点三维坐标

名命令相同。

☞ 用户可以将测区内所有的已知坐标点输入到一个内存坐标文件,执行"数据采集"命令时,先选择该已知坐标文件为当前文件,再执行"测站点输入"命令,在已知坐标文件中调用测站点坐标与后视点坐标,完成测站点输入与后视定向后,按 ESC 键退出"数据采集"命令;再次执行"数据采集"命令,输入新文件名为当前文件后,即可执行"前视/侧视"命令测量碎部点的坐标。

在图 5-28(e)所示的"数据采集 2/2"菜单下,执行"选择文件"命令后,按 ESC 键也将退出"数据采集"命令,需要再次执行"数据采集"命令。

2) 存储管理

按 MENU F3 (存储管理)键,进入图 5-33(a)所示的"存储管理 1/3"菜单,它有 3 页软键菜单共 8 个命令,按 F4 键循环翻页。

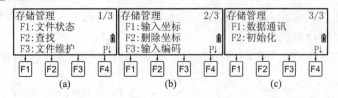

图5-33 "菜单模式/存储管理"命令菜单

(1) 存储管理 1/3 菜单

① 文件状态

在图 5-34(a)所示的"存储管理 1/3"界面下,按 F1 (文件状态)键进入图 5-34(b)所示的"文件状态 1/2"菜单,它显示了内存中已有测量文件与坐标文件数;按 F4 键翻页到图 5-34(c)所示的"数据状态 2/2"菜单,它显示了内存中所有文件存储的测量数据与坐标数据个数。

② 查找

在图 5-34(a)所示的"存储管理 1/3"菜单界面下,按 F2 (查找)键进入图 5-34(d)所示的界面,可以在所选的测量文件、坐标文件或编码库中查找指定的数据。该命令可以浏览测量文件、坐标文件或编码库中的数据。

下面介绍查阅在执行"数据采集"命令时,存入坐标文件"120502"的测站点 C 与后视点 B 坐标数据的方法:在图 5-34(d)所示的界面下,按 F2 (坐标数据) F2 (调用)键,屏幕显示图

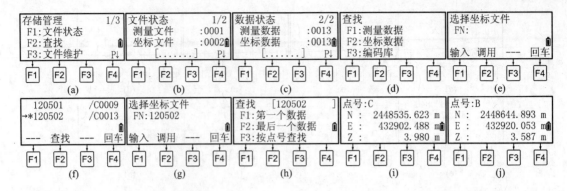

图 5-34 在"菜单模式/存储管理"界面下分别执行"文件状态"与"查找"命令界面

5-34(f)所示的内存坐标文件列表,图中文件名左侧注记有 * 的文件为最近设置的当前文件,文件名右边以"/C"字符开头的为坐标(coordinate)文件,C 后面的数字为该文件已存储的坐标点数;移动光标到文件名"120502"按 ENT ENT 键,进入图 5-34(h)所示的界面;按 F1 (第一个数据)键,屏幕显示最先存入坐标文件的 C 点的坐标,结果如图 5-34(i)所示;按 ▼ 键屏幕显示后视点 B 的坐标,结果如图 5-34(j)所示。当文件中的碎部点比较多时,可以按 F3 (按点号查找)键,用数字/字符键输入点名查找。

③ 文件维护

按 F3 (文件维护)键,进入图 5-35(b)所示的文件列表界面,它显示了内存中已有的测量文件与坐标文件名,文件名右边以"/M"字符开头的为测量(Measure)文件,后面的数字为文件中的数据个数。文件识别符" * 、@、&"的意义是:对于测量文件," * "为数据采集模式选定的文件;对于坐标文件," * "为放样模式选定的文件,"@"为数据采集模式选定的文件,"&"为放样与数据采集模式选定的文件。按 ▼ 或 ▲ 键移动光标选择文件,使用软键可以对文件进行"改名"、"查找"与"删除"操作。

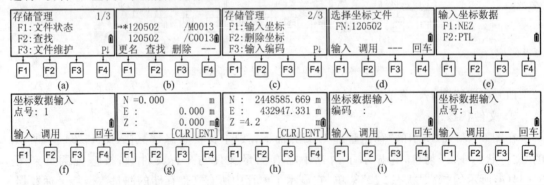

图 5-35 在"菜单模式/存储管理"界面下执行"文件维护/输入坐标"命令的界面

(2)存储管理 2/3 菜单

在图 5-35(a)所示的"存储管理 1/3"界面下,按 F4 键进入图 5-35(c)所示的"存储管理 2/3"菜单,其中,"输入坐标"是使用数字/字符键向所选坐标文件输入点的三维坐标;"删除坐标"是删除所选坐标文件中指定点的坐标;"输入编码"是使用数字/字符键向编码库中所选编码号位置输入编码,每个编码号最多允许输入 10 个字符,仪器内置有 1—50 号编码。

例如,使用数字/字符键将图 5-39 所示 1 点的坐标输入到坐标文件"120502"的方法是：在图 5－35(c)所示的界面下,按F1(输入坐标)F2(调用)键,在内存坐标文件列表中,移动光标到"120502"文件按ENT ENT键,进入图 5－35(e)所示的界面,按F1(NEZ)F1(输入)F3(CLR)F1 1 ENT键输入点名1,按F4(回车)键,进入图 5－35(g)所示的界面,用数字/字符键完成 1 点三维坐标的输入后,按ENT键进入图 5－35(i)所示的编码输入界面,不需要输入编码时,按F4(回车)键将已输入的数据存入坐标文件,进入图 5－35(j)所示的输入下一个点坐标界面。

(3) 存储管理 3/3 菜单

菜单界面如图 5－33(c)所示,它有"数据通讯"与"初始化"两个命令。

① 数据通讯

TKS－202R 能与 PC 机进行双向数据传输,称"PC 机→TKS－202R"的数据传输为上传,称"TKS－202R→PC 机"的数据传输为下载或下传。上传的数据内容只能是坐标文件,下载的数据内容可以是坐标文件或测量文件,本节只介绍坐标文件的传输。

图 5－36　TKS－COM 通讯软件桌面图标

科维全站仪与 PC 机通讯前,应先在 PC 机安装通讯软件 TKS－COM。TKS－COM 的安装程序为光盘文件"\全站仪通讯软件\科维\Setup.exe",完成通讯软件安装后的 Windosw 桌面图标如图 5－36 所示。

如图 5－37 所示,数据通讯前,应先用数据线连接好仪器与 PC 机的通讯口。可以在两种数据线中选择一种连接,这两种数据线的一端均为 5 芯圆口,用于插入 TKS－202R 的数据通讯口,CE－203 的另一端为串口,用于插入 PC 机的一个 COM 口;UTS－232 的另一端为 USB 口,用于插入 PC 机的任一个 USB 口,UTS－232 数据线使用前应先执行光盘文件"\全站仪通讯软件\拓普康\UTS－232 数据线驱动程序\PL－2303 Driver Installer.exe"安装驱动程序。

由于现在的笔记本电脑已很少有 COM 口了,基本都是配置多个 USB 口,因此,使用 UTS－232 数据线将更便于野外使用。

图 5－37　TKS－202R 全站仪与 PC 机数据通讯

在图 5－33(c)所示的"存储管理 3/3"菜单下按F1(数据通讯)键进入图 5－38(a)所示的界面,要求选择通讯的坐标文件格式,应按F1(TKS 格式)键选择科维全站仪格式(SSS 为拓普康全站仪通用格式),进入图 5－38(b)所示的"数据传输"菜单,数据传输前,应先设置仪器

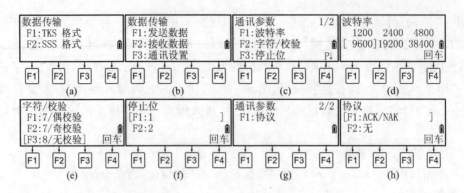

图 5 - 38　通讯参数设置界面

的通讯参数与 TKS - COM 通讯软件的通讯参数完全相同。

（a）通讯设置

通讯参数的设置内容有"波特率"、"字符/校验"、"停止位"、"协议"四项，内容如图 5 - 38（c）—（h）所示，其中方括号"[ ]"所注选项为仪器出厂设置内容，它们与科维全站仪的 PC 机通讯软件 TKS - COM 的缺省设置内容相同，建议用户不要改变它们，这样可以省略为仪器与通讯软件设置通讯参数的操作。

（b）接收数据

仪器可以接收由通讯软件 TKS - COM 发送的"坐标数据"，可以在 TKS - COM 的文本区按规定的格式输入。每行坐标数据的格式，有编码字符坐标行数据为"点名，y，x，H，编码"，无编码字符坐标行数据为"点名，y，x，H，"。

（c）发送数据

可以将数据采集的测量文件或坐标文件，发送到 TKS - COM 软件的文本区，并存储为 tks 格式的文本文件保存。

② 将 TKS - COM 通讯软件文本区的坐标数据上传到全站仪内存坐标文件案例

如图 5 - 39 所示，设 $A，B，C，D$ 为已知点，1，2，3，4，5 分别为设计房屋的放样点，下面介绍在 TKS - COM 通讯软件输入图中 9 个点的三维坐标并上传到全站仪内存文件 120501 的方法。

在 PC 机启动通讯软件 TKS - COM，将图 5 - 39 所示 9 个点的三维坐标输入到 TKS - COM 的文本区，鼠标左键单击工具栏的 ▆ 图标，将其存储为 120501. tks 文本文件，结果如图 5 - 40 左图所示，图中 A—D 点的编码为 KZD，意义为中文字符"控制点"汉语拼音的第一个声母字符。

在 TKS - COM 文本区输入每个点的坐标行数据时，应注意下列事项：

（a）点名与编码位最多允许 10 位字符，当输入的字符数多于 10 位时，上传到全站仪后，自动截取前 10 位字符。

（b）点名与编码位可以输入为英文大、小写字母与数字，不能输入中文字符；建议点名中的英文字母输入为大写字母，以便于在全站仪上使用数字/字符键输入点名来查找点的坐标，因为在全站仪上，不能输入小写英文字母，但可以显示小写英文字母。

（c）点的坐标行数据没有编码时，可以不输入，但行末的西文逗号"，"不能省略。

（d）三维坐标值 $x，y，H$，最多允许输入 8 位整数（不含负号）＋3 位小数；坐标数据行没

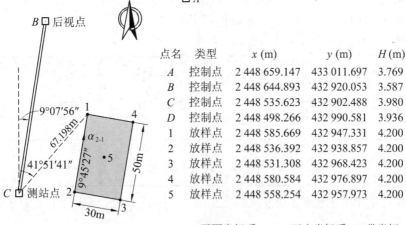

点名	类型	x (m)	y (m)	H (m)
A	控制点	2 448 659.147	433 011.697	3.769
B	控制点	2 448 644.893	432 920.053	3.587
C	控制点	2 448 535.623	432 902.488	3.980
D	控制点	2 448 498.266	432 990.581	3.936
1	放样点	2 448 585.669	432 947.331	4.200
2	放样点	2 448 536.392	432 938.857	4.200
3	放样点	2 448 531.308	432 968.423	4.200
4	放样点	2 448 580.584	432 976.897	4.200
5	放样点	2 448 558.254	432 957.973	4.200

平面坐标系：1980西安坐标系3.38带坐标

高程系：1985国家高程基准

图 5 - 39　全站仪放样建筑物轴线交点坐标数据案例

有高程时,高程位数据建议输入 0。

(e) 坐标行内数据之间的逗号应为西文逗号",",输入时,应特别注意关闭中文字符输入模式。

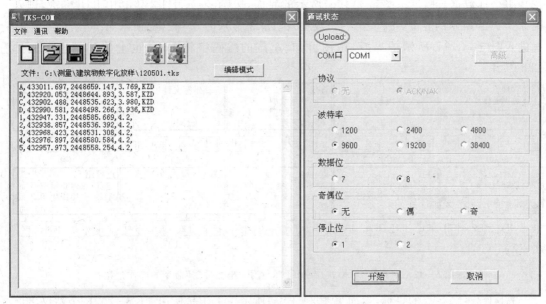

图 5 - 40　将通讯软件 TKS - COM 文本区坐标数据上传到 TKS - 202R 全站仪内存坐标文件操作界面

在 TKS - 202R 全站仪上按 [MENU][F3](存储管理)[F4][F4][F1](数据通讯)[F1](TKS 格式)[F2](接收数据)[F1](坐标数据)键,进入图 5 - 41(e)所示的界面。

按 [1][2][0][5][0][1][ENT] 键输入全站仪内存坐标文件名,进入图 5 - 41(f)所示的界面;按 [F3](是)键,启动全站仪接收坐标数据,界面如图 5 - 41(g)所示。

在 TKS - COM 通讯软件上,鼠标左键单击工具栏 图标,弹出图 5 - 40 右图所示的的

"通讯状态"对话框,在 COM 口列表框设置数据线所用的通讯口,单击 开始 按钮,开始向全站仪上传 TKS-COM 文本区的坐标数据,TKS-202R 屏幕显示变成图 5-41(h)所示。接收完坐标数据后,返回图 5-41(d)所示的界面。

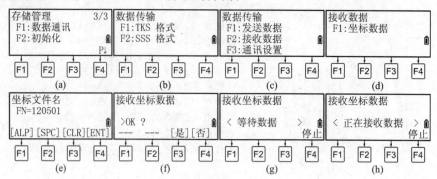

图 5-41　执行"菜单模式/存储管理/数据通讯/TKS 格式/接收数据/坐标数据"命令的操作过程

可以执行"存储管理/查找"命令,察看仪器内存坐标文件 120501 的数据内容,方法如下:

按 ESC ESC ESC 键返回"存储管理 3/3"菜单,按 F4 键翻页到"存储管理 1/3"菜单,按 F2 (查找) F2 (坐标数据)键,进入图 5-42(d)所示的界面,按 F1 (输入) 1 2 0 5 0 1 ENT 键,进入图 5-42(g)所示的界面,按 F1 (第一个数据)键,屏幕显示图 5-42(h)所示 A 点的坐标,按 F4 键进入图 5-42(i)所示的界面,由图可知,A 点的编码字符 KZD 也上传到了坐标文件 120501 中。

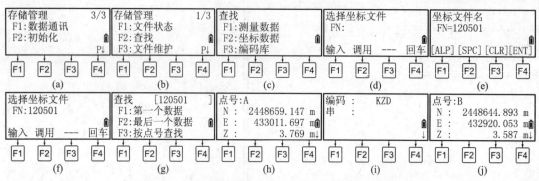

图 5-42　执行"菜单模式/存储管理/查找/坐标数据"命令的操作过程

按 ▲ 键察看 B 点的坐标,界面见图 5-42(j)所示。由于是使用 TKS-202R 全站仪出厂设置的通讯参数与 TKS-COM 通讯软件缺省设置的通讯参数,因此,不需要设置两者的通讯参数。

③ 下载全站仪内存坐标文件到 TKS-COM 通讯软件文本区案例

在介绍"数据采集"命令时,介绍了新建"120502"文件,以图 5-39 所示的 C 点为测站点,B 点为后视点,测量了系列碎部点 P1,P2,⋯的三维坐标,并存入"120502"文件。下面介绍将坐标文件 120502 的数据下载到 TKS-COM 通讯软件的方法。

(a) 在 TKS-COM 通讯软件上,鼠标左键单击工具栏 图标,弹出图 5-43 右图所示

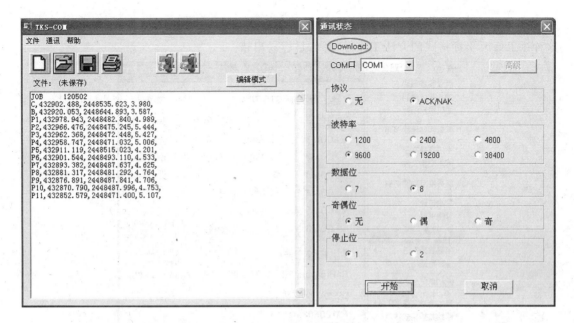

图 5-43 将 TKS-202R 全站仪内存坐标文件 120502 下载到通讯软件 TKS-COM 文本区操作界面

的"通讯状态"对话框,在 COM 口列表框设置数据线所用的通讯口。

(b) 在 TKS-202R 全站仪上,按MENU F3(存储管理)F4 F4 F1(数据通讯)F1(TKS 格式)F1(发送数据)F2(坐标数据)键,进入图 5-44(e)所示的界面,按F2(调用),移动光标到 120502文件名按 ENT ENT键,进入图 5-44(h)所示的界面。

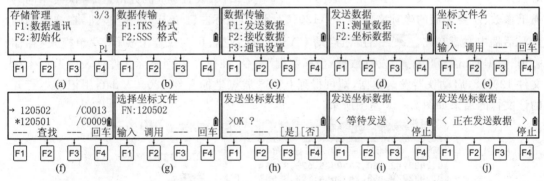

图 5-44 执行"菜单模式/存储管理/数据通讯/TKS 格式/发送数据/坐标数据"命令的操作界面

先在 PC 机上用鼠标左键单击图 5-43 右图所示的"通讯状态"对话框的 开始 按钮,启动 TKS-COM 通讯软件接收全站仪下载的坐标数据;再在 TKS-202R 全站仪上、图5-44(h)所示的界面下按F3(是),启动全站仪发送坐标数据,屏幕显示见图 5-44(i)—(j)所示。下载到 TKS-COM 通讯软件文本区的坐标数据见图 5-43 左图所示。鼠标左键单击工具栏的 图标,将其存储为 120502.tks 文本文件。

④ tks 格式坐标文件转换为南方 CASS 展点坐标 dat 格式文件的方法

由图 5-43 左图可知,TKS-COM 软件输出的 120502.tks 坐标文件的格式为:"点号,y,x,H,编码",而 CASS 的 dat 展点文件格式为:"点号,编码,y,x,H",无编码格式为:"点号,y,x,H",因此,如要在 CASS 展绘坐标文件,应在 TKS-COM 通讯软件中,按 CASS 的坐标格式编辑 120502.tks 文件并另存为 120502.dat 文件。当采集了很多点的坐标数据时，这种手工修改坐标格式的方法工作量很大,且容易出错。

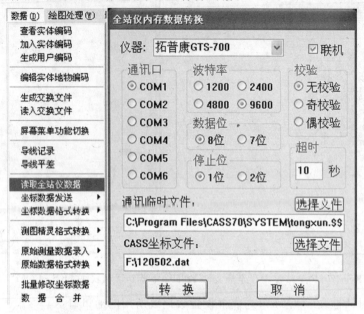

图 5-45　执行 CASS 下拉菜单"数据\读取全站仪数据"命令的界面

可以在 CASS 中执行下拉菜单"数据\读取全站仪数据"命令,弹出图 5-45 右图所示的对话框,应在仪器列表中选择"拓普康 GTS-700"全站仪,设置 PC 机通讯口、与仪器相同的通讯参数、需要存储的坐标文件名"F:\120502.dat",鼠标左键单击 转 换 按钮,在弹出的确认对话框中左键单击 确定 按钮启动 CASS 接收数据;再在仪器上执行"菜单模式\存储管理\数据通讯\SSS 格式\发送数据\坐标数据"命令,在仪器内存坐标文件列表中选择坐标文件 120502,启动仪器发送数据,即可得到 CASS 展点坐标文件 120502.dat,用记事本打开的该文件的结果如图 5-46 左图所示。

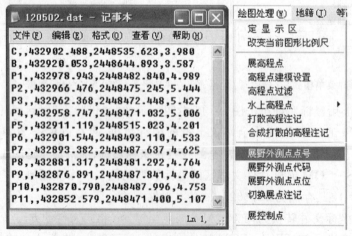

图 5-46　CASS 接收到的 13 个点的坐标数据文件 120502.dat

再在 CASS 中执行下拉菜单"绘图处理\展野外测点点号"命令(图 5-46 右图),在弹出的"输入坐标数据文件名"对话框中,选择需要展点的坐标文件 120502. dat,左键单击 打开⑴ 按钮即可在 CASS 中展绘坐标文件中的点位。

　　☞ 执行"数据通讯"命令,将 TKS-202R 全站仪的坐标文件通过 CASS 下载为 dat 格式坐标文件时,应选择数据传输为 SSS 格式;而将 TKS-202R 全站仪的坐标文件下载到 TKS-COM 通讯软件时,应选择数据传输为 TKS 格式。

　　⑤ 初始化

　　在图 5-47(a)所示的"存储管理 3/3"菜单下,按 F2(初始化)键,进入图 5-47(b)所示的界面,其功能是初始化内存。其中"文件区"命令为删除全部测量文件和坐标文件;"编码库"命令为删除编码库数据;"全部数据"命令为删除全部文件和编码库。图 5-47(c)为执行"文件区"命令,删除全部测量文件和坐标文件的提示界面,按 F3(是)键为执行删除操作;按 F4(否)或 ESC 键为退出删除操作。

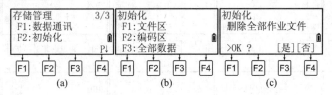

图 5-47 "存储管理/初始化"命令界面

　　☞ 初始化命令不能删除当前测站点的坐标、仪高与镜高等数据,这些数据可以在"坐标模式"、执行"数据采集"或"放样"命令时输入。

　　3) 放样

　　假设已将图 5-39 所示 9 个点的三维坐标上传到全站仪内存坐标文件 120501,且全站仪已安置在 C 点,要求以 B 点为后视点,放样 1 点的位置。

　　(1) 选择放样坐标文件

　　按 MENU F2(放样)键,进入图 5-48(b)所示的界面,按 F2(调用),移动光标到放样坐标文件 120501 上,按 ENT ENT 键,进入图 5-48(e)所示的"放样 1/2"菜单,按 F4 键翻页到图 5-48(f)所示的"放样 2/2"菜单。

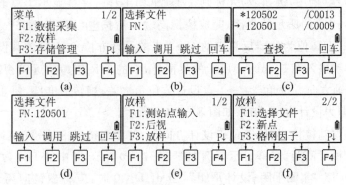

图 5-48 执行"菜单模式/放样"命令的界面

　　(2) 输入测站点

　　在图 5-48(e)所示的"放样 1/2"界面下,按 F1(测站点输入) F2(调用)键,移动光标到 C

点按 ENT 键,屏幕显示 C 点的三维坐标,结果如图 5-49(c)所示;按 F3(是)键,输入仪器高后按 ENT 键返回图 5-49(e)所示的"放样 1/2"菜单。

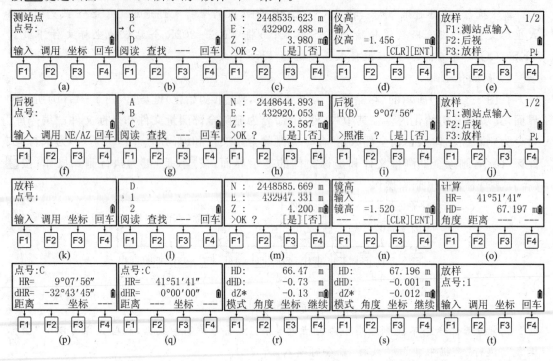

测站点 点号: 输入 调用 坐标 回车 (a)	B → C D 阅读 查找 --- 回车 (b)	N: 2448535.623 m E: 432902.488 m Z: 3.980 m >OK ? [是][否] (c)	仪高 输入 仪高 =1.456 m --- --- [CLR][ENT] (d)	放样 1/2 F1:测站点输入 F2:后视 F3:放样 P↓ (e)
后视 点号: 输入 调用 NE/AZ 回车 (f)	A → B C 阅读 查找 --- 回车 (g)	N: 2448644.893 m E: 432920.053 m Z: 3.587 m >OK ? [是][否] (h)	后视 H(B) 9°07′56″ >照准 ? [是][否] (i)	放样 1/2 F1:测站点输入 F2:后视 F3:放样 P↓ (j)
放样 点号: 输入 调用 坐标 回车 (k)	D → 1 2 阅读 查找 --- 回车 (l)	N: 2448585.669 m E: 432947.331 m Z: 4.200 m >OK ? [是][否] (m)	镜高 输入 镜高 =1.520 m --- --- [CLR][ENT] (n)	计算 HR= 41°51′41″ HD= 67.197 m 角度 距离 --- --- (o)
点号:C HR= 9°07′56″ dHR= −32°43′45″ 距离 --- 坐标 --- (p)	点号:C HR= 41°51′41″ dHR= 0°00′00″ 距离 --- 坐标 --- (q)	HD: 66.47 m dHD: −0.73 m dZ* −0.13 m 模式 角度 坐标 继续 (r)	HD: 67.196 m dHD: −0.001 m dZ* −0.012 m 模式 角度 坐标 继续 (s)	放样 点号:1 输入 调用 坐标 回车 (t)

图 5-49 执行"菜单模式/放样"命令放样 1 点的操作过程

（3）输入后视点

按 F2(后视)F2(调用)键,移动光标到 B,按 F4(回车)键,屏幕显示 B 点的三维坐标;按 F3(是)键,屏幕显示仪器反算出的 C→B 方向的方位角,使望远镜瞄准后视点 B,按 F3(是)键完成后视定向并返回图 5-49(j)所示的"放样 1/2"菜单。

（4）输入放样点

按 F3(放样)F2(调用)键,移动光标到 1,按 F4(回车)键,屏幕显示 1 点的三维坐标,按 F3(是)键进入图 5-49(n)所示的界面,完成棱镜高输入后按 F4(ENT)键,进入图 5-49(o)所示的界面,图中的 HR 值为仪器反算出的 C→1 点的设计方位角,HD 为其设计平距。

按 F1(角度)键进入图 5-49(p)所示的界面,图中的 HR 值为望远镜视准轴方向的方位角,dHR 为视准轴方向方位角与 C→1 点设计方位角之差;旋转照准部,使 dHR 的值为 0,此时,视准轴方向即为设计方向,结果如图 5-49(q)所示。

指挥司镜员移动棱镜,使棱镜位于设计方向上,使望远镜瞄准棱镜中心,按 F1(距离)键,自动进入"跟踪"模式测距,屏幕显示案例如图 5-49(r)所示,图中的 HD 为测站至镜站的实测水平距离,dHD 为"实测平距-设计平距",当 dHD＜0 时,应将棱镜向离开仪器方向移动 dHD,否则,应将棱镜向仪器方向移动 dHD,直至 dHD＝0 为止。当 dHD＝0 时,立镜点即为设计点的位置。

    ① "跟踪"模式测距结果显示只到 cm 位,当 dHD 接近 0 时,应按 F1(模式)键切换到"精测"模式,使测距结果显示到 mm 位,以便精确指示棱镜的微小移动。

② 在图 5-49(q)所示的界面下,按 F1 (距离)键,仪器自动进入重复测距模式并实时更新屏幕显示结果,观测员用步话机告诉司镜员实测的 dHD 值后,应立即按 F2 (角度)键停止测距并返回图 5-49(q)所示的界面,以节省电源。否则,无休止的重复测距,将很快消耗完电池。

③ 当测站点、后视点、放样点不在当前坐标文件中时,在选择点之前,应先在图 5-48(f)所示的"放样 2/2"菜单下按 F1 (选择文件)键改变当前坐标文件。

④ 当坐标文件中没有需要的点时,可以使用数字键输入坐标。对于测站点,可在图 5-49(a)所示的界面下按 F3 (坐标)键,使用数字/字符键输入测站点的坐标,该方法也适用于放样点的输入;对于后视点,可在图 5-49(f)所示的界面下,按 F3 (NE/AZ)键,使用数字/字符键输入后视点的坐标(NE)或后视方位角(AZ)。

⑤ 当测站点坐标未知时,可在图 5-48(f)所示的"放样 2/2"菜单下,执行"新点"命令,使用"极坐标法"或"后方交会"测定测站点的坐标,其中"后方交会"可以实现自由设站放样。也即,在任意未知点上安置全站仪,执行"后方交会"命令,对 2 个及以上已知点进行测距,仪器自动算出测站点的坐标并存入当前坐标文件。

4) 程序

在图 5-50(a)所示的"菜单 2/2"界面下,按 F1 (程序)键,进入图 5-50(b)所示的"程序 1/2"菜单,按 F4 键翻页到"程序 2/2"菜单,下面只介绍"对边测量"、"面积"与"点到线的测量"命令的操作方法。

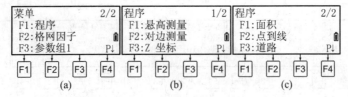

图 5-50 "存储管理/初始化"命令界面

(1) 对边测量

执行"对边测量"命令可以测量或计算任意两点的平距、高差、斜距与方位角,点的坐标可以从当前坐标文件中调用,也可以测量获得。

对边测量有两种模式,其中 MLM-1(A-B,A-C)模式的功能是测量起始点 A 至任意目标点 B,C,…的平距、高差、斜距与方位角,原理如图 5-51(a)所示;MLM-2(A-B,B-C)模式的功能是测量相邻目标点之间的平距、高差、斜距与方位角,原理如图 5-51(b)所示,本节只介绍 MLM-1(A-B,A-C)模式的操作方法。

① MLM-1(A-B,A-C)模式测量案例 1

在图 5-52(a)所示的"程序 1/2"菜单下,按 F2 (对边测量) F2 (不使用文件) F2 (不使用) F1 (MLM-1)键,进入图 5-52(e)所示的界面。按 F2 (镜高)键为输入棱镜高,完成镜高输入后,使望远镜瞄准 A 点的棱镜,按 F1 (测量)键,进入图 5-52(g)所示的界面;使望远镜瞄准 B 点的棱镜,按 F1 (测量)键,屏幕显示 A→B 的平距 dHD 与高差 dVD,案例结果如图 5-52(i)所示;按 ◢ 键切换至图 5-52(j)所示的界面,其中 dSD 为 A→B 的斜距,HR 为 A→B 的方位角。

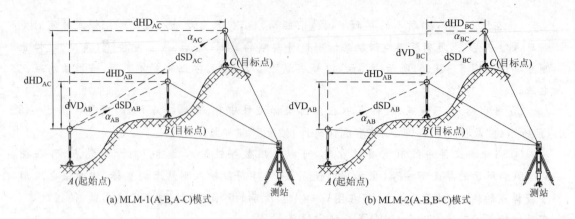

(a) MLM-1(A-B,A-C)模式　　　　　　　　(b) MLM-2(A-B,B-C)模式

图 5-51　两种对边测量模式的原理

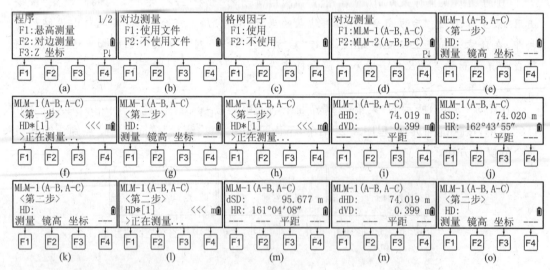

图 5-52　全站仪实测碎部点的三维坐标进行 MLM-1(A-B,A-C)模式对边测量的操作过程

按 F3（平距）键,进入图 5-52(k)所示的重复"第二步"操作界面。使望远镜瞄准 C 点的棱镜,按 F1（测量）键,屏幕显示 A→C 的斜距 dSD 与方位角 HR,案例结果如图 5-52(m)所示;按 ◢ 键切换至图 5-52(n)所示的界面,其中 dHD 为 A→C 的平距,dVD 为其高差。按 F3（平距）键,进入图 5-52(o)所示的重复"第二步"操作界面,重复上述操作,可以测量起点 A 至下一点的对边数据。

由于完成 B 点的对边测量后,按 ◢ 键切换到了图 5-52(j)所示的"dSD/HR"显示界面,因此,完成 C 点的对边测量后,屏幕先显示图 5-52(m)所示的"dSD/HR"显示界面,应按 ◢ 键才能切换到图 5-52(n)所示的"dHD/dVD"显示界面。

在 TKS-202R 全站仪的所有模式菜单中,"格网因子"功能均被屏蔽,所以,在图 5-52(c)所示的界面下,只能按 F2（不使用）键不选择格网因子。

② MLM-1(A-B,A-C)模式测量案例 2

图 5-52 是使用全站仪实测地面点 1,2,3,…的三维坐标反算对边数据的,也可以从当前坐标文件中调用点的坐标反算对边数据。下面以图 5-39 为例,介绍从仪器内存坐标文件 120501 调用坐标,反算 2→1 点平距与方位角的操作方法。

在图 5-52(a)所示的"程序 1/2"菜单下,按 F2 (对边测量) F1 (使用文件)键,进入图 5-53(a)所示的界面;按 F1 (调用)键,移动光标到 120501 坐标文件按 ENT ENT 键,进入图 5-53(d)所示的界面;按 F2 (不使用) F1 (MLM-1)键,进入图 5-53(f)所示的界面;按 F3 (坐标) F2 (点号) F2 (调用)键,进入图 5-53(i)所示的界面;移动光标到 2 点按 F4 (回车)键,屏幕显示 2 点的三维坐标,结果如图 5-53(j)所示;按 F3 (是) F4 (回车)键,进入图 5-53(l)所示的界面;重复上述操作,从当前坐标文件调用 1 点的坐标,结果如图 5-53(m)所示;按 F4 (回车)键,屏幕显示如图 5-53(n)所示;按 ◀ 键切换至图 5-53(o)所示的界面,图中显示的 2→1 的方位角与图 5-39 标注的方位角相同。

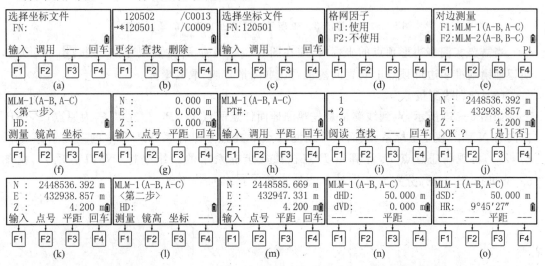

图 5-53 从坐标文件 120501 调用 2,1 点的坐标进行 MLM-1(A-B,A-C)模式对边测量的操作过程

(2)面积测量

"面积测量"命令可以计算地面多边形投影在水平面的面积,多边形顶点的坐标可以通过测量获得,也可以从坐标文件中调用。从 120501 坐标文件中调用 1,2,3,4 点的坐标计算面积的操作步骤如下。

在图 5-50(c)所示的"程序 2/2"菜单下,按 F1 (面积) F1 (文件数据) F2 (调用)键,从文件列表中选择 120501 文件按 ENT ENT 键,进入图 5-54(e)所示的面积计算界面,屏幕自动显示 120501 文件第一个点 C,右上角显示的数字 0 为已选择的多边形顶点数;按 F2 (调用),移动光标到 A 点按 F4 (回车)键完成第一个顶点的选择,结果如图 5-54(g)所示,屏幕显示"下点"为 B,右上角显示的数字 1 表示已选择 A 点为多边形顶点;按 F4 (下点)键屏幕显示"下点"为 C,右上角显示的数字 2 表示已选择 A,B 点为多边形顶点;按 F4 (下点)键屏幕显示"下点"为 D,右上角显示的数字 3 表示已选择 A,B,C 点为多边形顶点,并开始显示计算出的三角形 ABC 的面积为 900.005m^2,再按 F4 (下点)键,屏幕显示计算出的四边形 $ABCD$ 的面积为 1800.010m^2。

当调用完第 3 个点(C 点)的坐标后,屏幕开始显示多边形的面积[图 5-54(i)],以后每增加一个顶点显示一次面积。仪器对面积计算的多边形顶点数没有限制,但算出的面积结果不能超过 $200\,000 \text{m}^2$。

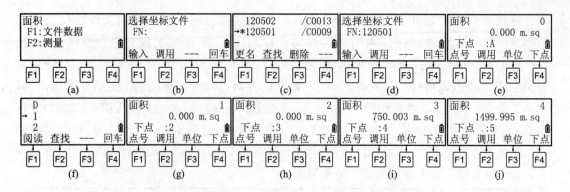

面积 F1:文件数据 F2:测量				选择坐标文件 FN: 输入 调用 --- 回车				120502 /C0013 →*120501 /C0009 更名 查找 删除 ---				选择坐标文件 FN:120501 输入 调用 --- 回车				面积 0 0.000 m. sq 下点 :A 点号 调用 单位 下点			
F1	F2	F3	F4	F1	F2	F3	F4	F1	F2	F3	F4	F1	F2	F3	F4	F1	F2	F3	F4
(a)				(b)				(c)				(d)				(e)			

D → 1 2 阅读 查找 --- 回车				面积 1 0.000 m. sq 下点 :2 点号 调用 单位 下点				面积 2 0.000 m. sq 下点 :3 点号 调用 单位 下点				面积 3 750.003 m. sq 下点 :4 点号 调用 单位 下点				面积 4 1499.995 m. sq 下点 :5 点号 调用 单位 下点			
F1	F2	F3	F4	F1	F2	F3	F4	F1	F2	F3	F4	F1	F2	F3	F4	F1	F2	F3	F4
(f)				(g)				(h)				(i)				(j)			

图 5-54　计算图 5-39 所示矩形 ABCD 面积的操作过程

当需要实测多边形顶点的坐标时,应在图 5-54(a)所示的"面积"菜单下按 F2（测量）键,便望远镜瞄准多边形顶点上安置的棱镜,按 F1（测量）键获取其坐标。

（3）点到线测量

如图 5-55 所示,点到线测量是先观测地面任意两点 P_1,P_2,建立以 P_1 为原点,$P_1 \to P_2$ 方向为 N 轴的独立坐标系,从而反算出测站点 C 在独立坐标系 NP_1E 中的三维坐标(N_C, E_C, Z_C);再观测任意点 P,计算出 P 点在独立坐标系中的三维坐标(N_P, E_P, Z_P)。由图 5-55 可知,E_C 与 E_P 分别为 C 点与 P 点至直线 $\overline{P_1P_2}$ 的垂直距离。

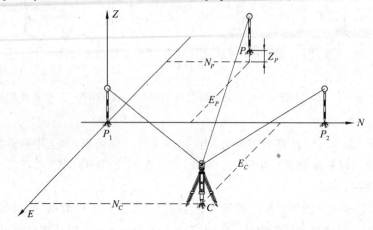

图 5-55　点到线的测量原理

在 C 点安置全站仪,在图 5-56(a)所示的"程序 2/2"菜单下,按 F2（点到线）键,进入图 5-56(b)所示的界面,输入仪器高按 F4（ENT）键;输入 P_1 点棱镜高按 F4（ENT）键;使望远镜瞄准 P_1 点棱镜,按 F3（是）键开始测距;输入 P_2 点棱镜高按 F4（ENT）键,使望远镜瞄准 P_2 点棱镜,按 F3（是）键开始测距,结果如图 5-56(g)所示的界面,屏幕显示 $P_1 \to P_2$ 的平距 dHD、高差 dVD,按 F4 键翻页显示斜距 dSD。

按 F2（测站）键,屏幕显示测站点在独立坐标系中的平面坐标,结果如图 5-56(i)所示,按 F4 键翻页显示测站点相对于 P_1 点的高程,结果如图 5-56(j)所示。

按 F2（P1P2）键进入图 5-56(k)所示的界面,使望远镜瞄准任意点 P 的棱镜,按 F3（镜高）为输入 P 点棱镜高,按 F4（测量）键,屏幕显示 P 点在独立坐标系中的三维坐标,结果如

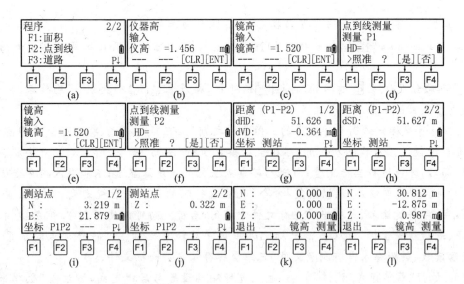

图 5-56 执行"菜单模式/程序/点到线"命令的操作过程

图 5-56(l)所示。

5)参数组 1

在图 5-57(a)所示的"菜单模式 2/2"界面下,按 F3(参数组 1)键,进入图 5-57(b)所示的"参数组 1 1/2"菜单,按 F4 键循环翻页到图 5-57(c)所示的"参数组 1 2/2"菜单。"参数组 1"的菜单总图如图 5-57 右图所示,其中 * 所注选项为仪器出厂设置,在图 5-57(c)所示的界面下,执行"工厂设置"命令,即为恢复出厂设置的 RC-232C 通讯参数。

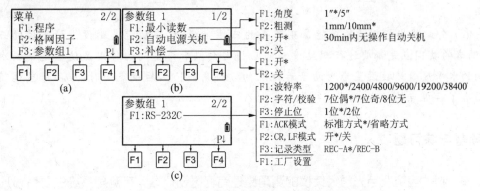

图 5-57 执行"菜单模式/参数组 1"命令菜单总图

本章小结

(1)科维 TKS-202R 全站仪有角度、距离、坐标、星键与菜单五种模式。

(2)设置 TKS-202R 全站仪的方式有三种:星键模式、参数组 1 与参数组 2。

① 星键模式:在其他任意模式或命令界面下,都可以按 ★ 键调出星键菜单,重复按 ★ 键为循环翻页星键菜单,按 ESC 键为退出星键模式。

在星键模式下,可以设置屏幕对比度 *、开/关屏幕与望远镜十字丝分划板照明灯、切换反射器类型为"棱镜/无棱镜"、开/关准直激光、开/关单轴补偿器 *、设置棱镜加常数与测距

129

比例改正数 ＊,其中所注 ＊ 的设置内容,关机后能自动保存。

② 参数组 1:按 MENU F4 F3(参数组 1)键进入参数组 1,可设置项目的菜单总图如图 5 - 57 所示。

③ 参数组 2:按住 F2 键不放,再按 ⓪ 键开机,待屏幕显示"参数组 2"菜单后,再放开 F2 键,可设置项目的菜单总图如图 5 - 13 所示。

(3) 进入坐标模式测量碎部点的三维坐标之前,应在角度模式,将测站至后视点方向的水平度盘读数设置为后视方位角,再在坐标模式执行"测站"命令,输入测站点坐标、仪器高与棱镜高后,才能进行坐标测量;所测的碎部点坐标只供屏幕显示,不能存入内存坐标文件。

(4) 执行"菜单模式/数据采集"命令,也应进行测站设置与后视定向,测站点坐标可以使用数字/字符键输入、或从当前坐标文件中调用;后视定向可以使用数字/字符键输入后视方位角、或后视点坐标、或从当前坐标文件中调用后视点坐标。可将碎部点的水平度盘读数、竖盘读数、斜距存入当前测量文件、三维坐标存入当前坐标文件。

(5) 执行"菜单模式/放样"命令,也应进行测站设置与后视定向,方法与"数据采集"命令相同。坐标模式、数据采集与放样命令设置的测站与后视定向数据存储在仪器内存相同的区域,在三种模式或命令下设置的测站与后视定向数据相互通用。

(6) 使用 TKS - COM 通讯软件,可以在通讯软件与仪器内存之间相互传输数据,可以上传或以下载坐标数据,但只能下载测量数据。

科维全站仪的坐标文件为逗号分隔的文本文件,每行的数据代表一个点的坐标数据,坐标行数据的格式:有编码点为"点名,y,x,H,编码",无编码点为"点名,y,x,H,",在 TKS - COM 通讯软件中编辑输入已知点或放样点的坐标行数据时,应注意其中的逗号",""为西文逗号。

(7) 全站仪坐标测量的功能是测定点的三维坐标,放样功能是测设设计点位的三维坐标,两者的共同点是都要进行测站设置与后视定向。后视定向的作用是使望远镜瞄准后视方向的水平度盘读数设置为测站至后视点的方位角,因此,后视定向时,应确保望远镜已准确瞄准了后视点的标志。

思考题与练习题

[5-1] 全站仪与光学经纬仪的测角原理有何区别什么? 其测角系统主要有哪几种?

[5-2] 全站仪主要由哪些部件组成?

[5-3] 电子补偿器分单轴和双轴,单轴补偿器的功能是什么?

[5-4] 在星键模式 2 页菜单,设置补偿器为"开",但关机后再开机时,按 ★ ★ F2 键调出补偿器设置界面时,发现还是处于"关"状态,这是为什么? 应如何设置才能使仪器开机后,补偿器自动设置为"开"?

[5-5] TKS - 202R 全站仪如何进入参数组 2 设置? 有何设置内容?

[5-6] TKS - 202R 全站仪如何进入参数组 1 设置? 有何设置内容?

[5-7] TKS - 202R 全站仪的角度模式可以进行什么设置? 各种设置有何意义?

[5-8] 在角度模式下,可以根据测量的需要,将全站仪水平盘读数设置为 0°～360°之间的任意数,竖盘读数是否也可以这样设置? 为什么?

［5-9］　TKS-202R全站仪的坐标模式与执行"菜单模式/数据采集"命令都可以测量碎部点的坐标,两者有何不同?

［5-10］　TKS-202R全站仪的坐标模式、"菜单模式/数据采集"命令、"菜单模式/放样"命令都需要设置测站点与后视定向,三者设置的测站定向数据是否通用? 仪器更换电池后,是否需要重新定向?

［5-11］　TKS-202R全站仪的坐标文件格式是什么? 数字测图软件 CASS 的展点坐标文件格式是什么? 如何将 TKS-202R 全站仪的内存坐标文件下载为 CASS 展点坐标文件?

［5-12］　TKS-202R全站仪的测距目标模式可以设置为"棱镜"与"无棱镜",如何切换测距目标模式? 仪器关机后,是否保存所设置的测距目标模式?

［5-13］　TKS-202R全站仪能沿望远镜视准轴发射一束准直激光,如何打开或关闭准直激光?

［5-14］　TKS-202R全站仪对边测量的功能是什么? 有什么模式? 在施工测量中有何用途?

［5-15］　TKS-202R全站仪面积测量的功能是什么? 多边形顶点的坐标如何获取? 顶点的高程对计算的多边形面积是否有影响?

［5-16］　TKS-202R全站仪点到线测量功能是什么?

［5-17］　TKS-202R全站仪对输入的点名、编码、坐标数据的有何要求?

［5-18］　在距离模式下,TKS-202R全站仪出厂设置的测距模式为重复测距,为了节省电池电源,希望每次开机都自动设置为单次测距,应该如何操作?

6 测量误差的基本知识

本章导读

- **基本要求**　理解测量误差的来源、偶然误差与系统误差的特性、测量中削弱偶然误差的方法、消除或削弱系统误差的方法;掌握观测量精度指标——中误差、相对误差、极限误差的计算方法;掌握单位权中误差与权的定义及其计算方法;掌握加权平均值及其中误差的定义及其计算方法。
- **重点**　偶然误差的特性,中误差的定义及其计算方法;误差传播定律的应用;等精度独立观测的中误差及其计算,算术平均值中误差的计算;不等精度独立观测的单位权中误差的定义及其计算,加权平均值中误差的计算。
- **难点**　非线性函数的误差传播定律及其应用;权的定义及其应用;单位权中误差的定义及其计算。

6.1　测量误差概述

测量生产实践表明,只要使用仪器对某个量进行观测,就会产生误差。表现为:在同等条件下(相同的外界环境下,同一个人使用同一台仪器)对某个量 l 进行多次重复观测,得到的一系列观测值 $l_1, l_2, \cdots, l_n$ 一般互不相等。设观测量的真值为 $\tilde{l}$,则观测量 l_i 的误差 Δ_i 定义为

$$\Delta_i = l_i - \tilde{l} \tag{6-1}$$

根据前面章节的分析可知,产生测量误差的原因主要有仪器误差、观测误差和外界环境的影响。根据表现形式的不同,通常将误差分为偶然误差 Δ_a 与系统误差 Δ_s。

1) 偶然误差

偶然误差的符号和大小呈偶然性,单个偶然误差没有规律,大量的偶然误差有统计规律。偶然误差又称真误差。水准测量时,在 cm 分划的水准标尺上估读 mm 位,估读的 mm 数有时过大,有时偏小;使用全站仪测量水平角时,大气折光使望远镜中目标的成像不稳定,引起瞄准目标有时偏左、有时偏右,这些都是偶然误差。通过多次观测取平均值可以削弱偶然误差的影响,但不能完全消除偶然误差的影响。

2) 系统误差

系统误差的符号和大小保持不变,或按照一定的规律变化。例如,若使用没有鉴定的名义长度为 30m 而实际长度为 30.005m 的钢尺量距,每丈量一整尺段距离就量短了 0.005m,即产生 −0.005m 的量距误差。显然,各整尺段的量距误差大小都是 0.005m,符号都是负,不能抵消,具有累积性。

由于系统误差对观测值的影响具有一定的规律性,如能找到规律,就可以通过对观测值

施加改正来消除或削弱系统误差的影响。

综上所述,误差可以表示为

$$\Delta = \Delta_a + \Delta_s \qquad (6-2)$$

规范规定:测量仪器在使用前应进行检验和校正,操作时应严格按规范的要求进行,布设平面与高程控制网时,应有一定的多余观测量。一般认为,当严格按规范要求进行测量时,系统误差是可以被消除或削弱到很小,此时可以认为 $\Delta_s \approx 0$,故有 $\Delta \approx \Delta_a$。以后凡提到误差,通常认为它只包含有偶然误差或者说真误差。

6.2 偶然误差的特性

单个偶然误差没有规律,只有大量的偶然误差才有统计规律,要分析偶然误差的统计规律,需要得到一系列的偶然误差 Δ_i。根据式(6-1),应对某个真值 $\tilde{l}$ 已知的量进行多次重复观测才可以得到一系列偶然误差 Δ_i 的准确值。在大部分情况下,观测量的真值 $\tilde{l}$ 是不知道的,这就为我们得到 Δ_i 的准确值进而分析其统计规律带来了困难。

但是,在某些情况下,观测量函数的真值是已知的。例如,三角形内角和闭合差的观测值定义为

$$\omega_i = (\beta_1 + \beta_2 + \beta_3)_i - 180° \qquad (6-3)$$

则它的真值为 $\tilde{\omega}_i = 0$,由式(6-1)真误差的定义,可以求得 ω_i 的真误差为

$$\Delta_i = \omega_i - \tilde{\omega}_i = \omega_i \qquad (6-4)$$

上式表明,任意三角形闭合差的真误差等于闭合差本身。

设某测区,在相同条件下共观测了 358 个三角形的全部内角,将计算出的 358 个三角形闭合差划分为正误差、负误差,分别在正、负误差中按照绝对值由小到大排列,以误差区间 $d\Delta = \pm 3''$ 统计其误差个数 k,并计算相对个数 k/n($n = 358$),称 k/n 为频率,结果列于表6-1。

表 6-1 三角形闭合差的统计结果

误差区间 $d\Delta/''$	负误差		正误差		绝对误差	
	k	k/n	k	k/n	k	k/n
0～3	45	0.126	46	0.128	91	0.254
3～6	40	0.112	41	0.115	81	0.226
6～9	33	0.092	33	0.092	66	0.184
9～12	23	0.064	21	0.059	44	0.123
12～15	17	0.047	16	0.045	33	0.092
15～18	13	0.036	13	0.036	26	0.073
18～21	6	0.017	5	0.014	11	0.031
21～24	4	0.011	2	0.006	6	0.017
24 以上	0	0	0	0	0	0
Σ	181	0.505	177	0.495	358	1.000

为了更直观地表示偶然误差的分布情况,以 Δ 为横坐标,以 $y=\dfrac{k}{n}\Big/d\Delta$ 为纵坐标作表 6-1 的直方图,结果如图 6-1 所示。图中任一长条矩形的面积为 $yd\Delta=\dfrac{k}{d\Delta n}d\Delta$ $=\dfrac{k}{n}$,等于频率。

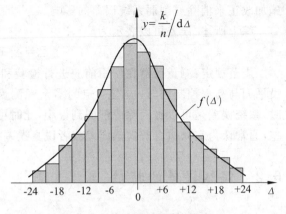

图 6-1 偶然误差频率直方图

由图 6-1 可以总结出偶然误差的四个统计规律如下:

① 偶然误差有界,或者说在一定条件下的有限次观测中,偶然误差的绝对值不会超过一定的限值。

② 绝对值较小的误差出现的频率较大,绝对值较大的误差出现的频率较小。

③ 绝对值相等的正、负误差出现的频率大致相等。

④ 当观测次数 $n\to\infty$ 时,偶然误差的平均值趋近于零,即有

$$\lim_{n\to\infty}\frac{[\Delta]}{n}=0 \qquad (6-5)$$

式中,$[\Delta]=\Delta_1+\Delta_2+\cdots+\Delta_n=\displaystyle\sum_{i=1}^{n}\Delta_i$。在测量中,常用 $[\ ]$ 表示括号中数值的代数和。

6.3 评定真误差精度的指标

1) 标准差与中误差

设对某真值 $\tilde{l}$ 进行了 n 次等精度独立观测,得观测值 $l_1,l_2,\cdots,l_n$,各观测值的真误差为 $\Delta_1,\Delta_2,\cdots,\Delta_n(\Delta_i=l_i-\tilde{l})$,则该组观测值每次观测的中误差定义为

$$m=\pm\sqrt{\frac{[\Delta\Delta]}{n}} \qquad (6-6)$$

[例 6-1] 某段距离使用铟瓦基线尺丈量的长度为 49.984m,因丈量的精度很高,可以视为真值。现使用 50m 钢尺丈量该距离 6 次,观测值列于表 6-2,试求该钢尺一次丈量 50m 的中误差。

表 6-2   用观测值真误差 Δ 计算一次丈量中误差

观测次序	观测值/m	Δ/mm	$\Delta\Delta$	计　算
1	49.988	+4	16	
2	49.975	−9	81	$m=\pm\sqrt{\dfrac{[\Delta\Delta]}{n}}$
3	49.981	−3	9	
4	49.978	−6	36	$=\pm\sqrt{\dfrac{151}{6}}$
5	49.987	+3	9	
6	49.984	0	0	$=\pm5.02$mm
Σ			151	

使用 Excel 计算的结果参见光盘文件"\Excel\表 6 - 2. xls"。

因为是等精度独立观测,所以 6 次距离观测值的中误差都是±5.02mm。

2）相对误差

相对误差是专为距离测量定义的精度指标,因为单纯用距离丈量中误差还不能反映距离丈量的精度情况。例如,在[例 6 - 1]中,用 50m 钢尺丈量一段约 50m 的距离,其测量中误差为±5.02mm,如果使用手持激光测距仪测量 100m 的距离,其测量中误差仍然等于±5.02mm,显然不能认为这两段不同长度的距离丈量精度相等,这就需要引入相对误差。相对误差的定义为

$$K = \frac{|m_D|}{D} = \frac{1}{\dfrac{D}{|m_D|}} \tag{6-7}$$

相对误差是一个无单位的数,在计算距离的相对误差时,应注意将分子和分母的长度单位统一。通常习惯于将相对误差的分子化为 1,分母为一个较大的数来表示。分母越大,相对误差越小,距离测量的精度就越高。依据式(6 - 7)可以求得上述所述两段距离的相对误差分别为

$$K_1 = \frac{0.005\,02}{49.982} \approx \frac{1}{9\,956}, \quad K_2 = \frac{0.005\,02}{100} \approx \frac{1}{19\,920}$$

结果表明,用相对误差衡量两者的测距精度时,后者的精度比前者的高。距离测量中,常用同一段距离往返测量结果的相对误差来检核距离测量的内部符合精度,计算公式为

$$\frac{|D_{往} - D_{返}|}{D_{平均}} = \frac{|\Delta D|}{D_{平均}} = \frac{1}{\dfrac{D_{平均}}{|\Delta D|}} \tag{6-8}$$

3）极限误差

偶然误差有界的意义是:在一定的条件下,偶然误差的绝对值不会超过一定的界限。当某观测值的误差超过了其界线时,就可以认为该观测值含有系统误差,应剔除它。测量上,称偶然误差的界限为极限误差,简称限差,其值|$\Delta_容$|一般取中误差的 2 倍或 3 倍。

$$|\Delta_容| = 2m \quad 或 \quad |\Delta_容| = 3m \tag{6-9}$$

当某观测值误差的绝对值大于上述|$\Delta_容$|时,则认为它含有系统误差,应剔除它。

6.4 误差传播定律及其应用

测量中,有些未知量不能直接观测测定,需要使用直接观测量计算求出。例如,水准测量一站观测的高差 h 为

$$h = a - b \tag{6-10}$$

式中,后视读数 a 与前视读数 b 均为直接观测量,h 与 a,b 的函数关系为线性关系。

在图 6 - 2 中,三角高程测量的初算高差 h' 为

$$h' = S\sin\alpha \tag{6-11}$$

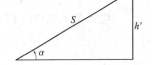

图 6 - 2 三角高程测量初算高差

式中的斜距 S 与竖直角 α 也是直接观测量，h' 与 S,α 的函数关系为非线性关系。

直接观测量的误差导致它们的函数也存在误差，函数的误差是由直接观测量的误差传播过来的。

1）线性函数的误差传播定律及其应用

一般地，设线性函数的通用形式为

$$Z = f_1 X_1 + f_2 X_2 + \cdots + f_n X_n \tag{6-12}$$

式中，$f_1,f_2,\cdots f_n$ 为系数，$X_1,X_2,\cdots,X_n$ 为误差独立观测量，其中误差分别为 $m_1,m_2\cdots,m_n$，则函数 Z 的中误差为

$$m_Z = \pm \sqrt{f_1^2 m_1^2 + f_2^2 m_2^2 + \cdots + f_n^2 m_n^2} \tag{6-13}$$

（1）等精度独立观测量算术平均值的中误差

设对某未知量等精度独立观测了 n 次，得观测值为 $l_1,l_2,\cdots,l_n$，其算术平均值为

$$\bar{l} = \frac{l_1 + l_2 + \cdots + l_n}{n} = \frac{[l]}{n} = \frac{1}{n}l_1 + \frac{1}{n}l_2 + \cdots + \frac{1}{n}l_n \tag{6-14}$$

设每个观测量的中误差为 m，由式（6-13），得算术平均值的中误差为

$$m_{\bar{l}} = \pm \sqrt{\frac{1}{n^2}m^2 + \frac{1}{n^2}m^2 + \cdots + \frac{1}{n^2}m^2} = \pm \sqrt{\frac{n}{n^2}m^2} = \frac{m}{\sqrt{n}} \tag{6-15}$$

由式（6-15）可知，n 次等精度独立观测量算术平均值的中误差为一次观测中误差的 $1/\sqrt{n}$，当 $n \to \infty$ 时，有 $\frac{m}{\sqrt{n}} \to 0$。

在［例 6-1］中，计算出每次丈量距离中误差为 $m = \pm 5.02\text{mm}$，根据式（6-15）求得 6 次丈量距离平均值的中误差为 $m_{\bar{l}} = \frac{\pm 5.02}{\sqrt{6}} = \pm 2.05\text{mm}$，平均值的相对误差为 $K_{\bar{l}} = \frac{0.00205}{49.982} = \frac{1}{24\,381}$。

（2）水准测量路线高差的中误差

某条水准路线，等精度独立观测了 n 站高差 $h_1,h_2,\cdots,h_n$，路线高差之和为

$$h = h_1 + h_2 + \cdots + h_n \tag{6-16}$$

设每站高差观测的中误差为 $m_{站}$，则路线高差之和 h 的中误差为

$$m_h = \pm \sqrt{m_1^2 + m_2^2 + \cdots + m_n^2} = \sqrt{n}\, m_{站} \tag{6-17}$$

式（6-17）一般用来计算上山水准测量的高差中误差。在平坦地区进行水准测量时，每站前视尺至后视尺的距离（也称每站距离）$L_i(\text{km})$ 基本相等，设水准路线总长为 $L(\text{km})$，则有 $n = \frac{L}{L_i}$，将其带入式（6-17），得

$$m_h = \sqrt{\frac{L}{L_i}}\, m_{站} = \sqrt{L}\,\frac{m_{站}}{\sqrt{L_i}} = \sqrt{L}\, m_{\text{km}} \tag{6-18}$$

式中 $m_{km} = \dfrac{m_{站}}{\sqrt{L_i}}$，称为每 km 水准测量的高差观测中误差。

2）非线性函数的误差传播定律及其应用

一般地，设非线性函数的通用形式为

$$Z = F(X_1, X_2, \cdots, X_n) \tag{6-19}$$

式中 $X_1, X_2, \cdots, X_n$ 为误差独立观测量，其中误差分别为 $m_1, m_2, \cdots, m_n$，对式（6-19）求全微分得

$$dZ = \frac{\partial F}{\partial X_1} dX_1 + \frac{\partial F}{\partial X_2} dX_2 + \cdots + \frac{\partial F}{\partial X_n} dX_n \tag{6-20}$$

令 $f_1 = \dfrac{\partial F}{\partial x_1}, f_2 = \dfrac{\partial F}{\partial x_2}, \cdots, f_n = \dfrac{\partial F}{\partial x_n}$，其值可以将 $X_1, X_2, \cdots, X_n$ 的观测值代入求得，则有

$$dZ = f_1 dX_1 + f_2 dX_2 + \cdots + f_n dX_n \tag{6-21}$$

则函数 Z 的中误差为

$$m_Z = \pm \sqrt{f_1^2 m_1^2 + f_2^2 m_2^2 + \cdots + f_n^2 m_n^2} \tag{6-22}$$

[例 6-2]　如图 6-2 所示，测量的斜边长为 $S = 163.563\text{m}$，中误差为 $m_s = \pm 0.006\text{m}$；测量的竖直角为 $\alpha = 32°15'26''$，中误差为 $m_\alpha = \pm 6''$，设边长与角度观测误差独立，试求初算高差 h' 的中误差 $m_{h'}$。

[解]　由图 6-2 可以列出计算 h' 的函数关系式为 $h' = S\sin\alpha$，对其取全微分得

$$dh' = \frac{\partial h'}{\partial S} ds + \frac{\partial h'}{\partial \alpha} \frac{d\alpha''}{\rho''}$$

$$= \sin\alpha\, ds + S\cos\alpha \frac{d\alpha''}{\rho}$$

$$= S\sin\alpha \frac{ds}{s} + S\sin\alpha \frac{\cos d\alpha''}{\sin\alpha \rho''}$$

$$= \frac{h'}{S} ds + \frac{h'\cot\alpha}{\rho''} d\alpha''$$

$$= f_1 ds + f_2 d\alpha''$$

式中 $f_1 = \dfrac{h'}{S}$，$f_2 = \dfrac{h'\cot\alpha}{\rho''}$ 为系数，将观测值代入求得；$\rho'' = 206\,265$ 为弧秒值。将角度的微分量 $d\alpha''$ 除以 ρ''，是为了将 $d\alpha''$ 的单位从"″"化算为弧度。

应用误差传播率，得 $m_{h'} = \sqrt{f_1^2 m_s^2 + f_2^2 m_\alpha^2}$，将观测值代入，得

$$h' = S\sin\alpha = 163.563 \times \sin 32°15'26'' = 87.297\text{m}$$

$$f_1 = \frac{h'}{S} = \frac{87.297}{163.563} = 0.533\,721$$

$$f_2 = \frac{h'\cot\alpha}{\rho''} = \frac{87.297 \times \cot 32°15'26''}{206\,265} = 0.000\,671$$

$$m_{h'} = \pm \sqrt{0.533\,7^2 \times 0.006^2 + 0.000\,671^2 \times 6^2} = \pm 0.005\,142\text{m}$$

可以使用 fx-5800P 计算器的数值微分功能编程自动计算函数的中误差,在计算器中输入下列程序 P6-4。

程序名:P6?4,占用内存 204 字节

Fix 5:Lbl 0↵	设置固定小数显示格式位数
"S(m),0÷END="?S:S=0÷Goto E↵	输入斜边观测值,输入 0 结束程序
"mS(m)="?B	输入斜边中误差
"α(Deg)="?D:"mα(Sec)="?C↵	输入竖直角及其中误差
Rad:D°→A↵	变换十进制角度为弧度
"h(m)=":Ssin(A)→H◢	计算与显示初算高差 h' 的值
"f1=":d/dX(Xsin(A),S)→L◢	计算与显示系数 f_1 的值
"f2=":d/dX(Ssin(X),A)÷206265→J◢	计算与显示系数 f_2 的值
"mh(m)=":√(I²B²+J²C²)→M◢	计算与显示 m_h 的值
Goto 0:Lbl E:"P6-4÷END"	

执行程序 P6-4,屏幕提示与用户操作过程如下:

屏幕提示	按 键	说 明
S(m),0÷END=?	**163.563** EXE	输入斜距
mS(m)=?	**0.006** EXE	输入斜距中误差
α(Deg)=?	**32** ⁰'" **15** ⁰'" **26** ⁰'" EXE	输入竖直角
mα(Sec)=?	**6** EXE	输入竖直角中误差
h(m)=87.29703	EXE	显示初算高差的值
f1=0.53372	EXE	显示系数 f_1 的值
f2=0.00067	EXE	显示系数 f_2 的值
mh(m)=0.00514	EXE	显示初算高差的中误差
S(m),0÷END=?	**0** EXE	输入 0 结束程序
P6-4÷END		程序结束显示

由于微分函数中有三角函数,因此,程序中应有 Rad 语句将角度制设置为弧度。

6.5　真值未知时的中误差计算

由式(6-1)可知,计算 Δ_i 需要已知观测量的真值 $\tilde{l}$。在测量生产实践中,观测量的真值 $\tilde{l}$ 通常是未知的,因此也就算不出真误差 Δ_i,这时应使用算术平均值 $\bar{l}$ 推导中误差的计算公式,本节只给出结论公式。设观测量的改正数为

$$V_i=\bar{l}-l_i \quad i=1,2,\cdots,n \tag{6-23}$$

则观测量的中误差为

$$m=\pm\sqrt{\frac{[VV]}{n-1}} \tag{6-24}$$

称式(6-24)为白塞尔公式(Bessel formula)。对同一组等精度独立观测量,理论上只有当 $n\to\infty$ 时,式(6-6)与式(6-24)计算的结果才相同,n 有限时,两个公式计算的结果将存在差异。

[例 6-3]　在[例 6-1]中,假设其距离的真值未知,试用白塞尔公式计算 50m 钢尺一次丈量的中误差。

[解]　容易求出 6 次距离丈量的算术平均值为 $\bar{l}=49.9822\text{m}$，其余计算在表 6-3 中进行。

表 6-3　　　　　　　用观测值改正数 V 计算一次丈量中误差

观测次序	观测值/m	V/mm	VV	计　算
1	49.988	−5.9	33.64	
2	49.975	7.2	51.84	
3	49.981	1.2	1.44	$m=\pm\sqrt{\dfrac{VV}{n-1}}$
4	49.978	4.2	17.64	$=\pm\sqrt{\dfrac{130.84}{5}}$
5	49.987	−4.8	23.04	$=\pm 5.12\text{mm}$
6	49.984	−1.8	3.24	
Σ			130.84	

使用 Excel 计算的结果参见光盘文件"\Excel\表 6-3. xls"。

使用 fx-5800P 的单变量统计 SD 模式计算算术平均值 $\bar{l}$ 与中误差 m 的操作步骤为：

按 (MODE) ③ 键进入 SD 模式，移动光标到 X 串列的第一单元，按 49.988 (EXE) 49.975 (EXE) 49.981 (EXE) 49.978 (EXE) 49.987 (EXE) 49.984 (EXE) 键输入 6 个距离丈量值，FREQ 串列的值自动变成 1，结果如图 6-3(a)～(b)所示。

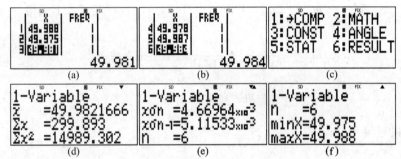

图 6-3　在 fx-5800P 的 SD 模式计算表 6-3 单变量统计的操作过程

按 (FUNCTION) ⑥ (RESULT)键进行单变量统计计算，多次按 (▼) 键向下翻页查看，结果如图 6-3 (d)—(f)所示。由图知，6 次丈量的平均值为 $\bar{x}=49.982\text{m}$，一次量距的中误差为 $x\sigma n-1=$ 5.12mm。

表 6-2 使用式(6-6)计算出的钢尺每次丈量中误差 $m=\pm 5.02\text{mm}$，而表 6-3 使用式 (6-24)计算出的钢尺每次丈量中误差 $m=\pm 5.12\text{mm}$，两者并不相等，这是因为观测次数 $n=6$ 较小所至。

6.6　不等精度独立观测量的最可靠值与精度评定

1）权的定义

设观测量 l_i 的中误差为 m_i，其权 W_i 的定义为

$$W_i=\frac{m_0^2}{m_i^2}$$

(6-25)

式中 m_0^2 为任意正实数。由式(6-25)可知,观测量 l_i 的权 W_i 与其方差 m_i^2 成反比,l_i 的方差 m_i^2 越大,其权就越小,精度越低;反之,l_i 的方差 m_i^2 越小,其权就越大,精度越高。

如果令 $W_i=1$,则有 $m_0^2=m_i^2$,也即 m_0^2 为权等于1的观测量的方差,故称 m_0^2 为单位权方差,而 m_0 就称为单位权中误差。

2)加权平均值及其中误差

对某量进行不等精度独立观测,得观测值 $l_1,l_2,\cdots,l_n$,其中误差分别为 $m_1,m_2,\cdots,m_n$,权分别为 $W_1,W_2,\cdots,W_n$,则观测值的加权平均值为

$$\bar{l}_W = \frac{W_1 l_1 + W_2 l_2 + \cdots + W_n l_n}{W_1 + W_2 + \cdots + W_n} = \frac{[Wl]}{[W]} \tag{6-26}$$

将式(6-26)化为

$$\bar{l}_W = \frac{W_1}{[W]}l_1 + \frac{W_2}{[W]}l_2 + \cdots + \frac{W_n}{[W]}l_n \tag{6-27}$$

应用误差传播定律得

$$m_{\bar{l}_W}^2 = \frac{W_1^2}{[W]^2}m_1^2 + \frac{W_2^2}{[W]^2}m_2^2 + \cdots + \frac{W_n^2}{[W]^2}m_n^2$$

因 $W_i^2 m_i^2 = \left(\dfrac{m_0^2}{m_i^2}\right)^2 m_i^2 = \dfrac{m_0^4}{m_i^4}m_i^2 = \dfrac{m_0^2}{m_i^2}m_0^2 = W_i m_0^2 \ (i=1,2,\cdots,n)$,将其代入上式得

$$m_{\bar{l}_W}^2 = \frac{W_1}{[W]^2}m_0^2 + \frac{W_2}{[W]^2}m_0^2 + \cdots + \frac{W_n}{[W]^2}m_0^2$$

$$= \frac{[W]}{[W]^2}m_0^2 = \frac{m_0^2}{[W]}$$

等式两边开根号得

$$m_{\bar{l}_W} = \pm \frac{m_0}{\sqrt{[W]}} \tag{6-28}$$

下一节将证明:不等精度独立观测量的加权平均值的中误差最小。

[例6-4] 如图6-4所示,1,2,3点为已知高等级水准点,其高程值的误差很小,可以忽略不计。为求 P 点的高程,使用 DS3 水准仪独立观测了三段水准路线的高差,每段高差的观测值及其测站数标于图中,试求 P 点高程的最可靠值及其中误差。

[解] 因为都是使用 DS3 水准仪观测,可以认为其每站高差观测中误差 $m_{\text{站}}$ 相等。

由式(6-17)求得高差观测值 h_1,h_2,h_3 的中误差分别为 $m_1=\sqrt{n_1}m_{\text{站}}$,$m_2=\sqrt{n_2}m_{\text{站}}$,$m_3=\sqrt{n_3}m_{\text{站}}$。

取 $m_0=m_{\text{站}}$,则 h_1,h_2,h_3 的权分别为 $W_1=1/n_1$,$W_2=1/n_2$,$W_3=1/n_3$。

由1,2,3点的高程值和三个高差观测值 h_1,h_2,h_3 可以分别计算出 P 点的高程值为

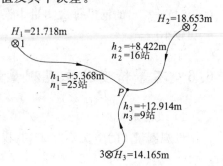

图6-4 某水准路线图

$$H_{P1} = H_1 + h_2 = 21.718 + 5.368 = 27.086\text{m}$$
$$H_{P2} = H_2 + h_2 = 18.653 + 8.422 = 27.075\text{m}$$
$$H_{P3} = H_3 + h_3 = 14.165 + 12.914 = 27.079\text{m}$$

因为三个已知水准点的高程误差很小,可以忽略不计,所以前面求出的三个高差观测值的中误差 m_1, m_2, m_3 就等于使用该高差观测值计算出的 P 点高程值 H_{P1}, H_{P2}, H_{P3} 的中误差。

P 点高程的加权平均值为

$$\bar{H}_{PW} = \frac{\frac{1}{n_1} H_{P1} + \frac{1}{n_2} H_{P2} + \frac{1}{n_3} H_{P3}}{\frac{1}{n_1} + \frac{1}{n_2} + \frac{1}{n_3}} = \frac{\frac{27.086}{25} + \frac{27.075}{16} + \frac{27.079}{9}}{\frac{1}{25} + \frac{1}{16} + \frac{1}{9}} = 27.0791\text{m} \quad (6-29)$$

P 点高程加权平均值的中误差为

$$m_{\bar{H}_{PW}} = \pm \frac{m_{站}}{\sqrt{\frac{1}{n_1} + \frac{1}{n_2} + \frac{1}{n_3}}} = \pm \frac{m_{站}}{\sqrt{\frac{1}{25} + \frac{1}{16} + \frac{1}{9}}} = \pm 2.164 m_{站} \quad (6-30)$$

下面验证 P 点高程算术平均值的中误差 $m_{\bar{H}_P} > m_{\bar{H}_{PW}}$。$P$ 点高程的算术平均值为

$$\bar{H}_P = \frac{H_{P1} + H_{P2} + H_{P3}}{3} = 27.080\text{m} \quad (6-31)$$

根据误差传播定律,求得 P 点高程算术平均值的中误差为

$$m_{\bar{H}_P} = \pm \sqrt{\frac{1}{9} m_1^2 + \frac{1}{9} m_2^2 + \frac{1}{9} m_3^2} = \pm \frac{1}{3} \sqrt{m_1^2 + m_2^2 + m_3^2} \quad (6-32)$$

$$= \pm \frac{1}{3} m_{站} \sqrt{n_1 + n_2 + n_3} = \pm \frac{\sqrt{50}}{3} m_{站} = \pm 2.357 m_{站}$$

比较式(6-30)与式(6-32)的结果可知,对于不等精度独立观测,加权平均值比算术平均值更合理。

3) 单位权中误差的计算

由式(6-30)可知,求出的 P 点高程加权平均值的中误差为单位权中误差 $m_0 = m_{站}$ 的函数,由于 $m_{站}$ 未知,仍然求不出 $m_{\bar{H}_{PW}}$,下面推导单位权中误差 m_0 的计算公式。

一般地,对权分别为 $W_1, W_2, \cdots, W_n$ 的不等精度独立观测量 $l_1, l_2, \cdots, l_n$,构造虚拟观测量 $l_1', l_2', \cdots, l_n'$,其中

$$l_i' = \sqrt{W_i} l_i, \quad i = 1, 2, \cdots, n \quad (6-33)$$

应用误差传播定律,得:

$$m_{l_i'}^2 = W_i m_i^2 = \frac{m_0^2}{m_i^2} m_i^2 = m_0^2 \quad (6-34)$$

式(6-34)说明,虚拟观测量 $l_1', l_2', \cdots, l_n'$ 是等精度独立观测量,其每个观测量的中误差相

等,根据白塞尔公式(6-24),得

$$m_0 = \pm\sqrt{\frac{[V'V']}{n-1}} \tag{6-35}$$

对式(6-33)取微分,并令微分量等于改正数,得 $V'_i = \sqrt{W_i}V_i$,将其代入式(6-36),得

$$m_0 = \pm\sqrt{\frac{[WVV]}{n-1}} \tag{6-36}$$

将式(6-36)代入式(6-28),得

$$m_{l_w} = \pm\sqrt{\frac{[WVV]}{[W](n-1)}} \tag{6-37}$$

[例6-4] 的单位权中误差 $m_0 = m_{站}$ 的计算在表6-4中进行。

表6-4   计算不等精度独立观测量的单位权中误差

序	H_P/m	V/mm	W	WVV	
1	27.086	-6.9	0.04	1.9044	$m_{站} = \pm\sqrt{\dfrac{[WVV]}{n-1}}$
2	27.075	+4.1	0.0625	1.0506	$= \pm\sqrt{\dfrac{2.9561}{2}}$
3	27.079	+0.1	0.1111	0.0011	$= \pm 1.22mm$
Σ				2.9561	

本章小结

(1) 当严格按规范要求检验与校正仪器并实施测量时,一般认为测量误差只含有偶然误差。

(2) 衡量偶然误差精度的指标有中误差 m,相对误差 K 与极限误差 $|\Delta_{容}| = 2m$ 或 $|\Delta_{容}| = 3m$。

(3) 等精度独立观测量的算术平均值 $\bar{l}$、一次观测中误差 m、算术平均值的中误差 $m_{\bar{l}}$ 的计算公式为

$$\bar{l} = \frac{[l]}{n}, \quad m = \pm\sqrt{\frac{[VV]}{n-1}}, \quad m_{\bar{l}} = \frac{m}{\sqrt{n}}$$

(4) 观测值 l_i 的权定义为 $W_i = \dfrac{m_0^2}{m_i^2}$,它是一个大于0的实数。

(5) 不等精度独立观测量的加权平均值 $\bar{l}_w$、单位权中误差 m_0,加权平均值的中误差 $m_{\bar{l}_w}$ 的计算公式为

$$\bar{l} = \frac{[Wl]}{[W]}, \quad m_0 = \pm\sqrt{\frac{[WVV]}{n-1}}, \quad m_{\bar{l}_w} = \frac{m_0}{\sqrt{W}}$$

思考题与练习题

[6-1] 产生测量误差的原因是什么?

[6-2] 测量误差是如何分类的?各有何特性?在测量工作中该误差是如何消除或

削弱?

[**6-3**] 偶然误差有哪些特性?

[**6-4**] 对某段距离等精度独立丈量了 7 次,结果分别为 168.135,168.148,168.120,168.129,168.150,168.137,168.131,试用 fx-5800P 的单变量统计功能计算其算术平均值、每次观测的中误差,应用误差传播定律计算算术平均值中误差。

[**6-5**] DJ6 级经纬仪一测回方向观测中误差 $m_0 = \pm 6''$,试计算该仪器一测回观测一个水平角的中误差 m_A。

[**6-6**] 量得一圆柱体的半径及其中误差为 $r = 4.578 \pm 0.006\mathrm{m}$,高度及其中误差为 $h = 2.378 \pm 0.004\mathrm{m}$,试计算体积及其中误差。

[**6-7**] 如图 6-5 所示的侧方交会,测得边长 a 及其中误差为 $a = 230.78 \pm 0.012\mathrm{m}$,$\angle A = 52°47'36'' \pm 15''$,$\angle B = 45°28'54'' \pm 20''$,试计算边长 b 及其中误差 m_b。

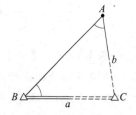

图 6-5 侧方交会测量

[**6-8**] 已知三角形各内角的测量中误差为 $\pm 15''$,容许中误差为中误差的 2 倍,求该三角形闭合差的限差。

[**6-9**] 如图 6-6 所示,A,B,C 三个已知水准点的高程误差很小,可以忽略不计。为了求得图中 P 点的高程,从 A,B,C 三点向 P 点进行同等级的水准测量,高差观测的中误差按式(6-25)计算,取单位权中误差 $m_0 = m_{km}$,试计算 P 点高程的加权平均值及其中误差、单位权中误差。

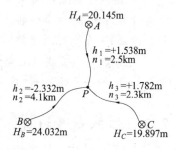

图 6-6 结点水准路线略图

7 控制测量

本章导读

- **基本要求** 理解平面与高程控制网是由高级网向低级网逐级加密的原则布设的；掌握由直线端点的平面坐标反算其平距与坐标方位角的两种方法、坐标方位角推算及坐标计算的原理与方法；掌握单一闭、附合导线的布设、测量与计算方法；熟悉前方交会、侧方交会、后方交会的测量与计算方法，熟悉三、四等水准测量的观测与记录计算方法，熟悉四、五等三角高程观测与计算方法。

- **重点** 由直线端点坐标反算其平距与坐标方位角的方法，单一闭、附合导线的近似平差计算方法，前方交会的计算方法，四等水准测量"后—后—前—前"的观测方法及其记录计算方法，三角高程测量的球气差改正原理与计算。

- **难点** 由直线端点坐标反算其平距与坐标方位角的方法，单一闭、附合导线的近似平差计算，四等水准测量"后—后—前—前"的观测方法及其记录计算。

7.1 控制测量概述

测量工作应遵循"从整体到局部，先控制后碎部"的原则。"整体"是指控制测量，其意义为控制测量应按由高等级到低等级逐级加密进行，直至最低等级的图根控制测量，再在图根控制点上安置仪器进行碎部测量或测设工作。控制测量包括平面控制测量和高程控制测量，称测定点位的 x, y 坐标为平面控制测量，测定点位的 H 坐标为高程控制测量。

在全国范围内建立的控制网，称为国家控制网。它是全国各种比例尺测图的基本控制，也为研究地球的形状和大小，了解地壳水平形变和垂直形变的大小及趋势，为地震预测提供形变信息等服务。国家控制网是用精密测量仪器和方法依照《国家三角测量和精密导线测量规范》、《全球定位系统测量规范》、《国家一、二等水准测量规范》及《国家三、四等水准测量规范》按一、二、三、四等四个等级、由高级到低级逐级加密点位建立的。

1）平面控制测量

我国的国家平面控制网主要用三角测量法布设，在西部困难地区采用导线测量法。一等三角锁沿经线和纬线布设成纵横交叉的三角锁系，锁长为 200～250km，构成 120 个锁环。一等三角锁内由近于等边的三角形组成，平均边长为 20～30km。二等三角测量有两种布网形式，一种是由纵横交叉的两条二等基本锁将一等锁环划分为 4 个大致相等的部分，其 4 个空白部分用二等补充网填充，称纵横锁系布网方案；另一种是在一等锁环内布设全面二等三角网，称全面布网方案。二等基本锁的平均边长为 20～25km，二等三角网的平均边长为 13km 左右。一等锁的两端和二等锁网的中间，都要测定起算边长、天文经纬度和方位角。国家一、二等网合称为天文大地网。我国天文大地网于 1951 年开始布设，1961 年基本完成，1975 年修、补、测工作全部结束。三、四等三角网为在二等三角网内的进一步加密。图 7-1

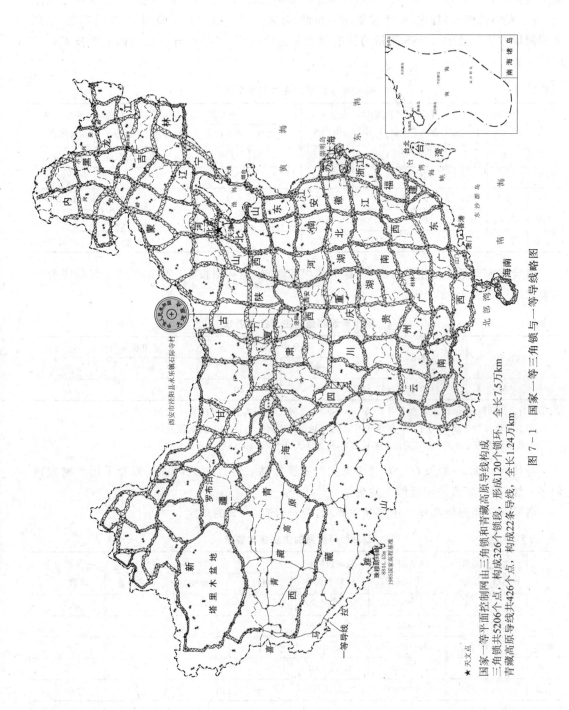

★天文点

国家一等平面控制网由三角锁和青藏高原导线构成
三角锁共5206个点，构成326个点，形成120个锁环，全长7.5万km
青藏高原导线共426个点，构成22条导线，全长1.24万km

图7-1 国家一等三角锁与一等导线略图

南海诸岛

南

海

北 部 湾

一等导线点

珠穆朗玛峰
8844.43m
1985国家高程基准

西安市泾阳县永乐镇石际寺村

145

为国家一等三角锁和一等导线布设略图。

城市或工矿区,一般应在上述国家等级控制点的基础上,根据测区的大小、城市规划或施工测量的要求,布设不同等级的城市平面控制网,以供地形测图和测设建、构筑物时使用。

《工程测量规范》规定,平面控制网的布设,可采用 GNSS 卫星定位测量、导线测量、三角形网测量方法。其中 GNSS 测量的技术要求参见第 8 章,各等级导线测量的主要技术要求应符合表 7-1 的规定。

表 7-1　　　　　　　　　　　　　等级导线测量的主要技术要求

等级	导线长度/km	平均边长/km	测角中误差/″	测距中误差/mm	测距相对中误差	测回数			方位角闭合差/″	导线全长相对闭合差
						1″级仪器	2″级仪器	6″级仪器		
三等	14	3	1.8	20	1/150 000	6	10	—	$3.6\sqrt{n}$	≤1/55 000
四等	9	1.5	2.5	18	1/80 000	4	6	—	$5\sqrt{n}$	≤1/35 000
一级	4	0.5	5	15	1/30 000	—	2	4	$10\sqrt{n}$	≤1/15 000
二级	2.4	0.25	8	15	1/14 000	—	1	3	$16\sqrt{n}$	≤1/10 000
三级	1.2	0.1	12	15	1/7 000	—	1	2	$24\sqrt{n}$	≤1/5 000

直接供地形测图使用的控制点,称为图根控制点,简称图根点。图根导线测量的主要技术要求应符合表 7-2 的规定。

表 7-2　　　　　　　　　　　　　图根导线测量的主要技术要求

导线长度	相对闭合差	测角中误差/″		方位角闭合差/″	
		一般	首级	一般	首级
≤$\alpha \times M$	≤1/(2 000×α)	30	20	$60\sqrt{n}$	$40\sqrt{n}$

注:① α 为比例系数,取值宜为 1,当采用 1:500、1:1 000 比例尺测图时,其值可在 1—2 之间选用;

② M 为比例尺的分母,但对于工矿区现状图测量,不论测图比例尺大小,M 均应取值为 500;

③ 隐蔽或施测困难地区导线相对闭合差可放宽,但不应大于 1/(1 000×α)。

导线网计算,一级及以上等级应采用严密平差法;二级、三级可根据需要采用严密或近似平差法;图根导线采用近似平差法。

各等级三角形网测量的主要技术要求,应符合表 7-3 的规定。

表 7-3　　　　　　　　　　　　　三角形网测量的主要技术要求

等级	平均边长/km	测角中误差/″	测边相对中误差	最弱边边长相对中误差	测回数			三角形最大闭合差/″
					1″级仪器	2″级仪器	6″级仪器	
二等	9	1	≤1/250 000	≤1/120 000	12	—	—	3.5
三等	4.5	1.8	≤1/150 000	≤1/70 000	6	9	—	7
四等	2	2.5	≤1/100 000	≤1/40 000	4	6	—	9
一级	1	5	≤1/40 000	≤1/20 000	—	2	4	15
二级	0.5	10	≤1/20 000	≤1/10 000	—	1	2	20

注:当测区测图的最大比例尺为 1:1 000 时,一、二级三角形网的边长可适当放宽,但最大长度不应大于表中规定的 2 倍。

2)高程控制测量

高程控制测量的方法主要有水准测量、三角高程测量与 GNSS 拟合高程测量。《工程测

146

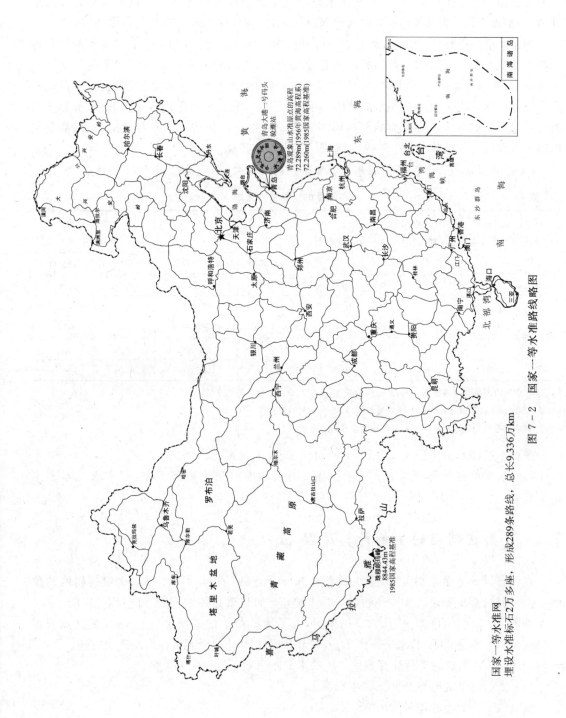

国家一等水准网
埋设水准标石2万多座，形成289条路线，总长9.336万km

图 7 - 2　国家一等水准路线略图

量规范》规定,各等级高程控制宜采用水准测量,四等及以下等级可采用电磁波测距三角高程测量,五等也可采用 GNSS 拟合高程测量。

在全国领土范围内,由一系列按国家统一规范测定高程的水准点构成的网称为国家水准网,水准点上设有固定标志,以便长期保存,为国家各项建设和科学研究提供高程资料。

国家水准网按逐级控制、分级布设的原则分为一、二、三、四等,其中一、二等水准测量称为精密水准测量。一等水准是国家高程控制的骨干,沿地质构造稳定和坡度平缓的交通线布满全国,构成网状。二等水准是国家高程控制网的全面基础,一般沿铁路、公路和河流布设。二等水准环线布设在一等水准环内。沿一、二等水准路线还应进行重力测量,提供重力改正数据;三、四等水准直接为测制地形图和各项工程建设使用。全国各地的高程,都是根据国家水准网统一传算的,图 7-2 为国家一等水准路线略图。

《工程测量规范》规定,各等级水准测量的主要技术要求,应符合表 7-4 的规定。

表 7-4　　　　　　　　　　　水准测量的主要技术要求

等级	每 km 高差全中误差/mm	路线长度/km	水准仪型号	水准尺	观测次数		往返较差、附合或环线闭合差	
					与已知点联测	附合或环线	平地/mm	山地/mm
二等	2	—	DS1	铟瓦	往返各一次	往返各一次	$4\sqrt{L}$	—
三等	6	≤50	DS1	铟瓦	往返各一次	往一次	$12\sqrt{L}$	$4\sqrt{n}$
			DS3	双面		往返各一次		
四等	10	≤16	DS3	双面	往返各一次	往一次	$20\sqrt{L}$	$6\sqrt{n}$
五等	15	—	DS3	单面	往返各一次	往一次	$30\sqrt{L}$	—

注:① 结点之间或结点与高级点之间,其路线的长度,不应大于表中规定的 0.7 倍;
　② L 为往返测段、附合环线的水准路线长度(km),n 为测站数;
　③ 数字水准仪测量的技术要求与同等级光学水准仪相同。

图根水准测量的主要技术要求,应符合表 2-3 的规定。

各等水准网的计算应采用严密平差法;图根水准可采用近似平差法,方法见本书第 2.3 节。

7.2　平面控制网的坐标计算原理

在新布设的平面控制网中,至少需要已知一个点的平面坐标,才可以确定控制网的位置,称为定位;至少需要已知一条边的坐标方位角才可以确定控制网的方向,称为定向。

如图 7-3 所示,已知 A,B 两点的坐标,为了计算 C 点的平面坐标 x_C,y_C,在 B 点安置全站仪观测了水平角 $\beta_左$ 与水平距离 D_{BC},本节介绍计算 C 点平面坐标的原理与方法。

1) 由 A,B 两点的坐标计算直线 AB 的水平距离 D_{AB} 与坐标方位角 α_{AB}

(1) 使用勾股定理与 arctan 函数计算

设直线 AB 的坐标增量为

$$\left.\begin{array}{l} \Delta x_{AB} = x_B - x_A \\ \Delta y_{AB} = y_B - y_A \end{array}\right\} \tag{7-1}$$

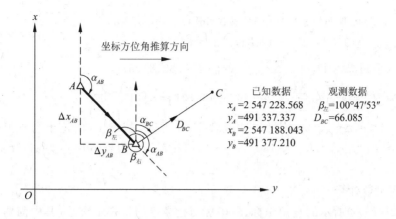

图 7-3　坐标方位角与坐标增量的关系

使用勾股定理计算水平距离的公式为

$$D_{AB}=\sqrt{\Delta x_{AB}^2+\Delta y_{AB}^2} \qquad (7-2)$$

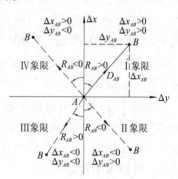

图 7-4　象限角 R_{AB} 的几何意义

由本书第 4.4 节可知,直线 AB 的坐标方位角定义为坐标北($+x$ 轴)方向顺时针到直线 AB 方向的水平夹角,坐标方位角的取值范围为 $0°\sim360°$。如图 7-4 所示,过直线起点 A 分别平行于高斯平面坐标系的 x 轴与 y 轴作平行线,建立图示的 $\Delta xA\Delta y$ 增量坐标系,由 Δx_{AB},Δy_{AB} 计算象限角 R_{AB} 的公式为

$$R_{AB}=\arctan\frac{\Delta y_{AB}}{\Delta x_{AB}} \qquad (7-3)$$

根据三角函数的性质可知,由式(7-3)计算的象限角 R_{AB} 定义为直线 AB 与 $+\Delta x$ 轴方向或 $-\Delta x$ 轴方向的锐角,其取值范围为 $0°\sim\pm90°$,将 R_{AB} 转换为坐标方位角 α_{AB} 时,需要根据 Δx_{AB} 与 Δy_{AB} 的正负、参照图 7-4 来判断,规则列于表 7-5。

表 7-5　　　　　　　　　直线 AB 的象限角 R_{AB} 与坐标方位角 α_{AB} 的关系

象限	坐标增量	坐标方位角公式	象限	坐标增量	坐标方位角公式
I	$\Delta x_{AB}>0,\Delta y_{AB}>0$	$\alpha_{AB}=R_{AB}$	III	$\Delta x_{AB}<0,\Delta y_{AB}<0$	$\alpha_{AB}=R_{AB}+180°$
II	$\Delta x_{AB}<0,\Delta y_{AB}>0$	$\alpha_{AB}=R_{AB}+180°$	IV	$\Delta x_{AB}>0,\Delta y_{AB}<0$	$\alpha_{AB}=R_{AB}+360°$

测量上,称 α_{BA} 为 α_{AB} 的反方位角,关系为

$$\alpha_{BA}=\alpha_{AB}\pm180° \qquad (7-4)$$

式中的"±",当 $\alpha_{AB}<180°$ 时,取"+";当 $\alpha_{AB}>180°$ 时,取"−",这样就可以保证 α_{BA} 的值在 $0°\sim360°$ 范围内。

[例 7-1]　试计算图 7-3 已知边 AB 的水平距离 D_{AB}、坐标方位角 α_{AB} 及其反方位角 α_{BA}。

［解］ $\Delta x_{AB}=2547188.043-2547228.568=-40.525\text{m}$，

$\Delta y_{AB}=491377.210-491337.337=39.873\text{m}$

水平距离为 $D_{AB}=\sqrt{\Delta x_{AB}^2+\Delta y_{AB}^2}=56.85184037\text{m}$

象限角为 $R_{AB}=\arctan\dfrac{\Delta y_{AB}}{\Delta x_{AB}}=-44.53536121°=-44°32'07.3''$

因为 $\Delta x_{AB}<0$，$\Delta y_{AB}>0$，由图 7-4 或表 7-5 可知，AB 边方向位于增量坐标系的第Ⅱ象限，坐标方位角为 $\alpha_{AB}=R_{AB}+180°=135°27'52.7''$，$\alpha_{AB}$ 的反方位角为 $\alpha_{BA}=\alpha_{AB}+180°=315°27'52.7''$。

(2) 使用复数计算

复数有式(7-5)所示的直角坐标、极坐标与指数等三种表示方法，其中前两种也称复数的几何表示法，fx-5800P 只能对直角坐标格式与极坐标格式的复数进行计算。

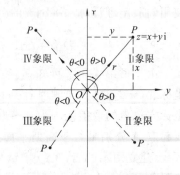

$$z=x+y\text{i}=r\angle\theta=r\text{e}^{\text{i}\theta}，\quad 要求\ r>0 \tag{7-5}$$

式中，x 为复数的实部，y 为复数的虚部，$\text{i}^2=-1$，在 fx-5800P 中，按 [i] 键输入 i；r 为复数的模，θ 为复数的辐角，按 [SHIFT] [∠] 键输入∠。

在图 7-5 所示的高斯平面直角坐标系中，设任意点 P 的坐标为(x,y)，复数表示为 $z=x+y\text{i}$，则复数 z 的模 r 为原点至 P 点直线的平距，辐角 θ 为原点至 P 点直线与实数轴 $+x$ 轴的水平角。

x
P
y
P
z=x+yi
Ⅳ象限
θ<0
θ>0
Ⅰ象限
r
x
O
θ>0
y
θ<0
Ⅲ象限
Ⅱ象限
P
P

图 7-5 高斯坐标系的复数定义

利用直角坐标与极坐标的关系，有 $x=r\cos\theta$，$y=r\sin\theta$，复数 z 可以表示为

$$z=r\angle\theta=r\cos\theta+r\sin\theta\text{i}=x+y\text{i} \tag{7-6}$$

在 fx-5800P 中，如果将一个复数存入字母变量 B，则 ReP(B)为提取复数变量 B 的实部，ImP(B)为提取复数变量 B 的虚部，Abs(B)为计算复数变量 B 的模，Arg(B)为计算复数变量 B 的辐角。

按 [FUNCTION] [2] 键为调出图 7-6(b)所示的复数函数菜单，在该菜单下，按 [4] 键为输入 **ReP (**，按 [5] 键为输入 **ImP (**；按 [1] 键为输入 **Abs (**，按 [2] 键输入 **Arg (**。

1:MATH 2:COMPLX
3:PROG 4:CONST
5:ANGLE 6:CLR
7:STAT 8:MATRIX
(a)
1:Abs 2:Arg
3:Conjg 4:ReP
5:ImP 6:▸r∠θ
7:▸a+bi
(b)

图 7-6 复数函数菜单

使用辐角函数 Arg 算出的辐角 θ 的取值范围为 0～±180°。如图 7-5 所示，设 OP 直线方位角为 α，则 OP 直线的辐角 θ 与其方位角的关系是：$\theta>0$ 时，$\alpha=\theta$；$\theta<0$ 时，$\alpha=360°+\theta$。

例如，用 fx-5800P 的复数功能计算［例 7-1］的平距 D_{AB} 与方位角 α_{AB} 的操作步骤如下：

按 [MODE] [1] 键进入 **COMP** 模式，按 [SHIFT] [SETUP] [3] 键设置角度单位为 **Deg**。

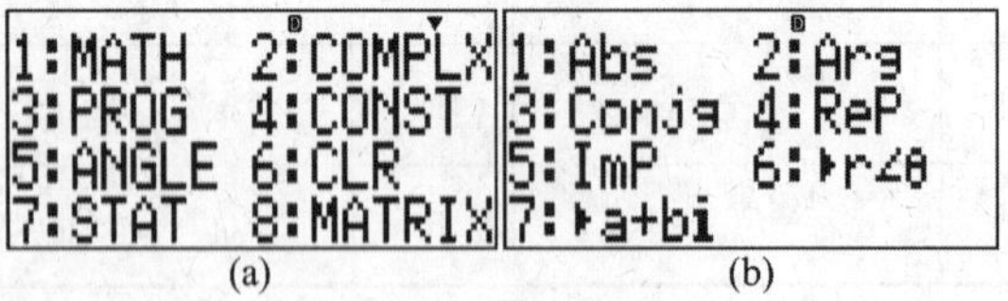

按 **2547228.568** $\boxed{+}$ **491337.337** $\boxed{i}$ $\boxed{\text{SHIFT}}$$\boxed{\text{STO}}$$\boxed{\text{A}}$ 键输入 A 点坐标复数到 **A** 变量,结果如图 7-7(a)所示;按 **2547188.043** $\boxed{+}$ **491377.21** $\boxed{i}$ $\boxed{\text{SHIFT}}$$\boxed{\text{STO}}$$\boxed{1}$ 键输入 B 点坐标复数到 **B** 变量,结果如图 7-7(b)所示;按 $\boxed{\text{FUNCTION}}$$\boxed{2}$$\boxed{1}$$\boxed{\text{ALPHA}}$$\boxed{\text{B}}$$\boxed{-}$$\boxed{\text{ALPHA}}$$\boxed{\text{A}}$$\boxed{)}$$\boxed{\text{EXE}}$ 键计算直线 AB 的平距,按 $\boxed{\text{FUNCTION}}$$\boxed{2}$$\boxed{2}$$\boxed{\text{ALPHA}}$$\boxed{\text{B}}$$\boxed{-}$$\boxed{\text{ALPHA}}$$\boxed{\text{A}}$$\boxed{)}$$\boxed{\text{EXE}}$ 键计算直线 AB 的辐角,结果如图 7-7(c)所示;因算出的辐角为正数,故为方位角;按 $\boxed{\cdots}$ 键将辐角变换为六十进制角度显示,结果如图 7-7(d)所示。

(a)	(b)	(c)	(d)
2547228.568+4913 37.337i→A 　　2547228.568 　+491337.3370i	2547188.043+4913 77.21i→B 　　2547188.043 　+491377.21i	Abs(B-A) 　　56.85184037 Arg(B-A) 　　135.4646388	Abs(B-A) 　　56.85184037 Arg(B-A) 　135°27'52.7"

图 7-7　计算复数的模与辐角案例

下面的 fx-5800P 程序 P7-1 是使用复数计算起始点至任意点的平距及坐标方位角,案例结果列于表 7-6。

程序名:P7-1,占用内存 190 字节

"XY→HD, α P7-1" ↵	显示程序标题
Deg:Fix 3 ↵	基本设置
"X0(m)="?A:"Y0(m)="?B:A+Bi→S ↵	输入直线起点坐标
Lbl 0:"Xn(m),π⇒END="?C ↵	输入直线端点 x 坐标,输入 π 结束程序
C=π⇒Goto E ↵	端点 x 坐标等于 π 时结束程序
"Yn(m)="?D ↵	输入直线端点 y 坐标
C+Di→E:Arg(E-S)→J ↵	起点→端点直线辐角
J<0⇒J+360→J ↵	变换为方位角
"HD(m)=":Abs(E-S)◢	显示平距
"α=":J▶DMS◢	60 进制显示方位角
Goto 0 ↵	重复输入端点坐标
Lbl E:"P7-1⇒END"	

📟 输入程序时,按 $\boxed{\text{FUNCTION}}$$\boxed{1}$$\boxed{\downarrow}$$\boxed{\downarrow}$$\boxed{\downarrow}$$\boxed{1}$ 键输入 m,按 $\boxed{\text{FUNCTION}}$$\boxed{7}$$\boxed{2}$$\boxed{1}$ 键输入 n,按 $\boxed{\text{FUNCTION}}$$\boxed{4}$$\boxed{\downarrow}$$\boxed{2}$ 键输入 α,按 $\boxed{\text{FUNCTION}}$$\boxed{5}$$\boxed{4}$ 键输入 ▶DMS。

表 7-6　　　　　　　　使用程序 P7-1 计算平距和坐标方位角案例

点号	x/m	y/m	边长起讫点号	D_{0j}/m	α_{0j}/ ° ′ ″
0	2 543 885.634	483 114.471			
1	2 544 281.739	483 592.881	0→1	621.108	50 22 35.6
2	2 543 356.668	483 419.507	0→2	610.616	150 01 46
3	2 543 373.397	482 385.189	0→3	891.201	234 54 58
4	2 543 968.103	483 005.750	0→4	136.460	307 10 54

151

执行程序 P7-1,计算表 7-6 所示起讫点号的平距与方位角操作过程如下:

屏幕提示	按键	说明
XY→HD, α P7-1		显示程序标题
X0(m)=?	**2543885.634** EXE	输入 0 点坐标
Y0(m)=?	**483114.471** EXE	
Xn(m),π≑END=?	**2544281.739** EXE	输入 1 点坐标
Yn(m)=?	**483592.881** EXE	
HD(m)=621.108	EXE	显示 0→1 平距
α=50°22′35.6″	EXE	显示 0→1 方位角
Xn(m),π≑END=?	**2543356.668** EXE	输入 2 点坐标
Y(m)=?	**483419.507** EXE	
HD(m)=610.616	EXE	显示 0→2 平距
α=150°1′46.09″	EXE	显示 0→2 方位角
Xn(m),π≑END=?	**2543373.397** EXE	输入 3 点坐标
Y(m)=?	**482385.189** EXE	
HD(m)=891.201	EXE	显示 0→3 平距
α=234°54′58.89″	EXE	显示 0→3 方位角
Xn(m),π≑END=?	**2543968.103** EXE	输入 4 点坐标
Y(m)=?	**483005.75** EXE	
HD(m)=136.460	EXE	显示 0→4 平距
α=307°10′54.11″	EXE	显示 0→4 方位角
Xn(m),π≑END=?	SHIFT π EXE	输入 π 结束程序
P7-1≑END		程序结束显示

2) 根据已知坐标方位角 α_{AB} 推算未知边的坐标方位角 α_{BC}

如图 7-3 所示,设坐标方位角推算方向为 $A \to B \to C$,在 B 点安置经纬仪或全站仪观测了水平角 $\beta_{左}$,可以列出角度方程为

$$\alpha_{AB} - \alpha_{BC} = 180° - \beta_{左} \tag{7-7}$$

解方程得

$$\alpha_{BC} = \alpha_{AB} + \beta_{左} - 180° \tag{7-8}$$

当使用 B 点观测的右角 $\beta_{右}$ 时,则有 $\beta_{左} = 360° - \beta_{右}$,将其代入式(7-8)得

$$\alpha_{BC} = \alpha_{AB} - \beta_{右} + 180° \tag{7-9}$$

顾及到方位角的取值范围为 $0 \sim 360°$,可将式(7-8)与式(7-9)综合如下

$$\left. \begin{array}{l} \alpha_{BC} = \alpha_{AB} + \beta_{左} \pm 180° \\ \alpha_{BC} = \alpha_{AB} - \beta_{右} \pm 180° \end{array} \right\} \tag{7-10}$$

为保证用式(7-10)计算的 α_{BC} 的值在 $0° \sim 360°$ 的范围内,式中的"±",当 $\alpha_{AB} + \beta_{左}$ 或 $\alpha_{AB} - \beta_{右}$ 的结果大于 180° 时取"−",当 $\alpha_{AB} + \beta_{左}$ 或 $\alpha_{AB} - \beta_{右}$ 的结果小于 180° 时取"+"。将[例 7-1]的计算结果 α_{AB} 与图 7-3 的 $\beta_{左}$ 代入式(7-10)得

$$\alpha_{BC} = 135°27′52.7″ + 100°47′53″ - 180° = 56°15′45.7″$$

3) 根据坐标方位角 α_{BC} 与水平距离 D_{BC} 计算 C 点的平面坐标

由图 7-3 可以列出 C 点坐标的计算公式为

$$\left. \begin{array}{l} x_C = x_B + D_{BC} \cos\alpha_{BC} \\ y_C = y_B + D_{BC} \sin\alpha_{BC} \end{array} \right\} \tag{7-11}$$

将图 7-3 的数据代入式(7-11)得

$$x_C = 2\,547\,188.043 + 66.085 \times \cos 56°15′45.7″ = 2\,547\,224.746\text{m}$$

$$y_C = 491\,377.21 + 66.085 \times \sin 56°15'45.7'' = 491\,432.165\,8\,\text{m}$$

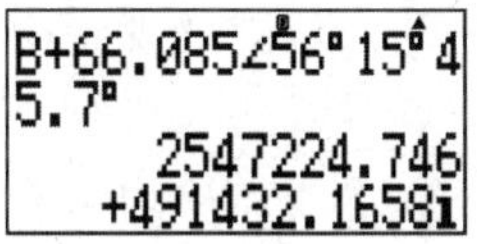

C 点坐标的复数计算公式为

$$z_C = z_B + D_{BC} \angle \alpha_{BC} \qquad (7-12)$$

假设 B 点的坐标复数已存入字母变量 **B**，按 ⒜LPHA⒝ B ⒞+⒟

66.085 ⒮HIFT⒯ ⒝∠⒝ **56** ⒨''⒩ **15** ⒨''⒩ **45.7** ⒨''⒩ ⒠XE⒡ 键计算 C 点坐标复数，结果如图 7-8 所示。

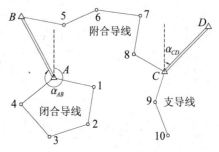

图 7-8　计算 C 点坐标复数

7.3　导线测量

1）导线的布设

将相邻控制点连成直线而构成的折线称为导线，控制点称为导线点。导线测量是依次测定导线边的水平距离和两相邻导线边的水平夹角，然后根据起算数据，推算各边的坐标方位角，最后求出导线点的平面坐标。

导线测量是建立平面控制网常用的一种方法，特别是在地物分布比较复杂的建筑区，视线障碍较多的隐蔽区和带状地区，多采用导线测量方法。导线的布

图 7-9　导线的布设形式

设形式有闭合导线、附合导线和支导线三种，如图7-9所示。

（1）闭合导线

起讫于同一已知点的导线，称为闭合导线。如图 7-9 所示，导线从已知高级控制点 A 和已知方向 BA 出发，经过 1,2,3,4 点，最后返回到起点 A，形成一个闭合多边形。它有 3 个检核条件：一个多边形内角和条件和两个坐标增量条件。

（2）附合导线

布设在两个已知点之间的导线，称为附合导线。如图 7-9 所示，导线从已知高级控制点 B 和已知方向 AB 出发，经过 5,6,7,8 点，最后附合到另一已知高级点 C 和已知方向 CD。它也有 3 个检核条件：一个坐标方位角条件和两个坐标增量条件。

（3）支导线

导线从已知高级控制点 C 和已知方向 DC 出发，延伸出去的导线 9,10 称为支导线。因为支导线只有必要的起算数据，没有检核条件，所以，它只限于在图根导线中使用，且支导线的点数一般不应超过 3 个。

2）导线测量外业

导线测量外业工作包括：踏勘选点、建立标志、测角与量边。

（1）踏勘选点及建立标志

在踏勘选点之前，应到有关部门收集测区原有的地形图与高一等级控制点的成果资料，然后在地形图上初步设计导线布设路线，最后按照设计方案到实地踏勘选点。实地踏勘选点时，应注意下列事项：

① 相邻导线点间应通视良好，以便于角度和距离测量。

② 点位应选在土质坚实并便于保存的地方。

③ 点位上的视野应开阔,便于测绘周围的地物和地貌。

④ 导线边长应符合表 7-1 与表 7-2 的规定,相邻边长尽量不使其长短相差悬殊。

⑤ 导线点应均匀分布在测区,便于控制整个测区。

导线点位选定后,在土质地面上,应在点位上打一木桩,桩顶钉一小钉,作为临时性标志,如图 7-10(a)所示;在碎石或沥青路面上,可用顶上凿有十字纹的测钉代替木桩,如图 7-10(b)所示;在混凝土场地或路面上,可以用钢凿凿一十字纹,再涂上红油漆使标志明显。对于一、二级导线点,需要长期保存时,可参照图 7-10(c)所示埋设混凝土导线点标石。

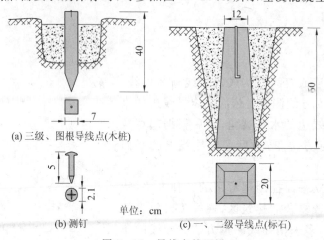

(a) 三级、图根导线点(木桩)

(b) 测钉

单位:cm

(c) 一、二级导线点(标石)

图 7-10 导线点的埋设

导线点在地形图上的表示符号如图 7-11 所示,图中的 2.0 表示符号正方形的宽或符号圆的直径为 2mm。

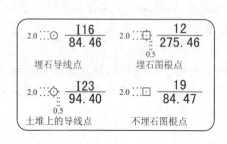

图 7-11 导线点在地形图上的表示符号

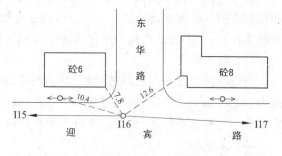

图 7-12 导线点点之记

导线点应分等级统一编号,以便于测量资料的统一管理。导线点埋设后,为便于观测时寻找,可在点位附近房角或电线杆等明显地物上用红油漆标明指示导线点的位置。应为每一个导线点绘制一张点之记,在点之记上注记地名、路名、导线点编号及导线点与邻近明显地物点的距离,如图 7-12 所示。

(2) 导线边长与转折角测量

导线边长应采用全站仪或测距仪测量,并对所测边长施加气象改正。

导线转折角是指在导线点上由相邻导线边构成的水平角。导线转折角分为左角和右角,在导线前进方向左侧的水平角称为左角,右侧的水平角称为右角。若观测无误差,在同一个导线点测得的左角与右角之和应等于 360°。导线转折角测量的要求应符合表 7-1 或

表 7-2 的规定。

3）闭合导线计算

导线计算的目的是求各导线点的平面坐标。计算前，应全面检查导线测量的外业记录，如数据是否齐全，有无遗漏、记错或算错，成果是否符合规范要求等。经上述各项检查无误后，即可绘制导线略图，将已知数据和观测成果标注于图上，如图 7-13 所示。

在图 7-13 中，已知 A 点的坐标(x_A,y_A)，B 点的坐标(x_B,y_B)，计算出 AB 边的坐标方位角 α_{AB}，如果令方位角推算方向为 $A\rightarrow B\rightarrow 1\rightarrow 2\rightarrow 3\rightarrow B\rightarrow A$，则图中观测的 5 个水平角均为左角。导线计算的目的是求出 1,2,3 点的平面坐标，全部计算在表 7-7 中进行，步骤如下：

（1）角度闭合差的计算与调整

设 n 边形闭合导线的各内角分别为 β_1,β_2，$\cdots,\beta_n$，则内角和的理论值应为

$$\Sigma\beta_{\text{理}}=(n-2)\times 180° \qquad (7-13)$$

按图 7-13 所示路线推算方位角时，AB 边使用了两次，加上 $B-1$，$1-2$，$2-3$，$3-B$ 四条边应构成一个六边形，角度和的理论值应为

$$\Sigma\beta_{\text{理}}=(6-2)\times 180°=720°$$

因为观测的水平角有误差，致使内角和的观测值 $\Sigma\beta_{\text{测}}$ 不等于理论值 $\Sigma\beta_{\text{理}}$，其角度闭合差 f_β 定义为

$$f_\beta=\Sigma\beta_{\text{测}}-\Sigma\beta_{\text{理}} \qquad (7-14)$$

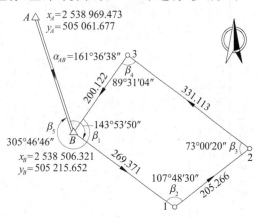

图 7-13　光电测距二级闭合导线略图

按照表 7-1 的规定，二级光电测距导线角度闭合差的允许值为 $f_{\beta\text{允}}=16\sqrt{n}$，若 $f_\beta\leqslant f_{\beta\text{允}}$，则将角度闭合差 f_β 按"反号平均分配"的原则，计算各角的改正数 v_β

$$v_\beta=-f_\beta/n \qquad (7-15)$$

再将 v_β 加至各观测角 β_i 上，求出改正后的角值

$$\hat{\beta}_i=\beta_i+v_\beta \qquad (7-16)$$

角度改正数和改正后的角值计算在表 7-7 的第 3,4 列进行。

（2）坐标方位角的推算

因图 7-13 所示的导线转折角均为左角，由式(7-8)可得坐标方位角的计算公式为

$$\alpha_{\text{前}}=\alpha_{\text{后}}+\hat{\beta}_{\text{左}}\pm 180° \qquad (7-17)$$

方位角的计算在表 7-7 的第 5 列进行。

（3）坐标增量的计算与坐标增量闭合差的调整

计算出边长 D_{ij} 的坐标方位角 α_{ij} 后，依下式计算其坐标增量 Δx_{ij}，Δy_{ij}

$$\left.\begin{array}{l}\Delta x_{ij}=D_{ij}\cos\alpha_{ij}\\ \Delta y_{ij}=D_{ij}\sin\alpha_{ij}\end{array}\right\} \qquad (7-18)$$

坐标增量的复数计算公式为 $\Delta x_{ij}+\Delta y_{ij}\mathrm{i}=D_{ij}\angle\alpha_{ij}$，坐标增量计算结果填入表 7-7 的第 7,8 列。

导线边的坐标增量和导线点坐标的关系如图 7-14(a)所示，由图可知，闭合导线各边坐标增量代数和的理论值应分别等于零，即有

表 7 - 7

光电测距二级闭合导线坐标计算表（使用普通计算器计算）

点号	观测角（左角）/ ° ′ ″	改正数/ ″	改正角/ ° ′ ″	坐标方位角/ ° ′ ″	平距/ m	坐标增量 Δx/m	坐标增量 Δy/m	改正后的坐标增量 Δx̂/m	改正后的坐标增量 Δŷ/m	坐标平差值 x̂/m	坐标平差值 ŷ/m	点号
1	2	3	4	5	6	7	8	9	10	11	12	13
A				**161 36 38**						**2 538 506.321**	**505 215.652**	B
B	143 53 50	−6	143 53 44									
1	107 48 30	−6	107 48 24	125 30 22	269.371	−0.012 −156.448	+0.017 219.282	−156.460	219.299	2 538 349.861	505 434.951	1
2	73 00 20	−6	73 00 14	53 18 46	205.266	−0.009 122.635	+0.014 164.605	122.626	164.619	2 538 472.487	505 599.570	2
3	89 31 04	−6	89 30 58	306 19 00	331.113	−0.014 196.101	+0.021 −266.796	196.087	−266.775	2 538 668.574	505 332.795	3
B	305 46 46	−6	305 46 40	215 49 58	200.122	−0.008 −162.245	+0.013 −117.156	−162.253	−117.143	**2 538 506.321**	**505 215.652**	B
A				**341 36 38**								
总和	720 00 50	−50	720 00 00		1005.872	**−0.043** 0.043	**0.065** −0.065	**0.000**	**0.000**			

辅助计算：

$$\sum \beta_测 = 720°00'30''$$

$$\sum \beta_理 = 720°$$

$$f_\beta = \sum \beta_测 - \sum \beta_理 = 30''$$

$$f_{\beta允} = 16\sqrt{n} = 36''（表7-1 二级导线限差）$$

$$f_x = \sum \Delta x_测 = 0.043\text{m}, \quad f_y = \sum \Delta y_测 = -0.065\text{m}$$

导线全长闭合差 $f = \sqrt{f_x^2 + f_y^2} = 0.078\text{m}$

导线全长相对闭合差 $K = \dfrac{1}{\sum D / f} \approx \dfrac{1}{12906} < \dfrac{1}{10000}$

允许相对闭合差 $K_允 = 1/10000（表7-1 二级导线限差）$

注：在 Excel 中计算该闭合导线的结果参见光盘"Excel\表 7 - 1 二级闭合导线计算. xls"文件。

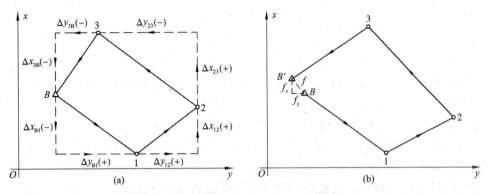

图 7 - 14　闭合导线坐标闭合差的计算原理

$$\left.\begin{array}{l} \sum \Delta x_{理}=0 \\ \sum \Delta y_{理}=0 \end{array}\right\} \tag{7-19}$$

由于边长观测值和调整后的角度值有误差,造成坐标增量也有误差。设坐标增量闭合差分别为 f_x,f_y,则有

$$\left.\begin{array}{l} f_x= \sum \Delta x_{测} - \sum \Delta x_{理} = \sum \Delta x_{测} \\ f_y= \sum \Delta y_{测} - \sum \Delta y_{理} = \sum \Delta y_{测} \end{array}\right\} \tag{7-20}$$

如图 7 - 14(b)所示,坐标增量闭合差 f_x,f_y 的存在,使导线在平面图形上不能闭合,即由已知 B 点出发,沿方位角推算方向 $B{\to}1{\to}2{\to}3{\to}B'$ 计算出的 B' 点的坐标不等于 B 点的已知坐标,其长度值 f 称为导线全长闭合差,计算公式为

$$f=\sqrt{f_x^2+f_y^2} \tag{7-21}$$

定义导线全长相对闭合差为

$$K= \frac{f}{\sum D} = \frac{1}{\sum D/f} \tag{7-22}$$

由表 7 - 1 可知,二级导线 $K_{允}=1/10\,000$,当 $K{\leqslant}K_{允}$ 时,可以分配坐标增量闭合差 f_x,f_y,其原则是"反号与边长成比例分配",也即,边长 D_{ij} 的坐标增量改正数为

$$\left.\begin{array}{l} \delta \Delta x_{ij}=- \dfrac{f_x}{\sum D} D_{ij} \\[3mm] \delta \Delta y_{ij}=- \dfrac{f_y}{\sum D} D_{ij} \end{array}\right\} \tag{7-23}$$

计算结果填入表 7 - 7 的第 7,8 列相应行的上方,改正后的坐标增量为

$$\left.\begin{array}{l} \Delta \hat{x}_{ij}=\Delta x_{ij}+\delta \Delta x_{ij} \\ \Delta \hat{y}_{ij}=\Delta y_{ij}+\delta \Delta y_{ij} \end{array}\right\} \tag{7-24}$$

计算结果填入表 7 - 7 的第 9,10 列。

(4) 导线点的坐标推算

设两相邻导线点为 i,j,利用 i 点的坐标和调整后 i 点→j 点的坐标增量推算 j 点坐标的公式为

$$\left.\begin{array}{l} x_j = x_i + \Delta\hat{x}_{ij} \\ y_j = y_i + \Delta\hat{y}_{ij} \end{array}\right\} \qquad (7-25)$$

导线点坐标推算在表 7-7 的第 11,12 列进行。本例中,闭合导线从 B 点开始,依次推算 1,2,3 点的坐标,最后返回到 B 点,计算结果应与 B 点的已知坐标相同,以此作为推算正确性的检核。

(5) 使用 fx-5800P 程序 QH1-8T 进行闭合导线坐标计算

fx-5800P 程序 QH1-8T 能计算单一闭、附合导线、无定向导线与支导线的坐标,对于闭合导线,起算数据可以是 A,B 两点的坐标,也可以是 AB 边的坐标方位角与 B 点的坐标。

按 MODE 1 键进入 COMP 模式,按 FUNCTION 6 1 EXE 键执行 ClrStat 命令清除统计存储器。

按 MODE 4 键进入 REG 模式,按图 7-13 所示的方位角推算方向 $A{\to}B{\to}1{\to}2{\to}3{\to}B{\to}A$,在统计串列 List X 中顺序输入图 7-13 所注的 5 个水平角,在统计串列 List Y 顺序输入 4 个水平距离,因 5 个水平角均为左角,所以全部输入正角值(水平角为右角时应输入负角值),结果如图 7-15 所示。

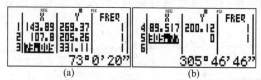

图 7-15 在 REG 模式输入二级闭合导线的水平角与平距

执行 QH1-8T 程序,计算图 7-13 所示闭合导线的屏幕提示与操作过程如下:

屏幕提示	按键	说明
SINGLE TRAVE QH1-8T		显示程序标题
CLOS(0),CONT(1)=?	0 EXE	输入 0 选择闭合导线
XA(m),$\pi \div \alpha A{\to}B$(Deg)=?	2538969.473 EXE	输入 A 点坐标
YA(m)=?	505061.677 EXE	
XB(m)=?	2538506.321 EXE	输入 B 点坐标
YB(m)=?	505215.652 EXE	
HD A$\to$B(m)=488.076	EXE	显示 $A{\to}B$ 边平距
αA$\to$B=161°36′38.16″	EXE	显示 $A{\to}B$ 边方位角
Σ(D)m=1005.872	EXE	显示导线总长
fα(S)=30.000	EXE	显示方位角闭合差/耗时 1.14s
fX+fYi(m)=0.044−0.065i	EXE	显示坐标增量闭合差复数/耗时 1.59s
f(m)=0.078	EXE	显示导线全长闭合差 f
K=1÷12850.000	EXE	显示导线全长相对闭合差 K
Pn=1.000	EXE	显示未知点号
Xp+Ypi(m)=2538349.861+505434.952i	EXE	显示第 1 个未知点坐标复数
Pn=2.000	EXE	显示未知点号
Xp+Ypi(m)=2538472.488+505599.570i	EXE	显示第 2 个未知点坐标复数
Pn=3.000	EXE	显示未知点号
Xp+Ypi(m)=2538668.574+505332.795i	EXE	显示第 3 个未知点坐标复数
Pn=4.000	EXE	显示未知点号
Xp+Ypi(m)=2538506.321+505215.652i	EXE	显示计算到 B 点坐标复数
CHECK X+Yi(m)=0.000	EXE	显示 B 点坐标检核结果复数
QH1-8T$\div$END		程序结束显示

程序计算出的结果只供屏幕显示，不存入统计串列，也即，执行程序不会破坏用户预先输入到统计串列的导线观测数据，允许用户反复执行程序。

4）附合导线计算

附合导线的计算与闭合导线基本相同，两者的主要差异在于角度闭合差 f_β 和坐标增量闭合差 f_x,f_y 的计算。下面以图 7 - 16 所示的图根附合导线为例进行讨论。

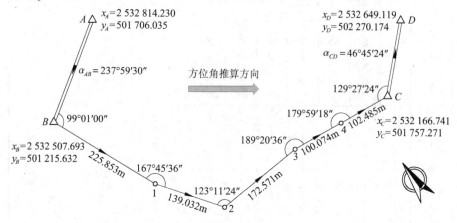

图 7 - 16　光电测距图根附合导线略图

（1）角度闭合差 f_β 的计算

附合导线的角度闭合差为坐标方位角闭合差。如图 7 - 16 所示，由已知边长 AB 的坐标方位角 α_{AB}，利用观测的转折角 $\beta_B,\beta_1,\beta_2,\beta_3,\beta_4,\beta_C$ 可以依次推算出边长 $B-1,1-2,2-3,3-4,4-C$ 直至 CD 边的坐标方位角，设推算出的 CD 边的坐标方位角为 α'_{CD}，则角度闭合差 f_β 为

$$f_\beta = \alpha'_{CD} - \alpha_{CD} \tag{7-26}$$

角度闭合差 f_β 的分配原则与闭合导线相同。

（2）坐标增量闭合差 f_x,f_y 的计算

设计算出的边长 $B-1,1-2,2-3,3-4,4-C$ 的坐标增量之和为 $\Sigma\Delta x_测,\Sigma\Delta y_测$，而其理论值为

$$\left. \begin{array}{l} \sum \Delta x_理 = x_C - X_B \\ \sum \Delta y_理 = y_C - y_B \end{array} \right\} \tag{7-27}$$

则坐标增量闭合差 f_x,f_y 按下式计算

$$\left. \begin{array}{l} f_x = \sum \Delta x_测 - \sum \Delta x_理 = \sum \Delta x_测 - (x_C - x_B) \\ f_y = \sum \Delta y_测 - \sum \Delta y_理 = \sum \Delta y_测 - (y_C - y_B) \end{array} \right\} \tag{7-28}$$

计算结果见表 7 - 8 所示。

（3）使用 fx - 5800P 程序 QH1 - 8T 进行闭合导线坐标计算

按 (MODE) 1 键进入 COMP 模式，按 (FUNCTION) 6 1 (EXE) 键执行 ClrStat 命令清除统计存储器。

表7-8

光电测距图根附合导线坐标计算表（使用普通计算器计算）

点号	观测角（左角）/ ° ′ ″	改正数/ ″	改正角/ ° ′ ″	坐标方位角/ ° ′ ″	平距/ m	坐标增量 Δx/m	坐标增量 Δy/m	改正后的坐标增量 $\Delta\hat{x}$/m	改正后的坐标增量 $\Delta\hat{y}$/m	坐标平差值 $\hat{x}$/m	坐标平差值 $\hat{y}$/m	点号
1	2	3	4	5	6	7	8	9	10	11	12	13
A												
				237 59 30								
B	99 01 00	+6	99 01 06							**2 532 507.693**	**501 215.632**	B
				157 00 36	225.853	+0.045 / −207.914	−0.046 / +88.212	−207.869	+88.166			
1	167 45 36	+6	167 45 42							2 532 299.824	501 303.798	1
				144 46 18	139.032	+0.028 / −113.570	−0.028 / +80.199	−113.542	+80.171			
2	123 11 24	+6	123 11 30							2 532 186.282	501 383.969	2
				87 57 48	172.571	+0.035 / +6.133	−0.035 / +172.462	+6.168	+172.427			
3	189 20 36	+6	189 20 42							2 532 192.450	501 556.396	3
				97 18 30	100.074	+0.020 / −12.730	−0.020 / +99.261	−12.710	+99.241			
4	179 59 18	+6	179 59 24							2 532 179.740	501 655.637	4
				97 17 54	102.485	+0.020 / −13.019	−0.021 / +101.655	−12.999	+101.634			
C	129 27 24	+6	129 27 30							**2 532 166.741**	**501 757.271**	C
				46 45 24								
D												
总和	888 45 18	+36	888 45 54		740.015	−341.100	+541.789	−340.952	+541.639			

辅助计算

$x_C - x_B = -340.952,\ y_C - y_B = 541.639$

$\alpha'_{CD} = 46°44'48''$

$\alpha_{CD} = 46°45'24''36$

$f_{\beta容} = 60''\sqrt{n}$

$f_\beta = \alpha'_{CD} - \alpha_{CD} = 147''$（取表7-2的一般图根导线限差）

$f_x = \sum\Delta x_測 - (x_C - x_B) = -0.148\text{m},\ f_y = \sum\Delta y_測 - (y_C - y_B) = +0.150\text{m}$

全长闭合差 $f = \sqrt{f_x^2 + f_y^2} = 0.211\text{m}$

全长相对闭合差 $K = \dfrac{1}{\sum D/f} \approx \dfrac{1}{3507} < \dfrac{1}{2000}$

允许相对闭合差 $K_允 = 1/2000$（取表7-2的系数 $\alpha = 1$）

注：在Excel中计算该附合导线的结果参见光盘"Excel\表7-8_附合导线计算.xls"文件。

按⬚MODE⬚4键进入 **REG** 模式,按图 7-16 所示的方位角推算方向 $A→B→1→2→3→4→C$ $→D$,在统计串列 **List X** 顺序输入图 7-16 所注的 6 个水平角,在统计串列 **List Y** 顺序输入 5 个水平距离,因 6 个水平角均为左角,所以全部输入正角值(水平角为右角时应输入负角值),结果如图 7-17 所示。

图 7-17　REG 模式输入图根附合导线的水平角与平距

执行程序 QH1-8T,计算图 7-16 所示附合导线的屏幕提示与操作过程如下:

屏幕提示	按键	说明
SINGLE TRAVE QH1-8T		显示程序标题
CLOS(0),CONT(1)=?	1 EXE	输入 1 选择附合导线
XA(m),π÷αA→B(Deg)=?	2532814.23 EXE	输入 A 点坐标
YA(m)=?	501706.035 EXE	
XB(m)=?	2532507.693 EXE	输入 B 点坐标
YB(m)=?	501215.632 EXE	
HD A→B(m)=578.325	EXE	显示 A→B 边平距
αA→B=237°59′30″	EXE	显示 A→B 边方位角
XC(m)=?	2532166.741 EXE	输入 C 点坐标
YC(m)=?	501757.271 EXE	
XD(m),π÷αC→D(Deg)=?	2532649.119 EXE	输入 D 点坐标
YD(m)=?	502270.174 EXE	
HD C→D(m)=704.101	EXE	显示 C→D 边平距
αC→D=46°45′24.1″	EXE	显示 C→D 边方位角
Σ(D)m=740.015	EXE	显示导线总长
fα(S)=-36.107	EXE	显示方位角闭合差,耗时 1.43s
fX+fYi(m)=-0.149+0.149i	EXE	显示坐标增量闭合差复数,耗时 1.83s
f(m)=0.210	EXE	显示导线全长闭合差
K=1÷3519.000	EXE	显示导线全长相对闭合差
Pn=1.000	EXE	显示未知点号
Xp+Ypi(m)=2532299.824+501303.798i	EXE	显示第 1 个未知点坐标复数
Pn=2.000	EXE	显示未知点号
Xp+Ypi(m)=2532186.282+501383.969i	EXE	显示第 2 个未知点坐标复数
Pn=3	EXE	显示未知点号
Xp+Ypi(m)=2532192.450+501556.396i	EXE	显示第 3 个未知点坐标复数
Pn=4	EXE	显示未知点号
Xp+Ypi(m)=2532179.740+501655.637i	EXE	显示第 4 个未知点坐标复数
Pn=5	EXE	显示未知点号
Xp+Ypi(m)=2532166.741+501757.271i	EXE	显示计算到 C 点坐标复数
CHECK X+Yi(m)=0.000	EXE	显示 C 点坐标检核结果复数
QH1-8T÷END		程序结束显示

7.4　交会定点计算

交会定点是通过测量交会点与周边已知点所构成的三角形的水平角来计算交会点的平

面坐标,它是加密平面控制点的方法之一。按交会图形分为前方交会、侧方交会和后方交会;按观测值类型,分为测角交会、测边交会与边角交会。本节只介绍测角交会的坐标计算方法。

1) 前方交会

如图 7-18 所示,前方交会是分别在已知点 A,B 安置经纬仪向待定点 P 观测水平角 α,β 和检查角 θ,以确定待定点 P 的坐标。为保证交会定点的精度,选定 P 点时,应使交会角 γ 位于 $30°\sim120°$ 之间,最好近于 $90°$。

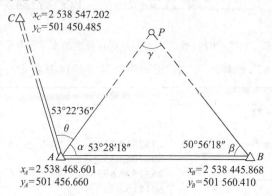

图 7-18 测角前方交会观测略图

(1) 坐标计算

利用 A,B 点的坐标和观测的水平角 α,β 直接计算待定点的坐标公式为

$$\left.\begin{array}{l} x_P = \dfrac{x_A\cot\beta + x_B\cot\alpha + (y_B - y_A)}{\cot\alpha + \cot\beta} \\[3mm] y_P = \dfrac{y_A\cot\beta + y_B\cot\alpha + (x_A - x_B)}{\cot\alpha + \cot\beta} \end{array}\right\} \qquad (7-28)$$

称式(7-29)为余切公式,它适合于计算器编程计算,点位编号时,应保证 $A \rightarrow B \rightarrow P$ 三点构成的旋转方向为逆时针方向并与实际情况相符。图 7-19 给出了 A,B 编号方向不同时,计算出 P 点坐标的两种位置情况。

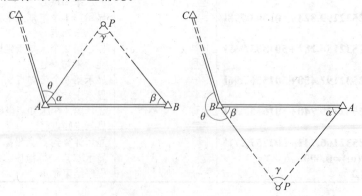

图 7-19 测角前方交会图形的点位编号对计算结果的影响

(2) 检核计算

根据已知点 A,B,C 的坐标和算出的待定点 P 的坐标,可以反算出边长 AC 和 AP 的坐

标方位角 α_{AC} 和 α_{AP},则 θ 角的计算值与观测值之差为

$$\Delta\theta = \theta - (\alpha_{AP} - \alpha_{AC}) \tag{7-30}$$

$\Delta\theta$ 不应大于 2 倍测角中误差。

（3）fx-5800P 测角前方交会程序 QH4-2

执行 QH4-2 程序,计算图 7-18 所示测角前方交会点坐标的屏幕提示与操作过程如下：

屏幕提示	按键	说明
FORWARD INTERSECTION QH4-2		显示程序标题
XA(m)=?	**2538468.601** [EXE]	输入 A 点坐标
YA(m)=?	**501456.66** [EXE]	
XB(m)=?	**2538445.868** [EXE]	输入 B 点坐标
YB(m)=?	**501560.41** [EXE]	
XC(m),π÷NO=?	**2538547.202** [EXE]	输入 C 点坐标(输 π 为无 C 点)
YC(m)=?	**501450.485** [EXE]	
∠A(Deg)=?	**53** ["'] **28** ["'] **18** ["'] [EXE]	输入 A 点水平角 α
∠B(Deg)=?	**50** ["'] **56** ["'] **18** ["'] [EXE]	输入 B 点水平角 β
∠C(Deg)=?	**53** ["'] **22** ["'] **36** ["'] [EXE]	输入 C 点检查角 θ
Xp+Ypi(m)=2538524.590+501520.812i	[EXE]	显示 P 点坐标复数
CHECK ANGLE=53°22′45.44″	[EXE]	显示计算出的检查角
CHECK ANGLE ERROR=-0°0′9.44″	[EXE]	显示检查角差
QH4-2÷END		程序执行结束显示

2）侧方交会

如图 7-20 所示,侧方交会是分别在一个已知点（如 A 点）和待定点 P 上安置经纬仪,观测水平角 α,γ 和检查角 θ,进而确定 P 点的平面坐标。

先计算出 $\beta = 180° - \alpha - \gamma$,然后按前方交会的方法计算 P 点的平面坐标并进行检核。计算时,要求 $A \to B \to P$ 为逆时针方向。

3）后方交会

如图 7-21 所示,后方交会是在待定点 P 上安置经纬仪,观测水平角 α,β,γ 和检查角 θ,进而确定 P 点的平面坐标。测量上称由不在一条直线上的三个已知点 A,B,C 构成的圆为危险圆,当 P 点位于危险圆上时,无法计算 P 点的坐标。因此,在选定 P 点时,应避免使其位于危险圆上。

（1）坐标计算

后方交会的计算公式有多种,且推导过程比较复杂,下面给出适合于计算器编程计算的公式。

如图 7-21 所示,设由 A,B,C 三个已知点所构成的三角形的内角分别为 $\angle A$,$\angle B$,$\angle C$,在 P 点对 A,B,C 三点观测的水平方向值分别为 L_A,L_B,L_C,构成的三个水平角 α,β,γ 为

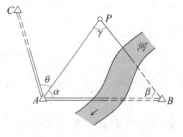

图 7-20 侧方交会

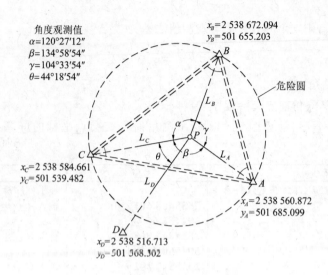

角度观测值
$\alpha = 120°27'12''$
$\beta = 134°58'54''$
$\gamma = 104°33'54''$
$\theta = 44°18'54''$

$x_B = 2\ 538\ 672.094$
$y_B = 501\ 655.203$

危险圆

$x_C = 2\ 538\ 584.661$
$y_C = 501\ 539.482$

$x_A = 2\ 538\ 560.872$
$y_A = 501\ 685.099$

$x_D = 2\ 538\ 516.713$
$y_D = 501\ 568.302$

图 7 - 21　测角后方交会观测略图

$$\left.\begin{array}{l} \alpha = L_B - L_C \\ \beta = L_C - L_A \\ \gamma = L_A - L_B \end{array}\right\} \qquad (7-31)$$

设 A,B,C 三个已知点的平面坐标分别为 $(x_A,y_A),(x_B,y_B),(x_C,y_C)$,令

$$P_A = \frac{1}{\cos\angle A - \cot\alpha} = \frac{\tan\alpha\tan\angle A}{\tan\alpha - \tan\angle A}$$

$$P_B = \frac{1}{\cos\angle B - \cot\beta} = \frac{\tan\beta\tan\angle B}{\tan\beta - \tan\angle B} \qquad (7-32)$$

$$P_C = \frac{1}{\cot\angle C - \cot\gamma} = \frac{\tan\gamma\tan\angle C}{\tan\gamma - \tan\angle C}$$

则待定点 P 的坐标计算公式为

$$\left.\begin{array}{l} x_P = \dfrac{P_A x_A + P_B x_B + P_C x_C}{P_A + P_B + P_C} \\[3mm] y_P = \dfrac{P_A y_A + P_B y_B + P_C y_C}{P_A + P_B + P_C} \end{array}\right\} \qquad (7-33)$$

如果将 P_A,P_B,P_C 看作是三个已知点 A,B,C 的权,则待定点 P 的坐标就是三个已知点坐标的加权平均值。

(2) 检核计算

求出 P 点的坐标后,设用坐标反算出 P 点分别至 C,D 点的坐标方位角分别为 α_{PC},α_{PD},则 θ 角的计算值与观测值之差为

$$\left.\begin{array}{l} \theta = L_C - L_D \\ \Delta\theta = \theta - (\alpha_{PC} - \alpha_{PD}) \end{array}\right\} \qquad (7-34)$$

$\Delta\theta$ 不应大于 2 倍测角中误差。

(3) fx - 5800P 测角后方交会点程序 QH4 - 3

164

按⟨MODE⟩⟨1⟩键进入 **COMP** 模式,按⟨FUNCTION⟩⟨6⟩⟨1⟩⟨EXE⟩键执行 **ClrStat** 命令清除统计存储器;按⟨MODE⟩⟨4⟩键进入 **REG** 模式,将图 7 - 21 所示 A, B, C, D 点的 x 坐标顺序输入统计串列 **List X**,y 坐标顺序输入统计串列 **List Y**,结果如图 7 - 22(a)~(b)所示。

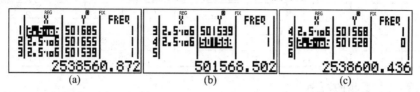

图 7 - 22　REG 模式输入图 7 - 21 所示四个已知点的坐标

执行程序 QH4 - 3,计算图 7 - 21 所示测角后方交会点坐标的屏幕提示与操作过程如下:

屏幕提示	按键	说明
ANGLE RESECTION QH4-3		显示程序标题
CHECK POINT D EXIST!	⟨EXE⟩	显示有检查点 D
ANGLE A(Deg)=?	**120**⟨°⟩**27**⟨°⟩**12**⟨°⟩⟨EXE⟩	输入水平角 α
ANGLE B(Deg)=?	**134**⟨°⟩**58**⟨°⟩**54**⟨°⟩⟨EXE⟩	输入水平角 β
ANGLE C(Deg)=?	**104**⟨°⟩**33**⟨°⟩**54**⟨°⟩⟨EXE⟩	输入水平角 γ
CHECK ANGLE D(Deg)=?	**44**⟨°⟩**18**⟨°⟩**54**⟨°⟩⟨EXE⟩	输入检查角 θ
∠A=65°40′35.34″	⟨EXE⟩	显示反算出的 $\angle A$
∠B=67°58′20.55″	⟨EXE⟩	显示反算出的 $\angle B$
∠C=46°21′4.11″	⟨EXE⟩	显示反算出的 $\angle C$
Xp+Ypi(m)=2538600.436+501628.541i	⟨EXE⟩	显示 P 点坐标复数
∠CHECK=44°18′38.07″	⟨EXE⟩	显示计算出的检查角
CHECK ANGLE ERROR=0°0′15.93″	⟨EXE⟩	显示检查角差
QH4-3⇒END		程序执行结束显示

　　当观测了检查点 D 时,为了调用子程序 SUBQ4 - 3 计算检查角,需要将计算出的后方交会点 P 的坐标存入统计串列 List X[5] 与 List Y[5],本例结果如图 7 - 22(c)所示,但不影响重复执行程序。

7.5　三、四等级水准测量

　　三、四等水准点的高程应从附近的一、二等水准点引测,首级网应布设成环形网,加密网宜布设成附合路线或结点网,水准点位应选在土质坚硬、密实稳固的地方或稳定的建筑物上,并埋设水准标石或墙上水准标志(图 2 - 15)。也可以利用埋设了标石的平面控制点作为水准点,二、三等点应绘制点之记,其他控制点可视需要而定。在 2.3 节介绍了图根水准测量的方法,本节介绍用 DS3 水准仪进行三、四等水准测量的观测方法。

　　1)三、四等水准测量的技术要求

　　《工程测量规范》规定,三、四、五等水准测量的主要技术要求,应符合表 7 - 4 的规定;水准观测的主要技术要求,应符合表 7 - 9 的规定。

　　2)三、四等水准观测的方法

　　三、四等水准观测应在通视良好、望远镜成像清晰及稳定的情况下进行,当采用数字水准仪作业时,水准路线还应避开电磁场的干扰。下面介绍双面尺中丝读数法的水准观测顺序。

表 7-9　　　　　　　　　　　　　　　**水准观测的主要技术要求**

等级	水准仪型号	视线长/m	前后视距差/m	前后视距累计差/m	视线离地面最低高度/m	基辅分划或黑红面读数较差/mm	基辅分划或黑红面读数高差较差/mm
三等	DS1	100	3	6	0.3	1.0	1.5
	DS3	75				2.0	3.0
四等	DS3	100	5	10	0.2	3.0	5.0
五等	DS3	100	—	—	—	—	—

（1）三等水准观测的顺序

① 在测站上安置水准仪,使圆水准气泡居中,后视水准尺黑面,旋转微倾螺旋,使管水准气泡居中,用上、下视距丝读数,记入表 7 - 10 中(1)、(2)位置;用中丝读数,记入表 7 - 10 中(3)位置。

② 前视水准尺黑面,旋转微倾螺旋,使管水准气泡居中,用上、下视距丝读数,记入表 7 - 10 中(4)、(5)位置;用中丝读数,记入表 7 - 10 中(6)位置。

表 7-10　　　　　　　　　　　　　　　**三、四等水准观测记录**

测站编号	点号	后尺 上丝 下丝 后视距 视距差	前尺 上丝 下丝 前视距 累积差∑d	方向及尺号	水准尺读数 黑面	水准尺读数 红面	K+黑 -红/mm	平均高差/m
		(1)	(4)	后尺	(3)	(8)	(14)	
		(2)	(5)	前尺	(6)	(7)	(13)	
		(9)	(10)	后一前	(15)	(16)	(17)	(18)
		(11)	(12)					
1	BM2 ｜ TP1	1426	0801	后106	1211	5998	0	
		0995	0371	前107	0586	5273	0	
		43.1	43.0	后一前	+0.625	+0.725	0	+0.6250
		+0.1	+0.1					
2	TP1 ｜ TP2	1812	0570	后107	1554	6241	0	
		1296	0052	前106	0311	5097	+1	
		51.6	51.8	后一前	+1.243	+1.144	-1	+1.2435
		-0.2	-0.1					
3	TP2 ｜ TP3	0889	1713	后106	0698	5486	-1	
		0507	1333	前107	1523	6210	0	
		38.2	38.0	后一前	-0.825	-0.724	-1	-0.8245
		+0.2	+0.1					
4	TP3 ｜ BM1	1891	0758	后107	1708	6395	0	
		1525	0390	前106	0574	5361	0	
		36.6	36.8	后一前	+1.134	+1.034	0	+1.1340
		-0.2	-0.1					

166

③ 前视水准尺红面,旋转微倾螺旋,使管水准气泡居中,用中丝读数,记入表 7 - 10 中 (7)位置。

④ 后视水准尺红面,旋转微倾螺旋,使管水准气泡居中,用中丝读数,记入表 7 - 10 中 (8)位置。

以上观测顺序简称为"后—前—前—后"。

(2) 三等水准观测的计算与检核

① 视距计算与检核

根据前、后视的上、下丝读数计算前视距(9)＝[(1)－(2)]÷10,后视距(10)＝[(4)－(5)]÷10;对于三等水准,(9),(10)不应大于 75m;对于四等水准,(9),(10)不应大于 100m。

计算前、后视距差(11)＝(9)－(10);对于三等水准,(11)不应大于 3m;对于四等水准,(11)不应大于 5m。

计算前、后视距累积差(12)＝上站(12)＋本站(11);对于三等水准,(12)不应大于 6m;对于四等水准,(12)不应大于 10m。

② 水准尺读数检核

同一水准尺黑面与红面读数差的检核:

(13)＝(6)＋K－(7)

(14)＝(3)＋K－(8)

K 为双面水准尺红面分划与黑面分划的零点差(本例,106 尺的 K＝4787mm,107 尺的 K＝4687mm)。对于三等水准,(13),(14)不应大于 2mm;对于四等水准,(13),(14)不应大于 3mm。

③ 高差计算与检核

按前、后视水准尺红、黑面中丝读数分别计算一站高差:

黑面高差(15)＝[(3)－(6)]÷1000

红面高差(16)＝[(8)－(7)]÷1000

红黑面高差之差(17)＝(15)－[(16)±0.1]＝(14)－(13)

对于三等水准,(17)不应大于 3mm;对于四等水准,(17)不应大于 5mm。

红、黑面高差之差在容许范围以内时,取其平均值作为该站的观测高差:

$$(18)＝\frac{1}{2}[(15)＋(16)±0.1]$$

(3) 四等水准观测的顺序

四等水准观测可以直读视距,观测顺序为"后—后—前—前"。

直读视距的方法为:仪器粗平后,瞄准水准标尺,调整微倾螺旋,使上丝对准标尺的一个整 dm 数或整 cm 数,然后数出上丝至下丝间视距间隔的整 cm 个数,每 cm 代表视距 1m,再估读出小于 1cm 的视距间隔 mm 数,每 mm 代表视距 0.1m,两者相加即得视距值,案例如图 7 - 23 所示。

"后—后—前—前"的操作步骤为:瞄准后视标尺黑面,直读视距,精确整平,读取标尺中丝读数;旋转后视标尺为红面,读取后尺红面中丝读数;瞄准前视标尺黑面,直读视距,精确整平,读取标尺中丝读数;旋转前视标尺为红面,读取前尺红面中丝读数。

当使用自动安平水准仪观测时,因自动安平水准仪没有微倾螺旋,不便直读视距,可采

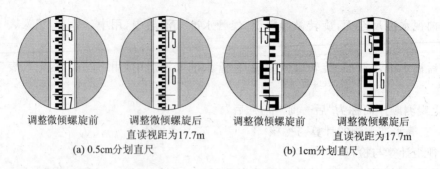

| 调整微倾螺旋前 | 调整微倾螺旋后
直读视距为17.7m | 调整微倾螺旋前 | 调整微倾螺旋后
直读视距为17.7m |
| (a) 0.5cm分划直尺 | | (b) 1cm分划直尺 | |

图 7 - 23　四等水准观测直读视距案例

用读上、下丝的方法计算视距。

3）三、四等水准测量的成果处理

水准测量成果处理是根据已知点高程和水准路线的观测数据，计算待定点的高程值。第 2.3 节介绍的图根水准测量成果处理方法属于近似平差方法，不能用于三、四等水准测量的成果处理。因为《工程测量规范》规定，各等级水准网应采用最小二乘法进行严密平差计算，因本书没有介绍它们的内容，所以，三、四等水准测量的成果处理方法已超出了本书的范围。

7.6　三角高程测量

当地形高低起伏、两点间高差较大而不便于进行水准测量时，可以使用三角高程测量法测定两点间的高差和点的高程。由第 3.5 节可知，三角高程测量时，应测定两点间的平距（或斜距）与竖直角。根据测距方法的不同，三角高程测量又分为光电测距三角高程测量和经纬仪视距三角高程测量，前者可以代替四等水准测量，后者主要用于地形测图时，测量碎部点的高程。

1）三角高程测量的严密计算公式

式（3 - 5）给出了利用斜距 S 计算三角高差的公式为 $h_{AB} = S\sin\alpha + i - v$，这个公式没有考虑地球曲率和大气折光对三角高程的影响，只适用于两点距离小于 200m 的三角高程计算。

两点相距较远的三角高程测量原理如图 7 - 24 所示，图中的 f_1 为地球曲率改正数，f_2 为大气折光改正数。

（1）地球曲率改正数 f_1

$$
\begin{aligned}
f_1 &= \overline{Ob'} - \overline{Ob} \\
&= R_A \sec\theta - R_A \\
&= R_A(\sec\theta - 1)
\end{aligned}
\tag{7 - 35}
$$

式中，R_A 为 A 点的地球曲率半径。将 $\sec\theta$ 按三角级数展开并略去高次项得

$$
\sec\theta = 1 + \frac{1}{2}\theta^2 + \frac{5}{24}\theta^4 + \cdots \approx 1 + \frac{1}{2}\theta^2
\tag{7 - 36}
$$

将式（7 - 36）代入式（7 - 35），并顾及 $\theta = D/R_A$，整理后得

$$f_1 = R_A\left(1 + \frac{1}{2}\theta^2 - 1\right) = \frac{R_A}{2}\theta^2 = \frac{D^2}{2R_A} \quad (7-37)$$

将式（7-37）的 R_A 用地球的平均曲率半径 $R = 6371\mathrm{km}$ 代替，得地球曲率改正（简称球差改正）为

$$f_1 = \frac{D^2}{2R} \quad (7-38)$$

（2）大气折光改正数 f_2

如图 7-24 所示，受重力的影响，地球表面低层空气密度大于高层空气密度，当竖直角观测视线穿过密度不均匀的大气层时，将形成一条上凸的曲线，使视线的切线方向向上抬高，测得的竖直角偏大，称这种现象为大气垂直折光。

可以将受大气垂直折光影响的视线看成是一条半径为 R/k 的近似圆曲线，k 为大气垂直折光系数。仿照式（7-38），可得大气垂直折光改正（简称气差改正）为

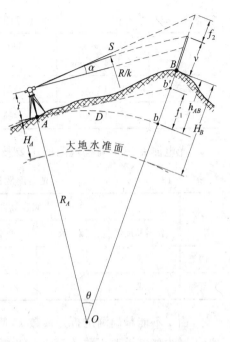

图 7-24　地球曲率和大气垂直折光
对三角高程测量的影响

$$f_2 = -\frac{S^2}{2R/k} \approx -k\frac{D^2}{2R} \quad (7-39)$$

球差改正与气差改正之和为

$$f = f_1 + f_2 = (1-k)\frac{D^2}{2R} \quad (7-40)$$

f 简称为球气差改正或两差改正。因 k 值在 $0.08\sim0.14$ 之间，所以，f 恒大于零。

大气垂直折光系数 k 是随地区、气候、季节、地面覆盖物和视线超出地面高度等条件的不同而变化的，目前，人们还不能精确地测定它的数值，一般常取 $k=0.14$ 计算球气差改正 f。表 7-11 列出了水平距离 $D=100\sim3\,500\mathrm{m}$ 时球气差改正数 f 的值。

表 7-11　　　　　　　　三角高程测量的球气差改正与距离的关系（$k=0.14$）

D/m	f/mm	D/m	f/mm
100	1	2 000	270
500	17	2 500	422
1000	67	3 000	607
1500	152	3 500	827

顾及球气差改正 f，使用平距 D 或斜距 S 计算三角高差的公式为

$$\left.\begin{aligned} h_{AB} &= D_{AB}\tan\alpha_{AB} + i_A - v_B + f_{AB} \\ h_{AB} &= S_{AB}\sin_{AB} + i_A - v_B + f_{AB} \end{aligned}\right\} \quad (7-41)$$

《工程测量规范》规定，光电测距三角高程测量的主要技术要求，应符合表 7-12 的规定：

表 7 - 12 光电测距三角高程测量的主要技术要求

等级	每 km 高差 全中误差/mm	边长/ km	观测次数	对向观测高差 较差/mm	附合或环形 闭合差/mm
四等	10	≤1	对向观测	$40\sqrt{D}$	$20\sqrt{\sum D}$
五等	15	≤1	对向观测	$60\sqrt{D}$	$30\sqrt{\sum D}$

光电测距三角高程观测的主要技术要求,应符合表 7 - 13 的规定:

表 7 - 13 光电测距三角高程观测的主要技术要求

等级	竖直角观测				边长测量	
	仪器精度	测回数	竖盘指标差较差	测回较差	仪器精度	观测次数
四等	2″级	3	≤7″	≤7″	≤10mm 级	往返各一次
五等	2″级	2	≤10″	≤10″	≤10mm 级	往一次

由于不能精确测定折光系数 k,使球气差改正 f 带有误差,距离 D 越长,误差也越大。为了减少球气差改正数 f,表 7 - 12 规定,光电测距三角高程测量的边长不应大于 1km,且应对向观测。

在 A,B 两点同时进行对向观测时,可以认为其 k 值是相同的,球气差改正 f 也基本相等,往返测高差为

$$\left.\begin{array}{l} h_{AB} = D_{AB}\tan\alpha_A + i_A - v_B + f_{AB} \\ h_{BA} = D_{AB}\tan\alpha_B + i_B - v_A + f_{AB} \end{array}\right\} \qquad (7-42)$$

取往返观测高差的平均值为

$$\bar{h}_{AB} = \frac{1}{2}(h_{AB} - h_{BA}) = \frac{1}{2}\left[(D_{AB}\tan\alpha_A + i_A - v_B) - (D_{AB}\tan\alpha_B + i_B - v_A)\right] \qquad (7-43)$$

可以抵消掉 f_{AB}。

2) 三角高程观测与计算

(1) 三角高程观测

在测站上安置经纬仪或全站仪,量取仪器高 i,在目标点上安置觇牌或反光镜,量取觇牌高 v。仪器高、反光镜或觇牌高,应在观测前后各量取一次并精确至 1mm,取其平均值作为最终高度。

用望远镜十字丝横丝瞄准觇牌或反光镜中心,测量该点的竖直角,用全站仪或光电测距仪测量两点间的斜距。测距时,应同时测定大气温度与气压值,并对所测距离进行气象改正。

(2) fx - 5800P 三角高程测量计算程序

下面的 fx - 5800P 程序使用式(7 - 41)计算光电测距三角高程,案例观测数据及其计算结果列于表 7 - 14。

程序名:P7 - 6,占用内存 240 字节

Deg:Fix 3↵			设置角度单位与数值显示格式		

Deg:Fix 3↵   设置角度单位与数值显示格式

"K(0.08 To 0.14)="?K↵   输入大气垂直折光系数

K<0.08 Or K>0.14÷0.14→K↵   输入的 k 值超过其范围时取 $k=0.14$

"SD(0),HD(≠0)="?Y↵   输入 0 选择斜距，输入非零数值选择平距

If Y=0:Then "SD(m)="?S↵   输入斜距

Else "HD(m)="?D:IfEnd↵   或输入平距

"α(Deg)="?A:"i(m)="?I:"V(m)="?V↵   输入竖直角、仪器高与觇标高

Y=0÷Scos(A)→D↵   计算平距

(1−K)D²÷(2×6371000)→F↵   计算球气差改正，式(7-40)

Dtan(A)+I−V+F→H↵   计算高差，式(7-41)

"f(m)=":F◢   显示球气差改正

"h(m)=":H◢   显示高差

"P7−6÷END"

表 7−14   三角高程测量的高差计算

起算点	\multicolumn{2}{A}		A	
待定点	B		C	
往返测	往	返	往	返
斜距 S	593.391	593.400	491.360	491.301
竖直角 α	$+11°32'49''$	$-11°33'06''$	$+6°41'48''$	$-6°42'04''$
仪器高 i	1.440	1.491	1.491	1.502
觇牌高 v	1.502	1.400	1.522	1.441
球气差改正 f	0.023	0.023	0.016	0.016
单向高差 h	$+118.740$	-118.715	$+57.284$	-57.253
往返高差均值 $\bar{h}$	$+118.728$		$+57.269$	

本章小结

    (1) 测定点位的 x,y 坐标为平面控制测量，推算平面控制点的坐标时，至少需要已知一个点的平面坐标(定位)和一条边长的坐标方位角(定向)；测定点位的 H 坐标为高程控制测量，高程控制网，至少需要已知一个点的高程。

    (2) 由任意直线 AB 端点的平面坐标反算其边长 D_{AB} 与坐标方位角 α_{AB} 的方法有两种：① 用 $\arctan \dfrac{\Delta y_{AB}}{\Delta x_{AB}}$ 函数算出象限角 $R_{AB}(0°\sim\pm90°)$，再根据 Δx_{AB} 与 Δy_{AB} 的正负判断 R_{AB} 的象限，按表 7−5 的规则处理后才能得到 α_{AB}；② 用 fx−5800P 的辐角函数 $\mathrm{Arg}(\Delta x_{AB}+\Delta y_{AB}\mathrm{i})$ 算出辐角 $\theta_{AB}(0°\sim\pm180°)$，$\theta_{AB}>0$ 时，$\alpha_{AB}=\theta_{AB}$；$\theta_{AB}<0$ 时，$\alpha_{AB}=\theta_{AB}+360°$。

    (3) 导线测量是平面控制测量的常用方法之一。单一闭、附合导线的检核条件数均为 3，对应有 3 个闭合差——方位角闭合差 f_β 与坐标闭合差 f_x,f_y，应将闭合差分配完后才能计算未知导线点的坐标。f_β 的分配原则是：反号、按导线的水平角数 n 平均分配；f_x 与 f_y 的分配原则是：反号、按边长成比例分配。

    (4) 双面尺法三等水准观测的顺序为"后—前—前—后"，四等水准观测的顺序为"后—

后—前—前"。

(5) 影响三角高程测量精度的主要因素是不能精确测定观测时的大气垂直折光系数 k，使三角高程测量的边长小于 1km、往返同时对向观测取高差均值，可以减小 k 值误差对高差的影响。

思考题与练习题

[7-1] 建立平面控制网的方法有哪些？各有何优、缺点？

[7-2] 已知 A, B, C 三点的坐标列于下表，试计算边长 AB, AC 的水平距离 D 与坐标方位角 α，计算结果填入下表中。

点名	x/m	y/m	边长 AB	边长 AC
A	2 544 967.766	423 390.405	$D_{AB}=$	$D_{AC}=$
B	2 544 955.270	423 410.231	$\alpha_{AB}=$	$\alpha_{AC}=$
C	2 545 022.862	423 367.244		

[7-3] 平面控制网的定位和定向至少需要一些什么起算数据？

[7-4] 导线布设形式有哪些？导线测量的外业工作有哪些内容？

[7-5] 在图 7-25 中，已知 AB 边的坐标方位角，观测了图中 4 个水平角与 4 条边长，试计算边长 $B \rightarrow 1, 1 \rightarrow 2, 2 \rightarrow 3, 3 \rightarrow 4$ 边长的坐标方位角，并计算 1,2,3,4 点的坐标。

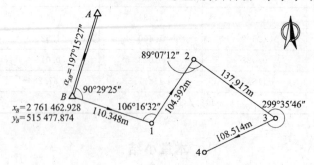

图 7-25 图根支导线略图

[7-6] 图 7-26 为某三级导线略图，已知 B 点的平面坐标和 AB 边的坐标方位角，观测了图中 6 个水平角和 5 条边长，试按图示方位角推算方向计算 1,2,3,4 点的平面坐标。

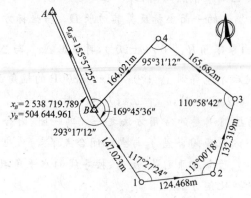

图 7-26 图根闭合导线略图

[7-7] 图 7-27 为施工单位布设的陕西延志吴高速公路 LJ-20 标二级附合导线略图,观测了图中 20 个水平角(均为左角)和 19 条边长,试按图示方位角推算方向计算 18 个点的平面坐标。

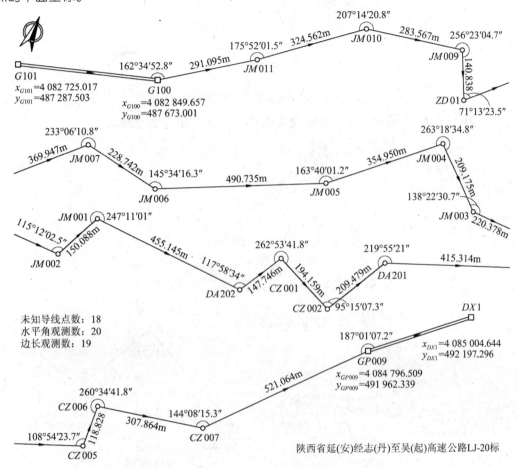

陕西省延(安)经志(丹)至吴(起)高速公路LJ-20标

图 7-27　高速公路二级路线附合导线略图

[7-8] 图 7-28 为单边无定向图根导线观测略图,已知坐标方位角 α_{AB} 与 B,C 两点的坐标,观测了图中 4 个水平角和 4 条边长,试计算 1,2,3,4 点的平面坐标。

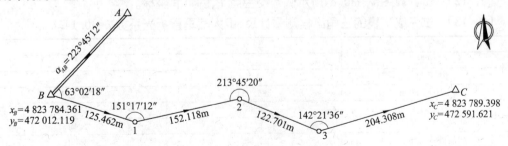

图 7-28　单边无定向图根导线略图

[7-9] 图 7-29 为某双边无定向图根导线略图,已知 B,C 两点的平面坐标,观测了图中 4 个水平角和 5 条边长,试计算 1,2,3,4 点的平面坐标。

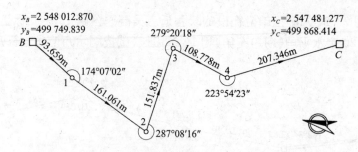

图 7 - 29　双边无定向图根导线略图

[**7 - 10**]　试计算图 7 - 30(a)所示测角后方交会点 P_1 的平面坐标。

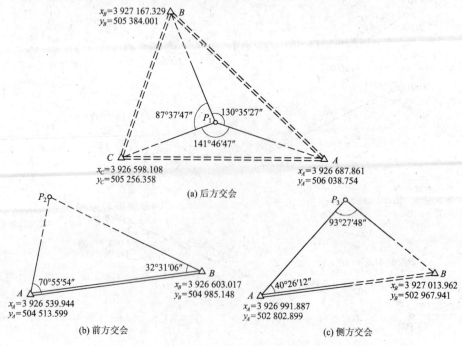

图 7 - 30　测角交会略图

[**7 - 11**]　试计算图 7 - 30(b)所示前方交会点 P_2 的平面坐标。

[**7 - 12**]　试计算图 7 - 30(c)所示侧方交会点 P_3 的平面坐标。

[**7 - 13**]　试完成下表的三角高程测量计算,取大气垂直折光系数 $k = 0.14$。

起算点	A	
待定点	B	
往返测	往	返
水平距离 D/m	581.391	581.391
竖直角 α	$+11°38'30''$	$-11°24'00''$
仪器高 i/m	1.44	1.49
觇牌高 v/m	2.50	3.00
球气差改正 f/m		
单向高差 h/m		
往返高差均值/m		

174

8 GNSS 测量的原理与方法

本章导读

- **基本要求**　理解伪距定位、载波相位定位、实时动态差分定位的基本原理，了解 Hi-Per Ⅱ G GNSS RTK 的基本操作。
- **重点**　理解测距码的分类及其单程测距原理，实时动态差分定位的基本原理。
- **难点**　单程测距，测距码测距，载波信号测距，载波相位测量整周模糊度 N_0，单频接收机，双频接收机。

GNSS 是全球导航卫星系统(Global Navigation Satellite System)的缩写。目前，GNSS 包含了美国的 GPS、俄罗斯的 GLONASS、中国的 Compass(北斗)、欧盟的 Galileo 系统，可用的卫星数目达到 100 颗以上。2012 年 10 月 25 日，我国成功发射了第 16 颗北斗导航卫星，Compass 系统从 2012 年 12 月 27 日开始正式为亚太区域提供全面稳定的导航服务，2020 年左右具备覆盖全球的服务能力。

1) GPS

GPS 始建于 1973 年，1994 年投入运营，其 24 颗卫星均匀分布在 6 个相对于赤道的倾角为 55°的近似圆形轨道上，每个轨道上有 4 颗卫星运行，它们距地球表面的平均高度为 20181km，运行速度为 3800m/s，运行周期为 11h58min2s。每颗卫星可覆盖全球 38％的面积，卫星的分布，可保证在地球上任意地点、任何时刻、在高度 15°以上的天空能同时观测到 4 颗以上卫星，如图 8-1(a)所示。

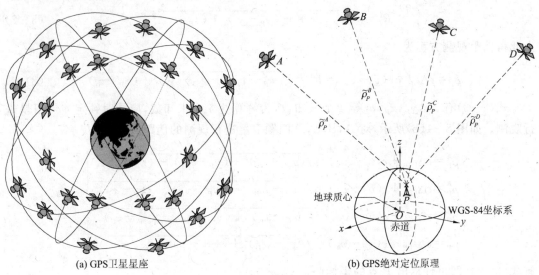

(a) GPS卫星星座　　　　(b) GPS绝对定位原理

图 8-1　GPS 卫星星座与绝对定位原理

2) GLONASS

GLONASS 始建于 1976 年, 2004 年投入运营, 设计使用的 24 颗卫星均匀分布在 3 个相对于赤道的倾角为 64.8°的近似圆形轨道上, 每个轨道上有 8 颗卫星运行, 它们距地球表面的平均高度为 19061km, 运行周期为 11h16min。

8.1 GPS 概述

GPS 采用空间测距交会原理进行定位。如图 8-1(b)所示, 为了测定地面某点 P 在 WGS-84 坐标系中的三维坐标(x_P, y_P, z_P), 将 GPS 接收机安置在 P 点, 通过接收卫星发射的测距码信号, 在接收机时钟的控制下, 可以解出测距码从卫星传播到接收机的时间 Δt, 乘以光速 c 并加上卫星时钟与接收机时钟不同步改正, 就可以计算出卫星至接收机的空间距离 $\tilde{\rho}$

$$\tilde{\rho} = c\Delta t + c(v_T - v_t) \tag{8-1}$$

式中, v_t 为卫星钟差, v_T 为接收机钟差。与 EDM 使用双程测距方式不同, GPS 是使用单程测距方式, 即接收机接收到的测距信号不再返回卫星, 而是在接收机中直接解算传播时间 Δt 并计算出卫星至接收机的距离, 这就要求卫星和接收机的时钟应严格同步, 卫星在严格同步的时钟控制下发射测距信号。事实上, 卫星钟与接收机钟不可能严格同步, 这就会产生钟误差, 两个时钟不同步对测距结果的影响为 $c(v_T - v_t)$。卫星广播星历中包含有卫星钟差 v_t, 它是已知的, 而接收机钟差 v_T 却是未知数, 需要通过观测方程解算。

式(8-1)中的距离 $\tilde{\rho}$ 没有顾及大气电离层和对流层折射误差的影响, 它不是卫星至接收机的真实几何距离, 通常称其为伪距。

在测距时刻 t_i, 接收机通过接收卫星 S_i 的广播星历可以解算出 S_i 在 WGS-84 坐标系中的三维坐标(x_i, y_i, z_i), 则 S_i 卫星与 P 点的几何距离为

$$R_P^i = \sqrt{(x_P - x_i)^2 + (y_P - y_i)^2 + (z_P - z_i)^2} \tag{8-2}$$

由此得伪距观测方程为

$$\tilde{\rho}_P^i = c\Delta t_{iP} + c(v_t^i - v_T) = R_P^i = \sqrt{(x_P - x_i)^2 + (y_P - y_i)^2 + (z_P - z_i)^2} \tag{8-3}$$

式(8-3)有 x_P, y_P, z_P, v_T 等 4 个未知数, 为解算这 4 个未知数, 应同时锁定 4 颗卫星进行观测。如图 8-1(b)所示, 对 A, B, C, D 四颗卫星进行观测的伪距方程为

$$\left.\begin{array}{l} \tilde{\rho}_P^A = c\Delta t_{AP} + c(v_t^A - v_T) = \sqrt{(x_P - x_A)^2 + (y_P - y_A)^2 + (z_P - z_A)^2} \\[1mm] \tilde{\rho}_P^B = c\Delta t_{BP} + c(v_i^B - v_T) = \sqrt{(x_P - X_B)^2 + (y_P - y_B)^2 + (z_P - z_B)^2} \\[1mm] \tilde{\rho}_P^C = c\Delta t_{CP} + c(v_t^C - v_T) = \sqrt{(x_P - x_C)^2 + (y_P - y_C)^2 + (z_P - z_C)^2} \\[1mm] \tilde{\rho}_P^D = c\Delta t_{DP} + c(v_t^D - v_T) = \sqrt{(x_P - x_D)^2 + (y_P - y_D)^2 + (z_P - z_D)^2} \end{array}\right\} \tag{8-4}$$

解式(8-4), 即可计算出 P 点的坐标(x_P, y_P, z_P)。

8.2 GPS 的组成

GPS 由工作卫星、地面监控系统和用户设备三部分组成。

1) 地面监控系统

在 GPS 接收机接收到的卫星广播星历中，包含有描述卫星运动及其轨道的参数，而每颗卫星的广播星历是由地面监控系统提供的。地面监控系统包括 1 个主控站、3 个注入站和 5 个监测站，其分布位置见图 8-2 所示。

▲ 主控站　　△ 3个注入站　　○ 5个监测站

图 8-2　地面监控系统分布图

主控站位于美国本土科罗拉多·斯平士的联合空间执行中心，3 个注入站分别位于大西洋的阿松森群岛、印度洋的狄哥伽西亚和太平洋的卡瓦加兰 3 个美国军事基地上，5 个监测站除了位于 1 个主控站和 3 个注入站以外，还在夏威夷设立了 1 个监测站。地面监控系统的功能如下：

（1）监测站

监测站是在主控站直接控制下的数据自动采集中心，站内设有双频 GPS 接收机、高精度原子钟、气象参数测试仪和计算机等设备。其任务是完成对 GPS 卫星信号的连续观测，搜集当地的气象数据，观测数据经计算机处理后传送给主控站。

（2）主控站

主控站除协调和管理所有地面监控系统的工作外，还进行下列工作：

① 根据本站和其他监测站的观测数据，推算编制各卫星的星历、卫星钟差和大气层的修正参数，并将这些数据传送到注入站；② 提供时间基准，各监测站和 GPS 卫星的原子钟均应与主控站的原子钟同步，或测量出其间的钟差，并将这些钟差信息编入导航电文，送到注入站；③ 调整偏离轨道的卫星，使之沿预定的轨道运行；④ 启动备用卫星，以替换失效的工作卫星。

（3）注入站

注入站是在主控站的控制下，将主控站推算和编制的卫星星历、钟差、导航电文和其他控制指令等，注入到相应卫星的存储器中，并监测注入信息的正确性。

除主控站外，整个地面监控系统均为无人值守。

2）用户设备

用户设备包括 GPS 接收机和相应的数据处理软件。GPS 接收机由接收天线、主机和电源组成。随着电子技术的发展，现在的 GPS 接收机已高度集成化和智能化，实现了接收天线、主机和电源的一体化，并能自动捕获卫星并采集数据，图 8-3 为南方测绘公司生产的 NGS 9600 测地型单频静态 GPS 接收机。

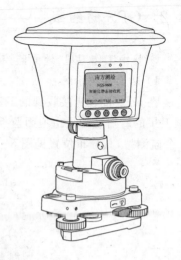

GPS 接收机的任务是捕获卫星信号，跟踪并锁定卫星信号，对接收到的信号进行处理，测量出测距信号从卫星传播到接收机天线的时间间隔，译出卫星广播的导航电文，实时计算接收机天线的三维坐标、速度和时间。

按用途的不同，GPS 接收机分为导航型、测地型和授时型；按使用的载波频率分为单频接收机（用 1 个载波频率 L_1）和双频接收机（用 2 个载波频率 L_1，L_2）。本章只简要介绍测地型 GPS 接收机的定位原理和测量方法。

图 8-3　NGS 9600 静态 GPS 接收机

8.3　GPS 定位的基本原理

根据测距原理的不同，GPS 定位方式可以分为：伪距定位、载波相位测量定位和 GPS 差分定位。根据待定点位的运动状态可以分为：静态定位和动态定位。

8.3.1　卫星信号

卫星信号包含载波、测距码（C/A 码和 P 码）、数据码（导航电文或称 D 码），它们都是在同一个原子钟频率 $f_0 = 10.23\text{MHz}$ 下产生的，如图 8-4 所示。

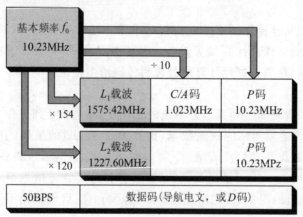

图 8-4　GPS 卫星信号频率的产生原理

1）载波信号

载波信号频率使用的是无线电中 L 波段的两种不同频率的电磁波，其频率与波长为

L_1 载波：　　　　　　$f_1 = 154 \times f_0 = 1575.42\text{MHz}$，　$\lambda_1 = 19.03\text{cm}$　　　　　　（8-5）

L_2 载波：$\qquad f_1 = 120 \times f_0 = 1227.60\text{MHz}, \quad \lambda_2 = 24.42\text{cm}$ $\qquad$ (8-6)

在 L_1 载波上调制有 C/A 码、P 码和数据码，在 L_2 载波上只调制有 P 码和数据码。

C/A 码与 P 码也称测距码，测距码是二进制编码，由"0"和"1"组成。在二进制中，一位二进制数叫做一比特（bit）或一个码元，每秒钟传输的比特数称为数码率。测距码属于伪随机码，它们具有良好的自相关特性和周期性，很容易复制，两种码的参数列于表8-1。

表8-1 $\qquad\qquad\qquad\qquad\qquad\qquad$ C/A 码和 P 码参数

参数	C/A 码	P 码
码长/bit	1023	2.35×10^{14}
频率 f/MHz	1.023	10.23
码元宽度 $t_u = 1/f(\mu s)$	0.977 52	0.097 752
码元宽度时间传播的距离 ct_u/m	293.1	29.3
周期 $T_u = N_u t_u$	1ms	265 天
数码率 P_u/bit/s	1.023	10.23

使用测距码测距的原理是：卫星在自身时钟控制下发射某一结构的测距码，传播 Δt 时间后，到达 GPS 接收机；而 GPS 接收机在自身时钟的控制下产生一组结构完全相同的测距码，也称复制码，复制码通过一个时间延迟器使其延迟时间 τ 后与接收到的卫星测距码比较，通过调整延迟时间 τ 使两个测距码完全对齐（此时自相关系数 $R(t)=1$），则复制码的延迟时间 τ 就等于卫星信号传播到接收机的时间 Δt。

C/A 码码元宽度对应的距离值为 293.1m，如果卫星与接收机的测距码对齐精度为 1/100，则测距精度为 2.9m；P 码码元宽度对应的距离值为 29.3m，如果卫星与接收机的测距码对齐精度为 1/100，则测距精度为 0.29m。显然 P 码的测距精度高于 C/A 码 10 倍，因此又称 C/A 码为粗码，P 码为精码。P 码受美国军方控制，一般用户无法得到，只能利用 C/A 码进行测距。

2）数据码

数据码就是导航电文，也称 D 码，它包含了卫星星历、卫星工作状态、时间系统、卫星时钟运行状态、轨道摄动改正、大气折射改正和由 C/A 码捕获 P 码的信息等。导航电文也是二进制码，依规定的格式按帧发射，每帧电文的长度为 1500bit，播送速率为 50bit/s。

8.3.2 伪距定位

伪距定位分单点定位和多点定位。单点定位是将 GPS 接收机安置在测点上并锁定 4 颗以上的卫星，通过将接收到的卫星测距码与接收机产生的复制码对齐来测量各锁定卫星测距码到接收机的传播时间 Δt_i，进而求出卫星全接收机的伪距值，从锁定卫星的广播星历中获得其空间坐标，采用距离交会的原理解算出接收机天线所在点的三维坐标。设锁定 4 颗卫星时的伪距观测方程为式（8-4），因 4 个方程中刚好有 4 个未知数，所以方程有唯一解。当锁定的卫星数超过 4 颗时，就存在多余观测，此时应使用最小二乘原理通过平差求解待定点的坐标。

由于伪距观测方程没有考虑大气电离层和对流层折射误差、星历误差的影响，所以，单点定位的精度不高。用 C/A 码定位的精度一般为 25m，用 P 码定位的精度一般为 10m。

单点定位的优点是速度快、无多值性问题,从而在运动载体的导航定位中得到了广泛的应用,同时,它还可以解决载波相位测量中的整周模糊度问题。

多点定位就是将多台 GPS 接收机(一般为 2～3 台)安置在不同的测点上,同时锁定相同的卫星进行伪距测量,此时,大气电离层和对流层折射误差、星历误差的影响基本相同,在计算各测点之间的坐标差(Δx,Δy,Δz)时,可以消除上述误差的影响,使测点之间的点位相对精度大大提高。

8.3.3 载波相位定位

载波 L_1,L_2 的频率比测距码(C/A 码和 P 码)的频率高得多,其波长也比测距码短很多,由式(8-5)和式(8-6)可知,$\lambda_1 = 19.03\text{cm}$,$\lambda_2 = 24.42\text{cm}$。若使用载波 L_1 或 L_2 作为测距信号,将卫星传播到接收机天线的正弦载波信号与接收机产生的基准信号进行比相,求出它们之间的相位延迟从而计算出伪距,就可以获得很高的测距精度。如果测量 L_1 载波相位移的误差为 1/100,则伪距测量精度可达 19.03 cm/100＝1.9mm。

1) 载波相位绝对定位

图 8-5 为使用载波相位测量法单点定位的情形。与相位式电磁波测距仪的原理相同,由于载波信号是正弦波信号,相位测量时只能测出其不足一个整周期的相位移部分 $\Delta\varphi$($\Delta\varphi < 2\pi$),因此存在整周数 N_0 不确定问题,称 N_0 为整周模糊度。

如图 8-5 所示,在 t_0 时刻(也称历元 t_0),设某颗卫星发射的载波信号到达接收机的相位移为 $2\pi N_0 + \Delta\varphi$,则该卫星至接收机的距离为

$$\frac{2\pi N_0 + \Delta\varphi}{2\pi}\lambda = N_0\lambda + \frac{\Delta\varphi}{2\pi}\lambda \tag{8-7}$$

式中,λ 为载波波长。当对卫星进行连续跟踪观测时,由于接收机内置有多普勒计数器,只要卫星信号不失锁,N_0 就不变,故在 t_k 时刻,该卫星发射的载波信号到达接收机的相位移变成 $2\pi N_0 + \text{int}(\varphi) + \Delta\varphi_k$,式中,$\text{int}(\varphi)$ 由接收机内置的多普勒计数器自动累计求出。

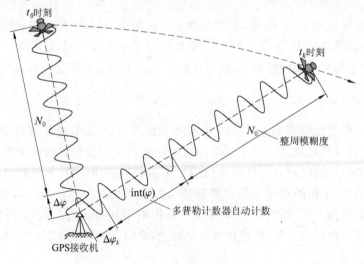

图 8-5 GPS 载波相位测距原理

考虑钟差改正 $c(v_T-v_t)$、大气电离层折射改正 $\delta\rho_{ion}$ 和对流层折射改正 $\delta\rho_{trop}$ 的载波相位观测方程为

$$\rho=N_0\lambda+\frac{\Delta\varphi}{2\pi}\lambda+c(v_T-v_t)+\delta\rho_{ion}+\delta\rho_{trop}=R \tag{8-8}$$

通过对锁定卫星进行连续跟踪观测可以修正 $\delta\rho_{ion}$ 和 $\delta\rho_{trop}$，但整周模糊度 N_0 始终是未知的，能否准确求出 N_0 就成为载波相位定位的关键。

2）载波相位相对定位

载波相位相对定位一般是使用两台 GPS 接收机，分别安置在两个测点，称两个测点的连线为基线。通过同步接收卫星信号，利用相同卫星相位观测值的线性组合来解算基线向量在 WGS-84 坐标系中的坐标增量 $(\Delta x, \Delta y, \Delta z)$ 进而确定它们的相对位置。如果其中一个测点的坐标已知，就可以推算出另一个测点的坐标。

根据相位观测值的线性组合形式，载波相位相对定位又分为单差法、双差法和三差法三种。下面只简要介绍前两种方法。

（1）单差法

如图 8-6(a)所示，将安置在基线端点上的两台 GPS 接收机对同一颗卫星进行同步观测，由式(8-8)可以列出观测方程为

$$\left.\begin{array}{l}N_{01}^i\lambda+\dfrac{\Delta\varphi_{01}^i}{2\pi}\lambda+c(v_t^i-v_{T1})+\delta\rho_{ion1}+\delta\rho_{trop1}=R_1^i\\[3mm]N_{02}^i\lambda+\dfrac{\Delta\varphi_{02}^i}{2\pi}\lambda+c(v_t^i-v_{T2})+\delta\rho_{ion2}+\delta\rho_{trop2}=R_2^i\end{array}\right\} \tag{8-9}$$

考虑到接收机到卫星的平均距离为 20 183km，而基线的距离远小于它，可以认为基线两端点的电离层和对流层改正基本相等，也即有 $\delta\rho_{ion1}=\delta\rho_{ion2}$，$\delta\rho_{trop1}=\delta\rho_{trop2}$，对式(8-9)的两式求差可得单差观测方程为

$$N_{12}^i\lambda+\frac{\lambda}{2\pi}\Delta\varphi_{12}^i-c(v_{T1}-v_{T2})=R_{12}^i \tag{8-10}$$

式中，$N_{12}^i=N_{01}^i-N_{02}^i$，$\Delta\varphi_{12}^i=\Delta\varphi_{01}^i-\Delta_{02}^i$，$R_{12}^i=R_1^i-R_2^i$。单差方程式(8-10)消除了卫星 S_i 的钟差改正数 v_t^i。

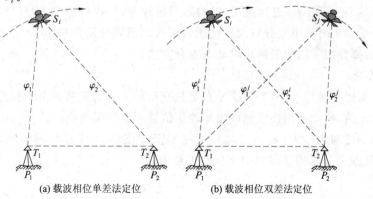

(a) 载波相位单差法定位　　　　　　　(b) 载波相位双差法定位

图 8-6　GPS 载波相位定位

（2）双差法

如图 8-6(b)所示，将安置在基线端点上的两台 GPS 接收机同时对两颗卫星进行同步观测，根据式(8-10)可以写出观测 S_j 卫星的单差观测方程为

$$N_{12}^i \lambda + \frac{\lambda}{2\pi} \Delta \varphi_{12}^j - c(v_{T1} - v_{T2}) = R_{12}^j \qquad (8-11)$$

将式(8-10)和式(8-11)求差可得双差观测方程为

$$N_{12}^{ij} \lambda + \frac{\lambda}{2\pi} \Delta \varphi_{12}^{ij} = R_{12}^{ij} \qquad (8-12)$$

式中，$N_{12}^{ij} = N_{12}^i - N_{12}^j$，$\Delta \varphi_{12}^{ij} = \Delta \varphi_{12}^i - \Delta_{12}^j$，$R_{12}^{ij} = R_{12}^i - R_{12}^j$。双差方程式(8-12)消除了基线端点两台接收机的相对钟差改正数 $v_{T1} - v_{T2}$。

综上所述，载波相位定位时采用差分法，可以减少平差计算中的未知数数量，消除或减弱测站相同误差项的影响，提高了定位精度。

顾及式(8-2)，可以将 R_{12}^{ij} 化算为基线端点坐标增量 $(\Delta x_{12}, \Delta y_{12}, \Delta z_{12})$ 的函数，也即式(8-12)中有 3 个坐标增量未知数。如果两台 GPS 接收机同步观测了 n 颗卫星，则有 $n-1$ 个整周模糊度 N_{12}^{ij}，未知数总数为 $3+n-1$。当每颗卫星观测了 m 个历元时，就有 $m(n-1)$ 个双差方程。为了求出 $3+n-1$ 个未知数，要求双差方程数＞未知数个数，也即

$$m(n-1) \geqslant 3+n-1 \quad \text{或} \quad m \geqslant \frac{n+2}{n-1}$$

一般取 $m=2$，也即每颗卫星观测 2 个历元。

为了提高相对定位精度，同步观测的时间应比较长，具体时间与基线长、所用接收机类型（单频机还是双频机）和解算方法有关。在小于 15km 的短基线上使用双频机，采用快速处理软件，野外每个测点同步观测时间一般只需要 $10 \sim 15\text{min}$ 就可以使测量的基线长度达到 $5\text{mm}+1\text{ppm}$ 的精度。

8.3.4 实时动态差分定位(RTK)

实时动态差分(Real-Time Kinematic)定位是在已知坐标点或任意未知点上安置一台GPS 接收机（称基准站），利用已知坐标和卫星星历计算出观测值的校正值，并通过无线电通讯设备（称数据链）将校正值发送给运动中的 GPS 接收机（称移动站），移动站应用接收到的校正值对自身的 GPS 观测值进行改正，以消除卫星钟差、接收机钟差、大气电离层和对流层折射误差的影响。实时动态差分定位应使用带实时动态差分功能的 RTK GPS 接收机才能够进行，本节简要介绍常用的三种实时动态差分方法。

1) 位置差分

将基准站的已知坐标与 GPS 伪距单点定位获得的坐标值进行差分，通过数据链向移动站传送坐标改正值，移动站用接收到的坐标改正值修正其测得的坐标。

设基准站的已知坐标为 (x_B^0, y_B^0, z_B^0)，使用 GPS 伪距单点定位测得的基准站的坐标为 (x_B, y_B, z_B)，通过差分求得基准站的坐标改正数为

$$\left. \begin{aligned} \Delta x_B &= x_B^0 - x_B \\ \Delta y_B &= y_B^0 - y_B \\ \Delta z_B &= z_B^0 - z_B \end{aligned} \right\} \qquad (8-13)$$

设移动站使用 GPS 伪距单点定位测得的坐标为 (x_i, y_i, z_i)，则使用基准站坐标改正值修正后的移动站坐标为

$$\left.\begin{aligned} x_i^0 &= x_i + \Delta x_B \\ y_i^0 &= y_i + \Delta y_B \\ z_i^0 &= z_i + \Delta z_B \end{aligned}\right\} \qquad (8-14)$$

位置差分要求基准站与移动站同步接收相同卫星的信号。

2）伪距差分

利用基准站的已知坐标和卫星广播星历计算卫星到基准站间的几何距离 R_{B0}^i，并与使用伪距单点定位测得的基准站伪距值 $\tilde{\rho}_B^i$ 进行差分得到距离改正数

$$\Delta\tilde{\rho}_B^i = R_{B0}^i - \tilde{\rho}_B^i \qquad (8-15)$$

通过数据链向移动站传送 $\Delta\tilde{\rho}_B^i$，移动站用接收到的 $\Delta\tilde{\rho}_B^i$ 修正其测得的伪距值。基准站只要观测 4 颗以上的卫星并用 $\Delta\tilde{\rho}_B^i$ 修正其至各卫星的伪距值就可以进行定位，它不要求基准站与移动站接收的卫星完全一致。

3）载波相位实时动态差分

前面两种差分法都是使用伪距定位原理进行观测，而载波相位实时动态差分是使用载波相位定位原理进行观测。载波相位实时动态差分的原理与伪距差分类似，因为是使用载波相位信号测距，所以其伪距观测值的精度高于伪距定位法观测的伪距值。由于要解算整周模糊度，所以要求基准站与移动站同步接收相同的卫星信号，且两者相距一般应小于 30km，其定位精度可以达到 1～2cm。

8.4 GNSS 控制测量的实施

使用 GNSS 接收机进行控制测量的过程为：方案设计、外业观测和内业数据处理。

1）精度指标

GNSS 测量控制网一般是使用载波相位静态相对定位法，使用至少 2 台接收机同时对一组卫星进行同步观测。控制网相邻点间的基线精度 m_D 为

$$m_D = \sqrt{a^2 + (bD)^2} \qquad (8-16)$$

式中，a 为固定误差（mm），b 为比例误差系数（ppm），D 为相邻点间的距离（km）。《工程测量规范》规定，各等级卫星定位测量控制网的主要技术指标，应符合表 8-2 的规定。

表 8-2　　　　　　　　　　　卫星定位测量控制网的主要技术要求

等级	平均边长/ km	固定误差 a/ mm	比例误差系数 b/ ppm	约束点间的 边长相对中误差	约束平差后 最弱边相对中误差
二等	9	≤10	≤2	≤1/250 000	≤1/120 000
三等	4.5	≤10	≤5	≤1/150 000	≤1/70 000
四等	2	≤10	≤10	≤1/100 000	≤1/40 000
一级	1	≤10	≤20	≤1/40 000	≤1/20 000
二级	0.5	≤10	≤40	≤1/20 000	≤1/10 000

2）观测要求

同步观测时，测站从开始接收卫星信号到停止数据记录的时段称为观测时段；卫星与接收机天线的连线相对水平面的夹角称卫星高度角，卫星高度角太小时不能观测；反映一组卫星与测站所构成的几何图形形状与定位精度关系的数值称点位几何图形强度因子 PDOP（position dilution of preci sion），其值与观测卫星高度角的大小以及观测卫星在空间的几何分布有关。如图 8-7 所示，观测卫星高度角越小，分布范围越大，其 PDOP 值越小。综合其他因素的影响，当卫星高度角设置为≥15°时，点位的 PDOP 值不宜大于 6。GNSS 接收机锁定一组卫星后，将自动显示锁定卫星数及其 PDOP 值，案例如图 8-15(a)，图 8-15(h)，图 8-16(g)所示。

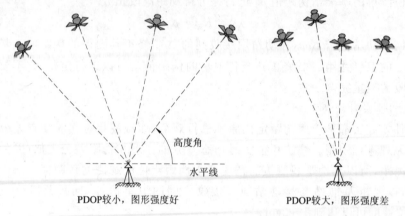

高度角

水平线

PDOP较小，图形强度好　　　　PDOP较大，图形强度差

图 8-7　卫星高度角与点位几何图形强度因子 PDOP

《工程测量规范》规定，各等级卫星定位控制测量作业的基本技术要求，应符合表 8-3 的规定。

表 8-3　　　　　　　　　　　GNSS 控制测量作业的基本技术要求

等级		二等	三等	四等	一级	二级
接收机类型		双频或单频	双频或单频	双频或单频	双频或单频	双频或单频
仪器标称精度		10mm+2ppm	10mm+5ppm	10mm+5ppm	10mm+5ppm	10mm+5ppm
观测量		载波相位	载波相位	载波相位	载波相位	载波相位
卫星高度角/°	静态	≥15	≥15	≥15	≥15	≥15
	快速静态				≥15	≥15
有效观测卫星数	静态	≥5	≥5	≥4	≥4	≥4
	快速静态	—	—	—	≥5	≥5
观测时段长度/min	静态	≥90	≥60	≥45	≥30	≥30
	快速静态	—	—	—	≥15	≥15
数据采样间隔/s	静态	10~30	10~30	10~30	10~30	10~30
	快速静态	—	—	—	5~15	5~15
点位几何图形强度因子（PDOP）		≤6	≤6	≤6	≤8	≤8

3）网形要求

与传统的三角及导线控制测量方法不同，使用 GNSS 接收机设站观测时，并不要求各站点之间相互通视。网形设计时，根据控制网的用途、现有 GNSS 接收机的台数可以分为两台接收机同步观测、多台接收机同步观测和多台接收机异步观测三种方案。本节只简要介绍两台接收机同步观测方案，其两种测量与布网的方法如下：

（1）静态定位

网形之一如图 8-8（a）所示，将两台接收机分别轮流安置在每条基线的端点，同步观测 4 颗卫星 1h 左右，或同步观测 5 颗卫星 20min 左右。它一般用于精度要求较高的控制网布测，如桥梁控制网或隧道控制网。

（2）快速静态定位

网形之一如图 8-8（b）所示，在测区中部选择一个测点作为基准站并安置一台接收机连续跟踪观测 5 颗以上卫星，另一台接收机依次到其余各点流动设站观测（不必保持对所测卫星连续跟踪），每点观测 1～2min。它一般用于控制网加密和一般工程测量。

控制点点位应选在天空视野开阔、交通便利、远离高压线、变电所及微波辐射干扰源的地点。

4）坐标转换

为了计算出测区内 WGS-84 坐标系与测区坐标系的坐标转换参数，要求至少有 2 个 GNSS 控制网点与测区坐标系的已知控制网点重合。坐标转换计算通常由 GNSS 附带的数据软件自动完成。

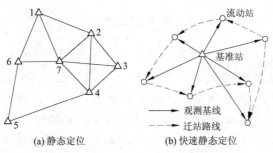

(a) 静态定位 (b) 快速静态定位

图 8-8　GNSS 静态定位典型网形

8.5　拓普康 HiPerⅡG 双频双星 GNSS RTK 操作简介

拓普康 HiPerⅡG 接收机能同时接收 GPS 与 GLONASS 卫星信号，其标准配置为 2 台 HiPerⅡG 接收机＋一个 FC-236 手簿。

进行 RTK 测量模式作业时，应将一台接收机设置为基准站，另一台接收机设置为移动站，并将 FC-236 手簿设置为与移动站接收机蓝牙连接。如图 8-9 所示，基准站只有主机，移动站设备为一个主机与一个 FC-236 手簿，基准站与移动站的数传电台模块内置于主机，基准站按设置的电台频道发射基准站数据，移动站应设置与基准站相同的频道接收基准站数据，FC-236 手簿与移动站之间通过内置蓝牙模块进行数据通讯，全部设备均为无线连接。

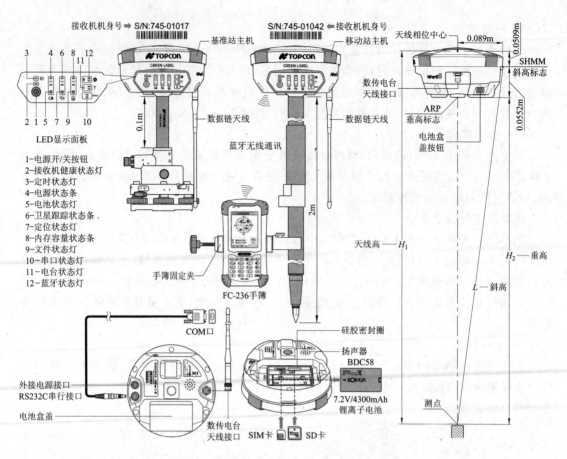

接收机机身号 → S/N:745-01017 基准站主机 S/N:745-01042 ← 接收机机身号 移动站主机 天线相位中心 0.089m 0.0509m

LED显示面板

1-电源开/关按钮
2-接收机健康状态灯
3-定时状态灯
4-电源状态条
5-电池状态灯
6-卫星跟踪状态条
7-定位状态灯
8-内存容量状态条
9-文件状态灯
10-串口状态灯
11-电台状态灯
12-蓝牙状态灯

数据链天线 数据链天线 蓝牙无线通讯 数传电台天线接口 ARP 垂高标志 电池盒盖按钮 SHMM 斜高标志 0.0552m

手簿固定夹 FC-236手簿 天线高——H_1 H_2——垂高 L——斜高

COM口 硅胶密封圈 扬声器 BDC58

外接电源接口 RS232C串行接口 7.2V/4300mAh 锂离子电池 测点

电池盒盖 数传电台天线接口 SIM卡 SD卡

图 8-9 拓普康 HiPer Ⅱ G GNSS RTK 接收机

HiPer Ⅱ G 的主要技术参数为:72 通道 L1, L2, L2c GPS 和 GLONASS, WAAS/EGNOS, P 码和载波相位;静态测量模式的平面精度 3mm+0.8ppm,高程精度为 4mm+1ppm,静态作用距离≤100km,静态内存 64MB;RTK 测量模式的平面精度为 10mm+1ppm,高程精度为 15mm+1ppm,RTK 的作用距离为 5km,内置数传电台的发射功率最大为 1W。接收机使用可拆卸的索佳 BDC58 锂电池供电,接收机内置后备电池,用于维持内部 RTC,后备电池由 BDC58 电池自动充电。BDC58 电池充满电时,在静态模式可连续工作 7.5h 以上。

接收机通道的意义是:每个通道可以跟踪一颗卫星信号,72 个通道可以保证接收机在任何地点、任何时间都能跟踪所有可见 GPS 与 GLONASS 卫星。

1) FC-236 手簿

如图 8-10 所示,FC-236 手簿为具有 GSM 手机功能的掌上电脑(简称 PDA),配置为 860MHZ 主频的 Intel PXA310 CPU,265MB 内存,480×640 像素 3.5in 触摸显示屏,22 键键盘,微软 Windows mobile 6.1,内置蓝牙无线网络和 3.5G 网络模块,300 万像素自动调焦数码相机,一个 SD 卡槽、一个 miniUSB 口与一个 COM 口。使用标准 USB 数据线连接手簿与 PC 机的 USB 口,通过同步软件 Microsoft ActiveSync 实现手簿与 PC 机间的文件传输操作。

(1) 开、关机操作

按 ⏻ 键为打开 FC-236 手簿电源,按住 ⏻ 键 3s 为关闭手簿电源。出厂设置为 30s 内无

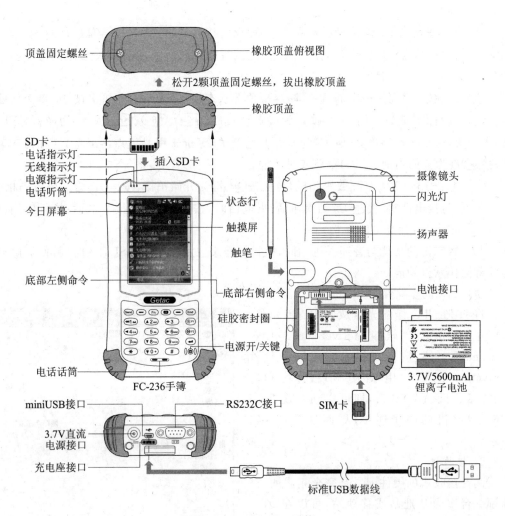

顶盖固定螺丝 —— 橡胶顶盖俯视图

↑ 松开2颗顶盖固定螺丝,拔出橡胶顶盖

橡胶顶盖

SD卡
电话指示灯
无线指示灯 ↓ 插入SD卡
电源指示灯
电话听筒
今日屏幕

状态行
触摸屏
触笔

摄像镜头
闪光灯
扬声器

底部左侧命令
底部右侧命令
硅胶密封圈

电源开/关键

电话话筒

电池接口

FC-236手簿

3.7V/5600mAh
锂离子电池

miniUSB接口 —— RS232C接口

SIM卡

3.7V直流
电源接口

充电座接口

标准USB数据线

图 8-10　FC-236 手簿

按键或无触屏操作,手簿自动关闭背景灯,再按任意键或用触笔点击屏幕为打开背景灯。电池充满电时,可供连续蓝牙工作 7.5h。

(2) 三个指示灯的意义

① 电话指示灯:当电话功能为开时,蓝色闪烁显示。

② 无线指示灯:只打开蓝牙功能时,蓝色闪烁显示;只打开 Wi-Fi 功能时,琥珀色闪烁显示;同时打开蓝牙与 Wi-Fi 功能时,蓝色与琥珀色交替闪烁显示。

③ 电源指示灯:手簿连接充电器时充电时,琥珀色显示;充满电时,绿色显示;电池电量少于 10% 时,红色显示;电池电量快耗尽时,红色闪烁显示。

在"今日屏幕"下,触笔点击⊠图标可以快速打开"无线管理器"对话框,用户可以根据需要设置 Wi-Fi、蓝牙、手机为开或关。

(3) 键盘操作

FC-236 手簿设置有 22 个键。

① Send:用数字键输入电话号码后,按 Send 键为开始拨号;来电话时,按 Send 键为接听电话。

② ⊖：按左侧⊖键执行屏幕底部左侧命令，按右侧⊖键执行屏幕底部右侧命令，例如，图 8-10 所示为"今日屏幕"，按左侧⊖键执行"电话"命令，按右侧⊖键执行"联系人"命令。

③ Ⓕ：按Ⓕ键为锁定橘黄色键，屏幕顶部状态栏显示🔒图标，再次按Ⓕ键为解除锁定，状态栏图标🔒消失。例如，当锁定为橘黄色键时，②2ABC、⑧8TUV、④4GHI、⑥6MNO为光标移动键，按⑨0+键为调整屏幕亮度，按⓿F1键为打开开始菜单，等价于用触笔点击屏幕顶部的 🏳开始 图标；按⓿F2键为关闭当前显示的菜单或对话框。

④ ◙：按◙键为打开数码相机，再次按◙键为开始拍摄，按Ⓔⁿᵈ键为退出数码相机。

⑤ End：接电话时，按End键结束通话；来电话时，按End键拒绝接听电话；执行应用程序时，按End键为返回"今日屏幕"。

其余数字键的功能与普通手机相同，执行拓普康应用程序 TopSURV 时，常使用触笔点击屏幕操作软件功能。

（4）安装同步软件与 PC 机连接

将 HiPerⅡG 标配光盘放入 PC 机光驱，鼠标左键双击光盘"软件\ActiveSync\ActiveSync.msi"文件，按屏幕提示完成同步软件 ActiveSync 的安装，用标准 USB 线连接 FC-236 与 PC 机的 USB 口，即可自动实现 FC-236 与 PC 机的同步连接，界面如图 8-11 所示。

图 8-11 ActiveSync 同步软件自动启动连接界面

2）接收机

两台接收机的硬件配置是完全相同的，具体哪一台作为基准站或移动站，可以在 FC-236 执行 TopSURV 软件设置。

（1）接收机开关机操作

◎按钮的作用是：开关机、格式化或删除内存、恢复出厂设置等。

① 开机：按住◎按钮 1s 后松开，接收机开机。此时电池电量指示器闪一下后，接收机发出"接收机就绪"的声音提示，接收机开始工作。

② 关机：按住◎按钮 3s，接收机发出"开始关机，接收机关闭"的声音时，松开◎按钮。

③ 恢复出厂设置：接收机开机状态，按住◎按钮 10~20s，直到发出"开始关机，恢复出厂设置"的声音提示后，松开◎按钮，接收机继续发出"接收机关闭"的声音提示。接收机关闭后，将立即自动重新开机，此时，接收机已恢复到出厂设置值。

④ 清除内存：接收机开机状态，按住◎按钮 20~25s，直到发出"开始关机，恢复出厂设置，删除文件"的声音提示后，松开◎按钮，此时，接收机仍处于开机状态，不会重新启动。

（2）LED 显示面板

LED 显示面板的作用是显示接收机的当前状态。

序	名称	面板	意 义
4	电源状态条 （只有内置电池时）		绿灯亮——电池电量＞50％ 黄灯亮——电池电量＞25％ 红灯亮——电池电量＞10％ 红灯闪——电池电量＜10％
4	电源状态条 （使用外接电源时）		绿灯亮——电压＞8V 黄灯亮——电压＞7.25V 红灯亮——电压＞6.5V 红灯闪——电压＜6.5V
5	电池状态灯		绿色——只有一块内置电池在使用 红色——只有外接电源在使用 棕色——内置电池与外接电源都在使用
6	卫星跟踪状态条		绿灯亮——跟踪的卫星颗数＞8 黄灯亮——跟踪的卫星颗数为 6～7 红灯亮——跟踪的卫星颗数为 4～5 红灯闪——跟踪的卫星颗数＜3
7	定位状态灯		绿色——单点定位解或固定解 黄色——DGPS 解或浮点 RTK 解 红色——整数 RTK 解
8	内存容量状态条		绿灯亮——内存剩余容量＞50％ 黄灯亮——内存剩余容量＞25％ 红灯亮——内存剩余容量＞10％ 红灯闪——内存剩余容量＜10％ 绿灯闪/黄灯闪/红灯闪——内存剩余容量为 0
9	文件状态灯		绿色——文件已打开 红色闪——正在写入文件 不亮——文件未打开或插槽内无 SD 卡
10	蓝牙状态灯		蓝灯亮——蓝牙已与 FC－236 建立连接 蓝灯闪——蓝牙模块已供电,但未与 FC－236 建立连接 蓝灯不亮——蓝牙模块未供电 绿灯闪——数据已从蓝牙端口发射 橙灯闪——数据已从蓝牙端口接收
11	电台状态灯		黄灯亮——内置电台已供电 黄灯不亮——内置电台未供电 绿灯闪——数据已从内置电台端口发射 橙灯闪——数据已从内置电台端口接收
12	串口状态灯		绿灯闪——数据已从串口端发射 橙灯闪——数据已从串口端接收

（3）接收机天线高的量取

如图 8-9 右图所示，H_1 为实际天线高，用户可以选择量取垂高 H_2 或斜高 L，由 Top-SURV 软件自动计算 H_1，公式为

$$\left. \begin{array}{l} H_1=\sqrt{L^2-0.089^2}+0.0509 \\ H_1=H_2+0.0552+0.0509 \end{array} \right\} \qquad (8-17)$$

其中，垂高 H_2 为测点标志至垂高标志（ARP）的距离，斜高 L 为测点标志至斜高标志（SHMM）的距离，HiPer Ⅱ G 标配移动杆的垂高为 2m。

3）放样测量案例

放样测量是在 FC-236 手簿执行 TopSURV 软件进行。其主要操作步骤为：执行"新建作业"命令→执行"导入"命令，将已知点与放样点坐标文件导入当前作业→执行"设置"命令，蓝牙连接基准站并设置基准站→执行"连接"命令，蓝牙连接移动站→执行"测量/点测量"命令，测量 3 个以上已知点的 WGS-84 坐标并存入当前作业→执行"设置/地方坐标转换"命令，计算 WGS-84 坐标转换为地方坐标的 7 个参数→执行"放样"命令，从当前作业的坐标列表中调用点的坐标放样。

下面以放样图 5-39 所示的建筑物轴线交点 1 为例，介绍使用四个已知点 A,B,C,D 的高斯平面坐标计算坐标转换参数，并放样 1 点的操作过程。

（1）创建已知坐标与放样点坐标文件并复制到 FC-236 手簿内存

启动 Windows 的记事本，按 CASS 展点坐标格式"点名,编码,y,x,H"输入图 5-39 四个已知点与 5 个放样点的坐标，并以文件名 PcyxH.txt 存盘，结果如图 8-12 所示。

TopSURV 可以读入任意格式的坐标文件到当前作业，具体格式需要在 TopSURV 中设置。

用 USB 数据线连接 FC-236 与 PC 机的 USB 接口，使 FC-236 与 PC 机同步，将坐标文件 PcyxH.txt 复制到 FC-236 的"\Program Files\TPS\TopSURV\IEFiles"文件夹。

（2）安置接收机

可以将基准站安置在已知点上，也可以将基准站安置在地势较高、视野开阔、

图 8-12　创建 CASS 展点格式坐标文件 PcyxH.txt

距离放样场区 ＜5km 范围内的任意未知点上。下面介绍将基准站安置在任意未知点上的操作方法。

在任意未知点上安置好基准站，用小钢尺量取基准站斜高，本例斜高 $L=1.525$m。

按⊚键打开基准站电源；按⊚键打开移动站电源，在 FC-236 手簿按⏻键打开手簿电源。

（3）启动 TopSURV 程序并新建作业

触笔点击屏幕左上角的🔳 开始 图标，在弹出的下拉菜单中点击 📇 TopSURV 图标启动 Top-

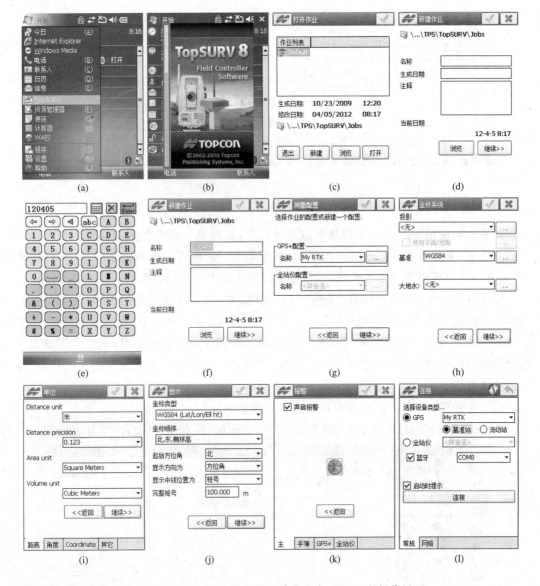

图 8-13　启动 TopSURV 并新建作业名 120405 的操作界面

SURV 软件,界面如图 8-13(a)—(b)所示。

　　TopSURV 启动成功后,自动进入图 8-13(c)所示的界面,触笔点击 新建 图标新建作业,一般取测量日期为新建作业名,触笔双击作业"名称"右侧的文本框空白区,弹出图 8-13(e)所示的屏幕键盘,输入本例新建作业名"120405",点击屏幕右上角的回车图标 Enter ,进入图 8-13(f)所示的界面;点击 ☑ 蓝牙 图标,其后按屏幕提示,继续点击 ☑ 蓝牙 按钮 4 次均选择缺省设置,进入图 8-13(k)所示的界面;点击 ☑ 图标完成新建作业操作,进入图 8-13(l)所示的蓝牙连接界面。

　　应先蓝牙连接基准站接收机,触笔点击 ◉基准站 单选框,点击 ☑ 蓝牙 复选框,点击 ☑ 启动时提示 复选框,结果如图 8-13(l)所示;点击 连接 按钮,进入图 8-14(a)所示的蓝牙连接界面。

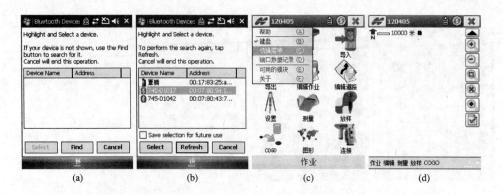

(a)   (b)   (c)   (d)

图 8-14   完成新建作业 120405 并连接基准站蓝牙后进入 TopSURV 操作界面

如果从未使用 FC-236 手簿搜索过蓝牙设备,应用触笔点击 Find 按钮,搜索附近 10m 内的蓝牙设备,本例结果如图 8-14(b)所示,其中第 1 行为附近手机的蓝牙模块,2—3 行即为 HiPerⅡG 接收机内置的蓝牙模块,其设备名即为注记于接收机背面的机器编号 S/N。

触笔点击 745-01017,再点击 Select 按钮,完成 FC-236 手簿与编号为 S/N:745-01017 的接收机的蓝牙连接,并自动进入图 8-14(c)所示的 TopSURV 图标主菜单。TopSURV 有图 8-14(c)所示的图标菜单与图 8-14(d)所示的图形菜单两种界面,触笔点击屏幕左上角的 图标,在弹出的下拉菜单中点击"切换菜单"可以在这两种菜单界面之间切换,建议用户选择图标菜单。

(4) 从坐标文件导入已知点与放样点的三维坐标

在 TopSURV 图标主菜单下,触笔点击"导入"图标,再点击"从文件"图标,进入图 8-15

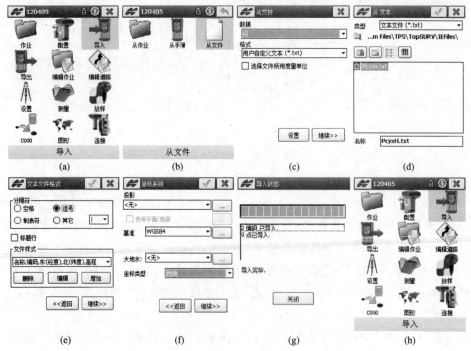

(a)   (b)   (c)   (d)

(e)   (f)   (g)   (h)

图 8-15   在 TopSURV 执行"导入"命令导入坐标文件 PcyxH.txt 点的坐标到当前作业

(c)所示的界面,点击 ⟨继续>>⟩ 按钮,选择"\Program Files\TPS\TopSURV\IEFiles"文件夹下的 PcyxH.txt 文件,触笔点击 ✓ 图标,进入图 8-15(e)所示的界面,在文件样式列表框选择**"名称,编码,东(经度),北(纬度),高程"**坐标样式,触笔点击 ⟨继续>>⟩ 按钮,进入图 8-15(f)所示的界面;将坐标类型列表框设置为"地面",点击 ⟨继续>>⟩ 按钮,TopSURV 开始将 PcyxH.txt文件的坐标数据导入当前作业;点击 ⟨关闭⟩ 按钮,返回 TopSURV 图标菜单界面。

可以执行"编辑作业/点"命令,查看已导入当前作业的点坐标,操作过程如图 8-16所示。

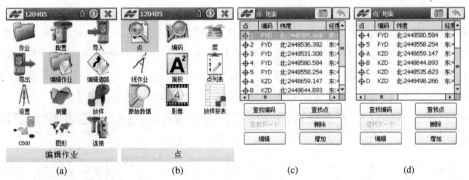

图 8-16 在 TopSURV 执行"编辑作业/点"命令察看当前作业中的点坐标

(5)设置基准站

触笔点击"设置"图标,再点击"设置基准站"图标,进入图 8-17(c)所示的界面,基准站的缺省点名为 Base1,当屏幕右上角显示的 GPS 卫星数超过 4 时(本例 GPS 卫星数为 6,

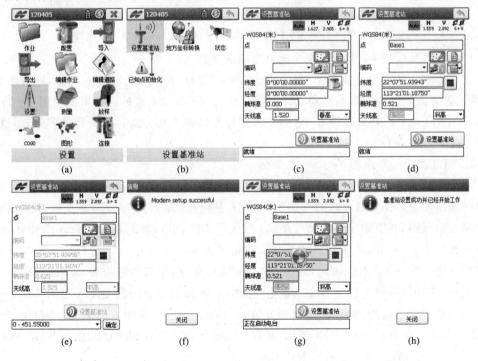

图 8-17 在 TopSURV 执行"设置/设置基准站"命令的操作过程

GLONASS 卫星数为 8)，点击🖼按钮开始观测，观测时间超过 60s 后，点击■按钮停止观测，该按钮变为🖼显示；输入本例量取的斜高 1.525m，点击🔘设置基准站按钮，屏幕显示图 8－17(f)所示的界面时点击确定按钮，屏幕显示图 8－17(f)所示的界面时表示数传电台设置成功，点击关闭按钮；屏幕显示图 8－17(h)所示的界面时表示基准站设置成功，点击关闭按钮，返回 Top-SURV 图标主菜单。

基准站设置成功后，其接收机 LED 显示面板的数传电台状态灯 11 绿灯闪，表示基准站观测数据已从内置电台端口发射。

（6）FC－236 手簿与移动站的蓝牙连接

在 TopSURV 图标主菜单下，触笔点击"连接"图标，进入图 8－18(b)所示的界面，点击断开连接按钮断开 FC－236 与基准站的蓝牙连接并进入图 8－18(c)所示的界面；点击◉流动站单选框，点击连接按钮，进入图 8－18(d)所示的界面，点击移动站 S/N:745－01042 设备，再点击Select按钮，完成 FC－236 手簿与编号为 S/N:745－01042 接收机的蓝牙连接。

图 8－18　在 TopSURV 执行"连接"命令蓝牙连接移动站的操作过程

（7）计算 WGS－84 坐标转换为地方坐标的参数

在 TopSURV 图标主菜单下，触笔点击"测量"图标，再点击"点测量"图标，进入图 8－19(c)所示的界面。屏幕实时显示移动站当前点位的 WGS－84 坐标。如果使用图 5－39 所示的 A,B,C,D 四个已知点来计算 WGS－84 坐标系转换为地方坐标系的转换参数，需要依次测量这 4 个点的 WGS－84 坐标。

① 测量 4 个已知点的 WGS－84 坐标

将移动站安置在 D 点，FC－236 手簿屏幕显示如图 8－19(c)所示，其中🔋为指示电台数据链的通信质量，Fixed 指示解的类型为固定解，Float 指示解的类型为浮点解，Auto 指示解的类型为单点解，其中固定解的精度最高，浮点解其次，单点解的精度最低。🔳指示点的水平位置精度为 0.006m，🔳指示点的垂直位置精度为 0.010m。

输入点名"D-84"，表示为 D 点的 WGS－84 坐标，触笔点击🖫按钮，进入图 8－19(d)所示的界面，使用缺省设置的垂高 2m，点击✓图标，将移动站所测的 D-84 点的 WGS－84 坐标存入当前作业。同理，将移动站分别安置在 A,B,C 点，分别输入点名 A-84，B-84，C-84，采集其余 3 个点的 WGS－84 坐标，并存入当前作业。完成四个已知点的 WGS－84 坐标测量后，点击✓图标返回 TopSURV 图标主菜单。

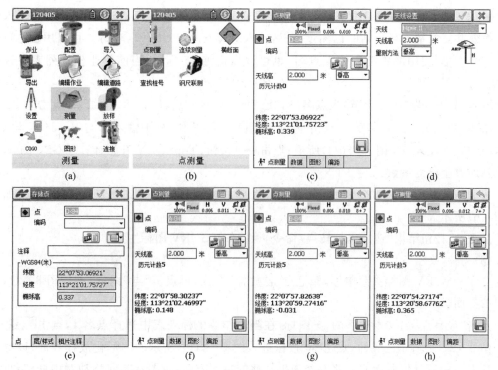

图 8-19　在 TopSURV 执行"测量/点测量"命令分别观测 D,A,B,C 四点的 WGS-84 坐标

② 计算 WGS-84 坐标变换为地方坐标的转换参数

在 TopSURV 图标主菜单下,触笔点击"设置"图标,再点击"地方坐标转换"图标,进入

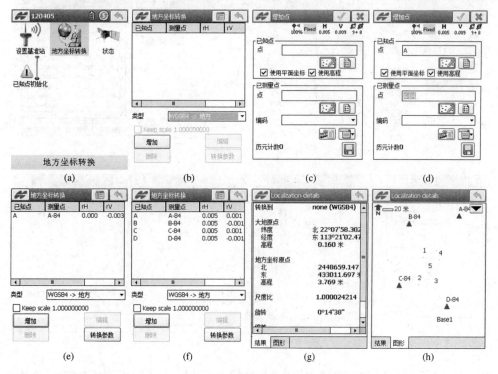

图 8-20　在 TopSURV 执行"设置/地方坐标转换"命令计算 WGS-84 变换为地方坐标系的参数

图 8-20(b)所示的界面;点击 增加 按钮,进入图 8-20(c)所示的界面,应在"已知点"区输入坐标转换公共点的地方坐标,在"已测量点"区输入对应点的 WGS-84 坐标。可以用触笔点击"点"名文本框,使用屏幕键盘输入点名,也可以点击 图 图标,从当前作业坐标列表中选择点名。

图 8-20(d)为"已知点"输入点名 A,"已测量点"输入点名 A-84 的结果,点击 ☑ 图标进入图 8-20(e)所示的界面;再点击 增加 按钮,重复上述操作,分别输入 B 与 B-84,C 与 C-84,D 与 D-84,结果如图 8-20(f)所示;点击 转换参数 按钮,TopSURV 开始计算 WGS-84 坐标转换到地方坐标的参数,

本例结果如图 8-20(g)所示,点击屏幕底部的 图形 图标,切换到展点图显示,结果如图 8-20(h)所示。

点击 ⬅ 按钮结束"地方坐标转换"命令,返回 TopSURV 图标土菜单。

(8) 坐标放样

在 TopSURV 图标主菜单下,触笔点击"放样"图标,再点击"点"图标,进入图 8-21(c)所以的界面。

点击"设计点"名文本框下的 图 图标,在当前作业坐标列表中选择点名 1,点击 ☑ 图标进入图 8-21(e)所示的界面,点击 放样 按钮进入图 8-21(f)所示的图形化放样界面;以移动站手簿夹上的罗盘仪所指的磁北方向为坐标北的参照方向,按图示方向移动对中杆,当移动站距离 1 点的设计位置小于 3m 时,TopSURV 自动进入局部精确放样界面(图 8-21(g)),继续按屏幕指示方向与距离移动对中杆,直至移动到 1 点的设计位置为止(图 8-21(h)),在

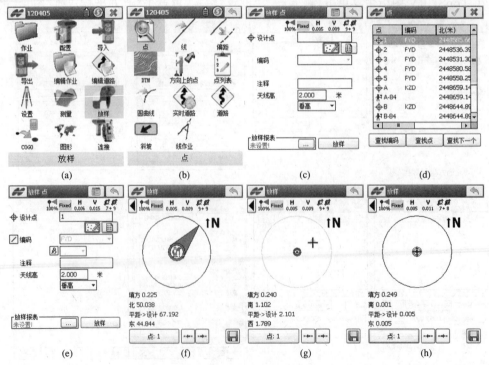

图 8-21　在 TopSURV 执行"设置/地方坐标转换"命令计算 WGS-84 变换到地方坐标系的参数

对中杆尖位置钉入铁钉即为 1 点的设计位置。点击屏幕底部的 ⊡ 按钮,为选择 2 号点继续放样。

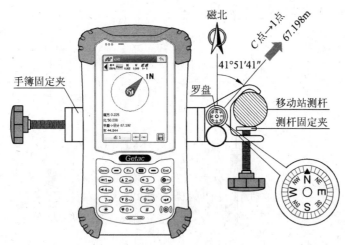

图 8 - 22　参照手簿夹上的罗盘仪移动对中杆

与全站仪坐标放样比较,用 HiPer II G 放样点位的优点是:基准站与移动站之间不需要相互通视;移动站根据 FC - 236 手簿显示的数据自主移动到放样点,无须基准站指挥;工期紧张时,可以夜间放样。缺点是,要求放样场区视野开阔,且无障碍物遮挡卫星信号。

8.6　连续运行参考站系统 CORS

CORS 是连续运行参考站系统(Continuously Operating Reference System)的缩写,它定义为一个或若干个固定的、连续运行的 GNSS 参考站,利用计算机、数据通信和互联网(LAN/WAN)技术组成的网络,实时地向不同类型、不同需求、不同层次用户自动提供经过检验的不同类型的 GNSS 观测值(载波相位,伪距),各种改正数、状态信息,以及其他有关 GNSS 服务项目的系统。

CORS 主要由控制中心、固定参考站、数据通讯和用户部分组成。

① 控制中心是整个系统的核心,既是通讯控制中心,也是数据处理中心。它通过通讯线(光缆,ISDN,电话线等)与所有的固定参考站通讯,通过无线网络(GSM、CDMA、GPRS等)与移动用户通讯。由计算机实时控制整个系统的运行。

② 固定参考站是固定的 GNSS 接收系统,分布在整个网络中,一个 CORS 网络可以包含无数个固定参考站,但最少需要 3 个固定参考站,站间距可达 70km。固定参考站与控制中心之间用通讯线连接,其观测数据实时地传送到控制中心。

③ 数据通讯部分包括固定参考站到控制中心的通讯及控制中心到移动用户的通讯。参考站到控制中心的通讯网络负责将参考站观测的卫星数据实时地传输给控制中心,控制中心和移动用户间的通讯网络是指如何将网络校正数据发送给用户。

④ 用户部分就是移动用户的接收机,加上无线通讯的调制解调器及相关的设备。

1) CORS 技术分类

CORS 技术主要有虚拟参考站系统 VRS、区域改正参数 FKP、主辅站技术三种,天宝和南方测绘 CORS 使用 VRS 技术,徕卡 CORS 使用主辅站技术,拓普康 CORS 则可以在三个技术中任意切换。国内很多省市的 CORS 正在建设中,移动用户使用城市 CORS 进行测量一般需要支付年费。本节只简要介绍 VRS 技术。

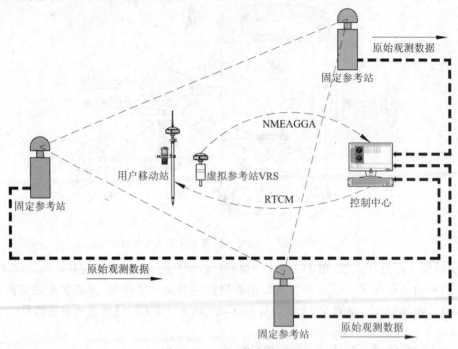

图 8 - 23   VRS 技术的原理

2) VRS 技术

如图 8 - 23 所示,在 VRS 网络中,各固定参考站不直接向移动用户发送任何改正信息,而是将参考站接收到的卫星数据通过数据通讯线发给控制中心。移动用户在工作前,先通过 GSM 短信功能向控制中心发送一个概略坐标,控制中心收到这个位置信息后,根据用户位置,由计算机自动选择最佳的一组固定基准站,根据这些站发来的信息,整体改正 GNSS 的轨道误差、电离层、对流层和大气折射引起的误差,将高精度的差分信号发给移动站。该差分信号的效果相当于在移动站旁边,生成了一个虚拟的参考基站,从而解决了 RTK 作业距离上的限制问题,并保证了用户移动站的定位精度。每个固定参考站的设备如图 8 - 24 所示。

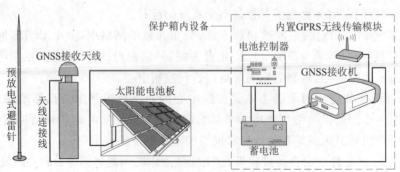

图 8 - 24   固定参考站的设备组成及其连接

VRS 的优点是：它只需要增加一个数据接收设备，不需增加用户设备的数据处理能力，接收机的兼容性比较好；控制中心应用整个网络的信息来计算电离层和对流层的复杂模型；整个 VRS 的对流层模型是一致的，消除了对流层误差；成果的可靠性、信号可利用性和精度水平在系统的有效覆盖范围内大致均匀，与离开最近参考站的距离没有明显的相关性。

VRS 技术要求双向数据通讯，流动站既要接收数据，也要发送自己的定位结果和状态，每个流动站和控制中心交换的数据都是唯一的，这就对系统数据处理和控制中心的数据处理能力和数据传输能力有很高的要求。

3）使用 HiPer Ⅱ G 进行城市 CORS 测量

如果用户所在城市使用的是拓普康 CORS，只需将一张手机 SIM 卡插入 HiPer Ⅱ G 接收机背面的"SIM CARD"插槽（图 8-9 的 9），将 HiPer Ⅱ G 设置为移动站模式，按◉键正常开机后，再按◉◉键进入"设置工作模式"，将数据链选项设置为"GPRS 网络"（图 8-13 (g)），并向城市的 CORS 控制中心申请一个 IP 地址即可进行测量。

本章小结

（1）GNSS 使用 WGS-84 坐标系。卫星广播星历中包含有卫星在 WGS-84 坐标系的坐标，只要测出至少 4 颗卫星到接收机的距离，就可以解算出接收机在 WGS-84 坐标系的坐标。

（2）有 C/A 与 P 两种测距码，C/A 码（粗码）码元宽度对应的距离值为 293.1m，其单点定位精度为 25m；P 码（精码）码元宽度对应的距离值为 29.3m，其单点定位精度为 10m。P 码受美国军方控制，一般用户无法得到，只能利用 C/A 码进行测距。

（3）使用测距码测距的原理是：卫星在自身时钟控制下发射某一结构的测距码，传播 Δt 时间后，到达 GPS 接收机；GPS 接收机在自己的时钟控制下产生一组结构完全相同的测距码（也称复制码），复制码通过一个时间延迟器使其延迟时间 τ 后与接收到的卫星测距码比较，通过调整延迟时间 τ 使两个测距码完全对齐，则复制码的延迟时间 τ 就等于卫星信号传播到接收机的时间 Δt，乘以光速 c 即得卫星至接收机的距离。

（4）GNSS 使用单程测距方式，即接收机接收到的测距信号不再返回卫星，而是在接收机中直接解算传播时间 Δt 并计算出卫星至接收机的距离，这就要求卫星和接收机的时钟应严格同步，卫星在严格同步的时钟控制下发射测距信号。事实上，卫星钟与接收机钟不可能严格同步，这就会产生钟误差，其中，卫星广播星历中包含有卫星钟差 v_t，它是已知的，而接收机钟差 v_T 却是未知数，需要通过观测方程解算。两个时钟不同步对测距结果的影响为 $c(v_T - v_t)$。

（5）在任意未知点上安置一台 GNSS 接收机作为基准站，利用已知坐标和卫星星历计算出观测值的校正值，并通过数据链将校正值发送给移动站，移动站应用接收到的校正值对自身的 GNSS 观测值进行改正，以消除卫星钟差、接收机钟差、大气电离层和对流层折射误差的影响。

（6）HiPer Ⅱ G GNSS RTK 放样点位的优点是：基准站与移动站之间不需要相互通视；移动站根据手簿显示的数据自主移动到放样点，无须基准站指挥；缺点是，要求放样场区视野开阔，且无障碍物遮挡卫星信号。

（7）建立城市 CORS 的好处是，使用与城市 CORS 配套的 GNSS 接收机，用户只需使用单机就可以高精度地进行测量与放样工作，省却了使用已知点计算坐标转换参数的麻烦。

思考题与练习题

[8-1] GPS 有多少颗工作卫星？距离地表的平均高度是多少？GLONASS 有多少颗工作卫星？距离地表的平均高度是多少？

[8-2] 简要叙述 GPS 的定位原理？

[8-3] 卫星广播星历包含什么信息？它的作用是什么？

[8-4] 为什么称接收机测得的工作卫星至接收机的距离为伪距？

[8-5] 测定地面一点在 WGS-84 坐标系中的坐标时，GPS 接收机为什么要接收至少 4 颗工作卫星的信号？

[8-6] GPS 由哪些部分组成，简要叙述各部分的功能和作用。

[8-7] 载波相位相对定位的单差法和双差法各可以消除什么误差？

[8-8] 什么是同步观测？什么是卫星高度角？什么是几何图形强度因子 DPOP？

[8-9] 使用 HiPer Ⅱ G 进行放样测量时，基准站是否一定要安置在已知点上？移动站与基准站的距离有何要求？TopSURV 软件是以什么方式进行操作的？导入、导出坐标文件的意义是什么？坐标文件的格式是否固定？

[8-10] CORS 主要有哪些技术？国内外主流测绘仪器厂商的 CORS 使用的是什么技术？

9　大比例尺地形图的测绘

本章导读

- **基本要求**　掌握地形图比例尺的定义,大、中、小比例尺的分类,比例尺精度与测距精度之间的关系,测图比例尺的选用原则;熟悉大比例尺地形图常用地物、地貌与注记符号的分类与意义;掌握经纬仪配合量角器测绘地形图的基本原理与视距计算方法。
- **重点**　大比例尺地形图分幅与编号方法,控制点的展绘方法,量角器展绘碎部点的方法。
- **难点**　经纬仪配合量角器测绘地形图的原理与视距计算方法,等高线的绘制。

9.1　地形图的比例尺

地形图是按一定的比例尺,用规定的符号表示地物、地貌平面位置和高程的正射投影图。

1) 比例尺的表示方法

图上直线长度 d 与地面上相应线段的实际长度 D 之比,称为地形图的比例尺。比例尺又分数字比例尺和图示比例尺两种。

(1) 数字比例尺

数字比例尺的定义为

$$\frac{d}{D}=\frac{1}{D/d}=\frac{1}{M}=1:M \tag{9-1}$$

一般将数字比例尺化为分子为1,分母为一个比较大的整数 M 表示。M 越大,比例尺的值就越小;M 越小,比例尺的值就越大,如数字比例尺 $1:500>1:1\,000$。通常称 $1:500$、$1:1\,000$、$1:2\,000$、$1:5\,000$ 比例尺的地形图为大比例尺地形图,称 $1:1$ 万、$1:2.5$ 万、$1:5$ 万、$1:10$ 万比例尺的地形图为中比例尺地形图,称 $1:25$ 万、$1:50$ 万、$1:100$ 万比例尺的地形图为小比例尺地形图。地形图的数字比例尺注记在南面图廓外的正中央,如图9-1所示。

中比例尺地形图系国家的基本地图,由国家专业测绘部门负责测绘,目前均用航空摄影测量方法成图,小比例尺地形图一般由中比例尺地图缩小编绘而成。

城市和工程建设一般需要大比例尺地形图,其中 $1:500$ 和 $1:1\,000$ 比例尺地形图一般用平板仪、经纬仪、全站仪或 GNSS 等测绘;$1:2\,000$ 和 $1:5\,000$ 比例尺地形图一般用由 $1:500$ 或 $1:1\,000$ 的地形图缩小编绘而成。大面积 $1:500\sim1:5\,000$ 的地形图也可用航空摄影测量方法成图。

(2) 图示比例尺

如图9-1所示,图示比例尺绘制在数字比例尺的下方,其作用是便于用分规直接在图

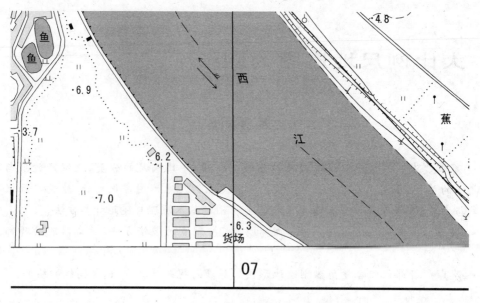

1:10 000

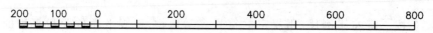

图 9-1 地形图上的数字比例尺和图示比例尺

上量取直线段的水平距离,同时还可以抵消在图上量取长度时,图纸伸缩的影响。

2) 地形图比例尺的选择

《工程测量规范》规定,地形图测图的比例尺,根据工程的设计阶段、规模大小和运营管理需要,可按表 9-1 选用。

表 9-1　　　　　　　　　　　地形图测图比例尺的选用

比例尺	用　　途
1:5000	可行性研究、总体规划、厂址选择、初步设计等
1:2000	可行性研究、初步设计、矿山总图管理、城镇详细规划等
1:1000	初步设计、施工图设计;城镇、工矿总图管理;竣工验收等
1:500	

图 9-2 为两幅 1:1000 比例尺地形图样图,图 9-3 为 1:500 与 1:2000 比例尺地形图样图。

3) 比例尺的精度

人的肉眼能分辨的图上最小距离是 0.1mm,设地形图的比例尺为 1:M,定义图上 0.1mm 所表示的实地水平距离 0.1M(mm) 为比例尺的精度。根据比例尺的精度,可以确定测绘地形图的距离测量精度。例如,测绘 1:1000 比例尺的地形图时,其比例尺的精度为 0.1m,故量距的精度只需为 0.1m 即可,因为小于 0.1m 的距离在 1:1000 比例尺的地形图上表示不出来。另外,当设计规定需要在图上能量出的实地最短长度时,根据比例尺的精度,可以反算出测图比例尺。如欲使图上能量出的实地最短线段长度为 0.05m,则所采用的

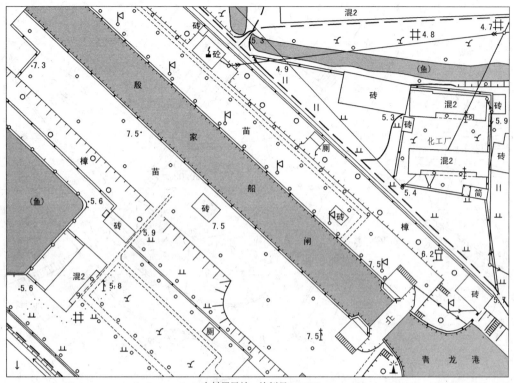

农村居民地，比例尺1:1 000

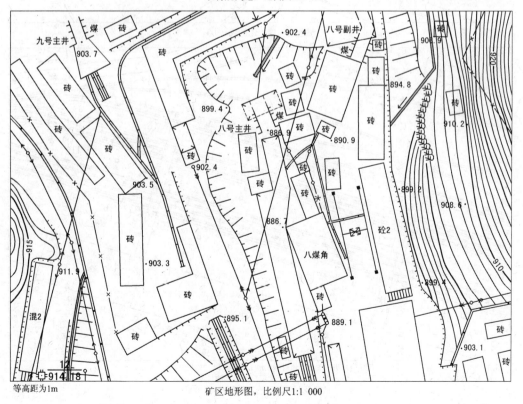

等高距为1m

矿区地形图，比例尺1:1 000

图 9-2 农村居民地与矿区地形图样图

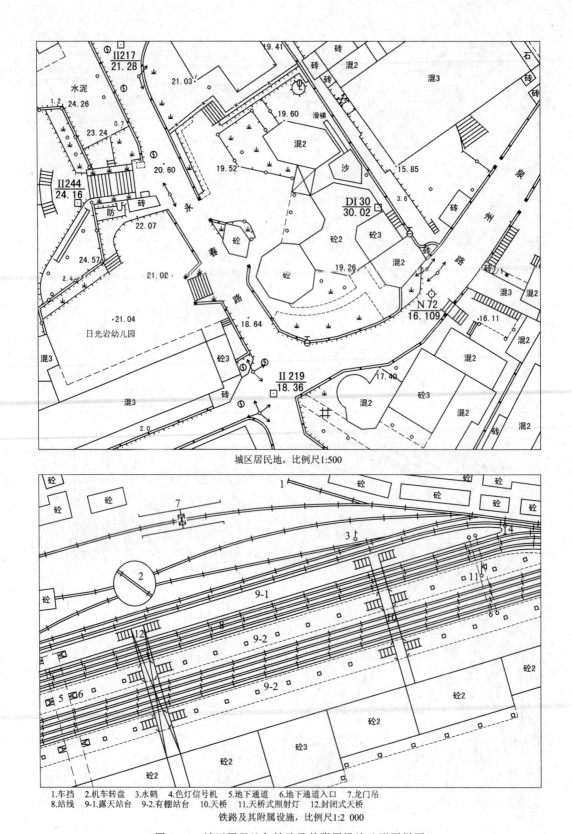

城区居民地，比例尺1:500

1.车挡　2.机车转盘　3.水鹤　4.色灯信号机　5.地下通道　6.地下通道入口　7.龙门吊
8.站线　9-1.露天站台　9-2.有棚站台　10.天桥　11.天桥式照射灯　12.封闭式天桥
铁路及其附属设施，比例尺1:2 000

图 9-3　城区居民地与铁路及其附属设施地形图样图

比例尺不得小于 0.1mm/0.05m＝1/500。

表 9-2 为不同比例尺地形图的比例尺精度,其规律是,比例尺越大,表示地物和地貌的情况越详细,精度就越高。对同一测区,采用较大比例尺测图往往比采用较小比例尺测图的工作量和经费支出都数倍增加。

表 9-2   大比例尺地形图的比例尺精度

比例尺	1：500	1：1000	1：2000	1：5000
比例尺的精度/m	0.05	0.1	0.2	0.5

9.2 大比例尺地形图图式

地形图图式是表示地物与地貌的符号和方法。一个国家的地形图图式是统一的,属于国家标准。我国当前使用的大比例尺地形图图式为 2007 年 12 月 1 日开始实施的《1：500 1：1000 1：2000 地形图图式》[5]。

地形图图式中的符号按地图要素分为 9 类:测量控制点、水系、居民地及设施、交通、管线、境界、地貌、植被与土质、注记;按类可分为 3 类:地物符号、地貌符号和注记符号。

1) 地物符号

地物符号分依比例符号、不依比例符号和半依比例符号。

(1) 依比例符号

可按测图比例尺缩小,用规定符号绘出的地物符号称为依比例符号。如湖泊、房屋、较宽的道路、稻田、花圃等,其在表 9-3 中的符号编号分别为 4.2.15,4.3.1,4.4.14,4.8.1,4.8.21。

(2) 不依比例符号

有些地物的轮廓较小,无法将其形状和大小按照地形图的比例尺绘到图上,则不考虑其实际大小,而是采用规定的符号表示,称这种符号称为不依比例符号。如导线点、水准点、卫星定位等级点、电话亭、路灯、管道检修井等,其在表 9-3 中的符号编号分别为 4.1.3,4.1.6,4.1.7,4.3.55,4.3.106,4.5.8。

(3) 半依比例符号

对于一些带状延伸地物,其长度可按比例缩绘,而宽度无法按比例表示的符号称为半依比例符号。如栅栏、小路、通信线等,其在表 9-3 中的符号编号分别为 4.8.88,4.4.19,4.5.6.1。

2) 地貌符号

地形图上表示地貌的主要方法是等高线。等高线又分为首曲线、计曲线和间曲线,在表 9-3 中的符号编号为 4.7.1。在计曲线上注记等高线的高程;在谷地、鞍部、山头及斜坡方向不易判读的地方和凹地的最高、最低一条等高线上,绘制与等高线垂直的短线,称为示坡线(编号 4.7.2),用以指示斜坡降落方向;当梯田坎比较缓和且范围较大时,也可用等高线表示。

3) 注记

有些地物除了用相应的符号表示外,对于地物的性质、名称等在图上还需要用文字和数字加以注记,如房屋的结构、层数(编号 4.3.1)、地物名(编号 4.2.1)、路名、单位名(编号 4.9.2.1)、计曲线的高程、碎部点高程、独立性地物的高程以及河流的水深、流速等。

表 9-3　　　　常用地物、地貌和注记符号

编号	符号名称	1：500	1：1000	1：2000
4.1	测量控制点			
4.1.1	三角点 a. 土堆上的 张湾岭、黄土岗——点名 156.718、203.623——高程 5.0——比高	张湾岭 156.718	黄土岗 203.623	
4.1.3	导线点 a. 土堆上的 I 16、I 13——等级、点号 84.46、94.40——高程 2.4——比高	I 16 / 84.46	a I 23 / 94.40	
4.1.4	埋石图根点 a. 土堆上的 12、16——点号 275.46、175.64——高程 2.5——比高	12 / 275.46	a 16 / 175.64	
4.1.5	不埋石图根点 19——点号 84.47——高程		19 / 84.47	
4.1.6	水准点 II——等级 京石5——点名点号 32.805——高程		II 京石5 / 32.805	
4.1.7	卫星定位等级点 B——等级 14——点号 495.263——高程		B14 / 495.263	
4.2	水系			
4.2.1	地面河流 a. 岸线 b. 高水位岸线 清江——河流名称	清　江		
4.2.7	沟堑 a. 已加固的 b. 未加固的 2.6——比高		2.6	
4.2.9	地下渠道、暗渠 a. 出水口			
4.2.13	涵洞 a. 依比例尺的 b. 不依比例尺的			
4.2.15	湖泊 龙湖——湖泊名称 (咸)——水质	龙湖 (咸)		
4.2.16	池塘			
4.2.29	水井、机井 a. 依比例尺的 b. 不依比例尺的 51.2——井口高程 5.2——井口至水面深度 咸——水质	a 51.2 / 5.2 b 井 咸		
4.2.31	贮水池、水窖、地热池 a. 高于地面的 b. 低于地面的 净——净化池 c. 有盖的	a 净 c		
4.2.37	堤 a. 堤顶宽依比例尺 24.5——堤坝高程 b. 堤顶宽不依比例尺 2.5——比高	a 24.5 b1 b2		
4.2.43	加固岸 a. 一般加固岸 b. 有栅栏的 c. 有防洪墙体的 d. 防洪墙上有栏杆的	a b c d		
4.2.44	陡岸 a. 有滩陡岸 a1. 土质的 a2. 石质的 2.2、3.8——比高 b. 无滩陡岸 b1. 土质的 b2. 石质的 2.7、3.1——比高	a a1 a2 b b1 b2		
4.3	居民地及设施			
4.3.1	单幢房屋 a. 一般房屋 b. 有地下室的房屋 c. 突出房屋 b. 简易房屋 混、钢——房屋结构 1、3、28——房屋层数 -2——地下房屋层数	a 混1　b 混3-2 钢28　简	3 c 28	
4.3.2	建筑中房屋	建		
4.3.3	棚房 a. 四边有墙的 b. 一边有墙的 c. 无墙的	a　b c		
4.3.4	破坏房屋		破	
4.3.5	架空房 3、4——层数 /1、/2——空层层数	砼4　砼3/1	砼4　3/2	
4.3.6	廊房 a. 廊房 b. 飘楼	a 混3	b 混3	
4.3.10	露天采掘场、乱掘地 石、土——矿品种	石	土	
4.3.19	水塔 a. 依比例尺的 b. 不依比例尺的	a	b	
4.3.33	饲养场、打谷场、贮草场、贮煤场、水泥预制场 牲、谷、砼预——场地说明	牲　谷	砼预	
4.3.44 4.3.45 4.3.46	宾馆、饭店 商场、超市 剧院、电影院	砼5 H　砼4 M 4.3.44　4.3.45	砼2 4.3.46	
4.3.47	露天体育场、网球场、运动场、球场 a. 有看台的 a1. 主席台 a2. 门洞 b. 无看台的	a2 a 工人体育场 a1 b 体育场　球		
4.3.49	游泳场(池)	泳	泳	
4.3.54	移动通讯塔、微波传送塔、无线电杆 a. 在建筑物上 b. 依比例尺的 c. 不依比例尺的	砼5 通信 a	b　c	
4.3.55 4.3.56	电话亭 厕所	厕		
4.3.70	旗杆			
4.3.71	塑像、雕像 a. 依比例尺的 b. 不依比例尺的	a	b	
4.3.87	围墙 a. 依比例尺的 b. 不依比例尺的	a b		
4.3.88	栅栏、栏杆			
4.3.89	篱笆			

续表

编号	符号名称	1:500	1:1000	1:2000	编号	符号名称	1:500	1:1000	1:2000
4.3.90	活树篱笆				4.5.8	管道检修井孔 a. 给水检修井孔 b. 排水(污水)检修井孔			
4.3.91	铁丝网、电网				4.5.9	管道其他附属设施 a. 水龙头 b. 消火栓 c. 阀门 b. 污水、雨水篦子			
4.3.92	地类界				**4.6**	**境界**			
4.3.97	阳台				4.6.7	村界			
4.3.98	檐廊、挑廊 a. 檐廊 b. 挑廊				4.6.8	特殊地区界线			
4.3.99	悬空通廊				**4.7**	**地貌**			
4.3.101	台阶				4.7.1	等高线及其注记 a. 首曲线 b. 计曲线 c. 间曲线 25——高程			
4.3.102	室外楼梯 a. 上楼方向				4.7.2	示坡线			
4.3.103	院门 a. 围墙门 b. 有门房的				4.7.15	陡崖、陡坎 a. 土质的 b. 石质的 18.6、22.5——比高			
4.3.104	门墩 a. 依比例尺的 b. 不依比例尺的				4.7.16	人工陡坎 a. 未加固的 b. 已加固的			
4.3.106	路灯				4.7.21	斜坡 a. 未加固的 b. 已加固的			
4.3.109	宣传橱窗、广告牌 a. 双柱或多柱的 b. 单柱的				**4.8**	**植被与土质**			
4.3.110	喷水池				4.8.1	稻田 a. 田硬			
4.3.111	假石山				4.8.2	旱地			
4.4	**交通**				4.8.3	菜地			
4.4.14	街道 a. 主干路 b. 次干路 c. 支路				4.8.15	行树 a. 乔木行树 b. 灌木行树			
4.4.15	内部道路				4.8.16	独立树 a. 阔叶 b. 针叶 c. 棕榈、椰子、槟榔			
4.4.17	机耕路(大路)				4.8.18	人工绿地			
4.4.18	乡村路 a. 依比例尺的 b. 不依比例尺的				4.8.21	花圃、花坛			
4.4.19	小路、栈道				**4.9**	**注记**			
4.5	**管线**				4.9.1.3	乡镇级、国有农场、林场、牧场、盐场、养殖场	**南坪镇** 正等线体(3.5)		
4.5.1.1	架空的高压输电线 a. 电杆 35——电压(kV)				4.9.1.4	村庄(外国村、镇) a. 行政村,主要集、场、街 b. 村庄	**甘家寨** 正等线体(3.0)	李家村 张家庄 仿宋体(2.5 3.0)	
4.5.2.1	架空的配电线 a. 电杆				4.9.2.1	居民地名称说明注记 a. 政府机关 b. 企业、事业、工矿、农场 c. 高层建筑、居住小区、公共设施	**市民政局** 宋体(2.5 3.5)	日光岩幼儿园 兴隆农场 宋体(2.5 3.0) 二七纪念塔 兴庆广场 宋体(2.5 3.5)	
4.5.6.1	地面上的通信线 a.								
4.5.6.5	电信检修井孔 a. 电信人孔 b. 电信手孔								

9.3 地貌的表示方法

地貌形态多种多样,按其起伏的变化一般可分为以下四种地形类型:地势起伏小,地面倾斜角在3°以下,比高不超过20m的,称为平坦地;地面高低变化大,倾斜角在3°~10°,比高不超过150m的,称为丘陵地;高低变化悬殊,倾斜角为10°~25°,比高在150m以上的,称为山地;绝大多数倾斜角超过25°的,称为高山地。

1) 等高线

(1) 等高线的定义

等高线是地面上高程相等的相邻各点连成的闭合曲线。如图9-4所示,设想有一座高出水面的小岛,与某一静止的水面相交形成的水涯线为一闭合曲线,曲线的形状由小岛与水面相交的位置确定,曲线上各点的高程相等。例如,当水面高为70m时,曲线上任一点的高程均为70m;若水位继续升高至80m,90m,则水涯线的高程分别为80m,90m。将这些水涯线垂直投影到水平面H上,按一定的比例尺缩绘在图纸上,就可将小岛用等高线表示在地形图上。这些等高线的形状和高程,客观地显示了小岛的空间形态。

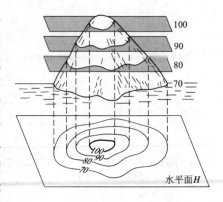

图9-4 等高线的绘制原理

(2) 等高距与等高线平距

地形图上相邻等高线间的高差,称为等高距,用 h 表示,如图9-4中的 $h=10m$。同一幅地形图的等高距应相同,因此地形图的等高距也称为基本等高距。大比例尺地形图常用的基本等高距为0.5m,1m,2m,5m等。等高距越小,表示的地貌细部越详尽;等高距越大,地貌细部表示就越粗略。但等高距太小会使图上的等高线过于密集,从而影响图面的清晰度。因此,在测绘地形图时,应根据测图比例尺、测区地面的坡度情况,按《工程测量规范》的要求选择合适的基本等高距,见表9-4。

表9-4   地形图的基本等高距   单位:m

地形类别 \ 比例尺	1:500	1:1000	1:2000	1:5000
平坦地	0.5	0.5	1	2
丘 陵	0.5	1	2	5
山 地	1	1	2	5
高山地	1	2	2	5

相邻等高线间的水平距离称为等高线平距,用 d 表示,它随地面的起伏情况而改变。相邻等高线之间的地面坡度为

$$i=\frac{h}{d \cdot M} \qquad\qquad (9-2)$$

式中,M 为地形图的比例尺分母。在同一幅地形图上,等高线平距愈大,表示地貌的坡度愈小;反之,坡度愈大,如图9-5所示。因此,可以根据图上等高线的疏密程度,判断地面坡度的陡缓。

(3) 等高线的分类

等高线分为首曲线、计曲线和间曲线,如表9-3编号4.7.1和图9-6所示。

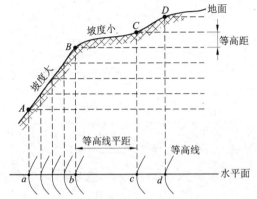

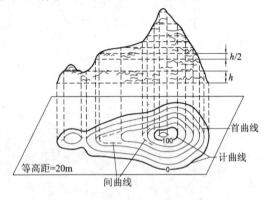

图9-5 等高线平距与地面坡度的关系　　　　图9-6 等高线的分类

① 首曲线:按基本等高距测绘的等高线,用0.15mm宽的细实线绘制,如表9-3编号4.7.1a所示。

② 计曲线:从0m起算,每隔四条首曲线加粗的一条等高线称为计曲线。计曲线用0.3mm宽的粗实线绘制,见表9-3编号4.7.1b所示。

③ 间曲线:对于坡度很小的局部区域,当用基本等高线不足以反映地貌特征时,可按1/2基本等高距加绘一条等高线,该等高线称为间曲线。间曲线用0.15mm宽的长虚线绘制,可不闭合,如表9-3编号4.7.1c所示。

2) 典型地貌的等高线

虽然地球表面高低起伏的形态千变万化,但它们都可由几种典型地貌综合而成。典型地貌主要有山头和洼地、山脊和山谷、鞍部、陡崖和悬崖等,如图9-7所示。

(1) 山头和洼地

图9-8(a)和图9-8(b)分别表示山头和洼地的等高线,它们都是一组闭合曲线,其区别在于:山头的等高线由外圈向内圈高程逐渐增加,洼地的等高线由外圈向内圈高程逐渐减小,这就可以根据高程注记区分山头和洼地。也可以用示坡线来指示斜坡向下的方向。

(2) 山脊和山谷

如图9-9所示,当山坡的坡度与走向发生改变时,在转折处就会出现山脊或山谷地貌。山脊的等高线为凸向低处,两侧基本对称,山脊线是山体延伸的最高棱线,也称分水线。山谷的等高线为凸向高处,两侧也基本对称,山谷线是谷底点的连线,也称集水线。在土木工程规划及设计中,应考虑地面的水流方向、分水线、集水线等问题。因此,山脊线和山谷线在地形图测绘及应用中具有重要的作用。

(3) 鞍部

相邻两个山头之间呈马鞍形的低凹部分称为鞍部。鞍部是山区道路选线的重要位置。鞍部左右两侧的等高线是近似对称的两组山脊线和两组山谷线,如图9-9(b)所示。

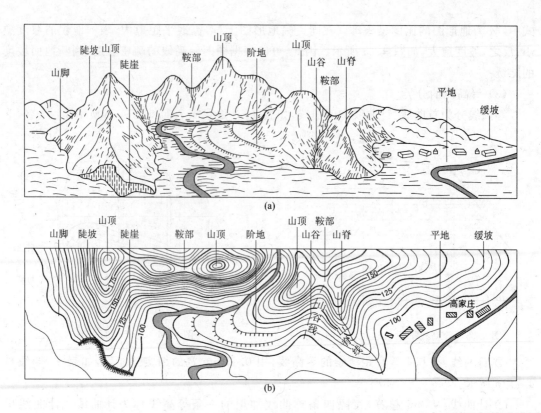

图 9-7 综合地貌及其等高线表示

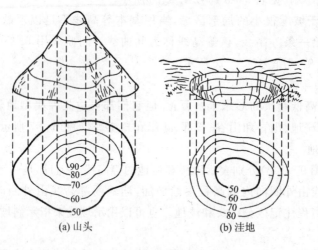

图 9-8 山头与洼地的等高线

（4）陡崖和悬崖

陡崖是坡度在 70°以上的陡峭崖壁，有土质和石质之分。如用等高线表示，将是非常密集或重合为一条线，因此采用陡崖符号来表示，如图 9-10(a)与图 9-10(b)所示。

悬崖是上部突出、下部凹进的陡崖。悬崖上部的等高线投影到水平面时，与下部的等高线相交，下部凹进的等高线部分用虚线表示，如图 9-10(c)所示。

3）等高线的特征

（1）同一条等高线上各点的高程相等。

210

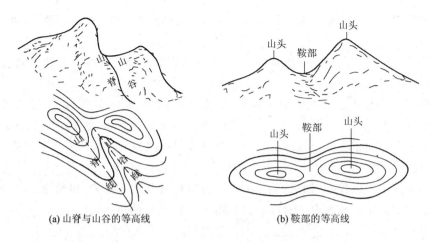

(a) 山脊与山谷的等高线　　　　　(b) 鞍部的等高线

图 9-9　山脊、山谷与鞍部的等高线

（2）等高线是闭合曲线，不能中断（间曲线除外），如果不在同一幅图内闭合，则必定在相邻的其他图幅内闭合。

（3）等高线只有在陡崖或悬崖处才会重合或相交。

（4）等高线经过山脊或山谷时改变方向，因此山脊线与山谷线应和改变方向处的等高线的切线垂直相交，如图 9-9 所示。

（5）在同一幅地形图内，基本等高距是相同的，因此，等高线平距大表示地面坡度小；等高线平距小则表示地面坡度大；平距相等则坡度相同。倾斜平面的等高线是一组间距相等且平行的直线。

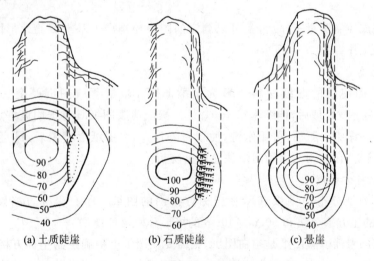

(a) 土质陡崖　　　　(b) 石质陡崖　　　　(c) 悬崖

图 9-10　陡崖与悬崖的表示

9.4　1∶500～1∶2000 大比例尺地形图的分幅与编号

受图纸尺寸的限制，不可能将测区内的所有地形都绘制在一幅图内，因此，需要分幅测绘地形图。《1∶500 1∶1000 1∶2000 地形图图式》规定：1∶500～1∶2000 比例尺地形图一般采用 50cm×50cm 的正方形分幅或 50cm×40cm 的矩形分幅;根据需要,也可以采用其他规格分幅。

正方形或矩形分幅地形图的图幅编号,一般采用图廓西南角坐标公里数编号法,也可选用流水编号法或行列编号法。

采用图廓西南角坐标公里数编号法时,x 坐标在前,y 坐标在后,1:500 地形图取至 0.01km(如 10.40 - 21.75),1:1000、1:2000 地形图取至 0.1km(如 10.0 - 21.0)。

带状测区或小面积测区可按测区统一顺序编号,一般从左到右,从上到下用数字 1,2,3,4,…编定,如图 9 - 11(a)中的"××-8",其中"××"为测区代号。

行列编号法一般以代号(如 A,B,C,D,…)为横行由上到下排列,以数字 1,2,3,…为代号的纵列从左到右排列来编定,先行后列,如图 9 - 11(b)中的 A - 4。

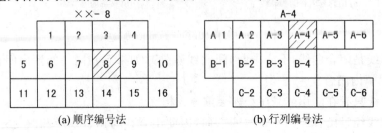

(a) 顺序编号法　　　　　　　　(b) 行列编号法

图 9 - 11　大比例尺地形图的分幅与编号方法

9.5　测图前的准备工作

在测区完成控制测量工作后,就可以测定的图根控制点为基准测绘地形图。测图前应做好下列准备工作。

1) 图纸准备

测绘地形图使用的图纸材料一般为聚酯薄膜。聚酯薄膜图纸厚度一般为 0.07~0.1mm,经过热定型处理后,伸缩率小于 0.2‰。聚酯薄膜图纸具有透明度好、伸缩性小、不怕潮湿等优点。图纸弄脏后,可用水洗,便于野外作业,在图纸上着墨后,可直接复晒蓝图。缺点是易燃、易折,在使用与保管时应注意防火防折。

2) 绘制坐标方格网

聚酯薄膜图纸分空白图纸和印有坐标方格网的图纸。印有坐标方格网的图纸又有 50cm×50cm 的正方形分幅和 50cm×40cm 的矩形分幅两种规格。

如果使用的聚酯薄膜图纸是空白图纸,则需要在图纸上精确绘制坐标方格网,每个方格的尺寸应为 10cm×10cm。绘制方格网的方法有对角线法、坐标格网尺法及使用 AutoCAD 绘制等。

可以在 CASS 中执行下拉菜单"绘图处理/标准图幅 50×50cm"或"标准图幅 50×40cm"命令,直接生成坐标方格网图形,其操作过程请读者播放光盘"\教学视频\CASS 自动生成坐标格网.avi"视频演示文件观看。我们将两个标准方格网图形文件"标准图幅 50×50cm. dwg"和"标准图幅 50×40cm. dwg"放置在"矩形图幅"文件夹下,读者使用 Auto-CAD2004 以上版本都可以打开它。

为了保证坐标方格网的精度,无论是印有坐标方格网的图纸还是自己绘制的坐标方格网图纸,都应进行以下几项检查:

(1) 将直尺沿方格的对角线方向放置,同一条对角线方向的方格角点应位于同一直线上,偏离不应大于 0.2mm。

(2) 检查各个方格的对角线长度,其长度与理论值 141.4mm 之差不应超过 0.2mm。

(3) 图廓对角线长度与理论值之差不应超过 0.3mm。

超过限差要求时,应重新绘制,对于印有坐标方格网的图纸,则应予以作废。

3) 展绘控制点

根据图根平面控制点的坐标值,将其点位在图纸上标出,称为展绘控制点。如图

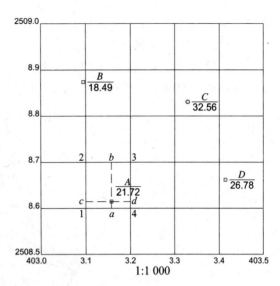

图 9-12 展绘控制点

9-12 所示,展点前,应根据地形图的分幅位置,将坐标格网线的坐标值注记在图框外相应的位置。

展点时,应先根据控制点的坐标,确定其所在的方格。例如 A 点的坐标为 $x_A = 2508614.623\text{m}$,$y_A = 403156.781\text{m}$,由图可以查看出,A 点在方格 1,2,3,4 内。从 1,2 点分别向右量取 $\Delta y_{1A} = (403156.781\text{m} - 403100\text{m})/1000 = 5.678\text{cm}$,定出 a,b 两点;从 1,4 点分别向上量取 $\Delta x_{1A} = (2508614.623\text{m} - 2508600\text{m})/1000 = 1.462\text{cm}$,定出 c,d 两点。直线 ab 与 cd 的交点即为 A 点的位置。

参照表 9-3 中编号为 4.1.4,4.1.5 图根点符号,将点号与高程注记在点位的右侧。同法,可将其余控制点 B,C,D 点展绘在图上。展绘完图幅内的全部控制点后,应进行检查,方法是,在图上分别量取已展绘控制点间的长度,如线段 AB,BC,CD,DA 的长度,其值与已知值(由坐标反算的长度除以地形图比例尺的分母)之差不应超过 ±0.3mm,否则应重新展绘。

为了保证地形图的精度,测区内应有一定数目的图根控制点。《工程测量规范》规定,测区内解析图根点的个数,一般地区不宜少于表 9-5 的规定。

表 9-5　　　　　　　　　　一般地区解析图根点的个数

测图比例尺	图幅尺寸/cm	解析图根点/个数		
		全站仪测图	GNSS RTK 测图	平板测图
1:500	50×50	2	1	8
1:1000	50×50	3	1~2	12
1:2000	50×50	4	2	15

9.6　大比例尺地形图的解析测绘方法

大比例尺地形图的测绘方法有解析测图法和数字测图法。解析测图法又有多种方法,

本节简要介绍经纬仪配合量角器测绘法,数字测图法在第 11 章介绍。

1) 经纬仪配合量角器测绘法

经纬仪配合量角器测绘法的原理见图 9-13 所示,图中 A,B,C 为已知控制点,测量并展绘碎部点 1 的操作步骤如下:

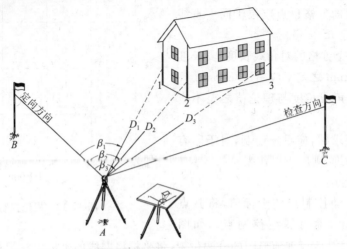

图 9-13 经纬仪配合量角器测绘法原理

(1) 测站准备

在 A 点安置经纬仪,量取仪器高 i_0,使望远镜瞄准后视点 B 的标志,将水平度盘读数配置为 $0°$;在经纬仪旁架设小平板,用透明胶带纸将聚酯薄膜图纸固定在图板上,在绘制了坐标方格网的图纸上展绘 A,B,C,D 等控制点,用直尺和铅笔在图纸上绘出直线 AB 作为量角器的 0 方向线,用大头针插入专用量角器的中心,并将大头针准确地钉入图纸上的 A 点,如图 9-14 所示。

(2) 经纬仪视距测量的计算

在碎部点 i 竖立标尺,使经纬仪望远镜盘左位置瞄准标尺,读出视线方向的水平盘读数 β_i,竖盘读数 V_i,上丝读数 a_i,下丝读数 b_i,则测站至碎部点的水平距离 d_i 及碎部点高程 H_i 的计算公式为:

$$\left.\begin{array}{l} d_i=0.1|b_i-a_i|(\cos(90-V_i+x))^2 \\ H_i=H_0+d_i\tan(90-V_i+x)+i_0-(a_i+b_i)/2000 \end{array}\right\} \tag{9-3}$$

式中,H_0 为测站点高程,i_0 为测站仪器高,x 为经纬仪竖盘指标差,可以使用下列 fx-5800P 程序计算。

程序名:P9-1,占用内存 230 字节

"STADIA MAPPING P9-1"↵	显示程序标题
Deg:Fix 3↵	基本设置
"H0(m)="?H:"i0(m)="?I↵	输入测站点高程与仪器高
"X(Deg)="?X↵	输入经纬仪竖盘指标差
Lbl 0:"a(mm),<0÷END="?→A↵	输入碎部点观测上丝读数
A<0÷Goto E↵	上丝读数为负数时结束程序
"b(mm)="?→B:"V(Deg)="?→V↵	输入下丝读数及盘左竖盘读数

```
90-V+X→E↵                  计算竖直角
0.1Abs(B? A)cos(E)²→D↵      计算测站至碎部点平距
H+Dtan(E)+I-(A+B)÷2000→F↵   计算碎部点高程
"Di(m)=":D◢                 显示测站至碎部点平距
"Hi(m)=":F◢                 显示碎部点高程
Goto 0:Lbl E:"P9-1÷END"
```

表 9-6　　　　　　**使用程序 P9-1 记录计算经纬仪视距法测图数据**

测站高程 $H_0=5.553$m，测站仪器高 $i_0=1.42$m，竖盘指标差 x$=-0°15'$

碎部点序	视距测量观测结果				计算结果	
	上丝读数/mm	下丝读数/mm	水平盘读数	竖盘读数	水平距离/m	高程/m
1	500	1145	59°15′	91°03′	64.467	4.688
2	800	1346	70°11′	91°10′	54.567	4.551
3	1600	2364	81°07′	90°03′	76.398	4.591

如图 9-13 所示，在 A 点安置经纬仪，标尺分别竖立在 1,2,3 点的视距测量观测结果列于表 9-6；执行程序 P9-1，计算其中 1 号碎部点视距测量数据的屏幕提示与用户操作过程如下：

屏幕提示	按键	说明
STADIA MAPPING P9-1		显示程序标题
H0(m)=?	**5.553** [EXE]	输入测站高程
i0(m)=?	**1.42** [EXE]	输入仪器高
X(Deg)=?	**-0** [···] **15** [···] [EXE]	输入竖盘指标差
a(mm),<0÷END=?	**500** [EXE]	输入上丝读数
b(mm)=?	**1145** [EXE]	输入下丝读数
V(Deg)=?	**91** [···] **3** [···] [EXE]	输入盘左竖盘读数
Di(m)=64.467	[EXE]	显示测站至 1 号碎部点平距
Hi(m)=4.688	[EXE]	显示 1 号碎部点高程
a(mm),<0÷END=?	**-2** [EXE]	输入任意负数结束程序
P9-1÷END		程序结束显示

（3）展绘碎部点

如图 9-14 所示，地形图比例尺为 1∶1000，以图纸上 A,B 两点的连线为零方向线，转动量角器，使量角器上 $\beta_1=59°15'$ 的角度分划值对准零方向线，在 β_1 角的方向上量取距离

$$D_1/M=64.467\text{m}/1000=6.45\text{cm}$$

用铅笔点一个小圆点做标记，在小圆点右侧 0.5mm 的位置注记其高程值 $H_1=4.688$，字头朝北，即得到碎部点 1 的图上位置。

使用同样的方法，在图纸上展绘表 9-6 中的 2,3 点，在图纸上连接 1,2,3 点，通过推平行线将所测房屋绘出。

经纬仪配合量角器测绘法一般需要 4 个人操作，其分工是：1 人观测，1 人记录计算，1 人

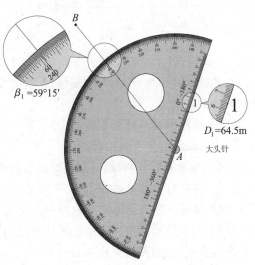

图 9-14　使用量角器展绘碎部点示例

绘图,1人立尺。

2) 地形图的绘制

外业工作中,当碎部点展绘在图纸上后,就可以对照实地随时描绘地物和等高线。

(1) 地物描绘

地物应按地形图图式规定的符号表示。房屋轮廓应用直线连接,而道路、河流的弯曲部分应逐点连成光滑曲线。不能依比例描绘的地物,应用图式规定的不依比例符号表示。

(2) 等高线的勾绘

勾绘等高线时,首先用铅笔轻轻描绘出山脊线、山谷线等地性线,再根据碎部点的高程勾绘等高线。不能用等高线表示的地貌,如悬崖、陡崖、土堆、冲沟、雨裂等,应用图式规定的符号表示。

由于碎部点是选在地面坡度变化处,因此相邻点之间可视为均匀坡度,这样可在两相邻碎部点的连线上,按平距与高差成比例的关系,内插出两点间各条等高线通过的位置。

如图 9-15(a)所示,地面上导线点 A 与碎部点 P 的高程分别为 207.4m 及 202.8m,若取基本等高距为 1m,则其间有高程为 203m,204m,205m,206m 及 207m 五条等高线通过。根据平距与高差成比例的原理,先目估定出高程为 203m 的 a 点和高程为 207m 的 e 点,然后将 ae 的距离四等分,定出高程为 204m,205m,206m 的 b,c,d 点。用相同方法定出其他相邻两碎部点间等高线应通过的位置。将高程相等的相邻点连成光滑的曲线,即为等高线,结果如图 9-15(b)所示。

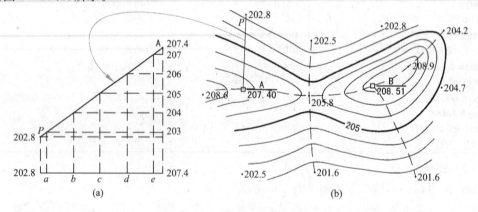

图 9-15 等高线的勾绘

勾绘等高线时,应对照实地情况,先画计曲线,后画首曲线,并注意等高线通过山脊线、山谷线的走向。

3) 地形图测绘的基本要求

(1) 仪器设置及测站检查

《工程测量规范》对地形测图时仪器的设置及测站上的检查要求如下:

① 仪器对中的偏差,不应大于图上 0.05mm。

② 尽量使用离测站较远的控制点定向,另一控制点进行检核,例如,图 9-13 是选择 B 点定向,C 点进行检核。采用经纬仪测绘时,其角度检测值与原角值之差不应大于 $2'$;每站测图过程中,应随时检查定向点方向,归零差不应大于 $4'$。

③ 检查另一测站的高程,其较差不应大于 1/5 基本等高距。

④ 采用经纬仪配合量角器测绘法,当定向边长在图上短于10cm时,应以正北或正南方向作起始方向。

(2)地物点、地形点视距和测距长度

地物点、地形点视距的最大长度应符合表9－7的规定。

表9－7　　　　　　　　　　经纬仪视距法测图的最大视距长度　　　　　　　　　　单位:m

比例尺	一般地区		城镇建筑区	
	地物	地形	地物	地形
1:500	60	100	—	70
1:1000	100	150	80	120
1:2000	180	250	150	200

(3)高程注记点的分布

① 地形图上高程注记点应分布均匀,丘陵地区高程注记点间距宜符合表9－8的规定。

表9－8　　　　　　　　　　丘陵地区高程注记点间距

比例尺	1:500	1:1000	1:2000
高程注记点间距/m	15	30	50

注:平坦及地形简单地区可放宽至1.5倍,地貌变化较大的丘陵地、山地与高山地应适当加密。

② 山顶、鞍部、山脊、山脚、谷底、谷口、沟底、沟口、凹地、台地、河川湖地岸旁、水涯线上以及其他地面倾斜变换处,均应测高程注记点。

③ 城市建筑区高程注记点应测设在街道中心线、街道交叉中心、建筑物墙基脚和相应的地面、管线检查井井口、桥面、广场、较大的庭院内或空地上以及其他地面倾斜变换处。

④ 基本等高距为0.5m时,高程注记点应注至cm;基本等高距大于0.5m时可注至dm。

(4)地物、地貌的绘制

在测绘地物、地貌时,应遵守"看不清不绘"的原则。地形图上的线划、符号和注记应在现场完成。

按基本等高距测绘的等高线为首曲线。从0m起算,每隔4根首曲线加粗一根计曲线,并在计曲线上注明高程,字头朝向高处,但应避免在图内倒置。山顶、鞍部、凹地等不明显处等高线应加绘示坡线。当首曲线不能显示地貌特征时,可测绘1/2基本等高距的间曲线。

城市建筑区和不便于绘等高线的地方,可不绘等高线。

地形原图铅笔整饰应符合下列规定:

① 地物、地貌各要素,应主次分明、线条清晰、位置准确、交接清楚。

② 高程的注记,应注于点的右方,离点位的间隔应为0.5mm,字头朝北。

③ 各项地物、地貌均应按规定的符号绘制。

④ 各项地理名称注记位置应适当,并检查有无遗漏或不明之处。

⑤ 等高线须合理、光滑、无遗漏,并与高程注记点相适应。

⑥ 图幅号、方格网坐标、测图时间应书写正确齐全,样式见图9－16所示。

4)地形图的拼接、检查和提交的资料

(1)地形图的拼接

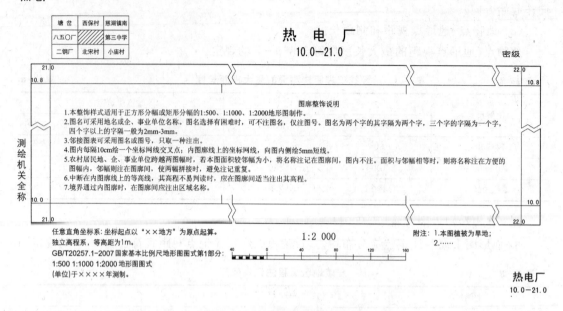

图 9-16 地形图图廓整饰样式

测区面积较大时,整个测区划分为若干幅图进行施测,这样,在相邻图幅的连接处,由于测量误差和绘图误差的影响,无论地物轮廓线还是等高线往往不能完全吻合。图 9-17 表示相邻两幅图相邻边的衔接情况。由图可知,将两幅图的同名坐标格网线重叠时,图中的房

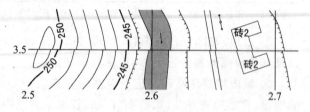

图 9-17 地形图的拼接

屋、河流、等高线、陡坎都存在接边差。若接边差小于表 9-9 规定的平面、高程中误差的 $2\sqrt{2}$ 倍时,可平均配赋,并据此改正相邻图幅的地物、地貌位置,但应注意保持地物、地貌相互位置和走向的正确性。超过限差时应到实地检查纠正。

表 9-9　　　　　　地物点、地形点平面和高程中误差

地区分类	点位中误差 /图上 mm	邻近地物点间距 中误差/图上 mm	等高线高程中误差			
			平地	丘陵地	山地	高山地
城市建筑区和平地、丘陵地	≤0.5	≤±0.4	≤1/3	≤1/2	≤2/3	≤1
高山地和设站施测困难的旧街坊内部	≤0.75	≤±0.6				

(2)地形图的检查

为了保证地形图的质量,除施测过程中加强检查外,在地形图测绘完成后,作业人员和作业小组应对完成的成果、成图资料进行严格的自检和互检,确认无误后方可上交。地形图检查的内容包括内业检查和外业检查。

①内业检查

图根控制点的密度应符合要求,位置恰当;各项较差、闭合差应在规定范围内;原始记录

和计算成果应正确,项目填写齐全。地形图图廓、方格网、控制点展绘精度应符合要求;测站点的密度和精度应符合规定;地物、地貌各要素测绘应正确、齐全,取舍恰当,图式符号运用正确,接边精度应符合要求;图历表填写应完整清楚,各项资料齐全。

② 外业检查

根据内业检查的情况,有计划地确定巡视路线,进行实地对照查看,检查地物、地貌有无遗漏;等高线是否逼真合理,符号、注记是否正确等。再根据内业检查和巡视检查发现的问题,到野外设站检查,除对发现的问题进行修正和补测外,还应对本测站所测地形进行检查,看原测地形图是否符合要求。仪器检查量为每幅图内容的 10% 左右。

(3) 地形测图全部工作结束后应提交的资料

① 图根点展点图、水准路线图、埋石点点之记、测有坐标的地物点位置图、观测与计算手簿、成果表。

② 地形原图、图历簿、接合表、按版测图的接边纸。

③ 技术设计书、质量检查验收报告及精度统计表、技术总结等。

本章小结

(1) 地面上天然或人工形成的物体称为地物,地表高低起伏的形态称地貌,地物和地貌总称为地形。地形图是表示地物、地貌平面位置和高程的正射投影图,图纸上的点、线表示地物的平面位置,高程用数字注记与等高线表示。

(2) 图上直线长度 d 与地面上相应线段的实际长度 D 之比,称为地形图的比例尺。称 d/D 为数字比例尺,称 $1:500$、$1:1000$、$1:2000$ 为大比例尺,称 $1:5000$、$1:1$ 万、$1:2.5$ 万、$1:5$ 万、$1:10$ 万为中比例尺,$1:25$ 万、$1:50$ 万、$1:100$ 万为小比例尺。

(3) 地形图图式中的符号按地图要素分为九类:测量控制点、水系、居民地及设施、交通、管线、境界、地貌、植被与土质、注记;按类可分为三类:地物符号、地貌符号和注记符号,其中,地物符号又分为依比例符号、不依比例符号和半依比例符号;地貌符号是等高线,分为首曲线、计曲线和间曲线;注记符号是用文字或数字表示地物的性质与名称。

(4) 经纬仪配合量角器测绘法是用经纬仪观测碎部点竖立标尺的上丝读数、下丝读数、竖盘读数和水平盘读数 4 个数值,算出测站至碎部点的平距及碎部点的高程,采用极坐标法,用量角器在图纸上按水平盘读数与平距展绘碎部点的平面位置,在展绘点位右边 0.5mm 的位置注记其高程数值。用量角器展绘点的平面位置时,测站至碎部点的平距应除以比例尺的分母 M。

(5) 经纬仪配合量角器测绘法测图时,图幅内解析图根点的个数宜符合表 9-5 的规定,以保证地形图内碎部点的测绘精度。

(6) 等高线绘制的方法是:两相邻碎部点的连线上,按平距与高差成比例的关系,内插出两点间各条等高线通过的位置,用同样方法定出其他相邻两碎部点间等高线应通过的位置,将高程相等的相邻点连成光滑的曲线。

(7) 等高距为地形图上相邻等高线间的高差,等高线平距为相邻等高线间的水平距离。

思考题与练习题

[9-1] 地形图比例尺的表示方法有哪些？何为大、中、小比例尺？

[9-2] 测绘地形图前，如何选择地形图的比例尺？

[9-3] 何为比例尺的精度，比例尺的精度与碎部测量的距离精度有何关系？

[9-4] 地物符号分为哪些类型？各有何意义？

[9-5] 地形图上表示地貌的主要方法是等高线，等高线、等高距、等高线平距是如何定义的？等高线可以分为哪些类型？如何定义与绘制？

[9-6] 典型地貌有哪些类型？它们的等高线各有何特点？

[9-7] 测图前，应对聚酯薄膜图纸的坐标方格网进行哪些检查项目？有何要求？

[9-8] 试述经纬仪配合量角器测绘法在一个测站测绘地形图的工作步骤？

[9-9] 下表是经纬仪配合量角器测绘法在测站 A 上观测 2 个碎部点的记录，定向点为 B，仪器高为 $i_A = 1.57\mathrm{m}$，经纬仪竖盘指标差 $x = 0°12'$，测站高程为 $H_A = 298.506\mathrm{m}$，试计算碎部点的水平距离和高程。

序号	下丝读数/mm	上丝读数/mm	竖盘读数	水平盘读数	水平距离/m	高程/m
1	1 947	1 300	87°21′	136°24′		
2	2 506	2 150	91°55′	241°19′		

[9-10] 根据图 9-18 所示碎部点的平面位置和高程，勾绘等高距为 1m 的等高线，加粗并注记 45m 高程的等高线。

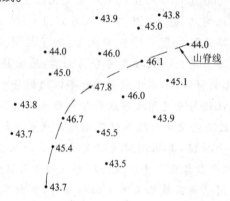

图 9-18　碎部点展点图

10　地形图的应用

本章导读

- **基本要求**　熟悉地形图图廓外注记的内容与意义、1∶100 万～1∶5 000 地形图国际分幅与编号的原理、正确判读地形图的方法、地形图应用的基本内容；掌握 AutoCAD 法与解析法计算面积的方法；掌握方格网法计算挖填土方量的原理与方法。
- **重点**　地形图的判读方法，AutoCAD 法与解析法计算面积的方法，方格网法计算挖填土方量的原理与方法。
- **难点**　解析法计算面积的原理与方法，方格网法计算挖填土方量的原理与方法。

地形图应用内容包括：在地形图上，确定点的坐标、两点间的距离及其方位角；确定点的高程和两点间的高差；勾绘集水线（山谷线）和分水线（山脊线），标志洪水线和淹没线；计算指定范围的面积和体积，由此确定地块面积、土石方量、蓄水量、矿产量等；了解地物、地貌的分布情况，计算诸如村庄、树林、农田等数据，获得房屋的数量、质量、层次等资料；截取断面，绘制断面图。

10.1　地形图的识读

正确应用地形图的前提是先看懂地形图。下面以图 10-1 所示的一幅 1∶10 000 比例尺地形图为例介绍地形图的识读方法。该图 AutoCAD 2004 格式的图形文件为光盘"\数字地形图练习\1 比 1 万数字地形图.dwg"文件。

1) 地形图的图廓外注记

地形图图廓外注记的内容包括：图号、图名、接图表、比例尺、坐标系、使用图式、等高距、测图日期、测绘单位、坐标格网、三北方向线和坡度尺等，它们分布在东、南、西、北四面图廓线外。

(1) 图号、图名和接图表

为了区别各幅地形图所在的位置和拼接关系，每幅地形图都编有图号和图名。图号一般根据统一分幅规则编号，图名是以本图内最著名的地名、最大的村庄或突出的地物、地貌等的名称来命名。图号、图名注记在北图廓上方的中央，如图 10-1 上方所示。

在图幅的北图廓左上方，绘有接图表，用于表示本图幅与相邻图幅的位置关系，中间有晕线的一格代表本图幅，其余为相邻图幅的图名或图号。

(2) 比例尺

如图 10-1 下方所示，在每幅图南图框外的中央均注有数字比例尺，在数字比例尺下方绘有图示比例尺，图示比例尺的作用是便于用图解法确定图上直线的距离。

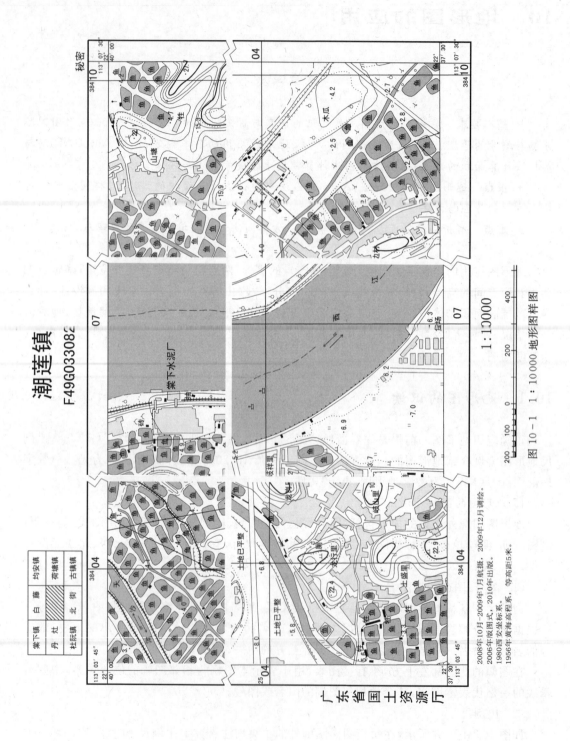

图 10−1 1∶10000 地形图样图

（3）经纬度与坐标格网

图 10-1 为梯形图幅,梯形图幅的图廓由上、下两条纬线和左、右两条经线构成,经差为 $3'45''$,纬差为 $2'30''$。本图幅位于 $113°03'45''E—113°07'30''E、22°37'30''N—22°40'00''N$ 所包括的范围。

图 10-1 中的方格网为高斯平面直角坐标格网,它是平行于以投影带的中央子午线为 x 轴和以赤道为 y 轴的直线,其间隔通常是 1km,也称公里格网。

图 10-1 的第一条坐标纵线的 y 坐标为 38 404km,其中的 38 为高斯投影统一 3°带的带号,其实际的横坐标值应为 404km－500km＝－96km,即位于 38 号带中央子午线以西 96km 处。图中第一条坐标横线的 x 坐标为 2 504km,则表示位于赤道以北约 2 504km 处。

由经纬线可以确定各点的地理坐标和任一直线的真方位角,由公里格网可以确定各点的高斯平面坐标和任一直线的坐标方位角。

（4）三北方向关系图

三北方向是指真北方向 N、磁北方向 N' 和高斯平面直角坐标系的坐标北方向 $+x$。三个北方向之间的角度关系图一般绘制在中、小比例尺地形图东图廓线的坡度尺上方,如图 10-2 所示。该图幅的磁偏角为 $\delta = -2°16'$,子午线收敛角 $\gamma = -0°21'$,应用式(4-28)、式(4-29)、式(4-31),可对图上任一方向的真方位角、磁方位角和坐标方位角进行相互换算。

（5）坡度尺

坡度尺是在地形图上量测地面坡度和倾角的图解工具,如图 10-2 所示,其依据式(10-1)制成。

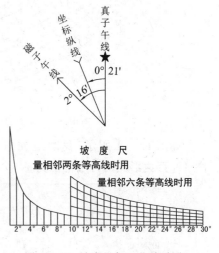

图 10-2　坡度尺与三北关系图

$$i = \tan\alpha = \frac{h}{dM} \qquad (10-1)$$

式中,i 为地面坡度,α 为地面倾角,h 为等高距,d 为相邻等高线平距,M 为比例尺分母。

用分规量出图上相邻等高线的平距 d 后,在坡度尺上使分规的两针尖下面对准底线,上面对准曲线,即可在坡度尺上读出地面倾角 α。

2）1：100 万～1：5000 比例尺地形图的梯形分幅与编号

地形图的分幅方法有两类:一类是按经纬线分幅的梯形分幅法,一般用于 1：100 万～1：5000 比例尺地形图的分幅;另一类是按坐标格网分幅的矩形分幅法,一般用于 1：2 000～1：500 比例尺地形图的分幅。

地形图的梯形分幅由国际统一规定的经线为图的东西边界,统一规定的纬线为图的南北边界,由于子午线向南北两极收敛,因此,整个图幅呈梯形。本节内容按《国家基本比例尺地形图分幅和编号》[4] 编写。

（1）1：100 万比例尺地形图的梯形分幅与编号

1：100 万比例尺地形图的分幅是从赤道起算,每纬差 4°为一行,至南、北纬88°各分为 22 行,依次用大写拉丁字母(字符码)A,B,C,D,…,V 表示其相应行号;由180°经线起算,自西向东每经差 6°为一列,全球分为 60 列,依次用数字(数字码)1,2,3,…,60 表示其相应列号。由经线和纬线所围成的每一个梯形小格为一幅1∶100万地形图,其编码有该图所在的行号字母与列号数字组合而成。图10-3为东半球北纬1∶100万地形图的国际分幅与编号,图中北京地区所在1∶100万地形图的编号为J50。

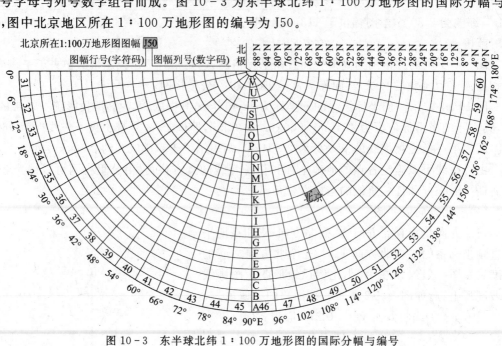

图10-3 东半球北纬1∶100万地形图的国际分幅与编号

如图10-4所示,我国地处东半球赤道以北,图幅范围为72°E—138°E、0°—56°N,1∶100万地形图的行号范围为A N,共14行,列号范围为43 53,共11列。

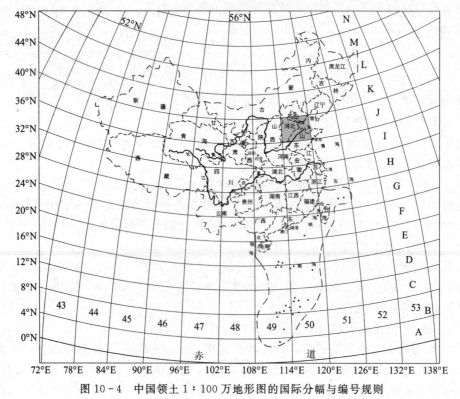

图10-4 中国领土1∶100万地形图的国际分幅与编号规则

（2）1∶50 万～1∶5000 七种比例尺地形图的梯形分幅与编号

这七种比例尺地形图的编号均以 1∶100 万比例尺地形图的编号为基础，采用行列编号方法进行。如图 10-5 所示，将 1∶100 万地形图按所含各比例尺地形图的经差和纬差划分为若干行和列，横行从上到下，纵列从左到右顺序分别用三位数字表示，不足三位者前面补零，取行号在前、列号在后的排列形式标记；各比例尺地形图分别采用不同的字符作为其比例尺代码，1∶50 万～1∶5 000 七种比例尺地形图与 1∶100 万比例尺地形图的图幅关系详见表 10-1。

1∶50 万～1∶5000 地形图的图号均由其所在 1∶100 万地形图的图号、比例尺代码和各图幅的行列号共 10 位码组成，如图 10-6 所示。

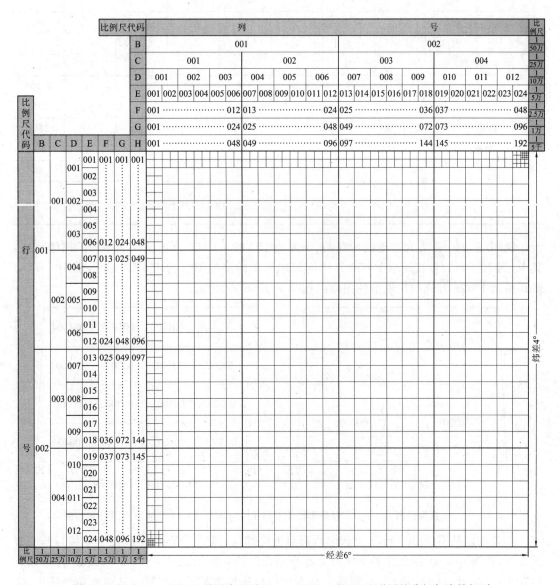

图 10-5 以 1∶100 万地形图为基础 1∶50 万～1∶5000 地形图的分幅与编号规则

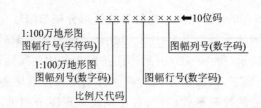

图 10-6　1：50 万～1：5000 地形图的 10 位码编号规则

表 10-1　　　1：100 万～1：5000 八种基本比例尺地形图国际梯形分幅图幅关系

比例尺		1：100 万	1：50 万	1：25 万	1：10 万	1：5 万	1：2.5 万	1：1 万	1：5000
图幅范围	纬差	6°	3°	1°30′	30′	15′	7′30″	3′45″	1′52.5″
	经差	4°	2°	1°	20′	10′	5′	2′30″	1′15″
行列数量关系	行数	1	2	4	12	24	48	96	192
	列数	1	2	4	12	24	48	96	192
比例尺代码			B	C	D	E	F	G	H
图幅数量关系		1	4	16	144	576	2 304	9 216	36 864
			1	4	36	144	576	2 304	9 216
				1	9	36	144	576	2 304
					1	4	16	64	256
						1	4	16	64
							1	4	16
								1	4

例如,图 10-7 为北京地区所在的、编号为 J50 的 1：100 万比例尺地形图的图幅范围,其中,图 10-7(a)晕线所示 1：50 万比例尺地形图的图幅编号为 J50B001002,图 10-7(b)晕线所示 1：25 万比例尺地形图图幅的编号为 J50C003003。

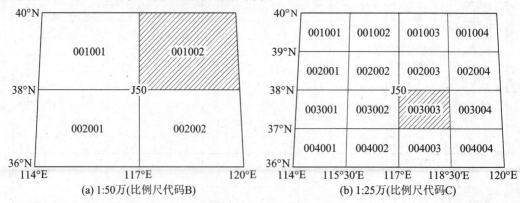

图 10-7　北京地区所在 1：100 万地形图 J50 内 1：50 万与 1：25 万地形图的分幅与编号

读者可以从 Google Earth 上获取所需点的经纬度,然后用 Windows 记事本编写一个数据文件,在 Windows 的管理器下执行光盘程序文件"\高斯投影程序\PG2-1.exe"计算该点所在 1：100 万～1：5000 等八种国家基本比例尺地形图的图幅编号及其西南角经纬度,详细参见 1.3 节。

3）1：500～1：2000 比例尺地形图的矩形分幅与编号

《1：500 1：1000 1：2000 地形图图式》规定：1：500～1：2000 比例尺地形图一般采用 50cm×50cm 正方形分幅或 50cm×40cm 矩形分幅，根据需要也可以采用其他规格的分幅。地形图编号采用图廓西南角坐标公里数编号，带状测区或小面积测区可按测区统一顺序编号，行列编号法一般以字母（如 A，B，C，D，…）为代号的横行由上到下排列，以数字为代号的纵列从左到右排列来编号，详细参见 9.4 节。

4）地形图的平面坐标系统和高程系统

对于 1：1 万或更小比例尺的地形图，通常采用国家统一的高斯平面坐标系，如"1954 北京坐标系"或"1980 西安坐标系"。城市地形图一般采用以通过城市中心的某一子午线为中央子午线的任意带高斯平面坐标系，称为城市独立坐标系。

高程系统一般使用"1956 年黄海高程系"或"1985 国家高程基准"。但也有一些地方高程系统，如上海及长江流域采用"吴淞高程系"，广西与广东珠江流域采用"珠江高程系"等。各高程系统之间只需加减一个常数即可进行换算。

地形图采用的平面坐标系和高程系应在南图廓外的左下方用文字说明，如图 10－1 左下角所示。

5）地物与地貌的识别

应用地形图应了解地形图所使用的地形图图式，熟悉常用地物和地貌符号，了解图上文字注记和数字注记的意义。

地形图上的地物、地貌是用不同的地物符号和地貌符号表示的。比例尺不同，地物、地貌的取舍标准也不同，随着各种建设的发展，地物、地貌又在不断改变。要正确识别地物、地貌，阅图前应先熟悉测图所用的地形图图式、规范和测图日期。

（1）地物的识别

识别地物的目的是了解地物的大小种类、位置和分布情况。通常按先主后次的步骤，并顾及取舍的内容与标准进行。按照地物符号先识别大的居民点、主要道路和用图需要的地物，然后再扩大到识别小的居民点、次要道路、植被和其他地物。通过分析，就会对主、次地物的分布情况，主要地物的位置和大小形成较全面的了解。

（2）地貌的识别

识别地貌的目的是了解各种地貌的分布和地面的高低起伏状况。识别时，主要根据基本地貌的等高线特征和特殊地貌（如陡崖、冲沟等）符号进行。山区坡陡，地貌形态复杂，尤其是山脊和山谷等高线犬牙交错，不易识别。这时可先根据江河、溪流找出山谷、山脊系列，无河流时可根据相邻山头找出山脊。再按照两山谷间必有一山脊，两山脊间必有一山谷的地貌特征，识别山脊、山谷地貌的分布情况。再结合特殊地貌符号和等高线的疏密进行分析，就可以较清楚地了解地貌的分布和高低起伏形态。最后将地物、地貌综合在一起，整幅地形图就像三维模型一样展现在眼前。

6）测图时间

测图时间注记在南图廓左下方，用户可根据测图时间及测区的开发情况，判断地形图的现势性。

7）地形图的精度

测绘地形图碎部点位的距离测量精度是参照比例尺精度制定的。对于 1：1 万比例尺的地形图,小于 0.1mm×10000＝1m 的实地水平距离在图上分辨不出来;对于 1∶1000 比例尺的地形图,小于 0.1mm×1000＝0.1m 的实地水平距离在图上分辨不出来。

《工程测量规范》规定:对于城镇建筑区、工矿区大比例尺地形图,地物点平面位置精度为地物点相对于邻近图根点的点位中误差在图上不应超过 0.6mm;高程注记点相对于邻近图根点的高程中误差,城市建筑区和平坦地区铺装地面不应超过 1/3 等高距,丘陵地区不应超过 1/2 等高距,山地不应超过 2/3 等高距,高山地不应超过 1 个等高距。

10.2 地形图应用的基本内容

1)点位平面坐标的量测

如图 10-8 所示,在大比例尺地形图上绘有纵、横坐标方格网(或在方格的交会处绘制有一十字线),欲从图上求 A 点的坐标,可先通过 A 点作坐标格网的平行线 mn,pq,在图上量出 mA 和 pA 的长度,分别乘以数字比例尺的分母 M 即得实地水平距离,即有

$$
\left.
\begin{array}{l}
x_A = x_0 + \overline{mA} \times M \\
y_A = y_0 + \overline{pA} \times M
\end{array}
\right\}
\tag{10-2}
$$

式中,x_0,y_0 为 A 点所在方格西南角点的坐标(图中的 $x_0 = 2\,517\,100\text{m}$,$y_0 = 38\,457\,200\text{m}$)。

为检核量测结果,并考虑图纸伸缩的影响,还需要量出 An 和 Aq 的长度,若 $\overline{mA}$ 和 $\overline{An}$ 不等于坐标格网的理论长度 l(一般为 10cm),则 A 点的坐标应按下式计算

$$
\left.
\begin{array}{l}
x_A = x_0 + \dfrac{l}{mA + An}\,\overline{mA} \times M \\[2mm]
y_A = y_0 + \dfrac{l}{pA + Aq}\,\overline{pA} \times A
\end{array}
\right\}
\tag{10-3}
$$

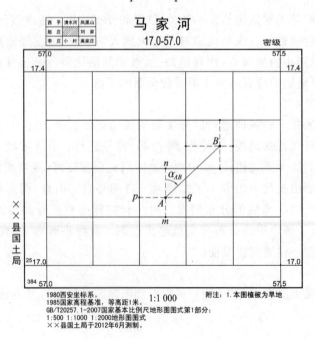

图 10-8 点位坐标的量测

2）两点间水平距离的量测

确定图上 A,B 两点间的水平距离 D_{AB}，可以根据已量得的 A,B 两点的平面坐标 x_A,y_A 和 x_B,y_B 依勾股定理计算

$$D_{AB}=\sqrt{(x_B-x_A)^2+(y_B-y_A)^2} \qquad (10-4)$$

3）直线坐标方位角的量测

如图 10-8 所示，要确定直线 AB 的坐标方位角 α_{AB}，可根据已量得的 A,B 两点的平面坐标用下式先计算出象限角 R_{AB}

$$R_{AB}=\arctan\left(\frac{y_B-y_A}{x_B-x_A}\right) \qquad (10-5)$$

然后，根据直线所在的象限参照表 7-5 的规定换算为坐标方位角。或用 fx-5800P 的 **Arg** 函数计算辐角 θ_{AB}，算出 $\theta_{AB}>0$ 时，$\alpha_{AB}=\theta_{AB}$；$\theta_{AB}<0$ 时，$\alpha_{AB}=\theta_{AB}+360°$。

当精度要求不高时，可以通过 A 点作平行于坐标纵轴的直线，用量角器直接在图上量取直线 AB 的坐标方位角 α_{AB}。

4）点位高程与两点间坡度的量测

如果所求点刚好位于某条等高线上，则该点的高程就等于该等高线的高程，否则需要采用比例内插的方法确定。如图 10-9 所示，图中 E 点的高程为 54m，而 F 点位于 53m 和 54m 两根等高线之间，可过 F 点作一大致与两条等高线垂直的直线，交两条等高线于 m,n 点，从图上量得距离 $\overline{mn}=d,\overline{mF}=d$，设等高距为 h，则 F 点的高程为

$$H_F=H_m+h\frac{d_1}{d} \qquad (10-6)$$

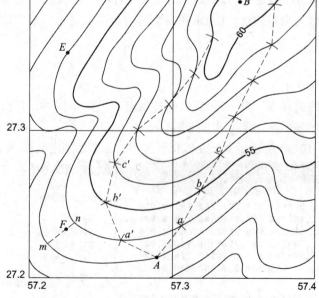

图 10-9　确定点的高程和选定等坡路线

在地形图上量得相邻两点间的水平距离 d 和高差 h 以后,可按下式计算两点间的坡度

$$i = \tan\delta = \frac{h}{dM} \qquad\qquad (10-7)$$

式中,δ 为地面两点连线相对于水平线的倾角。

5)图上设计等坡线

在山地或丘陵地区进行道路、管线等工程设计时,往往要求在不超过某一坡度的条件下选定一条最短路线。如图 10-9 所示,需要从低地 A 点到高地 B 点定出一条路线,要求坡度限制为 i。设等高距为 h,等高线平距为 d,地形图的比例尺为 $1:M$,根据坡度的定义 $i = \frac{h}{dM}$,求得

$$d = \frac{h}{iM} \qquad\qquad (10-8)$$

例如,将 $h=1\mathrm{m}$,$M=1000$,$i=3.3\%$ 代入式(10-8),求出 $d=0.03\mathrm{m}=3\mathrm{cm}$。在图 10-9 中,以 A 点为圆心,以 3cm 为半径,用两脚规在直尺上截交 54m 等高线,得到 a,a' 点;再分别以 a,a' 为圆心,用脚规截交 55m 等高线,分别得到 b,b' 点,依此进行,直至 B 点,连接 A—a—b—$\cdots$—B 和 A—a'—b'—$\cdots$—B 得到的两条路线均为满足设计坡度 $i=3.3\%$ 的路线,可以综合各种因素选取其中的一条。

作图时,当某相邻的两条等高线平距$<$3cm 时,说明这对等高线的坡度小于设计坡度 3.3%,可以选该对等高线的垂线为路线。

10.3 图形面积的量算

图上面积的量算方法有透明方格纸法、平行线法、解析法、CAD 法与求积仪法,本节只介绍 CAD 法、解析法与求积仪法,其中求积仪法的内容参见光盘"\电子章节"文件夹的相应 pdf 格式文件。

1)CAD 法

(1)多边形面积的计算

如待量取面积的边界为一多边形,且已知各顶点的平面坐标,可打开 Windows 记事本,按格式"点号,y,x,0"输入多边形顶点的坐标。

下面以图 10-10(a)所示的"六边形顶点坐标. txt"文件定义的六边形为例,介绍在

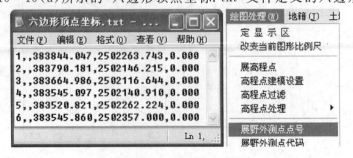

图 10-10　在 CASS 中展绘多边形顶点坐标

CASS 中计算其面积的方法。

① 执行 CASS 下拉菜单"绘图处理/展野外测点点号"命令[图 10 - 10(b)],在弹出的"输入坐标数据文件名"对话框中选择"六边形顶点坐标.txt"文件,展绘 6 个顶点于 Auto-CAD 的绘图区;

② 将 AutoCAD 的对象捕捉设置为节点捕捉(nod),执行多段线命令 Pline,连接 6 个顶点为一个封闭多边形;

③ 执行 AutoCAD 的面积命令 Area,命令行提示及操作过程如下:

命令:Area

指定第一个角点或 [对象(O)/加(A)/减(S)]:O

选择对象:点取多边形上的任意点

面积=52473.220,周长=914.421

上述结果的意义是,多边形的面积为 52473.220m^2,周长为 914.421m。

(2) 不规则图形面积的计算

当待量取面积的边界为一不规则曲线,只知道边界中的某个长度尺寸,曲线上点的平面坐标不宜获得时,可用扫描仪扫描边界图形并获得该边界图形的 JPG 格式图像文件,将该图像文件插入 AutoCAD,再在 AutoCAD 中量取图形的面积。

图 10 - 11　海南省卫星图片边界

例如,图 10 - 11 为从 Google Earth 上获取的海南省卫星图片边界图形(光盘文件"\数字地形图练习\海南省卫星图片.jpg"),图中海口→三亚的距离为在 Google Earth 中,执行工具栏"显示标尺"命令 ■ 测得。在 AutoCAD 中的操作过程如下:

① 执行插入光栅图像命令 imageattach,将"海南省卫星图片.jpg"文件插入到 Auto-CAD 的当前图形文件中;

② 执行对齐命令 align,将图中海口→三亚的长度校准为 214.14km;

③ 执行多段线命令 pline,沿图中的边界描绘一个封闭多段线;

④ 执行面积命令 area 可测量出该边界图形的面积为 34 727.807km^2,周长为 937.454km。

2) 解析法

当图形边界为多边形,各顶点的平面坐标已在图上量出或已实地测定,可以使用多边形各顶点的平面坐标,用解析法计算面积。

如图 10 - 12 所示,1,2,3,4 为多边形的顶点,其平面坐标已知,则该多边形的每一条边及其向 y 轴的坐标投影线(图中虚线)和 y 轴都可以组成一个梯形,多边形的面积 A 就是这些梯形面积的和或差,计算公式为

$$A = \frac{1}{2}[(x_1+x_2)(y_2-y_1)+(x_2+x_3)(y_3-y_2)-(x_3+x_4)(y_3-y_4)-(x_4+x_1)(y_4-y_1)]$$

$$= \frac{1}{2}[x_1(y_2-y_4)+x_2(y_3-y_1)+x_3(y_4-y_2)+x_4(y_1-y_2)]$$

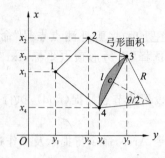

图 10-12 解析法面积计算原理

对于任意的 n 边形,可以写出下列按坐标计算面积的通用公式:

$$A = \frac{1}{2} \sum_{i=1}^{n} x_i (y_{i+1} - y_{i-1}) \qquad (10-9)$$

式中,当 $i=1$ 时,y_{i-1} 用 y_n 代替;当 $i=n$ 时,y_{i+1} 用 y_1 代替。上式是将多边形各顶点投影至 y 轴的面积计算公式。

将各顶点投影于 x 轴的面积计算公式为

$$A = \frac{1}{2} \sum_{i=1}^{n} y_i (x_{i+1} - x_{i-1}) \qquad (10-10)$$

式中,当 $i=1$ 时,x_{i-1} 用 x_n 代替;当 $i=n$ 时,x_{i+1} 用 x_1 代替。

图 10-12 的多边形顶点 1→2→3→4 为顺时针编号,计算出的面积为正值;如为逆时针编号,则计算出的面积为负值,但两种编号方法计算出的面积绝对值相等。

在图 10-12 中,设 3,4 两点弧长的半径为 R,由 3,4 两点的坐标反算出弧长的弦长 c,则弦长 c 所对的圆心角 θ 与弧长 l 为

$$\left. \begin{array}{l} \theta = 2\sin^{-1} \dfrac{c}{2R} \\ l = R\theta \end{array} \right\} \qquad (10-11)$$

弓形的面积为

$$A_{\text{弓}} = \frac{1}{2} R^2 (\theta - \sin\theta) \qquad (10-12)$$

式中的圆心角 θ 应以弧度为单位。

凸向多边形内部的弓形面积为负数,凸向多边形外部的弓形面积为正数,多边形面积与全部弓形面积的代数和即为带弓形多边形的面积。

[例 10-1] 图 10-13 为带弓形多边形,有 15 个顶点,3 个弓形,试用 fx-5800P 程序 QH3-6 计算其周长与面积。

[解] 执行程序 QH3-6 之前,应先将该多边形 15 个顶点的平面坐标按点号顺序输入到统计串列中。按 MODE 1 键进入 COMP 模式,按 FUNCTION 6 1 键执行 ClrStat 命令清除统计存储器;按 MODE 4 键进入 REG 模式,将图 10-13 所示 15 个点的 x 坐标依次输入统计串列 List X,y 坐标依次输入统计串列 List Y,结果如图 10-14 所示。

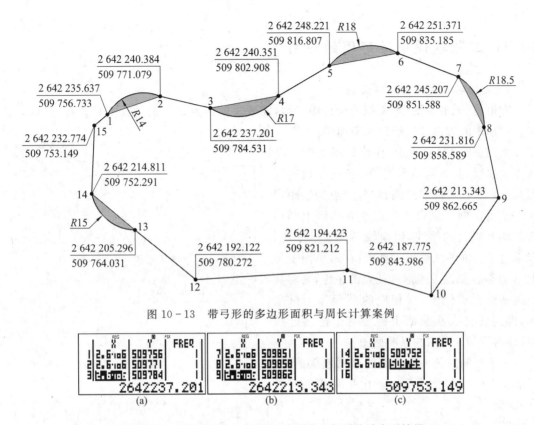

图 10-13　带弓形的多边形面积与周长计算案例

图 10-14　输入图 10-13 的 15 个顶点坐标到统计串列结果

执行程序 QH3-6,计算图 10-13 带弓形的多边形周长与面积的屏幕提示及操作过程如下:

屏幕提示	按键	说明
POLYGON(ARC) AREA QH3-6	EXE	显示程序标题
VERTEX n(m)=15	EXE	显示多边形顶点数
ARC START n, 0÷END=?	1 EXE	输入弓形起点号
ARC END n, 0÷END=?	2 EXE	输入弓形端点号
ARC +, -R(m)=?	14 EXE	输入弓形半径(>0 加弓形面积)
ARC START n, 0÷END=?	3 EXE	输入弓形起点号
ARC END n, 0÷END=?	4 EXE	输入弓形端点号
ARC +, -R(m)=?	-17 EXE	输入弓形半径(<0 减弓形面积)
ARC START n, 0÷END=?	5 EXE	输入弓形起点号
ARC END n, 0÷END=?	6 EXE	输入弓形端点号
ARC +, -R(m)=?	18 EXE	输入弓形半径(>0 加弓形面积)
ARC START n, 0÷END=?	7 EXE	输入弓形起点号
ARC END n, 0÷END=?	8 EXE	输入弓形端点号
ARC +, -R(m)=?	18.5 EXE	输入弓形半径(>0 加弓形面积)
ARC START n, 0÷END=?	13 EXE	输入弓形起点号
ARC END n, 0÷END=?	14 EXE	输入弓形端点号
ARC +, -R(m)=?12	15 EXE	输入弓形半径(>0 加弓形面积)
ARC START n, 0÷END=?	0 EXE	输入 0 结束弓形面积计算
PRIMETER(m)=292.812	EXE	显示带弓形多边形周长
AREA(m²)=5035.361	EXE	显示带弓形多边形面积
QH3-6÷END		程序执行结束显示

10.4 工程建设中地形图的应用

1) 按指定方向绘制纵断面图

在道路、隧道、管线等工程的设计中,通常需要了解两点之间的地面起伏情况,这时,可根据地形图的等高线来绘制纵断面图。

如图 10-15(a)所示,在地形图上作 A,B 两点的连线,与各等高线相交,各交点的高程即为交点所在等高线的高程,各交点的平距可在图上用比例尺量得。在毫米方格纸上画出两条相互垂直的轴线,以横轴 AB 表示平距,以垂直丁横轴的纵轴表示高程,在地形图上量取 A 点至各交点及地形特征点的平距,并将其分别转绘在横轴上,以相应的高程作为纵坐标,得到各交点在断面上的位置。连接这些点,即得到 AB 方向的纵断面图。

为了更明显地表示地面的高低起伏情况,断面图上的高程比例尺一般比平距比例尺大 5~20 倍。

2) 确定汇水面积

当道路需要跨越河流或山谷时,应设计建造桥梁或涵洞,兴修水库须筑坝拦水。而桥梁、涵洞孔径的大小,水坝的设计位置与坝高,水库的蓄水量等,都要根据汇集于这个地区的水流量来确定。汇集水流量的面积称为汇水面积。由于雨水是沿山脊线(分水线)向两侧山坡分流,所以汇水面积的边界线是由一系列山脊线连接而成的。

如图 10-16 所示,一条公路经过山谷,拟在 P 处建桥或修筑涵洞,其孔径大小应根据流经该处的流水量决定,而流水量又与山谷的汇水面积有关。由图可知,由山脊线和公路上的线段所围成的封闭区域 $A-B-C-D-E-F-G-H-I-A$ 的面积,就是这个山谷的汇水面积。量出该面积的值,再结合当地的气象水文资料,便可进一步确定流经公路 P 处的水量,从而为桥梁或涵洞的孔径设计提供依据。

确定汇水面积边界线时,应注意边界线(除公路 AB 段外)应与山脊线一致,且与等高

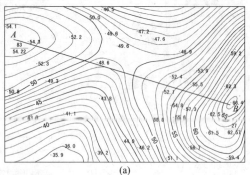

(a)

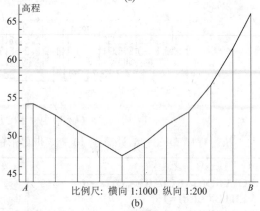

比例尺: 横向 1:1000 纵向 1:200

(b)

图 10-15 绘制纵断面图

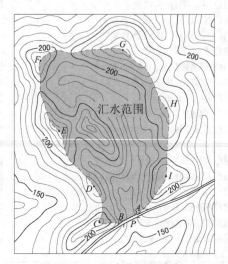

图 10-16 汇水范围的确定

234

线垂直;边界线是经过一系列的山脊线、山头和鞍部的曲线,并在河谷的指定断面(公路或水坝的中心线)闭合。

3)场地平整时的填挖边界确定和土方量计算

场地平整有两种情形,其一是平整为水平场地,其二是整理为倾斜面场地。土方量的计算方法有方格网法、断面法与等高线法,本节只介绍方格网法。

(1)平整为水平场地

图10-17为某场地的地形图,假设要求将原地貌按挖填平衡的原则改造成水平面,土方量的计算步骤如下:

① 在地形图上绘制方格网

方格网的尺寸取决于地形的复杂程度、地形图比例尺的大小和土方计算的精度要求,方格边长一般为图上2cm。各方格顶点的高程用线性内插法求出,并注记在相应顶点的右上方。

② 计算挖填平衡的设计高程

先将每个方格顶点的高程相加除4,得到各方格的平均高程 H_i,再将各方格的平均高程相加除以方格总数 n,就得到挖填平衡的设计高程 H_0,计算公式为

$$H_0 = \frac{1}{n}(H_1 + H_2 + \cdots + H_n) = \frac{1}{n}\sum_{i=1}^{n} H_i \qquad (10-13)$$

在式(10-13)中,图10-17所示的方格网角点 A_1,A_4,B_5,D_1,D_5 的高程只用了1次,边点 A_2,A_3,B_1,C_1,D_2,D_3 …等的高程用了2次,拐点 B_4 的高程用了3次,中点 B_2,B_3,C_2,C_3 …的高程用了4次,根据上述规律,可以将式(10-13)化简为

$$H_0 = (\sum H_\text{角} + 2\sum H_\text{边} + 3\sum H_\text{拐} + 4\sum H_\text{中})/4n \qquad (10-14)$$

称式(10-14)中 Σ 前的系数 1,2,3,4 为方格顶点的面积系数,将图10-17中各方格顶点的高程代入式(10-14),即可计算出设计高程为 33.04m。在图10-17中内插出 33.04m 的等高线(虚线)即为挖填平衡的边界线。

③ 计算挖、填高度

将各方格顶点的高程减去设计高程 H_0 即得其挖、填高度,其值注记在各方格顶点的左上方。

④ 计算挖、填土方量

可按角点、边点、拐点和中点分别计算,公式如下:

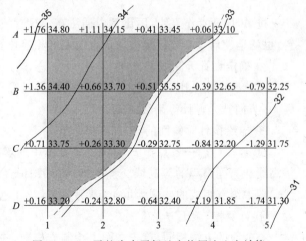

图10-17 平整为水平场地方格网法土方计算

$$\left.\begin{array}{l}\text{角点}:挖(填)高 \times \frac{1}{4}方格面积 \\[1mm] \text{边点}:挖(填)高 \times \frac{2}{4}方格面积 \\[1mm] \text{拐点}:挖(填)高 \times \frac{3}{4}方格面积 \\[1mm] \text{中点}:挖(填)高 \times \frac{4}{4}方格面积 \end{array}\right\} \qquad (10-15)$$

（2）整理为倾斜面场地

将原地形整理成某一坡度的倾斜面，一般可根据挖、填平衡的原则，绘制出设计倾斜面的等高线。但是，有时要求所设计的倾斜面必须包含某些不能改动的高程点（称设计倾斜面的控制高程点），例如已有道路的中线高程点，永久性或大型建筑物的外墙地坪高程等。如图 10-18 所示，设 A,B,C 三点为控制高程点，其地面高程分别为 54.6m，51.3m 和 53.7m。要求将原地形整理成通过 A,B,C 三点的倾斜面，其土方量的计算步骤如下：

① 确定设计等高线的平距

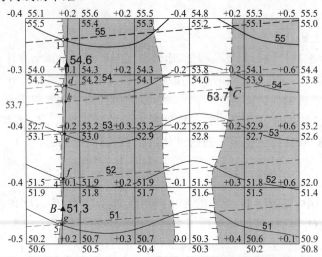

图 10-18　平整为倾斜平面场地方格网法土方计算

过 A,B 两点作直线，用比例内插法在 AB 直线上求出高程为 54m，53m，52m 各点的位置，也就是设计等高线应经过 AB 直线上的相应位置，如 $d,e,f,g,\cdots$ 等点。

② 确定设计等高线的方向

在 AB 直线上比例内插出一点 k，使其高程等于 C 点的高程 53.7m。过 kC 连一直线，则 kC 方向就是设计等高线的方向。

③ 插绘设计倾斜面的等高线

过 $d,e,f,g,\cdots$ 各点作 kC 的平行线（图中的虚线），即为设计倾斜面的等高线。过设计等高线和原同高程的等高线交点的连线，如图中连接 $1,2,3,4,5$ 等点，就可得到挖、填边界线。图中绘有短线的一侧为填土区，另一侧（灰底色）为挖土区。

④ 计算挖、填土方量

与前面的方法相同，首先在图上绘制方格网，并确定各方格顶点的挖深和填高量。不同之处是各方格顶点的设计高程是根据设计等高线内插求得的，并注记在方格顶点的右下方。其填高和挖深量仍注记在各顶点的左上方。挖方量和填方量的计算和前面的方法相同。

（3）使用 fx-5800P 程序 QH3-5 计算场地平整的土方量

执行程序 QH3-5 之前，应先在统计串列中输入方格顶点的面积系数与高程。当平整为水平面时，只需要在 **List X** 与 **List Y** 串列分别输入各顶点的面积系数与高程，此时，频率串列 **List Freq** 自动变成 **1**，<u>除非平整为倾斜面，否则请不要改变机器自动生成的 List Freq 的数值 1</u>；当平整为倾斜平面时，除需要在 **List X** 与 **List Y** 串列分别输入各顶点的面积系数与高程外,还需要在 **List Freq** 输入顶点的设计高程。程序对顶点面积系数与高程的输入顺序没有要求,可以按任意顺序输入。

[例 10-2]　试用程序 QH3-5 计算图 10-17 所示挖填平衡的设计高程及其挖填土方量,计算设计高程为 32m 时的挖填土方量。

[解]　按⟨MODE⟩①键进入 **COMP** 模式,按⟨FUNCTION⟩⑥①键执行 **ClrStat** 命令清除统计存储器;按⟨MODE⟩④键进入 **REG** 模式,在统计串列中输入方格顶点的面积系数与高程,结果如图10-19所示。

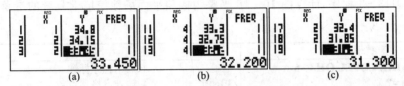

图 10-19　在统计串列输入图 10-17 所示 19 个顶点的面积系数与高程结果

执行 QH3-5 程序,计算图 10-19 挖填平衡设计高程及其土方量的屏幕提示与操作过程如下:

屏幕提示	按键	说明
EARTHWORK LEVEL QH3-5	EXE	显示程序标题
VERTEX n=?	**19** EXE	输入方格顶点数
SQUARE n=?	**11** EXE	输入方格网数
WIDTH D(m)=?	**20** EXE	输入方格网宽度
BALANCE YES(0)，NO(≠0)=?	**0** EXE	输入 0 为挖填平衡
H0(m)=33.039	EXE	显示挖填平衡高程
WA(m3)=1491.136	EXE	显示挖方量
TIAN(m3)=-1491.136	EXE	显示填方量
W+T(m3)=0	EXE	显示挖填代数和
QH3-5⇒END		程序执行结束显示

重复执行程序 QH3-5,输入设计高程 32m,计算挖填土方量的屏幕提示与操作过程如下:

屏幕提示	按键	说明
EARTHWORK LEVEL QH3-5	EXE	显示程序标题
VERTEX n=?19	EXE	使用最近一次输入的方格顶点数
SQUARE n=?11	EXE	使用最近一次输入的方格网数
WIDTH D(m)=?20	EXE	使用最近一次输入的方格网宽度
BALANCE YES(0)，NO(≠0)=?	**1** EXE	输入非 0 值计算指定设计高程的挖填方量
H0(m)=?	**32** EXE	输入设计水平面的高程
WA(m3)=4720.000	EXE	显示挖方量
TIAN(m3)=-150.000	EXE	显示填方量
W+T(m3)=4570.000	EXE	显示挖填代数和
QH3-5⇒END		程序执行结束显示

[例 10-3]　试用程序 QH3-5 计算图 10-18 所示平整为倾斜平面场地的挖填土方量。

[解]　按⟨MODE⟩①键进入 **COMP** 模式,按⟨FUNCTION⟩⑥①键执行 **ClrStat** 命令清除统计存储器;按⟨MODE⟩④键进入 **REG** 模式,在统计串列中输入方格顶点的面积系数、实际高程与设计高程,

结果如图 10-20 所示。

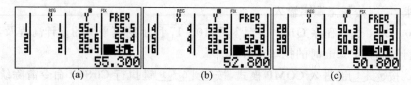

图 10-20 输入图 10-18 所示 30 个顶点的面积系数与高程结果

执行 QH3-5 程序,计算图 10-18 平整为倾斜平面场地挖填土方量的屏幕提示与操作过程如下:

屏幕提示	按键	说明
EARTHWORK LEVEL QH3-5	EXE	显示程序标题
VERTEX n=?	30 EXE	输入方格顶点数
SQUARE n=?	20 EXE	输入方格网数
WIDTH D(m)=?	20 EXE	输入方格网宽度
WA(m3)=1440.000	EXE	显示挖方量
TIAN(m3)=-580.000	EXE	显示填方量
W+T(m3)=860.000	EXE	显示挖填代数和
QH3-5≑END		程序运行结束显示

本章小结

(1) 地形图图廓外的注记内容有图号、图名、接图表、比例尺、坐标系、使用图式、等高距、测图日期、测绘单位、坐标格网等内容,中小比例尺地形图还绘制有三北方向线和坡度尺。

(2) 中、小比例尺地形图采用国际梯形分幅,其中一幅 1：100 万比例尺地形图的经差为 6°,纬差为 4°;1：50 万、1：25 万、1：10 万、1：5 万、1：2.5 万、1：1 万、1：5000 七种比例尺地形图的分幅与编号为在 1：100 万比例尺地形图分幅与编号的基础上进行。

(3) 纸质地形图应用的主要内容有:量测点的平面坐标与高程,量测直线的长度、方位角及坡度,计算汇水面积,绘制指定方向的断面图。

(4) CAD 法适用于计算任意图形的面积,它需要先获取图形的图像文件;解析法适用于计算顶点平面坐标已知的多边形面积。

(5) 方格网法土方量计算的原理是将需要平整场地的区域划分为若干个方格,每个方格的面积乘以该方格 4 个顶点高程的平均值即为该方格的土方量,为了简化方格 4 个顶点高程平均值的计算,将方格顶点分类为角点、边点、拐点、中点,其面积系数分别为 1,2,3,4。

思考题与练习题

[10-1] 从 Google Earth 上获得广州新电视塔中心点的经纬度分别为 $L=113°19'09.29''E$,$B=23°06'32.49''N$,试用高斯投影正算程序 PG2-1.exe 计算该地所在图幅的 1：100 万~1：5000 八种比例尺地形图的图幅编号及其西南角经纬度。

[10-2] 使用 CASS 打开随书光盘"\数字地形图练习\1 比 1 万数字地形图.dwg"文

件,试在图上测量出鹅公山顶 65.2m 高程点至烟管山顶 43.2m 高程点间的水平距离和坐标方位角,并计算出两点间的坡度。

[**10-3**] 根据图 10-21 的等高线,作 AB 方向的断面图。

[**10-4**] 场地平整范围见图 10-21 方格网所示,方格网的长宽均为 20m,试用 fx-5800P 程序 QH3-5 计算:① 挖填平衡的设计高程 H_0 及其土方量,并在图上绘出挖填平衡的边界线;② 设计高程 H_0=46m 的挖填土方量;③ 设计高程 H_0=42m 的挖填土方量。

[**10-5**] 试在 Google Earth 上获取安徽巢湖的图像并测量一条基准距离,将获取的图像文件引入 AutoCAD,使用所测基准距离校正插入的图像,然后用 CAD 法计算安徽巢湖的周长与面积。

[**10-6**] 已知七边形顶点的平面坐标如图 10-22 所示,分别用 CAD 法与 fx-5800P 程序 QH3-6 计算其周长与面积。

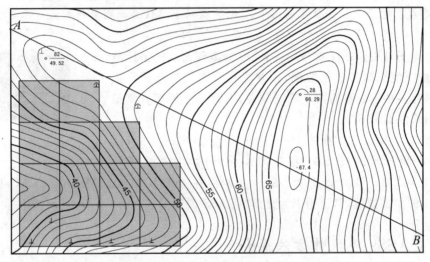

图 10-21 绘制断面图与土方计算

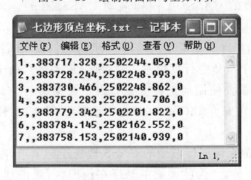

图 10-22 七边形顶点坐标

11 大比例尺数字地形图的测绘与应用

本章导读

- **基本要求** 掌握数字测图软件 CASS 的功能与基本操作方法,了解"草图法"与"电子平板法"数字测图的原理与方法;掌握方格网法土方计算与区域土方量平衡计算的方法,掌握断面图的绘制方法。
- **重点** 应用数字地形图计算土方量与绘制断面图。
- **难点** 电子平板法数字测图中,CASS 驱动全站仪自动测量的设置内容与方法。

数字测图是用全站仪或 GNSS RTK 采集碎部点的坐标数据,应用数字测图软件绘制成图,其方法有草图法与电子平板法。国内有多种较成熟的数字测图软件,本章只介绍南方测绘数字测图软件 CASS。

图 11-1 CASS9.1 桌面按钮

CASS7.1 及以前的版本是按 1996 年版图式设计的,从 CASS2008 版开始是按 2007 年版图式设计的,本章介绍的 CASS9.1 为 2012 年的最新版,图 11-1 是在安装了 AutoCAD2004 的 PC 机上安装 CASS9.1 的桌面图标,其说明书为光盘"\CASS 说明书\CASS90help.chm"文件。

11.1 CASS9.1 操作方法简介

双击 Windows 桌面的 CASS9.1 图标启动 CASS,图 11-2 是 CASS9.1 for Auto-CAD2004 的操作界面。

CASS 与 AutoCAD2004 都是通过执行命令的方式进行操作,执行命令的常用方式有下拉菜单、工具栏、屏幕菜单与命令行直接输入命令名(或别名),由于 CASS 的命令太多不易记忆,因此,操作 CASS 主要使用前三种方式。因下拉菜单与工具栏的使用方法与 Auto-CAD 完全相同,所以,本节只介绍 CASS 的"地物绘制菜单"与"属性面板"的操作方法。

1) 地物绘制菜单

图 11-2 右侧为停靠在绘图区右侧的 CASS 地物绘制菜单,左键双击(以下简称双击)菜单顶部的双横线 ⬛⬛⬛⬛⬛⬛⬛⬛ 为使该菜单悬浮在绘图区,双击悬浮菜单顶部 CASS9.0成图软件 为使该菜单恢复停靠在绘图区右侧。左键单击(以下简称单击)地物绘制菜单右上方的 ✕ 按钮为关闭该菜单,地物绘制菜单关闭后,应执行下拉菜单"显示/地物绘制菜单"命令才能打开该菜单。

地物绘制菜单的功能是绘制各类地物与地貌符号。2007 年版图式将地物、地貌与注记符号分为 9 个类别,其章节号与常用符号见表 9-3 所示,地物绘制菜单设置有 11 个符号库,两者的分类比较列于表 11-1。

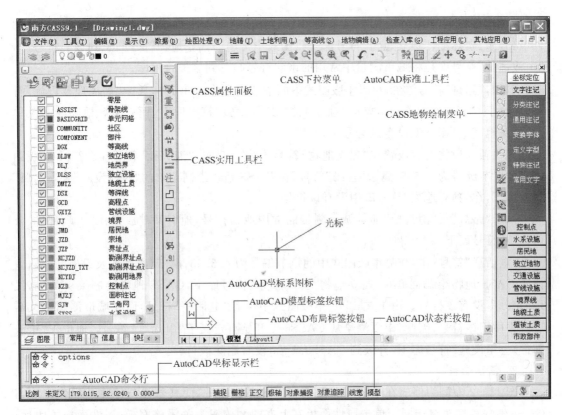

图 11-2 CASS9.1 的操作界面

表 11-1 　　　　CASS 地物绘制菜单符号库与 2007 年版图式符号的比较

章节	2007 年版图式	序号	地物绘制菜单	菜单内容
4.1	测量控制点	2	控制点	平面控制点/其他控制点
4.2	水系	3	水系设施	自然河流/人工河渠/湖泊池塘/水库/海洋要素/礁石岸滩/水系要素/水利设施
4.3	居民地及设施	4	居民地	一般房屋/普通房屋/特殊房屋/房屋附属/支柱墩/垣栅
4.4	交通	6	交通设施	铁路/火车站附属设施/城际公路/城市道路/乡村道路/道路附属/桥梁/渡口码头/航行标志
4.5	管线	7	管线设施	电力线/通讯线/管道/地下检修井/管道附属
4.6	境界	8	境界线	行政界线/其他界线/地籍界线
4.7	地貌	9	地貌土质	等高线/高程点/自然地貌/人工地貌
4.8	植被与土质	10	植被土质	耕地/园地/林地/草地/城市绿地/地类防火/土质
4.9	注记	1	文字注记	分类注记/通用注记/变换字体/定义字型/特殊注记/常用文字
		5	独立地物	矿山开采/工业设施/农业设施/公共服务/名胜古迹/文物宗教/科学观测/其他设施
		11	市政部件	面状区域/公用设施/道路交通/市容环境/园林绿化/房屋土地/其他设施

由表 11-1 可知,2007 年版图式并没有 CASS 地物绘制菜单的"独立地物"与"市政部件"符号库,实际上,"独立地物"符号库是将图式中常用的独立地物符号归总到该类符号库,"市政部件"符号库是将城市测量中常用的市政符号归总到该类符号库。

例如,"路灯"符号🕯在 2007 年版图式中的章节编号为 4.3.106,属于"居民地及设施"符号,它位于 CASS 地物绘制菜单的"独立地物/其他设施"符号库下,而 CASS 地物绘制菜单的"居民地"符号库下就没有该符号了。

某些独立地物没有放置在"独立地物"符号库中。例如,"消火栓"符号🔥在 2007 年版图式中的章节编号为 4.5.9,属于"管线"符号,在 CASS 地物绘制菜单的"管线设施/管道附属"符号库下,在"独立地物"符号库中没有该符号。

由于"路灯"与"消火栓"都是城市测量的常用地物符号,他们又被放置在"市政部件/公用设施"符号库下。

"电话亭"符号📞在 2007 年版图式中的章节编号为 4.3.55,属于"居民地及设施"符号,它位于 CASS 地物绘制菜单的"独立地物/公共服务"符号库下,CASS 地物绘制菜单的"居民地"符号库没有该符号。由于在 1996 年版图式中没有"电话亭"符号,而在城市测图中又需要经常使用该符号,因此,南方测绘从 CASS6.1 开始自定义了"电话亭"符号📞,他位于"市政部件/公用设施"符号库下,升级到 CASS9.1 后,没有删除该符号。

2)属性面板

图 11-2 左侧为停靠在绘图区左侧的 CASS 属性面板,使其悬浮与停靠的操作方法与 CASS 地物绘制菜单相同。单击属性面板右上方的✕按钮为关闭该面板,属性面板关闭后,应执行下拉菜单"显示/打开属性面板"命令才能打开该面板。

属性面板集图层管理、常用工具、检查信息、实体属性为一体,单击属性面板底部的 图层 、 常用 、 信息 、 快捷地物 、 属性 等选项卡按钮,可以使属性面板分别显示图层、常用、信息、快捷地物、属性等五项内容。

图 11-3 为打开系统自带图形文件"\Cass91 For AutoCAD2004 \demo\STUDY.DWG",单击属性面板底部的 图层 选项卡按钮,使属性面板显示该文件的图层信息;图层名左侧的复选框为勾选时☑,表示显示该图层的信息,单击该复选框使之变成☐时,为不显示该图层的信息。

单击居民地图层⊞ ☑■左侧的⊞按钮,使之变成⊟按钮,为展开该图层下存储的地物信息。由图 11-3 的属性面板可知,该文件的 JMD 图层下共有 12 种居民地地物,单击地物编码左侧的复选框为设置是否显示该地物;双击地物行为将该地物居中显示。属性面板的更多功能请参阅光盘说明书文件。

11.2 草图法数字测图

外业使用全站仪(或 GNSS RTK)测量碎部点的三维坐标,领图员实时绘制碎部点构成的地物轮廓线、类别并记录碎部点点号,碎部点点号应与全站仪自动记录的点号严格一致。内业将全站仪内存中的碎部点三维坐标下载到 PC 机的数据文件中,并将其转换为 CASS 展点坐标文件,在 CASS 中展绘碎部点的坐标,再根据野外绘制的草图在 CASS 中绘制地物。

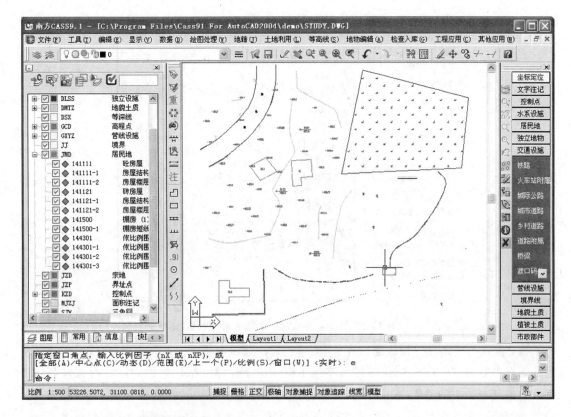

图 11-3 打开系统自带图形文件"\Cass91 For AutoCAD2004\demo\STUDY.DWG"的属性面板

1) 人员组织

(1) 观测员 1 人:负责操作全站仪,观测并记录碎部点坐标,观测中应注意检查后视方向并与领图员核对碎部点点号。

(2) 领图员 1 人:负责指挥立镜员,现场勾绘草图。要求熟悉地形图图式,以保证草图的简洁及正确无误,应注意经常与观测员对点号,一般每测 50 个碎部点就与观测员核对一次点号。

草图纸应有固定格式,不应随便画在几张纸上;每张草图纸应包含日期、测站、后视、测量员、领图员等信息;搬站时,尽量更换草图纸,不方便时,应记录本草图纸内的点所隶属的测站。

(3) 立镜员 1 人:负责现场立镜,要求对立镜跑点有一定的经验,以保证内业制图的方便;经验不足者,可由领图员指挥立镜,以防引起内业制图的麻烦。

(4) 内业制图员:一般由领图员担任内业制图任务,操作 CASS 展绘坐标文件,对照草图连线成图。

2) 野外采集数据下载到 PC 机文件

使用数据线连接全站仪与 PC 机的通讯口,设置好全站仪的通讯参数,在 CASS 中执行下拉菜单"数据/读取全站仪数据"命令,弹出图 11-4 所示的"全站仪内存数据转换"对话框。

(1) 在"仪器"下拉列表中选择所使用的全站仪类型,对于科维 TKS-202R 全站仪应选择"拓普康 GTS-700"。

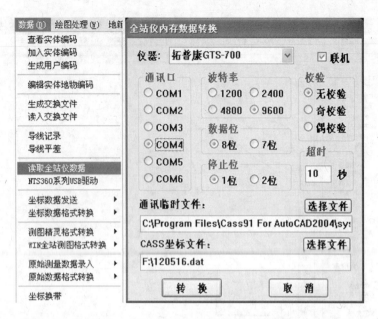

图 11-4 执行 CASS 下拉菜单"数据/读取全站仪数据"命令的界面

(2) 设置与全站仪一致的通讯参数,图中设置的通讯参数为 TKS-202R 全站仪出厂设置的通讯参数,在"CASS 坐标文件"文本框中输入用于存储全站仪数据的路径与文件名,也可以单击其右上方的 [选择文件] 按钮,在弹出的文件选择对话框中选择路径并输入文件名与扩展名 dat。

(3) 单击 [转 换] 按钮,CASS 弹出图 11-5 左图所示的提示对话框,先单击 [确定] 按钮启动 CASS 接收数据,再操作全站仪发送坐标数据,即可将发送的坐标数据保存到图 11-4右图设置的坐标文件 F:\120512.dat。

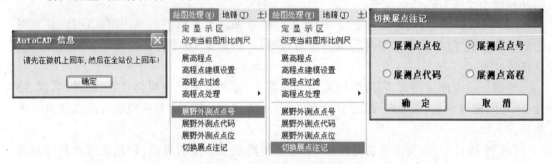

图 11-5 使用 CASS 下载全站仪坐标数据提示对话框、执行绘图处理下拉
菜单"展野外测点点号"命令界面、执行"切换展点注记"命令界面及其对话框

3) 在 CASS 中展绘碎部点

执行下拉菜单"绘图处理/展野外测点点号"命令(图 11-5 左二图所示),在弹出的文件选择对话框中选择需展绘的坐标文件,单击 [打开(O)] 按钮,将所选坐标文件的点位展绘在 CASS 绘图区;执行 AutoCAD 的 zoom 命令,键入 E 按回车键即可在绘图区看见展绘好的碎部点点位和点号。该命令创建的点位和点号对象位于"ZDH"(意指展点号)图层,其中的点位对象是 AutoCAD 的"point"对象,用户可以执行 AutoCAD 的 ddptype 命令修改点样式

来改变点的显示模式。

　　用户可以根据需要执行下拉菜单"绘图处理/切换展点注记"命令(图 11-5 右二图所示),在弹出的图 11-5 右图所示的对话框中选择所需的注记内容。

　　4) 根据草图绘制地物

　　在图 11-6 所示的草图中,有Ⅱ74,Ⅱ75,Ⅱ76 三个二级导线点,其 CASS 展点格式坐标文件为光盘"\数字地形图练习\草图法数字测图\导线点.dat"文件,用 Windows 记事本打开该文件的内容如图 11-7 左图所示,每行坐标数据的格式为:有编码点坐标——"点号,编码,y,x,H",无编码点坐标——"点号,y,x,H",分隔数据位的逗号应为西文逗号。

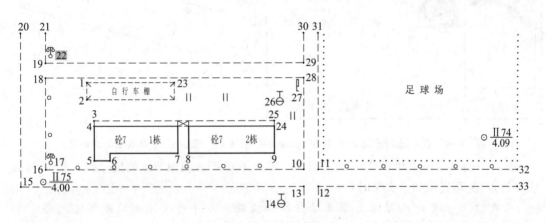

图 11-6　野外绘制的地物草图案例

　　将全站仪安置在Ⅱ75 点,使用全站仪采集了 1—22 号点的坐标;再将全站仪搬站至Ⅱ74 点,使用同一个坐标文件,继续采集 23～33 号点的坐标,设从全站仪内存下载的 CASS 展点格式坐标文件为光盘"\数字地形图练习\草图法数字测图\120516.dat"文件,内容如图 11-7 右二图所示。

图 11-7　CASS 展点坐标格式的导线点坐标文件与碎部点坐标文件

　　下面介绍根据图 11-6 所示的草图,在 CASS 中绘制数字地形图的方法。

启动 CASS9.1，执行下拉菜单"绘图处理/展野外测点点号"命令两次，分别展绘"导线点.dat"与"120516.dat"坐标文件。单击地物绘制菜单第一行的命令按钮，在弹出的下拉菜单中单击"坐标定位"命令，设置使用鼠标定位。

由图 11-6 所示的草图可知，23 号，1 号，2 号点为自行车棚房的三个角点，单击地物绘制菜单的"居民地"按钮，在展开的列表菜单中单击"普通房屋"，在弹出的图 11-8 左图所示的"普通房屋"对话框中，双击"无墙的棚房"图标，命令行提示输入地形图比例尺如下：

绘图比例尺 1：＜500＞Enter

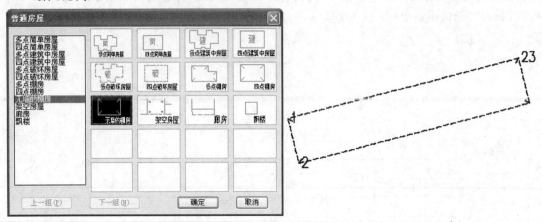

图 11-8　执行地物绘制菜单"居民地/普通房屋/无墙的棚房"命令及其绘制的棚房

按回车响应为使用缺省设置的比例尺 1：500；在绘图区使用节点捕捉分别点取 23 号，1 号，2 号点，屏幕提示如下文字时：

曲线 Q/边长交会 B/跟踪 T/区间跟踪 N/垂直距离 Z/平行线 X/两边距离 L/闭合 C/隔一闭合 G/隔一点 J/隔点延伸 D/微导线 A/延伸 E/插点 I/回退 U/换向 H＜指定点＞G

按 G 键执行"隔一闭合"选项闭合该棚房，结果如图 11-8 右图所示，绘制的棚房自动放置在 JMD 图层。

26 号点为消火栓，单击地物绘制菜单的"管线设施"按钮，在展开的列表菜单中单击"管道附属"，在弹出的图 11-9 左图所示的"管道附属设施"对话框中，双击"消火栓"图标，在绘图区使用节点捕捉 26 号点，即在 26 号点位绘制消火栓符号，结果如图 11-9 右图所示，所

图 11-9　执行地物绘制菜单"管线设施/管道附属/消火栓"命令的对话框及其绘制的消火栓符号

绘制的消火栓符号自动放置在 GXYZ 图层。

根据图 11-6 所示的草图,完成全部地物绘制与注记的数字地形图如图 11-10 所示,该图形的光盘文件为"\数字地形图练习\草图法数字测图\草图法案例.dwg"。

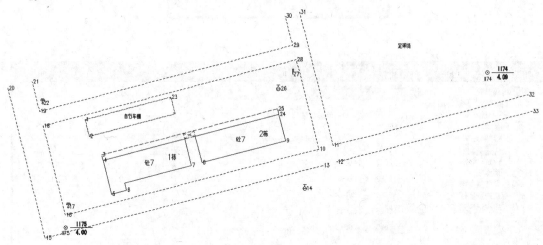

图 11-10 完成地物绘制与文字注记的数字地形图

用户可以用 CASS 打开该图形文件,再执行下拉菜单"绘图处理/切换展点注记"命令,在弹出的"切换展点注记"对话框中(图 11-5 右图),单击"展测点高程"单选框,将点号注记切换为测点高程注记,再删除不需要的高程点,即可完成数字地形图的整饰工作。

11.3 电子平板法数字测图

使用 UTS-232 数据线将安装了 CASS9.1 的笔记本电脑与测站上安置的全站仪连接起来,完成测站设置与后视定向操作后,使全站仪瞄准某个待测地物点的棱镜,在地物绘制菜单执行绘制该地物命令,CASS 自动发出指令驱动全站仪测距,全站仪观测碎部点棱镜的水平盘读数、竖盘读数与斜距自动传输到笔记本电脑,CASS 根据测站点与后视点坐标、仪器高与镜高自动计算出碎部点的三维坐标,并在绘图区自动展绘地物符号。

与草图法数字测图比较,电子平板法是现场测量并实时展绘碎部点的坐标,因此,不需要记录碎部点点号,但对笔记本电脑的电池续航时间有较高的要求。

1) 人员组织

观测员 1 人:负责操作全站仪瞄准棱镜。

制图员 1 人:负责指挥立镜员、现场操作笔记本电脑、内业处理整饰地形图。

立镜员 1~2 人:负责碎部点立镜。

2) 在 CASS 展绘控制点

可执行下拉菜单"编辑/编辑文本文件"命令,调用 Windows 记事本创建测区已知点坐标文件,例如,图 11-7 左图即为图 11-10 所示测区的 3 个二级导线点坐标文件。

执行下拉菜单"绘图处理/展野外测点点号"命令,在 CASS 绘图区展绘已知点坐标文件,执行 zoom 命令的 E 选项使展绘的所有已知点都显示在当前视图内。

图 11-11

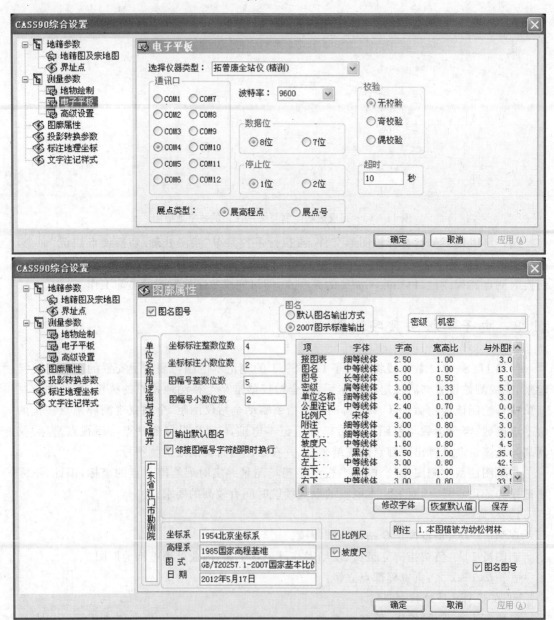

图 11-12　执行 CASS 下拉菜单"文件/CASS 参数配置"命令,设置"电子平板"与"图廓属性"对话框

3）设置 CASS 参数

执行下拉菜单"文件/CASS 参数配置"命令，在弹出的"CASS90 综合设置"对话框中分别设置"电子平板"与"图廓属性"的内容，结果如图 11-12 所示；单击 确定 按钮，关闭"CASS90 综合设置"对话框。

当使用 TKS-202R 全站仪测量时，在图 11-12 上图所示的"电子平板"对话框中，"选择仪器类型"列表框应设置为"拓普康全站仪（精测）"或"拓普康全站仪（粗测）"。本例设置笔记本的通讯口为 COM4，具体选择哪个 COM 口，应根据用户所插入 USB 口的不同而不同，查询用户所插入 USB 口的 COM 口号的方法请参阅光盘"\全站仪通讯软件\拓普康\UTS-232 数据线使用方法.pdf"文件。

4）测站准备

在导线点 Ⅱ75 安置 TKS-202R 全站仪，用 UTS-232 数据线连接全站仪的通讯口与笔记本电脑的 USB 口，设置 TKS-202R 全站仪的通讯参数与图 11-12 上图所示的 CASS 通讯参数相同。

使望远镜瞄准后视点 Ⅱ76 的照准标志，按 ANG 键进入角度模式 P1 页软键菜单，按 F1（置零）F3 键，设置当前望远镜视准轴方向的水平盘读数为 $0°00'00''$。

用小钢尺量取仪器高（假设为 1.47m）。在笔记本电脑上，单击 CASS 地物绘制菜单的"坐标定位"按钮，在弹出的下拉菜单中单击"电子平板"按钮（图 11-13 左图所示），弹出图 11-13 左二图所示的"电子平板测站设置"对话框，操作步骤如下：

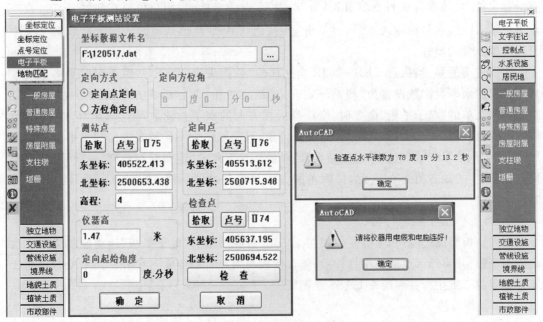

图 11-13 在地物绘制菜单执行"电子平板"命令的操作过程

（1）输入坐标文件名

在坐标数据文件名栏输入路径与坐标文件名"F:\120517.dat"，该文件用于存储 CASS 应用测站与后视点坐标、测站高与棱镜高、全站仪发送的碎部点水平盘读数、竖盘读数、斜距自动计算出的碎部点的三维坐标。

（2）输入测站点坐标与仪器高

单击"测站点"区域内的 ![拾取] 按钮，在屏幕绘图区节点捕捉Ⅱ75点为测站点，此时，Ⅱ75点的三维坐标将显示在该区域的坐标栏内；在"点号"栏输入点名Ⅱ75，在"仪器高"栏输入仪器高，本例的仪器高为1.47。

（3）输入后视定向点坐标

单击"定向点"区域内的 ![拾取] 按钮，在屏幕绘图区节点捕捉Ⅱ76点为定向点，此时，Ⅱ76点的平面坐标将显示在该区域的坐标栏内，在"点号"栏输入点名Ⅱ76。

（4）检查点

单击"检查点"区域内的 ![拾取] 按钮，在屏幕绘图区拾取Ⅱ74点为检查点，此时，Ⅱ74点的平面坐标将显示在该区域的坐标栏内，在"点号"栏输入点名Ⅱ74。对话框的设置结果如图11-13左二图所示。

单击 ![检查] 按钮，弹出图11-13右二上图所示的对话框，其中检查点水平角为∠Ⅱ76-Ⅱ75-Ⅱ74=78°19′13.2″；使全站仪瞄准检查点Ⅱ74的照准标志，此时全站仪屏幕显示的水平盘读数为78°19′13″时，说明测站设置与后视定向无误。单击 ![确定] 按钮，关闭提示对话框，屏幕显示图11-13右二下图所示的对话框，单击 ![确定] 按钮完成测站设置与后视定向操作，此时，地物绘制菜单顶部的按钮变成"电子平板"，结果如图11-13右图所示。

在"电子平板测站设置"对话框的"坐标数据文件名"栏中，当用户输入的坐标文件为已有坐标文件，且该坐标文件含有Ⅱ74，Ⅱ75，Ⅱ76点的坐标时，用户可以在测站、定向、检查点坐标输入区的点号栏输入点号，再单击 ![点号] 按钮，CASS自动从已输入的坐标数据文件中提取所输点号的坐标。

需要说明的是，当执行TKS-202R全站仪的"数据采集"命令时，后视定向是将全站仪后视方向的水平盘读数设置为"测站→定向点"的方位角（简称后视方位角）；而执行CASS地物绘制菜单的"电子平板"命令时，全站仪后视方向的水平盘读数可以设置为0°～360°范围内的任意数值，当然也可以设置为后视方位角，只需要使全站仪后视方向的水平盘读数与图11-13左二图所示"电子平板测站设置"对话框左下角的"定向起始角度"一致即可。"定向起始角度"的缺省值为0，因此，最简单的方式是将全站仪后视方向的水平盘读数设置为0°00′00″。

5）测量并自动展绘碎部点

电子平板测图过程中，主要是使用图11-13右图所示的"电子平板"地物绘制菜单驱动全站仪测距，并将碎部点的水平盘读数、竖盘读数与斜距自动传输到CASS，由CASS自动计算碎部点的三维坐标并展绘在CASS绘图区。

（1）操作方法

下面以测绘图11-10所示的1栋7层砼房为例说明操作方法，碎部点起始编号仍设为4。

使全站仪瞄准立在4号房角点的棱镜，单击地物绘制菜单的"居民地"按钮，展开"居民地"列表菜单，单击"一般房屋"按钮，在弹出的图11-14所示的"一般房屋"对话框中双击"多点砼房屋"图标，命令行提示的主要内容如下：

输入地物编码：<141111>

等待全站仪信号...

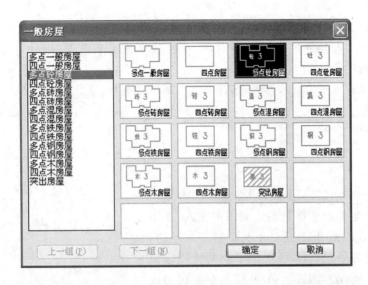

图 11-14 执行地物绘制菜单"居民地/一般房屋/多点砼房屋"命令

CASS 自动驱动全站仪测距,完成测距后返回图 11-15 左图所示的"全站仪连接"对话框,对话框中的水平角、垂直角、斜距为 CASS 自动从全站仪获取的碎部点原始观测值;输入碎部点名 4、棱镜高 1.52,单击 确定 按钮,CASS 命令行显示由 CASS 计算出的 4 号房角点三维坐标如下:

点号:4   X=2500671.294 米 Y=405532.511 米 H=4.113 米

曲线 Q/边长交会 B/跟踪 T/区间跟踪 N/垂直距离 Z/平行线 X/两边距离 L/圆 Y/内部点 O<鼠标定点,回车键连接,ESC 键退出>

该点自动展绘在 CASS 绘图区,算出的坐标数据自动存入坐标文件"F:\120517. dat",原始观测数据自动存入观测文件"F:\120517. HVS"。

使全站仪瞄准立在 5 号房角点的棱镜,在笔记本电脑按回车键,全站仪观测 5 号房角点的数据见图 11-15 左二图所示,点名自动设置为 5,棱镜高未改变时,单击 确定 按钮,CASS 自动完成 5 号房角点的坐标计算、数据存储与展点操作。同理,分别完成 6 号,7 号,8 号房角点的观测、坐标计算、数据存储与展点操作,屏幕显示下列信息时

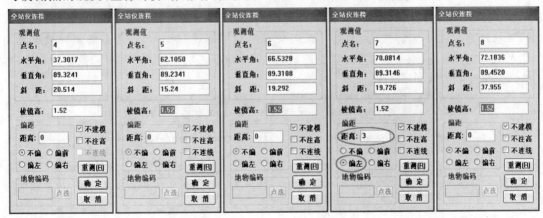

图 11-15   CASS 自动驱动全站仪测量 7 层砼房屋 5 个角点的观测结果

曲线 Q/边长交会 B/跟踪 T/区间跟踪 N/垂直距离 Z/平行线 X/两边距离 L/闭合 C/隔一闭合 G/隔一点 J/隔点延伸 D/微导线 A/延伸 E/插点 I/回退 U/换向 H<鼠标定点,回车键连接,ESC 键退出>G

输入层数(有地下室输入格式:房屋层数-地下层数)<1>:7

按 G 键执行"隔一闭合"选项,输入所测砼房层数 7,按回车键,即完成多点砼房的测绘工作,结果如图 11-16 所示。

CASS 自动绘制的 5 点砼房屋轮廓线与文字注记"砼 7"为单一对象,他们位于"JMD"图层。

(2)"全站仪连接"对话框中其余选项的意义

① "偏距"区域单选框及测点偏距的输入:如图 11-16 所示,在测站 Ⅱ75 是看不见 7 号房角点的,木例是将棱镜立在 7′点,7 号点位于全站仪望远镜视线方向偏左 3m 处,因此,CASS 驱动全站仪完成 7′点的观测后,弹出图 11-15 右二图所示的"全站仪连接"对话框时,应单击"偏左"单选框,在偏距栏输入 3,单击 确定 按钮,CASS 应用输入的偏距及偏向算出 7 点的坐标。

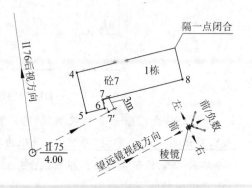

图 11-16 "全站仪连接"对话框中输入偏距的几何意义

"偏距"区域有四个单选框——"不偏"、"偏左"、"偏右"、"偏前",缺省设置为"不偏","偏左"、"偏右"、"偏前"的几何意义如图 11-16 所示,当点选"偏前"单选框时,输入正数偏距为偏向全站仪方向,输入负数偏距为离开全站仪方向。

② 复选框:有"不建模"、"不注高"、"不连线"三个复选框。当测点需要参与数字地面模型、也即参与绘制等高线时,应不勾选"不建模"复选框,本例地势比较平坦,所以勾选"不建模"复选框。勾选"不注高"复选框为不注记测点的高程,勾选"不连线"复选框为相邻测点不连线。

③ 重测回 按钮:废除"全站仪连接"对话框显示的观测数据,重新观测立镜点。

(3)CASS 创建的数据文件

在图 11-13 左二图所示的"电子平板测站设置"对话框中,在"坐标数据文件名"栏输入了"F:\120517.dat"坐标文件,因此,CASS 计算出的本例观测 4~8 号测点的坐标数据自动存入该坐标文件,其水平盘读数、竖盘读数、斜距自动存入"F:\120517.HVS"观测文件,本例两个文件的内容如图 11-17 所示。

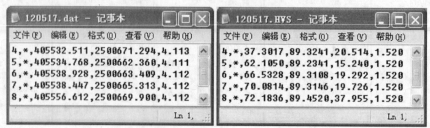

图 11-17 CASS 创建的坐标文件与原始观测文件的内容

11.4 绘制等高线与添加图框

操作 CASS 绘制等高线之前,应先创建数字地面模型 DTM(Digital Terrestrial Model)。DTM 是指在一定区域范围内,规则格网点或三角形点的平面坐标(x,y)和其他地形属性的数据集合。如果该地形属性是该点的高程坐标 H,则该数字地面模型又称为数字高程模型 DEM(Digital Elevation Model)。DEM 从微分角度三维地描述了测区地形的空间分布,应用 DEM 可以按用户设定的等高距生成等高线、绘制任意方向的断面图、坡度图、计算指定区域的土方量等。

下面以 CASS9.1 自带的地形点坐标文件"C:\Cass91 For AutoCAD2004\DEMO\dgx. dat"为例,介绍等高线的绘制方法。

1) 建立 DTM

执行下拉菜单"等高线/建立 DTM"命令,在弹出的图 11-18 左图所示的"建立 DTM"对话框中,点选"由数据文件生成"单选框,单击按钮,选择坐标文件 dgx. dat,其余设置见图中所示。单击 ▭确定▭ 按钮,屏幕显示图 11-18 右图所示的三角网,它位于"SJW"(意指三角网)图层。

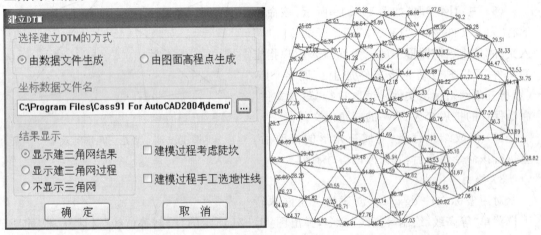

图 11-18 "建立 DTM"对话框的设置与创建的 DTM 三角网的结果

2) 修改数字地面模型

由于现实地貌的多样性、复杂性和某些点的高程缺陷(如山上有房屋,而屋顶上又有控制点),直接使用外业采集的碎部点很难一次性生成准确的数字高程模型,这就需要对生成的数字高程模型进行修改,它是通过修改三角网来实现的。

修改三角网命令位于下拉菜单"等高线"下,如图 11-19 所示,各命令的功能如下:

(1) 删除三角形:实际上是执行 AutoCAD 的 erase 命令,删除所选的三角形。当某局部内没有等高线通过时,可以删除周围相关的三角网。如误删,可执行 u 命令恢复。

(2) 过滤三角形:如果 CASS 无法绘制等高线或绘制的等高线不光滑,这是由于某些三角形的内角太小或三角形的边长悬殊太大所至,可用该命令过滤掉部分形状特殊的三角形。

(3) 增加三角形:点取屏幕上任意 3 个点可以增加一个三角形,当所点取的点没有高程时,CASS 将提示用户手工输入其高程值。

（4）三角形内插点：要求用户在任一个三角形内指定一个内插点，CASS 自动将内插点与该三角形的 3 个顶点连接构成 3 个三角形。当所点取的点没有高程时，CASS 将提示用户手工输入其高程值。

（5）删三角形顶点：当某一个点的坐标有误时，可以用该命令删除它，CASS 会自动删除与该点连接的所有三角形。

（6）重组三角形：在一个四边形内可以组成两个三角形，如果认为三角形的组合不合理，可以用该命令重组三角形，重组前后的差异如图 11-20 所示。

（7）删三角网：生成等高线后就不需要三角网了，如果要对等高线进行处理，则三角网就比较碍事，可以执行该命令删除三角网。最好先执行下面的"三角网存取"命令，将三角网保存好再删除，以便在需要时通过读入保存的三角网文件恢复。

图 11-19　修改 DTM 命令菜单

（8）三角网存取：如图 11-19 所示，该命令下有"写入文件"和"读出文件"两个子命令。"写入文件"是将当前图形中的三角网写入用户指定的文件，CASS 自动为该文件加上扩展名 SJW（意指三角网）；读出文件是读取执行"写入文件"命令保存的扩展名为 SJW 的三角网文件。

（9）修改结果存盘：完成三角形的修改后，应执行该命令保存后，其修改内容才有效。

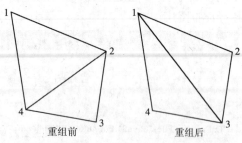

重组前　　　　　　重组后

图 11-20　重组三角形的效果

3）绘制等高线

对用坐标文件 dgx. dat 创建的三角网执行下拉菜单"等高线/绘制等高线"命令，弹出图 11-21 所示的"绘制等值线"对话框，根据需要完成对话框的设置后，单击 确定 按钮，CASS 开始自动绘制等高线。

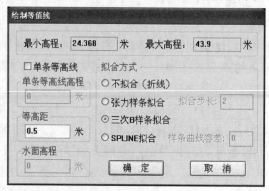

图 11-21　"绘制等值线"对话框的设置

254

采用图 11-21 所示设置绘制坐标文件 dgx.dat 的等高线如图 11-22 所示。

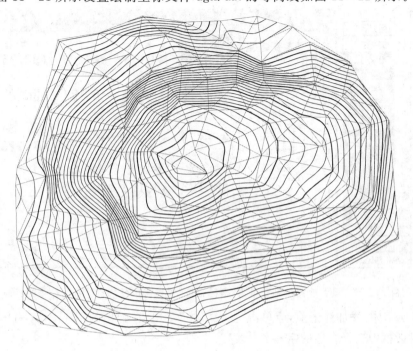

图 11-22　使用坐标文件"dgx.dat"绘制的等高线(等高距为 0.5m)

4) 等高线的修饰

(1) 注记等高线：有 4 种注记等高线的方法，其命令位于下拉菜单"等高线/等高线注记"下，如图 11-23 左图所示。批量注记等高线时，一般选择"沿直线高程注记"命令，它要求用户先执行 AutoCAD 的 line 命令绘制一条基本垂直于等高线的辅助直线，所绘直线的方向应为注记高程字符字头的朝向。执行"沿直线高程注记"命令后，CASS 自动删除该辅助直线，注记字符自动放置在 DGX(意指等高线)图层。

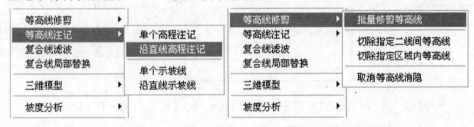

图 11-23　等高线注记与修剪命令选项

(2) 等高线修剪：有多种修剪等高线的方法，命令位于下拉菜单"等高线/等高线修剪"下，如图 11-23 右图所示，请读者播放光盘"教学视频\绘制等高线.avi"文件观看上述操作过程。

5) 地形图的整饰

本节只介绍使用最多的添加注记和图框的操作方法。

(1) 添加注记

单击地物绘制菜单下的"文字注记"按钮展开其命令列表，单击列表命令添加注记，一般需要将地物绘制菜单设置为"坐标定位"模式,界面如图 11 – 24 左图所示。

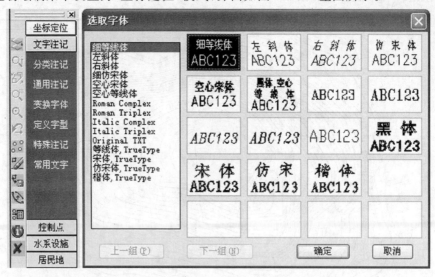

图 11 – 24　设置地物绘制菜单为"坐标定位"模式与执行"变换字体"命令的界面

　　① 变换字体:添加注记前,应单击"变换字体"按钮,在弹出的图 11 – 24 右图所示的"选取字体"对话框中选择合适的字体。

　　② 分类注记:单击"分类注记"按钮,弹出图 11 – 25 左图所示的"分类文字注记"对话框,图中为输入注记文字"迎宾路"的结果,注记文字位于 DLSS 图层,意指道路设施。

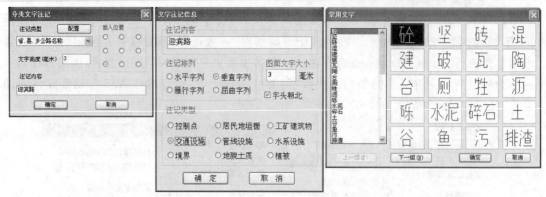

图 11 – 25　分别执行"分类注记"、"通用注记"与"常用文字"命令弹出的对话框

　　③ 通用注记:单击"通用注记"按钮,弹出图 11 – 25 中图所示的"文字注记信息"对话框,图中为输入注记文字"迎宾路"的结果,注记文字也位于 DLSS 图层。

　　④ 常用文字:单击"常用文字"按钮,弹出图 11 – 25 右图所示的"常用文字"对话框,用户所选的文字不同,注记文字将位于不同的图层。例如,选择"砼"时,注记文字位于 JMD 图层,意指居民地;选择"鱼"时,注记文字位于 SXSS 图层,意指水系设施。

　　⑤ 定义字型:该命令实际上是 AutoCAD 的 style 命令,其功能是创建新的文字样式。

　　⑥ 特殊注记:单击"特殊注记"按钮,弹出图 11 – 26 所示的对话框(该对话框的名字有误),主要用于注记点的平面坐标、标高、经纬度等。

CASS9.1 新增经纬度注记功能,当前图形文件的平面坐标系为高斯坐标系时,应先执

图 11-26 执行"特殊注记"命令弹出的对话框

行下拉菜单"文件/CASS参数设置"命令,在弹出的"CASS90综合设置"对话框中应设置好与当前高斯坐标系一致的"投影转换参数"对话框与"标注地理坐标"对话框。

本书第1章介绍了高斯投影计算程序 PG2-1. exe,光盘"\高斯投影程序\CS1. txt"文件为执行 PG2-1. exe 程序,输入已知数据文件 da1. txt 后输出的 CASS 展点坐标文件,执行下拉菜单"绘图处理/展野外测点点号"命令,展绘 CS1. txt 文件 8 个点的坐标。

执行下拉菜单"文件/CASS参数设置"命令,设置的"投影参数转换"对话框为图 11-27

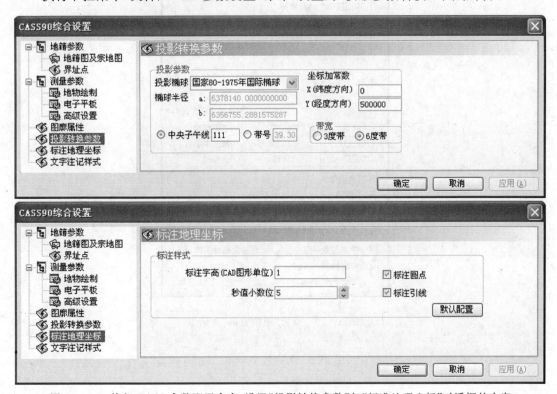

图 11-27 执行 CASS 参数配置命令,设置"投影转换参数"与"标准地理坐标"对话框的内容

上图所示,设置"标注地理坐标"对话框为图 11-27 下图所示,其中经纬度秒值小数位设置为 5 位。

单击地物绘制菜单"文字注记"下的"特殊注记"按钮,分别执行注记"注记经纬度"与"注记坐标"命令,注记"扶绥中学"点的两种坐标结果如图 11-28 所示,其经纬度与图 1-8 右图灰底色同名点的经纬度完全相同,平面坐标与图 1-9 左图灰底色同名点的高斯坐标相同。

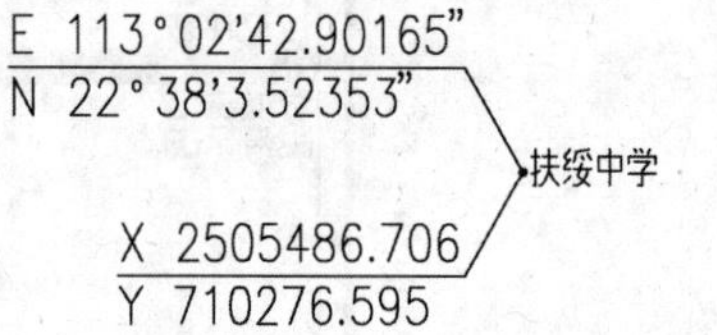

（2）加图框

如图 11-22 所示的等高线图形加图框的操作方法如下：

① 先执行下拉菜单"文件/CASS 参数配置"命令,在弹出的"CASS90 综合设置"对话框的"图廓属性"选项卡中设置好外图框的注记内容,本例设置的内容如图 11-12 下图所示。

② 执行下拉菜单"绘图处理/标准图幅(50×40cm)"命令,弹出图 11-29 所示的"图幅整饰"对话框,完成设置后单击 确定 按钮,CASS 自动按对话框的设置为图 11-22 的等高线地形图加图框并以内图框为边界,自动修剪掉内图框外的所有对象,结果如图 11-30 所示。

E 113°02'42.90165"
N 22°38'3.52353"
　　　　　　　　　　扶绥中学
X 2505486.706
Y 710276.595

图 11-28 执行"特殊注记"命令分别标注点位的地理坐标与高斯坐标案例

图 11-29 设置"图幅整饰"对话框

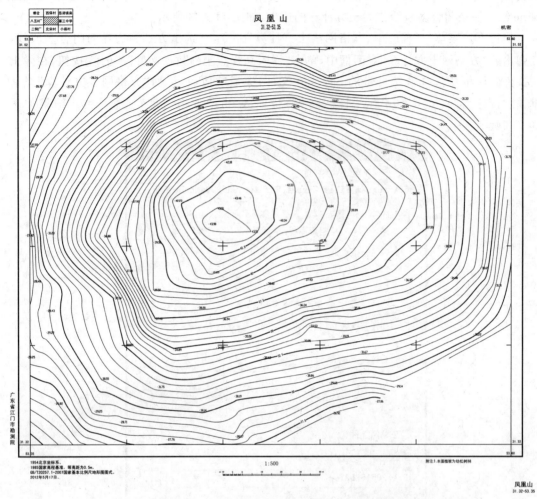

图 11-30　使用"dgx. dat"坐标文件绘制的等高线地形图添加图框的结果

11.5　数字地形图的应用

　　CASS 的数字地形图应用命令主要位于"工程应用"下拉菜单，本节只介绍土方量计算与断面图绘制命令的操作方法。

　　如图 11-31 所示，CASS 在"工程应用"下拉菜单下设置了 5 个土方计算命令，他们分别代表五种方法——DTM 法、断面法、方格网法、等高线法和区域土方量平衡法，本节只介绍方格网法和区域土方量平衡法，使用的案例坐标文件为 CASS 自带的 dgx. dat 文件。

　　1）方格网法土方计算

　　执行下拉菜单"绘图处理/展高程点"命令，将坐

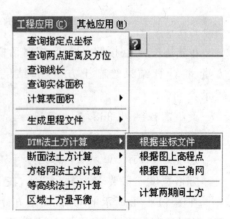

图 11-31　"工程应用"下拉菜单的
土方量计算命令

标文件 dgx.dat 的碎部点三维坐标展绘在 CASS 绘图区。执行 AutoCAD 的多段线命令 pline 绘制一条闭合多段线作为土方计算的边界，如图 11-33 所示。

执行下拉菜单"工程应用\方格网法土方计算"命令，点选土方计算边界的闭合多段线，在弹出的"方格网土方计算"对话框中，单击"输入高程点坐标数据文件"区的 ⌐⌐ 按钮，在弹出的文件对话框中选择系统自带的 dgx.dat 文件，完成响应后，返回"方格网土方计算"对话框；在"设计面"区点选 ⊙平面，"目标高程"栏输入 35，"方格宽度"栏输入 10，结果如图 10-32所示。

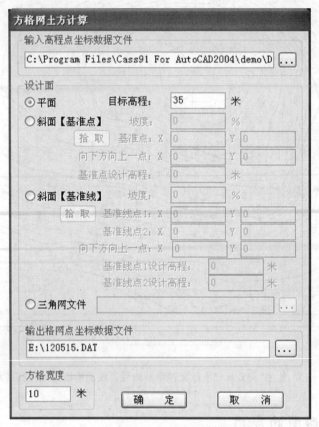

图 11-32 "方格网土方计算"对话框设置内容

单击 确定 按钮，CASS 按对话框的设置自动绘制方格网、计算每个方格网的挖填土方量、将计算结果绘制土方量图，结果如图 11-33 所示，并在命令行给出下列计算结果提示：

最小高程=24.368，最大高程=43.900

请确定方格起始位置：＜缺省位置＞Enter

总填方=15.0 立方米，总挖方=52048.7 立方米

方格宽度一般要求为图上 2cm，在 1：500 比例尺的地形图上，2cm 的实地距离为 10m。

在图 11-32 所示的"方格网土方计算"对话框中，在"输出格网点坐标数据文件"栏输入了"E:\120515.dat"，完成土方计算后，CASS 将所有方格网点的三维坐标数据输出到该文件，本例结果如图 11-34 所示，共有 150 个格网点，其中各格网点的编码位为设计高程值，

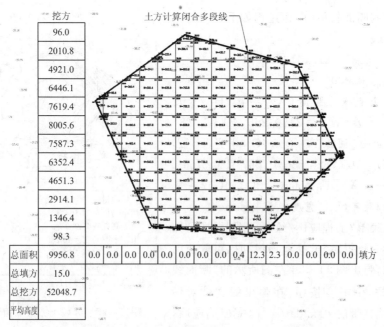

图 11-33 CASS 自动生成的方格网法土方计算表格

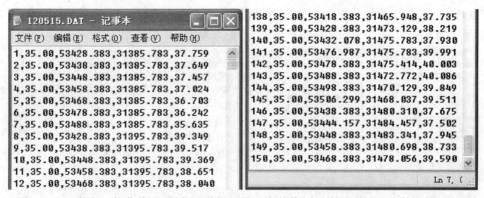

图 11-34 执行下拉菜单"工程应用/方格网法土方计算"命令输出的坐标文件 120515.dat

因本例的设计高程面为 35m 高程的水平面,因此,格网点坐标的编码位均为 35。

2)区域土方量平衡计算

计算指定区域挖填平衡的设计高程和土方量。执行下拉菜单"工程应用/区域土方量平衡/根据坐标文件"命令,在弹出的文件对话框中选择 dgx.dat 文件响应后,命令行提示及输入如下:

选择土方边界线(点选封闭多段线)

请输入边界插值间隔(米):<20>10

土方平衡高度=34.134 米,挖方量=0 立方米,填方量=0 立方米

请指定表格左下角位置:<直接回车不绘表格>(在展绘点区域外拾取一点)

完成响应后,CASS 在绘图区的指定点位置绘制土方计算表格和挖填平衡分界线,结果如图 11-35 所示。

3)绘制断面图

还是以图 11-22 所示的数字地形图为例,介绍绘制断面图的操作方法。在命令行执行

多段线命令绘制断面折线,操作过程如下:

命令:pline

指定起点:53319.279,31362.694

当前线宽为 0.0000

指定下一个点或[圆弧(A)/半宽(H)/长度(L)/放弃(U)/宽度(W)]:53456.266,31437.888

指定下一点或[圆弧(A)/闭合(C)/半宽(H)/长度(L)/放弃(U)/宽度(W)]:53621.756,31403.756

指定下一点或[圆弧(A)/闭合(C)/半宽(H)/长度(L)/放弃(U)/宽度(W)]:Enter

执行下拉菜单"工程应用/绘断面图/根据已知坐标"命令,命令行提示"选择断面线"时,点取前已绘制的多段线,弹出图 11-36 左图所示的"断面线上取值"对话框,单击 ⋯ 按钮,在弹出的文件对话框中,选择系统自带的 dgx.dat 文件,完成响应后,返回"断面线上取值"对话框;勾选"输出 EXCEL 表格"复选框,单击 确定 按钮。系统首先生成一个打开的 Excel 文件,本例内容如图 11-37所示,然后弹出图 11-36 右图所示的"绘制纵断面图"对话框。

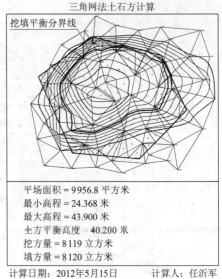

三角网法土石方计算

挖填平衡分界线

平场面积 = 9956.8 平方米
最小高程 = 24.368 米
最大高程 = 43.900 米
土方平衡高度 40.200 米
挖方量 = 8119 立方米
填方量 = 8120 立方米

计算日期:2012年5月15日   计算人:任沂军

图 11-35   区域土方量平衡计算表格

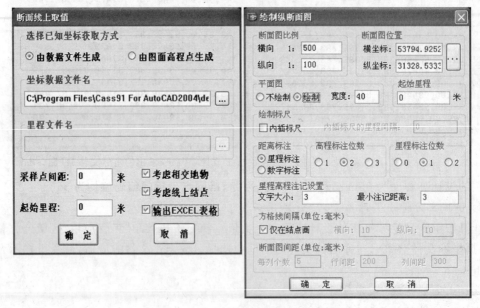

图 11-36   执行下拉菜单"工程应用/绘断面图"命令弹出的两个对话框设置内容

单击"断面图位置"区域的 ⋯ 按钮,在 CASS 绘图区点取一点作为放置断面图的左下角点;点选"平面图"区域的"绘制"单选框,设置同时绘制断面线两侧的平面图,使用缺省设置的平面图宽度40m,单击 确定 按钮,CASS 自动绘制断面图,本例结果如图 11-38 所示。

	A	B	C	D	E
1	纵断面成果表				
2					
3	点号	X(m)	Y(m)	H(m)	备注
4	K0+000.000	31362.694	53319.279	26.602	
5	K0+015.758	31370.276	53333.092	27.000	
6	K0+021.155	31372.873	53337.824	27.500	
7	K0+027.496	31375.925	53343.383	28.000	
8	K0+033.963	31379.037	53349.052	28.500	
9	K0+040.373	31382.121	53354.671	29.000	
10	K0+046.780	31385.204	53360.287	29.500	
61	K0+288.939	31411.089	53586.202	33.000	
62	K0+290.679	31410.737	53587.907	32.500	
63	K0+292.558	31410.358	53589.746	32.000	
64	K0+294.565	31409.952	53591.712	31.500	
65	K0+296.628	31409.536	53593.733	31.000	
66	K0+299.278	31409.000	53596.329	30.500	
67	K0+302.554	31408.339	53599.537	30.000	
68	K0+325.241	31403.756	53621.756	30.864	

图 11-37　执行"绘断面图"命令自动生成的 Excel 表格

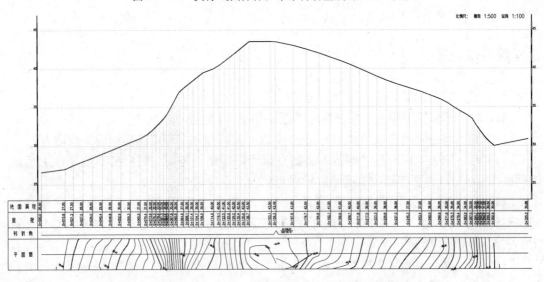

图 11-38　执行下拉菜单"工程应用/绘断面图"命令生成的断面图

本章小结

(1) CASS 是在 AutoCAD 上二次开发的软件,其界面设计与命令执行的方式与 Auto-CAD 相同,主要有下拉菜单、屏幕菜单、工具栏与命令行输入命令名(或别名)。

(2) CASS 是一个功能强大的专业测绘软件,本章只介绍了最常用的基本功能,详细功能请参阅光盘"\CASS 说明书\CASS90help. chm"文件。

(3) 草图法数字测图是使用全站仪或 GNSS RTK 野外采集碎部点的三维坐标数据并存入内存坐标文件,按点号实地绘制地物草图;返回内业后,从全站仪或 GNSS RTK 内存下载采集的坐标文件,在 CASS 展绘坐标文件,使用地物绘制菜单,依据地物草图注记的点号,绘制地物。

（4）电子平板法数字测图是在测站用数据线连接全站仪与笔记本电脑的通讯口，执行 CASS 地物绘制菜单的"电子平板"命令，使全站仪的测站定向数据与 CASS 的测站定向数据一致；操作全站仪瞄准碎部点棱镜，执行地物绘制菜单下的命令时，CASS 自动驱动全站仪测距，碎部点的原始观测值——水平盘读数、竖盘读数、斜距自动传输到 CASS 对话框，CASS 应用预先设置的测站与定向数据、原始观测值自动计算碎部点的坐标，存储并展绘碎部点坐标。

（5）执行下拉菜单"文件/参数配置"命令，在"投影转换参数"选项卡输入当前图形文件的高斯投影参数，就可以执行地物绘制菜单下的"文字注记/特殊注记/注记经纬度"命令，标注当前图形文件内任意点的大地经纬度。

（6）在数字地形图上执行下拉菜单"工程应用"下的土方量计算与绘断面图命令时，都需要用到生成数字地形图的坐标文件，CASS 展点格式坐标文件的数据格式为：

有编码位坐标点："点名，编码，y,x,H"；无编码位坐标点："点名，y,x,H"。

（7）执行下拉菜单"数据"下的"读取全站仪数据"与"坐标数据发送"也可以实现 PC 机与全站仪的双向数据通讯。

思考题与练习题

[11-1]　简要说明草图法数字测图的原理，其有何特点？

[11-2]　简要说明电子平板法数字测图的原理，其有何特点？

[11-3]　电子平板法数字测图的测站点、后视定向点与检查点的坐标应如何输入？

[11-4]　电子平板法数字测图的测站设置与后视定向是如何进行的？全站仪上应该如何操作？CASS 是否自动设置全站仪后视方向的水平盘读数？

[11-5]　在"电子平板"模式下，执行 CASS 地物绘制菜单下的地物绘制命令，驱动全站仪观测碎部点斜距，碎部点的三维坐标是如何计算的？碎部点的原始观测值与 CASS 算出的三维坐标如何存储？

[11-6]　光盘坐标文件"\数字地形图练习\120616.dat"含有 161 个地形点的三维坐标，试使用该坐标文件完成以下工作：

（1）绘制 1：2000 比例尺、等高距为 2m 的数字地形图；

（2）执行 rectangle 命令，以（4 647 989.282，478 158.445）点为左下角点，绘制一个 200m 宽×150m 高的矩形，以该矩形为边界，完成下列计算内容：

① 执行下拉菜单"工程应用/方格网法土方计算/方格网土方计算"命令，设置设计面为"平面"，"目标高程"为 975m，"方格宽度"为 20m，计算挖填土方量；

② 执行下拉菜单"工程应用/区域土方量平衡/根据坐标文件"命令，计算挖填平衡设计高程与挖填土方量。

（3）执行 pline 命令，绘制顶点坐标分别分别为（4 647 944.366，478 495.761），（4 648 160.737，478 434.836），（4 648 444.778，478 447.825）的多段线；执行下拉菜单"工程应用/绘断面图/根据已知坐标"命令，选择上述绘制的多段线为断面线，绘制断面图，要求断面图的横向比例尺为 1：500，纵向比例尺为 1：250。

12　建筑施工测量

本章导读

- **基本要求**　掌握全站仪测设设计点位三维坐标的原理与方法;水准仪测设点位设计高程的原理与方法;掌握建筑基础施工图.dwg文件的校准与坐标变换方法、使用数字测图软件CASS采集设计点位平面坐标、展绘坐标文件的方法;掌握高层建筑轴线竖向投测与高程竖向投测的方法;了解新型激光探测与投影仪器的使用。
- **重点**　全站仪三维坐标放样,水准仪视线高程法放样、建筑基础施工图.dwg文件的校准与坐标变换、建筑轴线竖向投测与高程竖向投测。
- **难点**　建筑基础施工图.dwg文件的校准、结构施工总图的拼绘、坐标变换与放样点位平面坐标的采集。

　　建筑施工测量的任务是将图纸设计的建筑物或构筑物的平面位置 x,y 和高程 H,按设计的要求,以一定的精度测设到实地上,作为施工的依据,并在施工过程中进行一系列的衔接测量工作。

　　施工测量应遵循"由整体到局部,先控制后碎部"的原则,主要工作内容包括施工控制测量和施工放样,工业与民用建筑及水工建筑的施工测量依据为《工程测量规范》[1]。

12.1　施工控制测量

　　在建筑场地上建立的控制网称为场区控制网。场区控制网,应充分利用勘察阶段建立的平面和高程控制网,并进行复查检查。精度满足施工要求时,可作为场区控制网使用,否则应重新建立场区控制网。

　　1) 场区平面控制

　　场区平面控制的坐标系应与工程设计所采用的坐标系相同,投影长度变形不应超过1/40 000。由于全站仪的普及,场区平面控制网一般布设成导线网的形式,其等级和精度应符合下列规定:

　　① 建筑场地大于 $1km^2$ 或重要工业区,应建立一级或一级以上精度等级的平面控制网;

　　② 建筑场地小于 $1km^2$ 或一般性建筑区,可建立二级精度等级的平面控制网;

　　③ 用原有控制网作为场区控制网时,应进行复测检查。

　　场区一、二级导线测量的主要技术要求应符合表12-1的规定。

　　2) 场区高程控制

　　场区高程控制网,应布设成闭合环线、附合路线或结点网形。大中型施工项目的场区高程测量精度,不应低于三等水准。场区水准点,可单独布置在场地相对稳定的区域,也可以设置在平面控制点的标石上。水准点间距宜小于1km,距离建构筑物不宜小于25m,距离回

表 12-1 　　　　　　　　　　　场区导线测量的主要技术要求

等级	导线长度/km	平均边长/m	测角中误差/″	测距相对中误差	测回数		方位角闭合差/″	导线全长相对闭合差
					2″仪器	6″仪器		
一级	2.0	100～300	≤±5	≤1/30 000	3	—	$10\sqrt{n}$	≤1/15 000
二级	1.0	100～200	≤±8	≤1/14 000	2	4	$16\sqrt{n}$	≤1/10 000

填土边线不宜小于15m。施工中,当少数高程控制点标石不能保存时,应将其高程引测至稳固的建构筑物上,引测的精度不应低于原高程点的精度等级。

12.2　工业与民用建筑施工放样的基本要求

　　工业与民用建筑施工放样应具备的资料是建筑总平面图、设计与说明、轴线平面图、基础平面图、设备基础图、土方开挖图、结构图、管网图。建筑物施工放样的偏差,不应超过表12-2的规定。

表 12-2 　　　　　　　　　　　建筑物施工放样的允许偏差

项　目	内　容		允许偏差/mm
基础桩位放样	单排桩或群桩中的边桩		±10
	群桩		±20
各施工层上放线	外廓主轴线长度 L/m	L≤30	±5
		30<L≤60	±10
		60<L≤90	±15
		90<L	±20
	细部轴线		±2
	承重墙、梁、柱边线		±3
	非承重墙边线		±3
	门窗洞口线		±3
轴线竖向投测	每层		3
	总高 H/m	H≤30	5
		30<H≤60	10
		60<H≤90	15
		90<H≤120	20
		120<H≤150	25
		150<H	30
标高竖向传递	每层		±3
	总高 H/m	H≤30	±5
		30<H≤60	±10
		60<H≤90	±15
		90<H≤120	±20
		120<H≤150	±25
		150<H	±30

柱子、桁架或梁安装测量的偏差,不应超过表 12-3 的规定。

表 12-3   柱子、桁架或梁安装测量的允许偏差

测量内容		允许偏差/mm
钢柱垫板标高		±2
钢柱±0标高检查		±2
混凝土柱(预制)±0标高检查		±3
柱子垂直度检查	钢柱牛腿	5
	标高 10m 以内	10
	标高 10m 以上	$H/1000 \leqslant 20$
桁架和实腹梁、桁架和钢架的支承结点间相邻高差的偏差		±5
梁间距		±3
梁面垫板标高		±2

注:H 为柱子高度。

构件预装测量的偏差,不应超过表 12-4 的规定。

附属构筑物安装测量的允许偏差,不应超过表 12-5 的规定。

表 12-4   构件预装测量的允许偏差

测量内容	允许偏差/mm
平台面抄平	±1
纵横中心线的正交度	$±0.8\sqrt{l}$
预装过程中的抄平工作	±2

注:l 为自交点起算的横向中心线长度的米数,长度不足 5m 时,以 5m 计。

表 12-5   附属构筑物安装测量的允许偏差

测量项目	允许偏差/mm
栈桥和斜桥中心线的投点	±2
轨面的标高	±2
轨道跨距的丈量	±2
管道构件中心线的定位	±5
管道标高的测量	±5
管道垂直度的测量	$H/1000$

注:H 为管道垂直部分的长度。

12.3 施工放样的基本工作

1)全站仪测设点位的三维坐标

将场区已知点与设计点的三维坐标上传到全站仪内存文件,执行全站仪的坐标放样命令测设指定点的空间位置。例如,图 12-1 中的 A,B,C,D 为场区已知导线点,1—5 点为建筑物的待放样点。场区三通一平完成后,需要先放样 1—5 点的平面位置。

使用科维 TKS-202R 全站仪,执行"菜单模式/放样"命令,放样图中 1 点的操作过程如下。假设图中 9 个点的三维坐标已上传到仪器内存坐标文件 120501,并在 C 点安置好全站仪,在 B 点安置好棱镜对中杆。

(1)气象参数设置:按 ★★F4F3(T-P)键,进入图 12-2(c)所示的界面,使用数字键输入实测的温度与气压值,按 F4(ENT)键完成设置,结果如图 12-2(d)所示,按 ESCESC键退出星键模式。

□ A

B □ 后视点

点名	类型	x (m)	y (m)	H (m)
A	控制点	2 448 659.147	433 011.697	3.769
B	控制点	2 448 644.893	432 920.053	3.587
C	控制点	2 448 535.623	432 902.488	3.980
D	控制点	2 448 498.266	432 990.581	3.936
1	放样点	2 448 585.669	432 947.331	4.200
2	放样点	2 448 536.392	432 938.857	4.200
3	放样点	2 448 531.308	432 968.423	4.200
4	放样点	2 448 580.584	432 976.897	4.200
5	放样点	2 448 558.254	432 957.973	4.200

9°07′56″
67.197m
41°51′41″
α_{2-1}
9°45′27″
• 5
50m
30m
C □ 测站点
□ D

平面坐标系：1980西安坐标系3.38带坐标
高程系：1985国家高程基准

图 12-1 全站仪放样建筑物轴线交点坐标数据案例

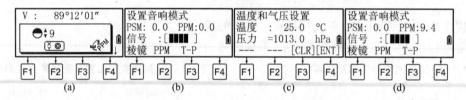

图 12-2 进入星键模式设置测距气象参数的操作过程

（2）当前文件设置：按 MENU F2（放样）F2（调用）键，移动光标→到 120501 文件，按 F4（回车）F4（回车）键，进入图 12-3(e)所示的"放样 1/2"菜单。

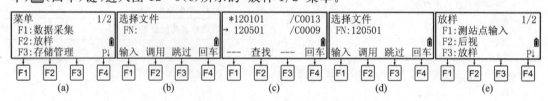

图 12-3 在"菜单模式/存储管理"界面下执行"文件状态"与"查找"命令界面

（3）测站设置：按 F1（测站点输入）F2（调用）键，移动光标→到 C 点按 F4（回车）F3（是）键，使用数字键输入仪器高，按 F4（回车）键完成测站设置并返回"放样 1/2"菜单，操作过程如图 12-4(a)—(e)所示。

（4）后视设置：按 F2（后视）F2（调用）键，移动光标→到 B 点按 F4（回车）F3（是）键，仪器反算出 C→B 点的后视方位角；使望远镜瞄准安置在后视点 B 的棱镜，按 F3（是）键，完成后视设置并返回"放样 1/2"菜单，操作过程如图 12-4(f)—(j)所示。

（5）放样 1 点：按 F3（放样）F2（调用）键，移动光标→到 1 点按 F4（回车）F3（是）键，使用数字键输入棱镜高，按 F4（ENT）键，屏幕显示测站 C→1 点的设计方位角与平距，结果如图 12-4(o)所示。

按 F1（角度）键进入图 12-4(p)所示的界面，图中的 HR 值为望远镜视准轴方向的方位角，dHR 为视准轴方向方位角与 C→1 点设计方位角之差；旋转照准部，使 dHR 的值为 0，此

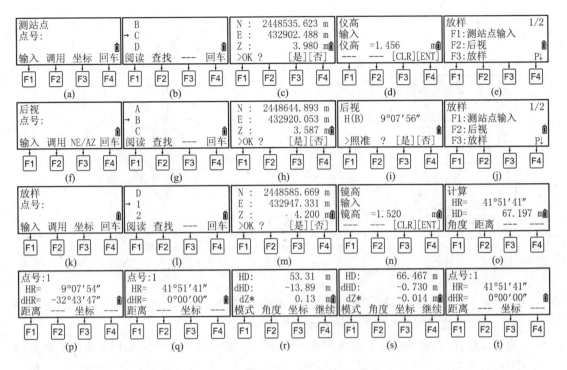

测站点 点号： 　　　　　　　▮ 输入 调用 坐标 回车	B → C 　 D 阅读 查找 --- 回车	N ： 2448535.623 m E ： 432902.488 m Z ： 3.980 m >OK ?　　[是][否]	仪高 输入 仪高 ＝1.456 m▮ ---　--- [CLR][ENT]	放样　　　　　　1/2 F1:测站点输入 F2:后视 F3:放样　　　　P↓
F1 F2 F3 F4	F1 F2 F3 F4	F1 F2 F3 F4	F1 F2 F3 F4	F1 F2 F3 F4
(a)	(b)	(c)	(d)	(e)
后视 点号： 　　　　　　　▮ 输入 调用 NE/AZ 回车	A → B 　 C 阅读 查找 --- 回车	N ： 2448644.893 m E ： 432920.053 m Z ： 3.587 m >OK ?　　[是][否]	后视 H(B)　9°07′56″ >照准 ?　　[是][否]	放样　　　　　　1/2 F1:测站点输入 F2:后视 F3:放样　　　　P↓
F1 F2 F3 F4	F1 F2 F3 F4	F1 F2 F3 F4	F1 F2 F3 F4	F1 F2 F3 F4
(f)	(g)	(h)	(i)	(j)
放样 点号： 　　　　　　　▮ 输入 调用 坐标 回车	D → 1 　 2 阅读 查找 --- 回车	N ： 2448585.669 m E ： 432947.331 m Z ： 4.200 m >OK ?　　[是][否]	镜高 输入 镜高 ＝1.520 m▮ ---　--- [CLR][ENT]	计算 HR=　41°51′41″ HD=　67.197 m▮ 角度 距离
F1 F2 F3 F4	F1 F2 F3 F4	F1 F2 F3 F4	F1 F2 F3 F4	F1 F2 F3 F4
(k)	(l)	(m)	(n)	(o)
点号:1 HR=　9°07′54″ dHR=　-32°43′47″ 距离 --- 坐标 ---	点号:1 HR=　41°51′41″ dHR=　0°00′00″ 距离 --- 坐标 ---	HD:　53.31 m dHD:　-13.89 m dZ*　0.13 m 模式 角度 坐标 继续	HD:　66.467 m dHD:　-0.730 m dZ*　-0.014 m 模式 角度 坐标 继续	点号:1 HR=　41°51′41″ dHR=　0°00′00″ 距离 --- 坐标
F1 F2 F3 F4	F1 F2 F3 F4	F1 F2 F3 F4	F1 F2 F3 F4	F1 F2 F3 F4
(p)	(q)	(r)	(s)	(t)

图 12-4　执行"放样"命令放样 1 点的操作过程

时,视准轴方向即为 1 号点的设计方向,结果如图 12-4(q)所示。

指挥立镜员移动棱镜,使棱镜位于视准轴方向上,上仰或下俯望远镜使其瞄准棱镜中心,按 F1(距离)键,自动进入"跟踪"模式测距,屏幕显示案例如图 12-4(r)所示,图中的 HD 为测站至镜站的实测平距,dHD 为"实测平距？设计平距",当 dHD＜0 时,应将棱镜向离开仪器方向移动 dHD,否则,应将棱镜向仪器方向移动 dHD,直至 dHD＝0 为止。

立镜员按测站观测员报送的 dHD 的值,沿望远镜视线方向向前或向后移动棱镜,当屏幕显示的 dHD 接近 0 时,按 F1(模式)键,使屏幕显示的距离值到 mm 位,案例见图 12-4(s)所示。屏幕显示的 dHD＝-0.730m 为实测平距 66.467m 减 1 点设计平距 67.197m 的差值,为负数时,表示棱镜需要沿仪器视线、离开仪器方向移动 0.730m。

测站观测员用步话机将屏幕显示的 dHD 值报送给镜站,立镜员根据接收到的 dHD 值移动棱镜,观测员完成 dHD 值的报送后,应按 F2(角度)键停止测距,进入图 12-4(t)所示的界面。

如图 12-5 所示,设棱镜对中杆的当前位置为 1′点,应在 1′点后、离开仪器方向＞0.730m 的 1″点竖立一定向标志(如铅笔或短钢筋),测站观测员下俯仪器望远镜,照准定向标志附近,用手势指挥,使定向标志移动到仪器视线方向的 1″点;再用钢卷尺沿 1′1″直线方向量距,距离 1′点 0.730m 的点即为放样点 1 的准确位置。将棱镜对中杆移至 1 点,整平棱镜对中杆,测站观测员上仰仪器望远镜,照准棱镜中心,按 F1(距离)F1(模式)键测距,结果如图 12-5(b)所示。当屏幕显示的 dHD＝0 时,棱镜对中杆中心即为放样点 1 的平面位置。

高差 dZ＝-0.012m 为"实测高程－设计高程",为负数表示棱镜点还需要抬高 0.012m 才是设计高程位置。当只放样点的平面位置时,可以不输入测站仪器高(图 12-4(d))及棱镜高(图 12-4(n))。

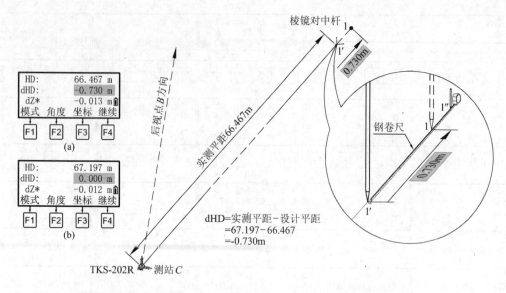

$$dHD=实测平距-设计平距$$
$$=67.197-66.467$$
$$=-0.730m$$

TKS-202R ◁ 测站 C

图 12-5 dHD 的正负与棱镜对中杆移动方向之间的关系

（6）全站仪放样测站与镜站的手势配合

全站仪放样时，测站与镜站应各配备一个步话机，步话机的作用主要用于测站观测员报送 dHD 值，例如图 12-5(a)中的-0.730m。测站指挥棱镜横向移动到仪器视线方向，棱镜完成整平后、示意测站重新测距等应通过手势确定。

仍以放样图 12-1 的 1 点为例，全站仪水平角差 dHR 调零后（图 12-4(q)），照准部就不能再水平旋转，只能仰俯望远镜，指挥棱镜移动到望远镜视准轴方向。

如图 12-6 所示，当棱镜位于望远镜视场外时，使用望远镜光学粗瞄器指挥棱镜快速移动，测站手势如图 12-6(a)所示；当棱镜移动到望远镜视场内时，应上仰或下俯望远镜，使望

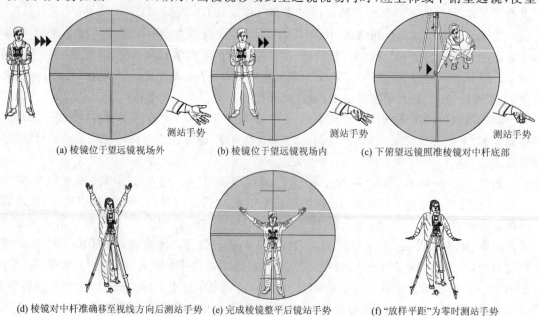

(a) 棱镜位于望远镜视场外　　(b) 棱镜位于望远镜视场内　　(c) 下俯望远镜照准棱镜对中杆底部

(d) 棱镜对中杆准确移至视线方向后测站手势　(e) 完成棱镜整平后镜站手势　　(f)"放样平距"为零时测站手势

图 12-6 使用全站仪放样点位的平面位置测站与镜站的手势配合

远镜基本照准棱镜,指挥棱镜缓慢移动,测站手势如图 12-6(b)所示;当棱镜接近望远镜视准轴时,应下俯望远镜,照准棱镜对中杆底部,指挥棱镜做微小移动,测站手势如图 12-6(c)所示;当棱镜对中杆底部已移至仪器视线方向时,测站手势如图 12-6(d)所示,立镜员应立即整平棱镜对中杆,完成操作后,应通过手势告知测站,如图 12-6(e)所示。

测站观测员上仰望远镜,照准棱镜中心,按 F1 (距离) F1 (模式)键测距,并将屏幕显示的 dHD 值,通过步话机告知镜站。当屏幕显示的 dHD=0 时,测站应及时告知镜站钉点,手势如图 12-6(f)所示。

为了加快放样速度,一般应打印一份 A1 或 A0 尺寸的建筑物基础施工大图,镜站专门安排一人看图,以便完成一个点的放样后,大概可以知道下一个放样点的位置,以便于指挥棱镜快速移动到放样点附件,减少镜站寻点时间。

(7) 全站仪盘左放样点位的误差分析

TKS-202R 全站仪的方向观测误差为±2″,则放样点的水平角误差为 $m_\beta = \pm\sqrt{2} \times 2'' = \pm 2.83''$,测距误差为±2mm,当放样平距 $D=100$m 时,放样点相对于测站点的误差为

$$m_p = \sqrt{\left(D\frac{m_\beta}{\rho}\right)^2 + m_D^2} = \sqrt{\left(\frac{100000 \times 2.83}{206265}\right)^2 + 2^2} = 2.45\text{mm} \qquad (12-1)$$

由表 12-2 可知,除细部轴线要求放样偏差≤±2mm 外,其余点的放样偏差要求都大于±2mm。因此,在建筑施工放样中,只要控制放样平距小于 100m,用 TKS-202R 全站仪盘左放样,基本可以满足所有放样点位的要求。

2) 高程的测设

高程测设是将设计高程测设在指定桩位上。高程测设主要在平整场地、开挖基坑、定路线坡度等场合使用。高程测设的方法有水准测量法和全站仪三角高程测量法,水准测量法一般采用视线高程法进行。

(1) 水准仪视线高程法

如图 12-7 所示,已知水准点 A 的高程为 $H_A = 12.345$m,欲在 B 点测设出某建筑物的室内地坪设计高程(建筑物的±0.000)为 $H_B = 13.016$m。将水准仪安置在 A,B 两点的中间位置,在 A 点竖立水准尺,读取 A 尺上的读数,假设为 $a=1.358$m,则水准仪的视线高程为

$H_i = H_A + a = 12.345 + 1.358 = 13.703$m

在 B 点竖立水准尺,设水准仪瞄准 B 尺的读数为 b,则 b 应满足方程 $H_B = H_i - b$,由此求出 b 为

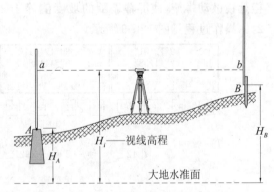

图 12-7 视线高程法测设高程

$$b = H_i - H_B = 13.703 - 13.016 = 0.687\text{m}$$

用逐渐打入木桩或在木桩一侧画线的方法,使竖立在 B 点桩位上的水准尺读数为 0.687m。此时,B 点标尺底部的高程就等于欲测设的设计高程 13.016m。

在建筑设计图纸中,建筑物各构件的高程都是参照室内地坪为零高程面标注的,也即,

建筑物内的高程系统是相对高程系统,基准面为室内地坪。

（2）全站仪三角高程测量法

当欲测设的高程与水准点之间的高差较大时,可以用全站仪测设。如图 12-8 所示,在基坑边缘设置一个水准点 A,在 A 点安置全站仪,量取仪器高 i_A;在 B 点安置棱镜,读取棱镜高 v_B,在 TKS-202R 全站仪按▣键进入坐标模式,测量 B 点的坐标;按 F4 键翻页到 P2 页软键菜单,输入仪器高与棱镜高后得 B 点桩面的高程 H'_B,在 B 点桩的侧面、桩面以下 H'_B $-H_B$ 值的位置画线,其高程就等于欲测设的高程 H_B。

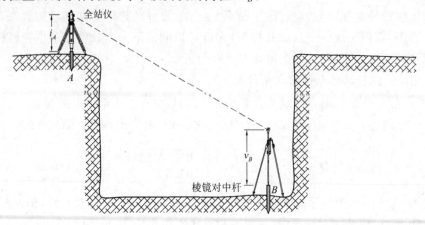

图 12-8　测设深基坑内的高程

3）坡度的测设

在修筑道路,敷设上、下水管道和开挖排水沟等工程施工中,需要测设设计坡度线。

例如,使用科维 TKS-202R 全站仪测设坡度 2％ 的操作方法是:按 ANG 键进入角度模式,按 F4 键翻页到 P2 页软键菜单,按 F3（V％）键将竖盘读数切换为坡度显示;制动望远镜,旋转望远镜微动螺旋,使屏幕显示的坡度值等于 2％,此时,望远镜视准轴的坡度即为设计坡度 2％,操作过程见图 12-9 所示。

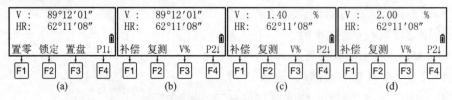

图 12-9　使用 TKS-202R 全站仪测设坡度 2％ 的操作过程

12.4　建筑物数字化放样设计点位平面坐标的采集

使用全站仪进行坐标放样的关键,是如何准确地获取设计点位的平面坐标? 本节介绍用 AutoCAD 编辑建筑物基础施工图 dwg 格式设计文件,使用数字测图软件 CASS 采集测设点位平面坐标的方法。由于设计单位一般只为施工单位提供有设计、审核人员签字并盖有出图章的设计蓝图,因此,应通过工程甲方向设计单位索取 dwg 格式设计文件。

1）校准建筑基础平面图 dwg 格式设计文件

校准建筑基础平面图 dwg 格式设计文件的目的是使设计图纸的实际尺寸与标注尺寸完全一致，这一步非常重要。因为施工企业是以建筑蓝图上标注的尺寸为依据进行放样的，即使在 AutoCAD 中，对象的实际尺寸不等于其标注尺寸，依据蓝图放样也不会影响放样的正确性，但要在 AutoCAD 中直接采集放样点的坐标，则应保证标注尺寸与实际尺寸完全一致，否则将酿成重大的责任事故。

在 AutoCAD 中打开基础平面图，将其另存盘（最好不要破坏原设计文件），图纸校准的步骤如下。

（1）检查轴线尺寸

可以执行文字编辑命令 ddedit，选择需要查看的轴线尺寸文字对象，若显示为"◇"，表明该尺寸文字为 AutoCAD 自动计算的，只要尺寸的标注点位置正确，该尺寸应该没有问题。但有些设计图纸（如随书光盘中的"建筑物数字化放样\宝成公司宿舍基础平面图_原设计图.dwg"文件）的全部尺寸文字都是文字，这时，可以新建一个图层如"dimtest"并设为当前图层，执行相应的尺寸标注命令，对全部尺寸重新标注一次，查看新标注尺寸与原有尺寸的吻合情况。

（2）检查构件尺寸

构件尺寸的检查应参照大样详图进行。以"江门中心血站主楼基础平面图_原设计图.dwg"文件为例，该项目采用桩基础承台，图 12-10 为设计三桩与双桩承台详图尺寸与 dwg 文件尺寸的比较，差异见图中灰底色数字所示。显然，dwg 文件中双桩承台尺寸没有严格按详图尺寸绘制，必须重新绘制。

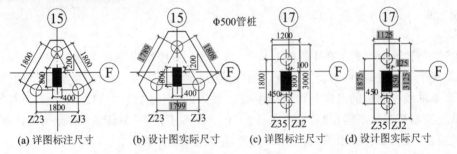

(a) 详图标注尺寸　　(b) 设计图实际尺寸　　(c) 详图标注尺寸　　(d) 设计图实际尺寸

图 12-10　三桩与双桩承台设计图与详图的尺寸差异

设计规范一般要求桩基础承台的形心应与柱中心重合，所以，柱尺寸的正确性也将影响承台位置的正确性，应仔细检查柱尺寸。如果修改了柱尺寸，则应注意同时修改承台形心的位置。在图 12-10(d)中，dwg 文件双桩承台柱子的尺寸与详图尺寸不一致，因此承台与柱子都应按详图尺寸重新绘制，并使桩基础承台的形心与柱中心重合。

dwg 文件设计图的校准工作，根据图纸质量及操作者的 AutoCAD 熟练水平不同，可能需要花费大量的时间。例如，江门中心血站分主楼与副楼，结构设计由两人分别完成，其中主楼的桩基础承台尺寸与详图尺寸相差较大，而副楼的桩基础承台尺寸与详图尺寸基本一致，因此主楼的校准工作量要比副楼的大很多。

2）将设计图纸坐标系变换为测量坐标系

建筑设计一般以 mm 为单位，而测量坐标是以 m 为单位，因此应先执行比例命令 scale

将图纸尺寸缩小 1 000 倍;然后执行对齐命令 align,选择 2 个点为基准点,将设计图变换为测量坐标系,当命令最后提示"是否基于对齐点缩放对象?[是(Y)/否(N)]<否>:",应按 Enter 键选择"否(N)"选项。

3)桩位与轴线控制桩编号

分别使用文字命令 text、复制命令 copy、文字编辑命令 ddedit,在各桩位处绘制与编辑桩号文字。根据施工场地的实际情况,确定轴线控制桩至墙边的距离 d,执行构造线命令 xline 的"偏移(O)"选项,将外墙线或轴线向外偏移距离 d;执行延伸命令 extend,将需测设轴线控制桩的轴线延伸到前已绘制的构造线上;执行圆环命令 donut,内径设置为 0,外径设置为 0.35,在轴线与构造线的交点处绘制圆环,最后为轴线控制桩绘制编号文字。轴线控制桩编号的规则建议为,首位字符为桩号,如 1,2,3,…或 A,B,C,…,后位字符为 N,S,E,W,分别表示北、南、东、西,具体可根据轴线控制桩的方位确定,最后存盘保存图形文件。

4)生成桩位与轴线控制桩坐标文件

用 CASS 打开校准后的基础平面图,设置自动对象捕捉为圆心捕捉,执行下拉菜单"工程应用/指定点生成数据文件"命令,在弹出的"输入数据文件名"对话框中键入文件名字符,例如输入 CS0613 响应后,命令行循环提示与输入如下:

指定点:(捕捉 1 号桩位圆心点)
地物代码:Enter
高程<0.000>:Enter
测量坐标系:X= 45471.365m Y= 21795.528m Z= 0.000m Code:
请输入点号:<1> Enter
指定点:(捕捉 2 号桩位圆心点)
  ⋮

上述字符"Enter"表示在 PC 机上按"回车"键。先按编号顺序采集管桩位圆心点的坐标,采集每个管桩位时,可以使用命令自动生成的编号为点号。完成全部管桩位的坐标采集后,再采集轴线控制桩的坐标。由于命令要求输入的"点号"只能是数字,不能为其他字符,所以轴线控制桩编号不能在"请输入点号:<1>"提示下输入,只能在"地物代码:"提示下输入。最后在"指定点:"提示下,按 Enter 键空响应结束命令操作。

当因故中断命令执行时,可以重新执行该命令,选择相同的数据文件,向该坐标文件末尾追加采集点的坐标。

5)坐标文件的检核

执行下拉菜单"绘图处理/展野外测点点号"命令,在弹出的"输入坐标文件名"对话框中选择前已创建的坐标文件,CASS 将展绘的点位对象自动放置在"ZDH"图层,操作员应放大视图,仔细查看展绘点位与设计点位的吻合情况,发现错误应及时更正。

在 CASS 创建的坐标文件中,采集点位的 x,y,H 坐标按四舍五入的原则,都只保留了 3 位小数,因此,执行下拉菜单"绘图处理/展野外测点点号"命令,展绘所采集的坐标文件时,展绘点位与设计点位可能有不大于 0.000 5m 的差异。

6)坐标文件的编辑

使用 CASS 采集的放样点位坐标文件格式是:每个点的坐标数据占一行,每行数据的格式为"点号,编码,y,x,H"。管桩桩位点的坐标数据没有编码,故不需要编辑,因轴线控制桩的编码位一般为非数字点号,应前移到点号位,也即将轴线控制桩行的坐标数据由"点号,编码,y,x,H"格式变成"编码,,y,x,H"格式。

例如,在图 12-11 中,⑫轴线北控制桩 12N 的坐标数据为:"5,12N,21824.028,45528.719,0.000",应将其编辑为"12N,,21824.028,45528.719,0.000"。

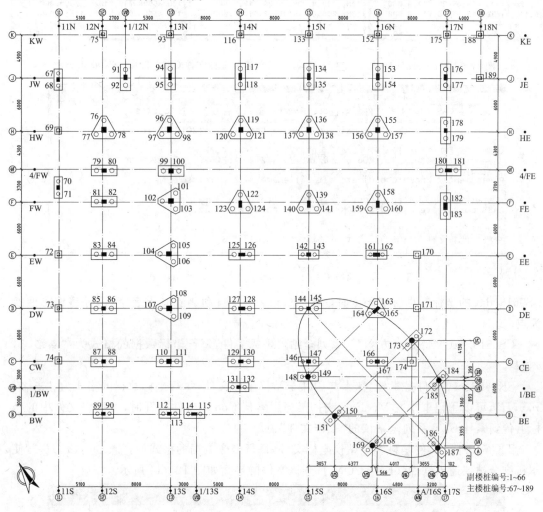

图 12-11　江门中心血站主楼基础平面图管桩与轴线控制桩编号

当轴线控制桩较多时,可以使用随书光盘程序"\建筑物数字化放样\CS_SK.exe"自动变换坐标文件。为了说明 CS_SK.exe 程序的使用方法,我们采集了图 12-11 中 67 号,68号,69 号管桩中心及轴线控制桩 11N,12N,13N 的坐标数据,生成的坐标文件 CS0613.dat 的内容如图 12-12 左图所示。

将光盘文件"\建筑物数字化放样\CS_SK.exe"与坐标文件 CS0613.dat 都复制到用户 U 盘的某个文件夹下,用 Windows 的资源管理器打开 U 盘,鼠标左键双击 CS_SK.exe 文件,在弹出的图 12-13 所示的对话框中输入需处理的坐标文件名 CS0613 按 Enter 键,程序 CS_SK.exe 自动从当前文件夹下读入坐标文件 CS0613.dat 的数据,并在当前文件夹下生成三个坐标文件 CS0613.txt,SK0613.csv,TK0613.tks。三个新建坐标文件的数据,当源文件

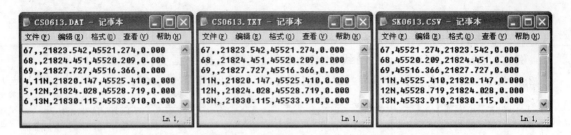

图 12 - 12　变换前的坐标文件 CS0613.dat 与新建的坐标文件 CS0613.txt,SK0613.csv

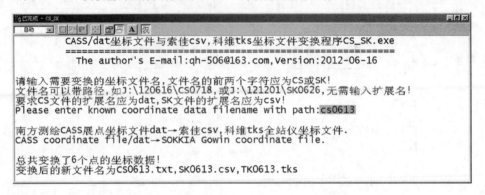

图 12 - 13　执行 CS_SK.exe 程序处理 CS0613.dat 文件

CS0613.dat 的坐标数据有编码位时,CS_SK.exe 程序自动删除其点名字符,并将编码变换为点名。

CS0613.txt 文件是南方 NTS 系列全站仪坐标文件,每行坐标数据的格式为:"点名,y,x,H"。

SK0613.csv 文件是索佳、徕卡与中纬全站仪坐标文件,每行坐标数据的格式为:"点名,x,y,H",可以用记事本或 MS Excel 打开,当用索佳 Coord 软件打开时,可以将文件中的坐标上传到索佳 SET 系列全站仪的"工作文件"中。

TK0613.tks 文件是科维全站仪坐标文件,每行坐标数据的格式为:"点名,y,x,H,",使用科维全站仪通讯软件 TKS-COM 打开该文件的界面如图 12 - 14 所示。

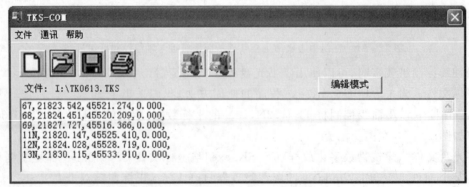

图 12 - 14　用 TKS-COM 软件打开 TK0613.tks 文件

CS_SK.exe 程序是一个 DOS 程序,只有在 Win98 操作系统中执行时,才显示图 12 - 13 所示的中文界面,在 WinXP、Win7/32bit 中执行时,程序界面的中文字符为乱码(详细参见光盘"\电子教案\测量教案12章_建筑施工测量.ppt文件"),但这不影响程序的正确执行。程序不能在Win7/64bit中执行。

CS_SK.exe程序有两个功能:其一是将CASS采集的dat格式坐标文件变换为txt,csv与tks格式坐标文件;其二是将csv格式坐标文件变换为可用于CASS展点的dat坐标文件。程序通过用户输入坐标文件名的前两个字符自动控制:当用户输入坐标文件名的前两个字符为"CS"时,程序自动执行第一个功能;当用户输入坐标文件名的前两个字符为"SK"时,程序自动执行第二个功能。

采集坐标与编辑数据文件的操作方法请播放光盘"\教学演示片\采集与编辑坐标文件演示.avi"文件观看。

7) 坐标文件上传到科维 TKS-202R 全站仪

用CE-203数据线连接好全站仪与PC机的COM口,启动通讯软件TKS-COM并打开TK0613.tks坐标文件,结果如图12-14所示。在全站仪上按MENU F3(存储管理)F4 F4 F1(数据通讯)F1(TKS格式)F2(接收数据)F1(坐标数据)键,输入仪器内存坐标文件名按F4键,启动仪器接收数据;在TKS-COM通讯软件上,鼠标左键单击工具栏 图标,弹出图5-40右图所示的的"通讯状态"对话框,设置与全站仪相同的通讯参数,单击 开始 按钮,开始向全站仪上传TKS-COM文本区的坐标数据。

12.5 建筑施工测量

建筑施工测量的内容是测设建筑物的基础桩位、轴线控制桩,模板与构件安装测量等。

1) 轴线的测设

建筑工程项目的部分轴线交点或外墙角点一般由城市规划部门直接测设到实地,施工企业的测量员只能依据这些点来测设轴线。测设轴线前,应用全站仪检查规划部门所测点位的正确性。

例如,图12-11为江门中心血站主楼基础平面图,该建筑物设计采用桩基础单桩、双桩与三桩承台,Φ500预制管桩189根,轴线编号为①~⑱和Ⓐ~Ⓚ共29条,规划部门给出了N1,N2,N3三个导线点的坐标,经全站仪检测均正确无误。

当只测设了轴线桩时,由于基槽开挖或地坪层施工会破坏轴线桩,因此,基槽开挖前,应将轴线引测到基槽边线以外的位置。

如图12-15所示,引测轴线的方法是设置轴线控制桩或龙门板。龙门板的施工成本较轴线控制桩高,当使用挖掘机开挖基槽时,极易妨碍挖掘机工作,现已很少使用,主要使用轴线控制桩。

图12-11只绘制了轴线控制桩的点号,没有设置轴线桩,根据建筑场区的实际情况,轴线控制桩偏离建筑外墙的距离为1.325~8m。

2) 基础施工测量

基础分墙基础和柱基础。基础施工测量的主要内容是放样基槽开挖边线、控制基础的开挖深度、测设垫层的施工高程和放样基础模板的位置。

(1) 放样基槽开挖边线和抄平

按照基础大样图上的基槽宽度,加上口放坡尺寸,算出基槽开挖边线的宽度。由桩中心

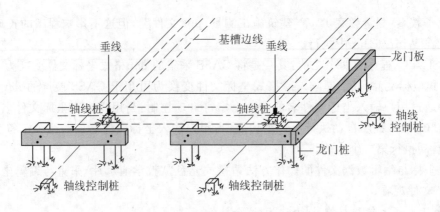

图 12-15 轴线控制桩、龙门桩和龙门板

向两边各量基槽开挖边线宽度的一半,作出记号。在两个对应的记号点之间拉线,在拉线位置撒白灰,按白灰线位置开挖基槽。

如图 12-16(a)所示,为控制基槽的开挖深度,当基槽挖到一定的深度时,应用水准测量的方法在基槽壁上、离坑底设计高程 0.3～0.5m 处、每隔 2～3m 和拐点位置设置一些水平桩。施工中,称高程测设为抄平。

基槽开挖完成后,应使用轴线控制桩复核基槽宽度和槽底标高,合格后,才能进行垫层施工。

(2) 垫层和基础放样

如图 12-16(a)所示,基槽开挖完成后,应在基坑底部设置垫层标高桩,使桩顶面的高程等于垫层设计高程,作为垫层施工的依据。

垫层施工完成后,根据轴线控制桩,用拉线的方法,吊垂球将墙基轴线投设到垫层上,用墨斗弹出墨线,用红油漆画出标记。墙基轴线投设完成后,应按设计尺寸复核。

3) 工业厂房柱基施工测量

(1) 柱基的测设

如图 12-16(b)所示,柱基测设是为每个柱子测设出四个柱基定位桩,作为放样柱基坑

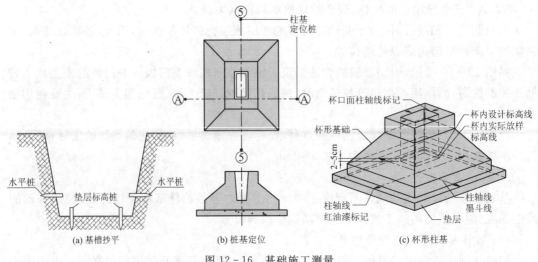

(a) 基槽抄平　　　　　(b) 桩基定位　　　　　(c) 杯形柱基

图 12-16 基础施工测量

开挖边线、修坑和立模板的依据。柱基定位桩应设置在柱基坑开挖范围以外。

按基础大样图的尺寸，用特制的角尺，在柱基定位桩上，放出基坑开挖线，撒白灰标出开挖范围。桩基测设时，应注意定位轴线不一定都是基础中心线，具体应仔细查看设计图纸确定。

（2）基坑高程的测设

如图 12-16(a)所示，当基坑开挖到一定深度时，应在坑壁四周离坑底设计高程 0.3～0.5m 处设置几个水平桩，作为基坑修坡和清底的高程依据。

（3）垫层和基础放样

在基坑底设置垫层标高桩，使桩顶面的高程等于垫层的设计高程，作为垫层施工的依据。

（4）基础模板的定位

如图 12-16(c)所示，完成垫层施工后，根据基坑边的柱基定位桩，用拉线的方法，吊垂球将柱基定位线投设到垫层上，用墨斗弹出墨线，用红油漆画出标记，作为柱基立模板和布置基础钢筋的依据。立模板时，将模板底线对准垫层上的定位线，吊垂球检查模板是否竖直，同时注意使杯内底部标高低于其设计标高 2～5cm，作为抄平调整的余量。拆模后，在杯口面上定出柱轴线，在杯口内壁上定出设计标高。

3）工业厂房构件安装测量

装配式单层工业厂房主要由柱、吊车梁、屋架、天窗和屋面板等主要构件组成。在吊装每个构件时，有绑扎、起吊、就位、临时固定、校正和最后固定等几道工序。下面主要介绍柱子、吊车梁及吊车轨道等构件的安装和校正工作。

（1）厂房柱子的安装测量

柱子安装测量的允许偏差应不大于表 12-3 的规定。

① 柱子吊装前的准备工作

如图 12-16(c)所示，柱子吊装前，应根据轴线控制桩，将定位轴线投测到杯形基础顶面上，并用红油漆画▼标明；在杯口内壁测出一条高程线，从该高程线起向下量取 10cm 即为杯底设计高程。

如图 12-17 所示，在柱子的三个侧面弹出中心线，根据牛腿面设计标高，用钢尺量出柱下平线的标高线。

② 柱长检查与杯底抄平

柱底到牛腿面的设计长度 l 应等于牛腿面的高程 H_2 减去杯底高程 H_1，也即 $l = H_2 - H_1$。

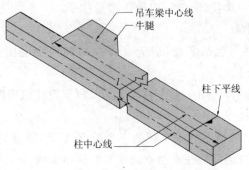

图 12-17　在预制的厂房柱子上弹线

牛腿柱在预制过程中,受模板制作误差和变形的影响,其实际尺寸与设计尺寸很难一致,为了解决这个问题,通常在浇注杯形基础时,使杯内底部标高低于其设计标高 2～5cm,用钢尺从牛腿顶面沿柱边量到柱底,根据各柱子的实际长度,用 1∶2 水泥砂浆找平杯底,使牛腿面的标高符合设计高程。

③ 柱子的竖直校正

将柱子吊入杯口后,应先使柱身基本竖直,再令其侧面所弹的中心线与基础轴线重合,用木楔初步固定后,即可进行竖直校正。

如图 12-18 所示,将两台经纬仪或全站仪分别安置在柱基纵、横轴线附近,离柱子的距离约为柱高的 1.5 倍。瞄准柱子中心线的底部,固定照准部,上仰望远镜照准柱子中心线顶部。如重合,则柱子在这个方向上已经竖直;如不重合,应调整,直到柱子两侧面的中心线都竖直为止。

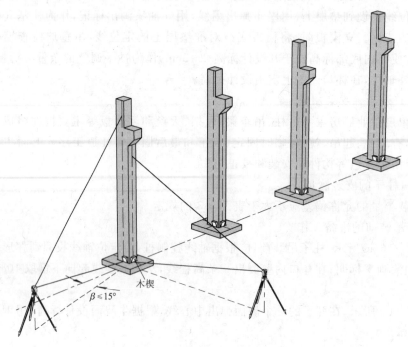

图 12-18　校正柱子竖直

在纵轴方向上,柱距很小,可以将仪器安置在纵轴的一侧,仪器偏离轴线的角度 β 最好不要超过 15°,这样,安置一次仪器,就可以校正多根柱子。

(2)吊车梁的安装测量

如图 12-19 所示,吊车梁吊装前,应先在其顶面和两个端面弹出中心线。安装步骤如下:

① 如图 12-20(a)所示,利用厂房中心线 A_1A_1,根据设计轨道距离,在地面上测设出吊车轨道中心线 $A'A'$ 和 $B'B'$。

② 将经纬仪或全站仪安置在轨道中线的一个端点 A' 上,瞄准另一个端点 A',上仰望远镜,将吊车轨道中心线投测到每根柱子的牛腿面上并弹出墨线。

③ 根据牛腿面上的中心线和吊车梁端面上的中心线,将吊车梁安装在牛腿面上。

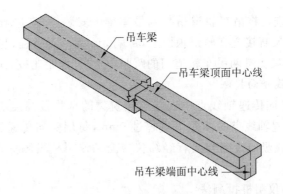

图 12-19 在吊车梁顶面和端面弹线

④ 检查吊车梁顶面的高程。在地面安置水准仪,在柱子侧面测设+50cm的标高线(相对于厂房±0.000);用钢尺沿柱子侧面量出该标高线至吊车梁顶面的高度 h,如果 $h+0.5\text{m}$ 不等于吊车梁顶面的设计高程,则需要在吊车梁下加减铁板进行调整,直至符合要求为止。

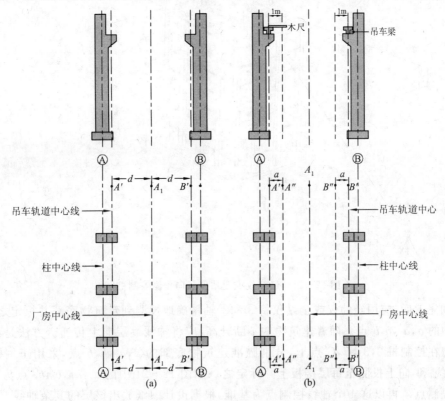

图 12-20 吊车梁和吊车轨道的安装

(3)吊车轨道的安装测量

① 吊车梁顶面中心线间距检查。如图 12-20(b)所示,在地面上分别从两条吊车轨道中心线量出距离 $a=1\text{m}$,得到两条平行线 $A''A''$ 和 $B''B''$;将经纬仪或全站仪安置在平行线一端的 A'' 点上,瞄准另一端点 A'',固定照准部,上仰望远镜投测;另一人在吊车梁上左右移动横置水平木尺,当视线对准 1m 分划时,尺的零点应与吊车梁顶面的中线重合。如不重合,应予以修正。可用撬杆移动吊车梁,直至使吊车梁中线至 $A''A''$(或 $B''B''$)的间距等于 1m 为止。

② 吊车轨道的检查。将吊车轨道吊装到吊车梁上安装后,应进行两项检查;将水准仪安置在吊车梁上,水准尺直接立在轨道顶面上,每隔 3m 测一点高程,与设计高程比较,误差应不超过±2mm;用钢尺丈量两吊车轨道间的跨距,与设计跨距比较,误差应不超过±3mm。

4) 高层建筑的轴线竖向投测

表 12-2 规定的竖向传递轴线点中误差与建筑物的结构及高度有关,例如,总高 $H \leqslant$ 30m 的建筑物,竖向传递轴线点的偏差不应超过 5mm,每层竖向传递轴线点的偏差不应超过 3mm。高层建筑轴线竖向投测方法有经纬仪或全站仪引桩投测法和激光垂准仪投测法两种。

(1)经纬仪或全站仪引桩投测法

如图 12-21 所示,某高层建筑的两条中心轴线分别为③和ⓒ,在测设轴线控制桩时,应将这两条中心轴线的控制桩 3,3′,C,C′设置在距离建筑物尽可能远的地方,以减小投测时的仰角 α,提高投测精度。

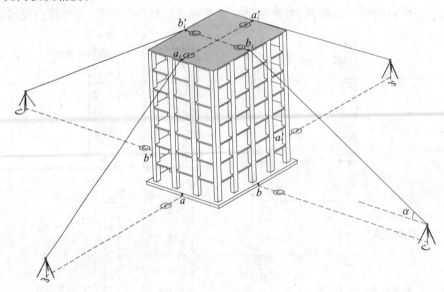

图 12-21 经纬仪或全站仪竖向投测控制桩

基础完工后,应用经纬仪或全站仪将③和ⓒ轴精确地投测到建筑物底部并标定之,如图 12-21 中的 $a,a′,b,b′$ 点。随着建筑物的不断升高,应将轴线逐层向上传递。方法是将仪器分别安置在控制桩 3,3′,C,C′点上,分别瞄准建筑物底部的 $a,a′,b,b′$ 点,采用正倒镜分中法,将轴线 和 向上投测至每层楼板上并标定之。如图 12-21 中的 $a_i,a_i′,b_i,b_i′$ 点为第 i 层的 4 个投测点。再以这 4 个轴线控制点为基准,根据设计图纸放出该层的其余轴线。

随着建筑物的增高,投测的仰角 α 也不断增大,投测精度将随 α 的增大而降低。为保证投测精度,应将轴线控制桩 3,3′,C,C′引测到更远的安全地点,或者附近建筑物的屋顶上。方法是,将仪器分别安置在某层的投测点 $a_i,a_i′,b_i,b_i′$ 上,分别瞄准地面上的控制桩 3,3′,C,C′,以正倒镜分中法将轴线引测到远处。图 12-22 为将 $C′$ 点引测到远处的 $C_1′$ 点,将 C 点引测到附近大楼屋顶上的 C_1 点。以后,从 $i+1$ 层开始,就可以将仪器安置在新引测的控制桩上进行投测。

用于引桩投测的经纬仪或全站仪应经过严格检验和校正后才能使用,尤其是照准部管

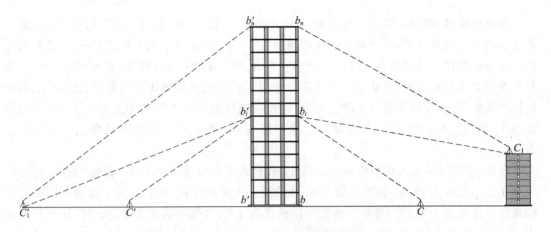

图 12-22　将轴线引测到远处或附近建筑物屋顶上

水准器应严格垂直于竖轴,作业过程中,必须确保照准部管水准气泡居中,使用全站仪投测时,应打开补偿器。

(2) 激光垂准仪投测法

① 激光垂准仪的原理与使用方法

图 12-23 为苏州一光 DZJ2 激光垂准仪,它是在光学垂准系统的基础上添加了激光二极管,可以分别给出上下同轴的两束激光铅垂线,并与望远镜视准轴同心、同轴、同焦。当望远镜照准目标时,在目标处就会出现一个红色光斑,可以通过目镜 6 观察到;另一个激光器通过下对点系统发射激光束,利用激光束照射到地面的光斑进行激光对中操作。

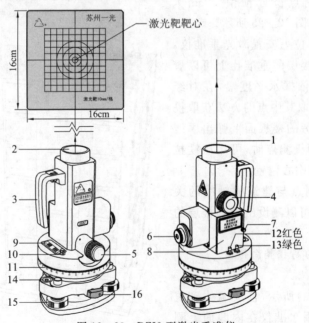

图 12-23　DZJ2 型激光垂准仪

1—望远镜端激光束;2—物镜;3—手柄;4—物镜调焦螺旋;

5—激光光斑调焦螺旋;6—目镜;7—电池盒盖固定螺丝;8—电池盒盖;

9—管水准器;10—管水准器校正螺丝;11—水平度盘;12—电源开关;

13—对点/垂准激光切换开关;14—圆水准器;15—脚螺旋;16—轴套锁钮

仪器操作非常简单,在设计投测点位上安置仪器,按 12 键(图 12-23)打开电源;按 13 键使仪器向下发射激光,转动激光光斑调焦螺旋 5,使激光光斑聚焦于地面上一点,进行常规的对中整平操作安置好仪器;再按 13 键切换激光方向为向上发射激光,将仪器标配的网格激光靶放置在目标面上,转动激光光斑调焦螺旋 5,使激光光斑聚焦于目标面上的一点;移动网格激光靶,使靶心精确地对准激光光斑,将投测轴线点标定在目标面上得 S' 点;依据水平度盘 11 旋转仪器照准部 $180°$,重复上述操作得 S'' 点,取 S' 与 S'' 点连线的中点得最终投测点 S。

DZJ2 型激光垂准仪是利用圆水准器 14 和管水准器 9 来整平仪器,激光的有效射程白天为 120m,夜间为 250m,距离仪器 80m 处的激光光斑直径≤5mm,其向上投测一测回垂直测量标准偏差为 1/4.5万,等价于激光铅垂精度为 $±5''$;当投测高度为 150m 时,其投测偏差为 3.3mm,可以满足表 12-2 的限差要求。仪器使用两节 5 号碱性电池供电,发射的激光波长为 $0.65\mu m$,功率为 0.1mW。

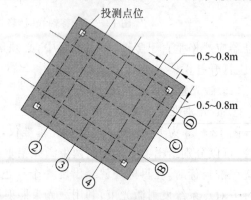

图 12-24　投测点位设计

② 激光垂准仪投测轴线点

如图 12-24 所示,先根据建筑物的轴线分布和结构情况设计好投测点位,投测点位至最近轴线的距离一般为 0.5~0.8m。基础施工完成后,将设计投测点位准确地测设到地坪层上,以后每层楼板施工时,都应在投测点位处预留 $30cm×30cm$ 的垂准孔,如图 12-25 所示。

在首层投测点位上安置激光垂准仪,打开电源,在投测楼层的垂准孔上可以看见一束红色激光;依据水平度盘,在对经 $180°$ 两个盘位投测取其中点的方法获取投测点位,在垂准孔旁的楼板面上弹出墨线标记。以后要使用投测点时,可用压铁拉两根细麻线恢复其中心位置。

根据设计投测点与建筑物轴线的关系(图 12-24),就可以测设出投测楼层的建筑轴线。

5) 高层建筑的高程竖向传递

(1) 悬吊钢尺法

如图 12-26(a)所示,首层墙体砌筑到 1.5m 标高后,用水准仪在内墙面上测设一条"+50mm"的标高线,作为首层地面施工及室内装修的标高依据。以后每

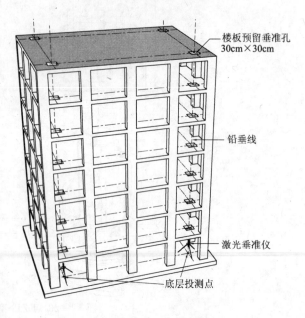

图 12-25　激光垂准仪投测轴线点

砌一层,就通过吊钢尺从下层的"+50mm"标高线处,向上量出设计层高,测出上一楼层的"+50mm"标高线。以第二层为例,图中各读数间存在方程 $(a_2-b_2)-(a_1-b_1)=l_1$,由此解

出 b_2 为

$$b_2 = a_2 - l_1 - (a_1 - b_1) \tag{12-2}$$

进行第二层水准测量时，上下移动水准尺，使其读数为 b_2，沿水准尺底部在墙面上画线，即可得到该层的"+50mm"标高线。同理，第三层的 b_3 为

$$b_3 = a_3 - (l_1 + l_2) - (a_1 - b_1) \tag{12-3}$$

（2）全站仪对天顶测距法

超高层建筑，吊钢尺有困难时，可以在投测点或电梯井安置全站仪，通过对天顶方向测距的方法引测高程，如图 12-26(b)所示。

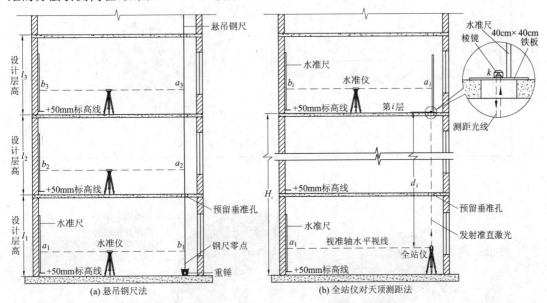

图 12-26 高程的竖向传递

① 在投测点安置全站仪，盘左置平望远镜（显示窗显示的竖直角为 0°或竖盘读数为 90°），读取竖立在首层"+50mm"标高线上水准尺的读数为 a_1。a_1 即为全站仪横轴至首层"+50mm"标高线的仪器高。

② 将望远镜指向天顶（屏幕显示竖直角 90°或竖盘读数为 0°），打开全站仪的准直激光（科维 TKS-202R 为按 ★ F3 键打开准直激光），将一块制作好的 40cm×40cm、中间开了一个 Φ30mm 圆孔的铁板，放置在需传递高程的第 i 层楼面垂准孔上，使圆孔中心对准准直激光光斑，将棱镜扣在铁板上，操作全站仪测距，得距离 d_i。

③ 在第 i 层安置水准仪，将一把水准尺竖立在铁板上，设其上的读数为 a_i，另一把水准尺竖立在第 i 层"+50mm"标高线附近，设其上的读数为 b_i，则得下列方程式

$$a_1 + d_i - k + a_i - b_i = H_i \tag{12-4}$$

式中，H_i 为第 i 层楼面的设计高程（以建筑物的 ±0.000 起算）；k 为棱镜常数，可以通过实验的方法测出。由(12-4)式可以解得 b_i 为

$$b_i = a_1 + d_i - k + a_i - H_i \tag{12-5}$$

上下移动水准尺,使其读数为b_i,沿水准尺底部在墙面上画线,即可得到第i层的"＋50mm"标高线。

12.6 喜利得PML32-R线投影激光水平仪

如图12-27所示,在房屋建筑施工中,经常需要在墙面上弹一些水平或垂直墨线,作为施工的基准。图12-28所示的喜利得PML32-R线投影激光水平仪就具有这种功能,仪器各部件的功能见图中注释。

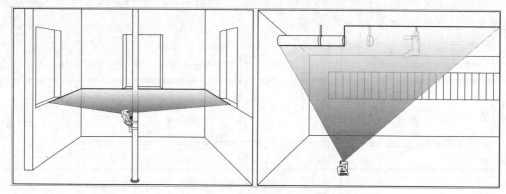

图12-27 在墙面投影水平线与垂直线

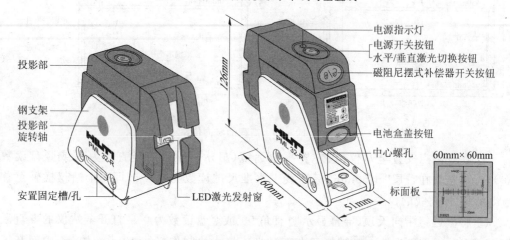

图12-28 喜利得PML32-R线投影激光水平仪

PML32-R的主要技术参数如下:

① 激光:2级红色激光,波长620～690nm,最大发射功能0.95mW;

② 补偿器:磁阻尼摆式补偿器安平激光线,工作范围为±5°,安平时间<3s;

③ 线投影误差:±1.5mm/10m;

④ 线投影范围:线投影距离为10m,使用PMA30激光接收器时,投射距离为30m,线投影角度为120°,如图12-29所示;

⑤ 电源:4×1.5V的7号AAA电池可供连续投影40h。

(1)PML32-R的使用方法

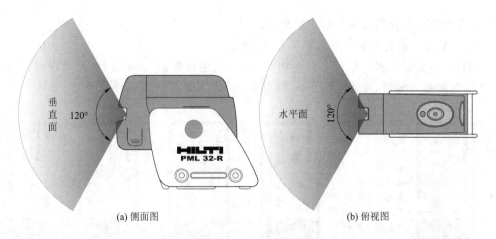

(a) 侧面图　　　　　　　　　　　　　(b) 俯视图

图 12-29　PML32-R 水平线与垂直线投影角度范围 120°

按 ⊖ 按钮打开 PML32-R 的电源后,15min 不操作仪器自动关机;按住 ⊖ 按钮不放 4s 开机,仪器自动取消自动关机功能;当投影线每隔 10s 闪烁 2 次时,表示电池即将耗尽,应尽快更换电池。

PML32-R 中心螺孔与全站仪的中心螺孔完全相同,可以将其安装在全站仪脚架上使用,也可以用仪器标配附件 PMA70 与 PMA71 将其安装在直径小于 50mm 的管道上使用,还可以直接放置在水平面上使用。

图 12-30(a)为仪器投影部处于关闭位置,旋转投影部至 90°位置(图 12-30(b))或 180°位置(图 12-30(c)),按 ⊖ 按钮打开 PML32-R 的电源,电源指示灯点亮。

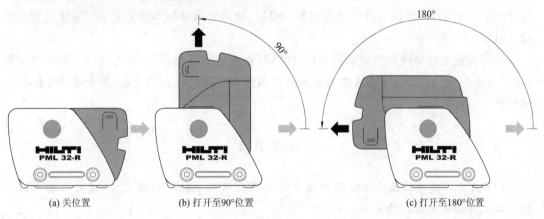

(a) 关位置　　　　　　　　(b) 打开至90°位置　　　　　　　　(c) 打开至180°位置

图 12-30　PML32-R 投影部由关闭位置分别旋转至 90°与 180°位置

当仪器安置在水平面,投影部位于 180°位置时,仪器投射一条基本水平的激光线,再按 ⊖ 按钮切换为一条基本垂直的激光线,再按 ⊖ 按钮为切换为基本水平与垂直的两条激光线,当磁阻尼摆式补偿器关闭时,上述激光线每隔 2s 闪烁一次,表示这些激光线并不严格水平或垂直;再按 ⊖ 按钮为关闭电源。

按 ⊖ 按钮打开磁阻尼摆式补偿器,当仪器安置在倾角较大的斜面、超出补偿器的工作范围时,投影线将快速闪烁;当补偿器正常工作时,投影线将常亮。

当投影部旋转至 180°位置以外的其余位置时,应关闭补偿器,旋转投影部,使投影线与墙面已有参照线重合的方式来校正投影线。

（2）PMA30 激光投影线接收器的使用方法

PML32-R 激光投影线的有效距离为 10m，当距离超出 10m 时，激光投影线的强度变弱，人的肉眼难以分辨，应使用图 12-31 所示的 PMA30 激光投影线接收器。

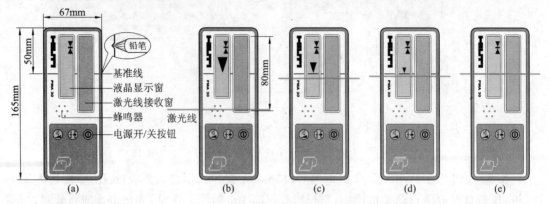

图 12-31　PMA30 激光投影线接收器

PMA30 采用 2×1.5V 的 5 号 AAA 电池供电，距离 PML32-R 的最大距离为 30m。按 ⓞ 按钮开机，再次按 ⓞ 按钮为关机，移动 PMA30，使其基准线接近激光投影线，当激光投影线进入 PMA30 的激光线接收窗时，液晶显示窗将显示箭头以指示 PMA30 的移动方向，见图 12-31(b) 所示；按箭头方向继续移动 PMA30，使其接近激光投影线，当基准线与激光线投影线重合时，液晶显示窗不显示箭头，只显示基准线，此时，用铅笔在基准线侧面的槽位画线（图 12-31(a)）即得激光投影线在墙面的投影，液晶显示窗移动箭头大小的变化过程如图 12-31(c)—(e) 所示。

按 ⓞ 按钮为使蜂鸣器与移动箭头在"蜂鸣器强＋三节移动箭头/蜂鸣器弱＋两节移动箭头/一节箭头"之间切换，按 ⓞ 按钮为使液晶显示窗右上角的显示符号在"▶◀/▶┃◀"之间切换。

本章小结

（1）只要将建筑物设计点位的平面坐标文件上传到全站仪内存文件，就可以用全站仪的坐标放样功能快速放样点位。

（2）全站仪批量放样坐标文件点位时，为提高放样的效率，测站与镜站应统一手势，尽量减少步话机通话。

（3）从 dwg 格式基础施工图采集点位设计坐标的流程是：参照设计蓝图，在 AutoCAD 中校准图纸尺寸、拼绘结构施工总图、缩小 1000 倍将图纸单位变换为 m、变换图纸到测量坐标系、绘制采集点编号；在数字测图软件 CASS 中批量采集需放样点位的平面坐标并生成坐标文件、展绘采集坐标文件检查、编辑坐标文件。

（4）某些大型建筑的结构设计通常由多名结构设计人员分别设计完成，设计院通常只绘制了 dwg 格式的建筑总图，没有绘制结构施工总图，此时，参照建筑总图拼绘结构施工总图的内业制图工作量将非常大，要求测量施工员应熟练掌握 AutoCAD 的操作，这是实施建筑物数字化放样的基础。

（5）高层建筑竖向轴线投测有经纬仪或全站仪引桩投测法与激光垂准仪法，高程竖向传递有悬吊钢尺法与全站仪对天顶测距法。

思考题与练习题

[**12-1**]　施工测量的内容是什么？如何确定施工测量的精度？

[**12-2**]　施工测量的基本工作是什么？

[**12-3**]　试叙述使用全站仪进行坡度测设的方法。

[**12-4**]　建筑轴线控制桩的作用是什么？距离建筑外墙的边距如何确定？龙门板的作用是什么？

[**12-5**]　校正工业厂房柱子时，应注意哪些事项？

[**12-6**]　高层建筑轴线竖向投测和高程竖向传递的方法有哪些？

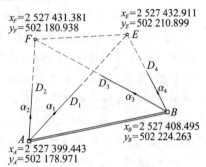

$x_F = 2\,527\,431.381$
$y_F = 502\,180.938$

$x_E = 2\,527\,432.911$
$y_E = 502\,210.899$

$x_B = 2\,527\,408.495$
$y_B = 502\,224.263$

$x_A = 2\,527\,399.443$
$y_A = 502\,178.971$

图 12-32　极坐标法测设数据

[**12-7**]　如图 12-32 所示，A，B 为已有平面控制点，E，F 为待测设的建筑物角点，试计算分别在 A，B 设站，用全站仪方位角法分别测设 E，F 点的方位角与平距，结果填入下列表格（角度算至 $1''$，距离算至 1mm，建议使用 fx-5800P 程序 P7-1 计算）。

测站	放样点	方位角	平距/m	测站	放样点	方位角	平距/m
A	E			B	E		
	F				F		

[**12-8**]　用 CASS 打开光盘"\建筑物数字化放样\宝成公司厂房基础平面图_坐标采集.dwg"文件，采集图中绘制的编号为Ⓐ、①、Ⓖ、Ⓚ和①、⑤、⑭、㉒、㉖轴线控制桩的坐标文件，要求坐标文件名为 CS12-8.dat 并位于用户 U 盘根目录下，将随书光盘"\建筑物数字化放样\CS_SK.exe"文件复制到用户 U 盘根目录下，执行 CS_SK.exe 程序，将其变换为 TKS-202R 全站仪可以接收的坐标文件格式 TK12-8.tks，打印 CS12-8.txt 与 TKS12-8.tks 坐标文件并粘贴到作业本上。

[**12-9**]　用 AutoCAD2004 或以上版本打开光盘"\建筑物数字化放样\未校正建筑物施工图\广州某高层裙楼结构施工图.dwg"文件，找到"桩基础平面布置图"（图框为红色加粗多段线），进行如下操作：

① 删除除桩基础平面布置图以外的全部图形对象；

② 执行比例命令 scale，将桩基础平面布置图缩小 1000 倍，删除未缩小的尺寸标注对象；

③ 执行对齐命令 align，用图中标注的测量坐标将桩基础平面布置图变换到测量坐标系；

④ 为图中的管桩编号，以文件名"广州某高层裙楼结构施工图_坐标采集.dwg"存盘；

⑤ 用 CASS 打开"广州某高层裙楼结构施工图_坐标采集.dwg"文件，采集管桩中心点的坐标并存入坐标文件。

13 路线施工测量

本章导读

- **基本要求** 掌握路线桩号、平竖曲线主点、加桩、断链的定义;掌握交点法单圆平曲线、基本型平曲线与竖曲线计算的原理与方法,掌握路线三维坐标正、反算的原理;掌握桥墩桩基坐标计算的原理,了解隧道超欠挖计算的原理;掌握使用 QH2-7T 程序进行路线三维坐标正、反算,桥墩桩基坐标计算,隧道超欠挖计算的方法,数据库子程序的编写方法;掌握使用全站仪放样程序计算结果的原理与方法。
- **重点** 缓和曲线参数 A,原点偏角 β,直线、圆曲线、缓和曲线线元的坐标正、反算原理,竖曲线、路基超高横坡、边坡坡口开口位置、桥墩桩基坐标、隧道超欠挖计算的原理。
- **难点** 缓和曲线线元的坐标正、反算原理,隧道二衬轮廓线主点数据的采集,洞身支护参数的输入。

13.1 路线控制测量概述

《公路勘测细则》[9]规定,路线标段进入施工阶段时,设计院提供的勘测资料主要有:控制点的三维坐标成果与带状地形图,设计资料主要有:直线、曲线及转角表、20m 中桩间距的逐桩坐标表、纵坡及竖曲线表、路线纵断面图、路基标准横断面图、路基典型横断面图、路基土石方数量估算表、桥位平面图、涵洞一览表、隧道地质纵断面图、各级围岩隧道衬砌横断面图等。

路线施工测量使用的控制点坐标,是由设计院在初测与定测阶段布设的,施工单位进场后,应对标段内的控制点进行全面检测,检测成果与定测成果的较差在限差以内时,应采用原成果作为施工放样的依据。

1) 路线平面控制测量

(1) 选择路线平面控制测量坐标系时,应使测区内投影长度变形值小于 2.5cm/km;大型构造物平面控制测量坐标系,其投影长度变形值应小于 1cm/km。

当投影长度变形值满足上述要求时,应采用高斯投影 3°带平面直角坐标系;当投影长度变形值不能满足上述要求时,可采用:

① 投影于抵偿高程面上的高斯投影 3°带平面直角坐标系。

② 投影于 1954 北京坐标系或 1980 西安坐标系椭球面上的高斯投影任意带平面直角坐标系。

③ 抵偿高程面上的高斯投影任意带平面直角坐标系。

④ 当采用一个投影带不能满足要求时,可分为几个投影带,但投影分带位置不应选择在大型构造物处。

⑤ 假定坐标系。

当采用独立坐标系、抵偿坐标系时,应提供与国家坐标系的转换关系。

(2) 路线平面控制网宜全线贯通、统一平差;布设方法应采用 GNSS 测量、导线测量、三角测量或三边测量方法进行,其中,导线测量的主要技术要求应符合表 13-1 的规定。

表 13-1   导线测量的主要技术要求[*]

等级	附闭合导线长度/km	边数	每边测距中误差/mm	单位权中误差/″	导线全长相对闭合差	方位角闭合差/″
三等	≤18	≤9	≤±14	≤±1.8	≤1/52 000	≤3.6$\sqrt{n}$
四等	≤12	≤12	≤±10	≤±2.5	≤1/35 000	≤5$\sqrt{n}$
一级	≤6	≤12	≤±14	≤±5.0	≤1/17 000	≤10$\sqrt{n}$
二级	≤3.6	≤12	≤±11	≤±8.0	≤1/11 000	≤16$\sqrt{n}$

[*] 注:① n 为测站数;② 以测角中误差为单位权中误差;③ 导线网节点间的长度不得大于表中长度的 0.7 倍;④ 使用导线测量布设平面控制网的最高等级为三等,如要布设二等平面控制网,应采用 GNSS 测量、三角测量或三边测量,其主要技术要求参见《公路勘测规范》。

一级及以上平面控制测量平差计算应采用严密平差法,二级可采用近似平差法。

各级公路和桥梁、隧道平面控制测量的等级不得低于表 13-2 的规定。

表 13-2   平面控制测量等级选用

高架桥、路线控制测量	多跨桥梁总长 L/m	单跨桥梁 L_K/m	隧道贯通长度 L_G/m	测量等级
—	$L \geqslant 3\,000$	$L_K \geqslant 500$	$L_G \geqslant 6\,000$	二等
	$2\,000 \leqslant L < 3\,000$	$300 \leqslant L_K < 500$	$3\,000 \leqslant L_G < 6\,000$	三等
高架桥	$1\,000 \leqslant L < 2\,000$	$150 \leqslant L_K < 300$	$1\,000 \leqslant L_G < 3\,000$	四等
高速、一级公路	$L < 1\,000$	$L_K < 150$	$L_G < 1\,000$	一级
二、三、四级公路	—	—	—	二级

(3) 各级平面控制测量,其最弱点点位中误差均不得大于±5cm,最弱相邻点相对点位中误差均不得大于±3cm。

2) 路线高程控制测量

(1) 高程控制测量应采用水准或三角高程测量方法进行。

(2) 同一个项目应采用同一个高程系统,并应与相邻项目高程系统相衔接。

(3) 各等级公路高程控制网最弱点高程中误差不得大于±25mm,用于跨越水域和深谷的大桥、特大桥的高程控制网最弱点高程中误差不得大于±10mm,每 km 观测高差中误差和附合(环线)水准路线长度应小于表 13-3 的规定,四等以上高程控制测量应采用严密平差法进行计算。

表 13-3   高程控制测量的技术要求

等级	每 km 高差中数中误差/mm		附合或环线水准路线长度/km	
	偶然中误差 M_Δ	全中误差 M_W	路线、隧道	桥梁
二等	±1	±2	600	100
三等	±3	±6	60	10
四等	±5	±10	25	4
五等	±8	±16	10	1.6

(4) 各级公路及构造物的高程控制测量等级不得低于表 13-4 的规定。

表 13-4 高程控制测量等级选用

高架桥、路线控制测量	多跨桥梁总长 L/m	单跨桥梁 L_K/m	隧道贯通长度 L_G/m	测量等级
—	$L \geqslant 3\,000$	$L_K \geqslant 500$	$L_G \geqslant 6\,000$	二等
—	$1\,000 \leqslant L < 3\,000$	$150 \leqslant L_K < 500$	$3\,000 \leqslant L_G < 6\,000$	三等
高架桥、高速、一级公路	$L < 1\,000$	$L_K < 150$	$L_G < 3\,000$	四等
二、三、四级公路	—	—	—	五等

13.2 路线三维设计图纸

1) 路线中线平曲线与竖曲线设计图纸

路线中线属于三维空间曲线,设计图纸是用平曲线设置中线的平面位置,竖曲线设置中线的高程,平、竖曲线联系的纽带为中线桩号,桩号表示中线上的某点距路线起点的水平距离,也称里程数。图 13-1 为广西河池至都安高速公路 3-1 标段 JD_{44} 的平曲线设计图纸,内表为其竖曲线及纵坡设计数据。

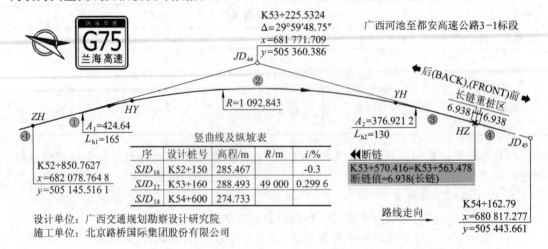

图 13-1 广西河池至都安高速公路 3-1 标段 JD_{44} 平曲线与竖曲线设计图纸

2) 路基标准横断面与纵断面超高设计图纸

路面是以路中线为基准设置的三维曲面,设计图纸是采用路基标准横断面设置路面,图 13-2 为本例的路基标准横断面设计图。《公路路线设计规范》[10] 规定,设计速度大于等于 80km/h 的高速公路,行车道宽度应为 3.75m,两车道的宽度为 $2 \times 3.75 = 7.5$m。

在图 13-2 所示的路基标准横断面设计图中,"路缘带+行车道+路缘带+硬路肩"的左横坡 i_L 与右横坡 i_R 是随横断面桩号的不同而变化的,变化规律为路线纵断面图底部的超高设计图纸。本例的超高设计图如图 13-3 所示,图中只给出了超高主点的桩号及其左右横坡设计数据,其余加桩的左右横坡是使用超高主点设计数据内插获得。

路线施工测量计算的主要内容有两项:一是根据给定的加桩号及左右边距,计算与测设加桩的中、边桩三维设计坐标,简称三维坐标正算;二是根据全站仪或 GNSS RTK 测定的边

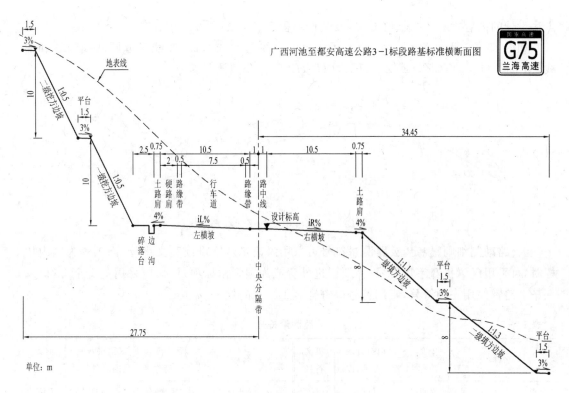

单位：m

图 13-2 广西河池至都安高速公路 3-1 标段路基标准横断面设计图纸

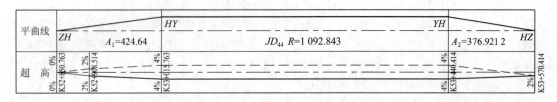

图 13-3 广西河池至都安高速公路 3-1 标段 JD_{44} 纵断面图底部的路基超高设计图纸

桩三维坐标,向路线中线作垂线,计算并测设垂点的桩号及其三维设计坐标、计算边桩点的挖填高差及其距离边坡平台的水平距离,简称三维坐标反算。由此可见,路线施工测量中,需要在现场频繁地进行三维坐标正反算,这些计算的依据就是路线的平竖曲线设计图、路基标准横断面设计图与路基超高设计图,因此,现场便携编程计算在路线施工测量中具有非常重要的意义,也是提高测量效率的重要手段。

本章使用 fx-5800P 单交点路线曲线三维坐标正反算程序 QH2-7T 解决道路、桥梁与隧道施工测量的全部计算问题。QH2-7T 程序来自文献[22],引入本教材时,根据工程用户的意见做了少量修改,请读者按随书标配光盘文件"\fx-5800P 程序\QH2-7T 母机程序逐屏图片.ppt"输入程序。

13.3 路线测量的基本知识

1）路线测量符号

路线主线平曲线一般使用交点法设计,匝道平曲线一般使用线元法设计,本章只介绍交点法设计的内容,线元法设计的原理及其计算程序参见文献[22]与[25]。

如图 13-4 所示,路线中线的平面线形由直线与曲线组成,曲线又分圆曲线与缓和曲线,图中的 JD,ZY,QZ,YZ,ZH,HY,YH,HZ 等为公路测量符号。

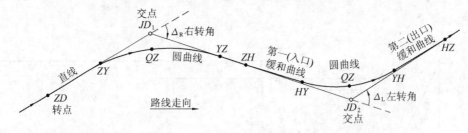

图 13-4　路线中线的平面线形

《公路勘测细则》规定,公路测量符号可采用汉语拼音字母或英文字母,当工程为国内招标时,可采用汉语拼音字母符号;需要引进外资或为国际招标项目时,应采用英文字母符号。一条公路宜使用一种符号,常用符号应符合表 13-5 的规定。

表 13-5　　　　　　　　　　　　　　公路测量符号

名称	中文简称	汉语拼音或我国习惯符号	英文符号	名称	中文简称	汉语拼音或我国习惯符号	英文符号
交点	交点	JD	IP	变坡点	竖交点	SJD	PVI
转点	转点	ZD	TMP	竖曲线起点	竖直圆	SZY	BVC
GPS 点		G	GPS	竖曲线终点	竖圆直	SYZ	EVC
导线点		D	TP	竖曲线公切点	竖公切	SGQ	PCVC
水准点		BM	BM	反向竖曲线点	反竖拐曲	$FSGQ$	PRVC
图根点		T	RP	公里标		K	K
圆曲线起点	直圆	ZY	BC	转角		Δ	
圆曲线中点	曲中	QZ	MC	左转角		Δ_L	
圆曲线终点	圆直	YZ	EC	右转角		Δ_R	
路线起点		SP^*	SP	平竖曲线半径		R	R
路线终点		EP^*	EP	平竖曲线切线长		T	T
复曲线公切点	公切	GQ	PCC	平竖曲线外距		E	E
反向平曲线点	反拐点	FGQ	RPC	曲线长		L	L
第一缓和曲线起点	直缓	ZH	TS	圆曲线长		L_Y	L_C
第一缓和曲线终点	缓圆	HY	SC	缓和曲线长		L_h	L_S
第二缓和曲线终点	圆缓	YH	CS	缓和曲线参数		A	A
第二缓和曲线起点	缓直	HZ	ST	缓和曲线角		β	β

* 部分路线工程项目的设计图纸可能仍使用 1999 年的旧版《公路勘测规范》[14]设计,路线起点符号为 QD,路线终点符号为 ZD。

2) 交点转角的定义

在路线转折的交点 JD 处,为了设计路线平曲线,需要已知交点的转角。转角(turning

294

angle)是路线由一个方向偏转至另一个方向时,偏转后的方向与原方向间的水平夹角。如图 13-5 所示,当偏转后的方向位于原方向右侧时,为右转角,用 Δ_R 表示(JD_1);当偏转后的方向位于原方向左侧时,为左转角,用 Δ_L 表示(JD_2)。

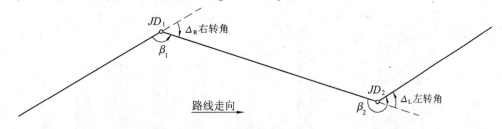

图 13-5　路线转角的定义

　　高速公路,地形、地质条件比较复杂的二、三、四级公路,一般采用"图纸定线"法设计路线中线。设计院通常使用 AutoCAD,在路线带状数字地形图上选择并获取 JD 的平面坐标与转角 Δ,案例如图 13-6 所示。图中的 JD 数据仅仅用于设计路线平曲线,设计院一般不将其测设到实地。

　　20 世纪 90 年代以前,路线中边桩放样的仪器设备主要是经纬仪与钢尺(或测距仪),方法有偏角法与切线支距法,需要在 $ZY(YZ)$ 或 $ZH(HZ)$ 点安置经纬仪,并以 JD 为后视方向,因此,放样路线细部点中边桩之前,应先将 JD 测设到实地,再在 JD 设站,将平曲线主点 $ZY(YZ)$ 或 $ZH(HZ)$ 测设到实地。现在,施工放样的主要设备已是全站仪,方法是将全站仪安置在路线附近的控制测量桩上,以另一控制测量桩为后视方向,只要能算出路线上任意细部点中边桩的三维设计坐标,使用全站仪的坐标放样功能,就能精确快速地测设其位置。全站仪坐标放样法的基础是路线附近控制测量桩的已知坐标及路线细部点的中边桩三维设计坐标,不需要预先测设出 JD 及平曲线主点 ZY,YZ,ZH,HY,YH,HZ 的位置。由于 JD 不在路线中线上,因此,施工测量时一般也不将其测设到实地。

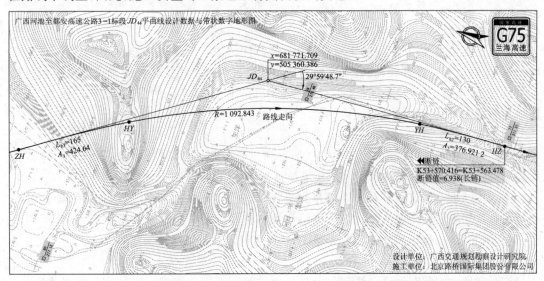

图 13-6　广西河池至都安高速公路 3-1 标段 JD_{44} 平曲线设计数据与带状数字地形图

3) 公路测量标志及其用途

如图 13-7 所示,《公路勘测细则》将公路测量标志分为三类:控制测量桩、路线控制桩与标志桩,位于路线中线上的控制桩或指示桩应书写桩号。

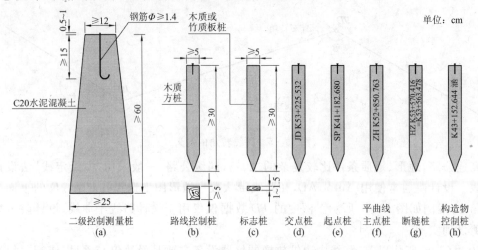

图 13-7 公路测量标志的种类与用途

(1) 控制测量桩

控制测量桩主要是指用于控制测量的 GNSS 点、三角点、导线点、水准点以及特大型桥、隧的控制桩。该部分桩位需要保存较长时间、设计和施工阶段都需要经常使用,它是恢复路线控制桩和标志桩的依据,一旦破坏,不但恢复困难,而且还会影响路线勘测与施工放样的质量,因此,控制测量桩应采用可长期保存的材料如混凝土、不易破碎的石质材料或其他具有高强度耐腐蚀的材料制成。路线平面控制测量的精度等级分为二等、三等、四等、一级、二级,图 13-7(a) 为二级平面控制测量桩的规格。例如,在图 13-6 中,矩形灰底色所示的 77 点,78 点,80 点为一级导线点。

(2) 路线控制桩

路线控制桩主要用于"现场定线法"的初测、定测和"一次定测"的交点桩、转点桩、平曲线控制桩、路线起终点桩、断链桩及其他构造物控制桩等。路线控制桩的木质方桩顶面应钉小铁钉,表示点位,其规格如图 13-7(b) 所示。当采用"图纸定线法"且具有控制测量桩时,路线控制桩亦可采用标志桩的规格。

(3) 标志桩

标志桩主要用于路线中线上的整桩、加桩和主要控制桩、路线控制桩的指示桩,应钉设在控制桩外侧 25~30cm,书写桩号面应面向被指示桩,规格如图 13-7(c) 所示。

路线控制桩和标志桩没有长期保存的必要,测设任务完成后,一般不再使用,即使丢失也可通过控制测量桩快速恢复,因此,当路线控制桩和标志桩位于坚硬地表路段时,可用油漆、记号笔等标注,位于柔性铺装地表路段时,还可钉入铁钉代替。

4) 路线中线的敷设

按一定的中桩间距测设中线逐桩点位。中桩间距系指路线相邻中桩之间的最大距离,桩距太大会影响纵坡设计质量和工程数量计算,中桩间距不应大于表 13-6 的规定。

表 13 - 6　　　　　　　　　　　　　　　　中桩间距

直线/m		曲线/m			
平原、微丘	重丘、山岭	不设超高的曲线	$R>60$	$30<R<60$	$R<30$
50	25	25	20	10	5

注:表中 R 为交点平曲线半径。

　　表 13 - 7 为广西河池至都安高速公路 3 - 1 标段设计图纸给出的 JD_{44} 平曲线的逐桩坐标表,JD_{44} 的圆曲线半径为 $R=1092.843m$,设计图纸是按 20m 中桩间距给出逐桩点坐标。为了计算路线土方工程数量,设计院需要将这些逐桩坐标测设到实地,并测量逐桩桩位的横断面图。

表 13 - 7　　　　　　　　广西河池至都安高速公路 3 - 1 标段 JD_{44} 平曲线逐桩坐标表

序	桩号	x/m	y/m	序	桩号	x/m	y/m
1	K52+860	682 071.196	505 150.812	19	K53+220	681 756.902	505 323.831
2	K52+880	682 054.797	505 162.260	20	K53+240	681 738.041	505 330.483
3	K52+900	682 038.361	505 173.655	21	K53+260	681 719.061	505 336.788
4	K52+920	682 021.863	505 184.961	22	K53+280	681 699.969	505 342.746
5	K52+940	682 005.278	505 196.139	23	K53+300	681 680.772	505 348.352
6	K52+960	681 988.584	505 207.152	24	K53+320	681 661.474	505 353.607
7	K52+980	681 971.757	505 217.963	25	K53+340	681 642.084	505 358.507
8	K53+000	681 954.778	505 228.531	26	K53+360	681 622.608	505 363.052
9	K53+020	681 937.626	505 238.816	27	K53+380	681 603.051	505 367.239
10	K53+040	681 920.290	505 248.789	28	K53+400	681 583.422	505 371.068
11	K53+060	681 902.775	505 258.444	29	K53+420	681 563.725	505 374.537
12	K53+080	681 885.086	505 267.776	30	K53+440	681 543.968	505 377.645
13	K53+100	681 867.229	505 276.782	31	K53+460	681 524.159	505 380.400
14	K53+120	681 849.210	505 285.461	32	K53+480	681 504.310	505 382.847
15	K53+140	681 831.036	505 293.808	33	K53+500	681 484.430	505 385.040
16	K53+160	681 812.711	505 301.822	34	K53+520	681 464.530	505 387.037
17	K53+180	681 794.244	505 309.498	35	K53+540	681 444.617	505 388.892
18	K53+200	681 775.639	505 316.836	36	K53+560	681 424.695	505 390.662

　　特殊地点应设置加桩,一般是指路线纵、横向地形变化处;路线与其他线状物交叉处;拆迁建筑物处;桥梁、涵洞、隧道等构筑物处等。中桩平面位置精度应符合表 13 - 8 的规定。

表 13 - 8　　　　　　　　　　　　　中桩平面位置精度

公路等级	中桩位置中误差/cm		桩位检测之差/cm	
	平原、微丘	重丘、山岭	平原、微丘	重丘、山岭
高速公路,一、二级公路	$\leqslant\pm5$	$\leqslant\pm10$	$\leqslant10$	$\leqslant20$
三级及三级以下公路	$\leqslant\pm10$	$\leqslant\pm15$	$\leqslant20$	$\leqslant30$

13.4 交点法单圆平曲线的计算与测设

当路线由一个方向转向另一个方向时,应用曲线连接。曲线的形式较多,其中单圆曲线是最基本的平面线形之一,如图 13-8 所示。

《公路路线设计规范》规定,各级公路的圆曲线最小半径按设计速度应符合表 13-9 的规定。

表 13-9   圆曲线最小半径

设计速度/(km/h)		120	100	80	60	40	30	20
圆曲线 最小半径/m	一般值	1000	700	400	200	100	65	30
	极限值	650	400	250	125	60	30	15

路线设计图纸的"直线、曲线及转角表"给出的交点 JD_n 的圆曲线设计数据为:交点桩号 Z_{JD_n}、平面坐标 $z_{JD_n} = x_{JD_n} + y_{JD_n} i$、转角 Δ、圆曲线半径 R、主点桩号及其中桩坐标、20m 中桩间距的逐桩坐标,施工测量员的计算工作主要是验算设计数据的正确性与根据放样的需要进行坐标正反算计算。

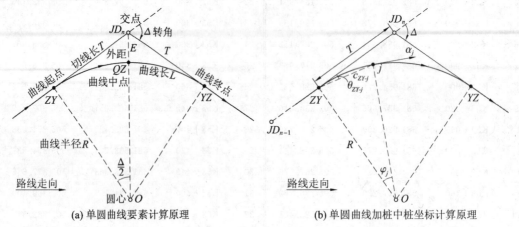

(a) 单圆曲线要素计算原理   (b) 单圆曲线加桩中桩坐标计算原理

图 13-8   单圆平曲线要素与坐标计算原理

1) 单圆平曲线的坐标正算

(1) 曲线要素的计算

如图 13-8 所示,称切线长 T、曲线长 L、外距 E 及切曲差 J 为交点曲线要素,公式为

$$
\left.
\begin{aligned}
\text{切线长} \quad & T = R \tan \frac{\Delta}{2} \\
\text{曲线长} \quad & L = \frac{\pi R \Delta}{180} \\
\text{外\quad距} \quad & E = R \left(\sec \frac{\Delta}{2} - 1 \right) \\
\text{切曲差} \quad & J = 2T - L
\end{aligned}
\right\}
\qquad (13-1)
$$

切曲差 J 也称校正值,式中的转角 Δ 以十进制度为单位。

（2）主点桩号的计算

设 JD 桩号为 Z_{JD}，则曲线主点 ZY,QZ,YZ 的桩号为

$$\left.\begin{array}{l} Z_{ZY}=Z_{JD}-T \\[2mm] Z_{QZ}=Z_{ZY}+\dfrac{L}{2} \\[2mm] Z_{YZ}=Z_{QZ}+\dfrac{L}{2}=Z_{JD}+T-J \end{array}\right\} \tag{13-2}$$

（3）主点中、边桩坐标的计算

如图 13-8(b)所示，设相邻后交点 $JD_{n=1}$ 的坐标为 $z_{JD_{n-1}}=x_{JD_{n-1}}+y_{JD_{n-1}}i$，先由下式算出 JD_{n-1} 至 JD_n 的辐角

$$\theta_{(n-1)n}=\mathrm{Arg}(z_{JD_n}-z_{JD_{n-1}}) \tag{13-3}$$

算出的辐角 $\theta_{(n-1)n}>0$ 时，$\alpha_{(n-1)n}=\theta_{(n-1)n}$；$\theta_{(n-1)n}<0$ 时，$\alpha_{(n-1)n}=\theta_{(n-1)n}+360°$。则 ZY 点与 YZ 点的中桩坐标为

$$\left.\begin{array}{l} z_{ZY}=z_{JD_n}-T\angle\alpha_{(n-1)n} \\[2mm] z_{YZ}=z_{JD_n}+T\angle\alpha_{(n-1)n}+\Delta \end{array}\right\} \tag{13-4}$$

式中的转角 Δ 为含 $\pm$ 号的代数值，右转角 $\Delta>0$，左转角 $\Delta<0$，下同。

（4）加桩中桩坐标的计算

设圆曲线上任意点 j 的桩号为 Z_j，则 ZY 点至 j 的弧长为

$$l_j=Z_j-Z_{ZY} \tag{13-5}$$

弦切角 θ_{ZY-j} 与弦长 c_{ZY-j} 的计算公式为

$$\left.\begin{array}{l} \theta_{ZY-j}=\dfrac{l_j}{R}\dfrac{90}{\pi} \\[2mm] c_{ZY-J}=2R\sin\theta_{ZY-j} \end{array}\right\} \tag{13-6}$$

弦长 c_{ZY-j} 的方位角 α_{ZY-j} 及 j 点的走向方位角 α_j 为

$$\left.\begin{array}{l} \alpha_{ZY-j}=\alpha_{(n-1)n}\pm\theta_j \\[2mm] \alpha_j=\alpha_{(n-1)n}\pm2\theta_j \end{array}\right\} \tag{13-7}$$

j 点的走向方位角是指 j 点切线沿路线走向方向的方位角。式中的"$\pm$"号，交点转角 Δ 为右转角时取"$+$"；交点转角 Δ 为左转角时取"$-$"，下同。j 点的中桩坐标为

$$z_j=z_{ZY}+c_{ZY-j}\angle\alpha_{ZY-j} \tag{13-8}$$

如图 13-9 所示，边桩的左偏角 δ_L 与右偏角 δ_R，一般只需要给出其中的任一个即可，另一个偏角通过 $\pm180°$ 获得。

输入的偏角值 <0 时为左偏角 δ_L，中桩 $j\rightarrow$ 左边桩 j_L 的方位角为 $\alpha_{j-j_L}=\alpha_j+\delta_L$，此时，中桩 $j\rightarrow$ 右边桩 j_R 的方位角为 $\alpha_{j-j_R}=\alpha_{j-j_L}+180°$。

输入的偏角值 >0 时为右偏角 δ_R，中桩 $j\rightarrow$ 右边桩 j_R 的方位角为 $\alpha_{j-j_R}=\alpha_j+\delta_R$，此时，中

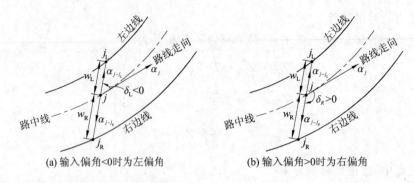

(a) 输入偏角<0时为左偏角   (b) 输入偏角>0时为右偏角

图 13-9 边桩坐标计算原理

桩 $j \rightarrow$ 左边桩 j_L 的方位角为 $\alpha_{j-j_L} = \alpha_{j-j_R} - 180°$。

当输入的偏角值为 $-90°$ 或 $+90°$ 时,均为计算走向法线方向的边桩坐标,其效果是相同的。设左、右边距分别为 w_L, w_R,则 j 点的左边桩坐标为

$$z_{j_L} = z_j + w_L \angle \alpha_{j-j_K} \tag{13-9}$$

j 点的右边桩坐标为

$$z_{j_R} = z_j + w_R \angle \alpha_{j-j_R} \tag{13-10}$$

2) 单圆平曲线的坐标反算

设用全站仪实测路线附近任意边桩点 j 的坐标为 $z_j = x_j + y_j i$,由 j 点向单圆曲线作垂线时,垂点 p 可能位于圆曲线线元,也可能位于圆曲线外的直线线元。

(1) 直线线元坐标反算原理

如图 13-10 所示,设已知直线线元起点 s 的桩号为 Z_s、中桩坐标为 $z_s = x_s + y_s i$,走向方位角为 α_s,终点为 e,设垂点 p 的中桩坐标为 $z_p = x_p + y_p i$,则直线 se 的点斜式方程为

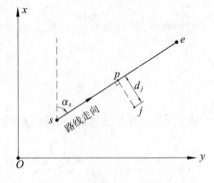

$$y - y_p = \tan\alpha_s(x - x_p) \tag{13-11}$$

将起点 s 的中桩坐标代入式(13-11),解得

$$y_p = y_s - \tan\alpha_s(x_s - x_p) \tag{13-12}$$

图 13-10 直线线元坐标反算原理

因直线 $\overline{jp} \perp \overline{se}$,故 p 点中桩坐标应满足垂线 $\overline{jp}$ 的下列点斜式方程

$$y_p - y_j = -\frac{x_p - x_j}{\tan\alpha_s} \tag{13-13}$$

将式(13-12)代入式(13-13),解得

$$y_s - \tan\alpha_s(x_s - x_p) - y_j = -\frac{x_p - x_j}{\tan\alpha_s}$$

$$\tan\alpha_s(y_s-y_j)-\tan^2\alpha_s x_x+\tan^2\alpha_s x_p=-x_p+x_j$$

化简后,得

$$\left.\begin{array}{l} x_p=\dfrac{x_j+\tan^2\alpha_s x_s-\tan\alpha_s(y_s-y_j)}{\tan^2\alpha_s+1} \\[3mm] y_p=y_j-\dfrac{x_p-x_j}{\tan\alpha_s} \end{array}\right\} \qquad (13-14)$$

再由 p 点坐标反算出边距 d_j,p 点桩号为

$$Z_p=Z_s+\mathrm{Abs}(z_p-z_s) \qquad (13-15)$$

下面介绍边桩点位于直线线元左、右侧的判断方法。设由垂点 p 的坐标与边桩点 j 的坐标反算出的 p 至 j 的方位角为 α_{pj},而 p 点的走向方位角为 $\alpha_p=\alpha_s$,以 α_p 为零方向,将 α_{pj} 归零为

$$\alpha'_{pj}=\alpha_{pj}-\alpha_p\pm360° \qquad (13-16)$$

当 $\alpha'_{pj}>180°$ 时,j 点位于直线线元走向的左侧;$\alpha'_{pj}<180°$ 时,j 点位于直线线元走向的右侧。

(2)圆曲线线元坐标反算原理

如图 13-11 所示,设已知圆曲线元起点 s 的桩号为 Z_s、中桩坐标为 $z_s=x_s+y_s\mathrm{i}$、走向方位角为 α_s,终点为 e、圆曲线半径为 R,则圆心点 C 的坐标为

$$\left.\begin{array}{l} z_C=z_s+R\angle\alpha_{sC} \\ \alpha_{sC}=\alpha_s\pm90° \end{array}\right\} \qquad (13-17)$$

由圆心点 C 与 j 点的坐标算出直线 $\overline{Cj}$ 的方位角 α_{Cj} 与距离 d_{Cj},则 j 点的边距为 $d_j=R-d_{Cj}$,由圆心点坐标反算垂点 p 的中桩坐标为

$$z_p=z_C+R\angle\alpha_{Cj} \qquad (13-18)$$

s 点至 p 点的弦长及弦切角为

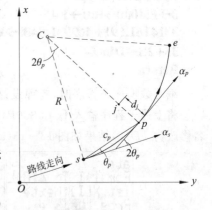

图 13-11 圆曲线线元坐标反算原理

$$\left.\begin{array}{l} c_{sp}=\mathrm{Abs}(z_p-z_s) \\[2mm] \theta_{sp}=\sin^{-1}\dfrac{c_{sp}}{2R} \end{array}\right\} \qquad (13-19)$$

垂点 p 的桩号与走向方位角为

$$\left.\begin{array}{l} Z_p=Z_s+2\theta_{sp}R \\ \alpha_p=\alpha_s\pm2\theta_{sp} \end{array}\right\} \qquad (13-20)$$

边桩点位于圆曲线线元左、右侧的判断方法是:当交点转角 $\Delta<0$,边距 $d_j>0$,j 点位于圆曲线线元走向的左侧,边距 $d_j<0$,j 点位于圆曲线线元走向的右侧;当交点转角 $\Delta>0$,边距 $d_j>0$,j 点位于圆曲线线元走向的右侧,边距 $d_j<0$,j 点位于圆曲线线元走向的左侧。

[例 13-1] 图 13-12 为单元平曲线设计图,设全站仪已安置在导线点 D56 并完成后视定向,①试用 QH2-7T 程序计算加桩 K232+500,K232+160,K232+920 的中、边桩坐标及其坐标放样数据,左右边距均为 12.25m;②计算图 13-12 内表所示三个边桩点的坐标反算结果。

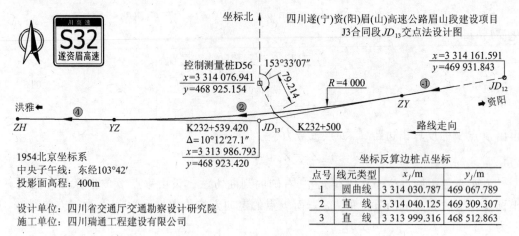

四川遂(宁)资(阳)眉(山)高速公路眉山段建设项目
J3合同段 JD_{13} 交点法设计图

坐标北

控制测量桩D56
x=3 314 076.941
y=468 925.154

153°33′07″

79.214

R=4 000

x=3 314 161.591
y=469 931.843

①

JD_{12}

ZY

洪雅←

④

②

资阳→

路线走向

ZH

YZ

K232+539.420 JD_{13} K232+500
Δ=10°12′27.1″
x=3 313 986.793
y=468 923.420

1954北京坐标系
中央子午线：东经103°42′
投影面高程：400m

设计单位：四川省交通厅交通勘察设计研究院
施工单位：四川瑞通工程建设有限公司

坐标反算边桩点坐标

点号	线元类型	x_j/m	y_j/m
1	圆曲线	3 314 030.787	469 067.789
2	直 线	3 314 040.125	469 309.307
3	直 线	3 313 999.316	468 512.863

图 13-12 单圆平曲线设计图纸

[解] ① 编写与输入 JD_{13} 的数据库子程序文件 $JD13$。

232539.42→Z:3313986.793+468923.42i→B↵ JD_{13} 桩号/平面坐标复数

10°12′27.1°→Q↵ 正数为右转角

0→E:4000→R:0→F↵ 第一缓曲参数/圆曲半径/第二缓曲参数

3314161.591+469931.843i→U↵ JD_{12} 平面坐标复数

35+2S→DimZ↵ 定义额外变量维数

Return

编写数据库子程序时，各种设计数据赋值的变量名列于表 13-20。

将上述子程序输入 fx-5800P，编辑 QH2-7T 主程序，将正数第 10 行的数据库子程序
名修改为 $JD13$，结果如图 13-13(a)所示。

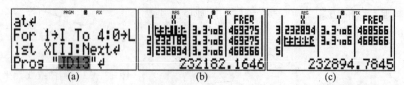

(a) (b) (c)

图 13-13 将主程序 QH2-7T 中的数据库子程序名修改为 $JD40$ 及程序计算的串列结果

② 执行 QH2-7T 程序，计算曲线要素与主点数据的屏幕提示及操作过程如下：

屏幕提示	按键	说明
BASIC TYPE CURVE QH2-7T		显示程序标题
NEW(0),OLD(≠0) DATA=?	0 [EXE]	重新调用数据库子程序
DISP YES(1),NO(≠1)=?	1 [EXE]	输入 1 显示交点曲线要素/耗时 2.84s
T1(m)=357.2554	[EXE]	显示第一切线长
T2(m)=357.2554	[EXE]	显示第二切线长
E(m)=15.9222	[EXE]	显示外距
Lh1(m)=0.0000	[EXE]	显示第一缓曲线长
LY(m)=712.6199	[EXE]	显示圆曲线长
Lh2(m)=0.0000	[EXE]	显示第二缓曲线长
L(m)=712.6199	[EXE]	显示总曲线长
J(m)=1.8908	[EXE]	显示切曲差，计算主点数据/耗时 2.71s
[MODE][4]⇒Stop!	[MODE] 4	停止程序并进入 REG 模式

当屏幕显示"**[MODE][4]⇒Stop!**"时，按[MODE]4键停止程序并进入 REG 模式，用户可以

查看程序算出的 4 个主点的桩号及其中桩坐标,结果如图 13-13(b)—(c)所示。

　　程序按计算"第一缓和曲线＋圆曲线＋第二缓和曲线"基本型平曲线设计,单圆曲线是基本型平曲线在第一缓和曲线参数 $A_1＝0$,第二缓和曲线参数 $A_2＝0$ 时的特例。基本型平曲线有 ZH,HY,YH,HZ 等 4 个主点,程序将主点的桩号与中桩坐标顺序存储在统计串列 List X,List Y,List Freq 的 1—4 行,ZH,HY,YH,HZ 点的走向方位角分别存储在额外变量 $Z[1],Z[2],Z[3],Z[4]$ 中。为便于野外快速计算,程序不显示这 4 个主点的桩号、中桩坐标及其走向方位角;正算时,程序不自动计算逐桩坐标,只计算加桩的中、边桩坐标。

　　对于单圆曲线,ZH 与 HY 点重合为 ZY 点,也即串列 1—2 行的数据相同;YH 与 HZ 点重合为 YZ 点,也即串列 3—4 行的数据相同。将串列的 2 个主点 ZY,YZ 数据与设计图纸比较无误后,即可重复执行 QH2-7T 程序进行坐标正反算计算。

　　③ 坐标正算及其全站仪放样

　　重复执行 QH2-7T 程序,计算本例坐标正算的屏幕提示及操作过程如下:

屏幕提示	按键	说明
BASIC TYPE CURVE QH2-7T		显示程序标题
NEW(0),OLD(≠0) DATA=?	1 EXE	用最近调用的数据库子程序计算
STA XY,NEW(0),OLD(1),NO(2)=?	0 EXE	重新输入测站点(station)坐标
STA X(m),Mat F TRA n=?	3314076.941 EXE	输入测站点 D56 的坐标
Y(m)=?	468925.154 EXE	
PEG→XY(1),XY→PEG(2),Pier(4)=?	1 EXE	输入 1 为坐标正算
+PEG(m),π÷END=?	232500 EXE	输入加桩号
αi=264°43′7.8″	EXE	显示加桩走向方位角/耗时 1.69s
X+Yi(m)=3314006.018+468960.4347i	EXE	显示中桩坐标复数
α=153°33′6.79″	EXE	显示测站→中桩方位角
HD(m)=79.2136	EXE	显示测站→中桩平距
ANGLE(0)÷NO,-L +R(Deg)=?	90 EXE	输入正数为右偏角
WL(m),0÷NO=?	12.25 EXE	输入左边距
XL+YLi(m)=3313993.820+468961.5623i	EXE	显示左边桩坐标复数
α=156°20′45.04″	EXE	显示测站→左边桩方位角
HD(m)=90.7450	EXE	显示测站→左边桩平距
WL(m),0÷NO=?	0 EXE	输入 0 结束左边桩坐标计算
WR(m),0÷NO=?	12.25 EXE	输入右边距
XR+YRi(m)=3314018.216+468959.3072i	EXE	显示右边桩坐标复数
α=149°49′7.05″	EXE	显示测站→右边桩方位角
HD(m)=67.9343	EXE	显示测站→右边桩平距
WR(m),0÷NO=?	0 EXE	输入 0 结束右边桩坐标计算
+PEG(m),π÷END=?	SHIFT π EXE	输入 π 结束程序
QH2-7T÷END		程序结束显示

　　为了节省篇幅,上表只计算了加桩 K232＋500 的中、边桩坐标,加桩 K232＋160 与 K232＋920 的中、边桩坐标请读者自行计算。

　　全站仪安置在导线点 D56,使用另一个导线点完成后视定向后,即将测站至后视点的水平盘读数设置为测站→后视点的方位角,此时,仪器水平盘读数为 0°的视线方向即为坐标北方向。

　　应用 QH2-7T 程序的计算结果,操作全站仪放样 K232＋500 中桩的方法是:旋转全站仪照准部,使水平盘读数为程序算出的测站至中桩的方位角 153°33′07″,指挥棱镜,使其移动到全站仪的视准轴方向上并启动仪器测距,当测站至棱镜的平距为 79.214m 时,立镜点即为该桩号的中桩位置。参照上表计算结果,同法可放样该加桩的左、右边桩点位置。

④ 不计算极坐标放样数据的坐标反算

重复执行 QH2-7T 程序,计算本例坐标反算的屏幕提示与操作过程如下:

屏幕提示	按键	说明
BASIC TYPE CURVE QH2-7T		显示程序标题
NEW(0),OLD(≠0) DATA=?	2 [EXE]	用最近调用的数据库子程序计算
STA XY,NEW(0),OLD(1),NO(2)=?	2 [EXE]	输入 2 为不计算极坐标放样数据
PEG→XY(1),XY→PEG(2),Pier(4)=?	2 [EXE]	输入 2 为坐标反算
XJ(m),π÷END=?	3314030.787 [EXE]	输入 1 号边桩点坐标(图 13-12 内表)
YJ(m)+ni=?	469067.789 [EXE]	
p PEG(m)+ni=232390.4441+2.0000i	[EXE]	显示垂点桩号+线元号复数/耗时 5.08s
αp=263°8′58.42″	[EXE]	显示垂点走向方位角
Xp+Ypi(m)=3314017.595+469069.3739i	[EXE]	显示垂点中桩坐标复数
HDp→J -L,+R(m)=13.2874	[EXE]	显示正数为右边距
XJ(m),π÷END=?	3314040.125 [EXE]	输入 2 号边桩点坐标(图 13-12 内表)
YJ(m)+ni=?	469309.307 [EXE]	
p PEG(m)+ni=232150.0941-1.0000i	[EXE]	显示垂点桩号+线元号复数/耗时 3.06s
αp=260°9′58.24″	[EXE]	显示垂点走向方位角
Xp+Ypi(m)=3314053.286+469307.0256i	[EXE]	显示垂点中桩坐标复数
HDp→J -L,+R(m)=-13.3577	[EXE]	显示负数为左边距
XJ(m),π÷END=?	[SHIFT] [π] [EXE]	输入 π 结束程序
QH2-7T÷END		程序结束显示

为了节省篇幅,上表只计算了图 13-12 内表 1 号,2 号边桩的坐标反算结果,3 号边桩的坐标反算请读者自行计算。屏幕显示的垂点桩号复数"p PEG(m)+ni",其实部数值为垂点桩号,虚部数值为垂点所在的平曲线元号,本例 ZY 后的夹直线为-1 号线元,圆曲线元为2 号线元,YZ 前的夹直线为 4 号线元,如图 13-12 灰底色圆圈内数字所示。

QH2-7T 程序是按计算基本型平曲线设计,将 ZH 后的夹直线线元定义为-1 号线元,第一缓和曲线、圆曲线、第二缓和曲线、HZ 前的夹直线分别定义为 1 号,2 号,3 号,4 号线元,如图 13-1 灰底色圆圈内数字所示。

13.5 交点法非对称基本型平曲线的计算与测设

可以将直线看作曲率半径为∞的圆曲线,在直线与半径为 R 的圆曲线的径相连接处,曲率半径有突变,由此带来离心力的突变。当 R 较大时,离心力的突变一般不对行车安全构成不利影响;但当 R 较小时,离心力的突变将使快速行驶的车辆在进入或离开圆曲线时偏离原车道,侵入邻近车道,从而影响行车安全。解决该问题的方法是在圆曲线段设置超高或在直线与圆曲线之间增设缓和曲线,或既设置超高又增设缓和曲线。

《公路路线设计规范》规定,高速公路、一、二、三级公路的直线同小于表 13-10 不设超高的圆曲线最小半径径相连接处,应设置缓和曲线。

表 13-10　　　　　　　　　　　　　不设超高的圆曲线最小半径

设计速度/(km/h)		120	100	80	60	40	30	30
不设超高圆曲线	路拱≤2.0%	5 500	4 000	2 500	1 500	600	350	150
最小半径/m	路拱>2.0%	7 550	5 250	3 350	1 900	850	450	200

称由第一缓和曲线、圆曲线、第二缓和曲线组成的路线交点曲线为基本型平曲线。

1）缓和曲线方程

如图 13-14 所示，缓和曲线的几何意义是：曲线上任意点 j 的曲率半径 ρ 与该点至曲线起点 ZH 的曲线长 l 成反比，曲线方程为

$$\rho = \frac{A^2}{l} \tag{13-21}$$

式中，A 为缓和曲线参数。在缓和曲线终点 HY，缓和曲线长为 L_h，曲率半径为 R，带入式 (13-21)，求得缓和曲线参数为

$$A = \sqrt{RL_h} \tag{13-22}$$

将式 (13-22) 代入式 (13-21)，得

$$\rho = \frac{RL_h}{l} \tag{13-23}$$

在缓和曲线的起点 ZH 处，$l=0$，代入式 (13-23)，求得 $\rho \to \infty$，缓和曲线的曲率半径等于直线的曲率半径；在缓和曲线的终点 HY 处，$l=L_h$，代入式 (13-23)，求得 $\rho=R$，缓和曲线的曲率半径等于圆曲线的半径。因此，缓和曲线的作用是使路线曲率半径由 ∞ 逐渐变化到圆曲线半径 R。

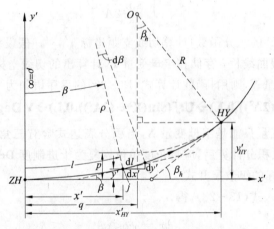

图 13-14　缓和曲线切线支距坐标计算原理

设缓和曲线上任意点 j 的曲率半径为 ρ，其偏离纵轴 y' 的角度为 β，称 β 为 j 点的原点偏角，设 j 点的微分弧长为 dl，则缓和曲线的微分方程为

$$dl = \rho d\beta \tag{13-24}$$

顾及式 (13-21)，得

$$d\beta = \frac{dl}{\rho} = \frac{l}{A^2} dl \tag{13-25}$$

对式 (13-25) 积分，得

$$\beta = \frac{l^2}{2A^2} \qquad\qquad (13-26)$$

在 ZH 点，$l=0$，代入式(13-26)，得 $\beta_{ZH}=0$；在 HY 点，$l=L_h$，代入式(13-26)并顾及式(13-22)，得 HY 点的原点偏角为

$$\beta_{HY} = \frac{L_h^2}{2RL_h} = \frac{L_h}{2R} = \beta_h \qquad\qquad (13-27)$$

2）缓和曲线的切线支距坐标

缓和曲线细部点坐标的计算一般在图 13-14 所示的切线支距坐标系 $ZHx'y'$ 中进行。设缓和曲线上任意点 j 的微分弧长 $\mathrm{d}l$ 在切线支距坐标系的投影分别为 $\mathrm{d}x'$，$\mathrm{d}y'$，则有

$$\left.\begin{array}{l} \mathrm{d}x' = \cos\beta \mathrm{d}l \\ \mathrm{d}y' = \sin\beta \mathrm{d}l \end{array}\right\} \qquad\qquad (13-28)$$

（1）切线支距坐标的积分公式

将式(13-26)代入式(13-28)并积分，得

$$\left.\begin{array}{l} x' = \displaystyle\int_0^l \cos\frac{l^2}{2A^2}\mathrm{d}l \\ y' = \displaystyle\int_0^l \sin\frac{l^2}{2A^2}\mathrm{d}l \end{array}\right\} \qquad\qquad (13-29)$$

可以用 fx-5800P 的积分函数 $\int$ 计算切线支距坐标 x'，y'。假设缓和曲线参数 A 存储在字母变量 A，j 点的缓曲线长 l 存储在字母变量 **L**，计算出的切线坐标存储在字母变量 **U**，支距坐标存储在字母变量 **V**，则用 $\int$ 函数计算式(13-29)的程序语句为

Rad:$\int$(cos(X²÷(2A²)),0,L)→U:$\int$(sin(X²÷(2A²)),0,L)→V:Deg↵

积分函数 $\int$ 的自变量只能是字母变量 **X**，当积分表达式含有三角函数时，应将角度单位设置为弧度 **Rad**，完成积分计算后，应将角度单位恢复为十进制度 **Deg**。

（2）切线支距坐标的级数展开式

将式(13-24)代入式(13-28)，得

$$\left.\begin{array}{l} \mathrm{d}x' = \rho\cos\beta \mathrm{d}\beta \\ \mathrm{d}y' = \rho\sin\beta \mathrm{d}\beta \end{array}\right\} \qquad\qquad (13-30)$$

由式(13-26)求得 $l = A\sqrt{2\beta}$，代入式(13-21)，得

$$\rho = \frac{A^2}{A\sqrt{2\beta}} = \frac{A}{\sqrt{2\beta}} \qquad\qquad (13-31)$$

将式(13-31)代入式(13-30)，得

$$\left.\begin{array}{l} \mathrm{d}x' = \dfrac{A}{\sqrt{2\beta}}\cos\beta \mathrm{d}\beta \\ \mathrm{d}y' = \dfrac{A}{\sqrt{2\beta}}\sin\beta \mathrm{d}\beta \end{array}\right\} \qquad\qquad (13-32)$$

将 $\cos\beta, \sin\beta$ 以幂级数表示为

$$\begin{aligned}
\cos\beta &= 1 - \frac{\beta^2}{2!} + \frac{\beta^4}{4!} - \frac{\beta^6}{6!} + \cdots = 1 - \frac{\beta^2}{2} + \frac{\beta^4}{24} - \frac{\beta^6}{720} + \cdots \\
\sin\beta &= \beta - \frac{\beta^3}{3!} + \frac{\beta^5}{5!} + \frac{\beta^7}{7!} + \cdots = \beta - \frac{\beta^3}{6} + \frac{\beta^5}{120} - \frac{\beta^7}{5040} + \cdots
\end{aligned} \right\}
\tag{13-33}$$

将式(13-33)代入式(13-32)积分,并顾及式(13-26),略去高次项,经整理后,得

$$\begin{aligned}
x' &= l - \frac{l^5}{40A^4} + \frac{l^9}{3456A^8} - \frac{l^{13}}{599040A^{12}} + \cdots \\
y' &= \frac{l^3}{6A^2} - \frac{l^7}{336A^6} + \frac{l^{11}}{42240A^{10}} - \frac{l^{15}}{9676800A^{14}} + \cdots
\end{aligned} \right\}
\tag{13-34}$$

将 $l = L_h$ 代入式(13-34)并顾及式(13-22),得 HY 点的切线支距坐标为

$$\begin{aligned}
x'_{HY} &= L_h - \frac{L_h^3}{40R^2} + \frac{L_h^5}{3456R^4} - \frac{L_h^7}{599040R^6} \\
y'_{HY} &= \frac{L_h^2}{6R} - \frac{L_h^4}{336R^3} + \frac{L_h^6}{42240R^5} - \frac{L_h^8}{9676800R^7}
\end{aligned} \right\}
\tag{13-35}$$

因式(13-34)、式(13-35)为省略了高次项的近似公式,当细部点 j 的原点偏角 $\beta_j < 50°$ 时,x'_j 的计算误差小于 1mm,当 $\beta_j < 65°$ 时,y'_j 的计算误差小于 1mm,否则应使用积分公式 (13-29)计算[22]。

3) 曲线要素

(1) 圆曲线内移值与切线增量

如图 13-15 所示,当在直线与圆曲线之间插入缓和曲线时,在参数为 A_1 的第一缓和曲线端,应将原有圆曲线向内移动距离 p_1,才能使圆曲线与第一缓和曲线衔接,这时,切线增长了距离 q_1,称 p_1 为圆曲线内移值,q_1 为切线增量;此时,在参数为 A_2 的第二缓和曲线端,圆曲线内移值为 p_2,切线增量为 q_2。

由图 13-15 可以写出圆曲线在第一缓和曲线端的内移值 p_1 与切线增量 q_1 的公式为

$$\left.\begin{aligned}
p_1 &= y'_{HY} - R(1 - \cos\beta_{h1}) \\
q_1 &= x'_{HY} - R\sin\beta_{h1}
\end{aligned} \right\}
\tag{13-36}$$

圆曲线在第二缓和曲线端的内移值 p_2 与切线增量 q_2 为

$$\left.\begin{aligned}
p_2 &= y''_{YH} - R(1 - \cos\beta_{h2}) \\
q_1 &= x''_{YH} - R\sin\beta_{h2}
\end{aligned} \right\}
\tag{13-37}$$

(2) 切线长

由式(13-22),得第一与第二缓和曲线长为

$$\left.\begin{aligned}
L_{h1} &= \frac{A_1^2}{R} \\
L_{h2} &= \frac{A_2^2}{R}
\end{aligned} \right\}
\tag{13-38}$$

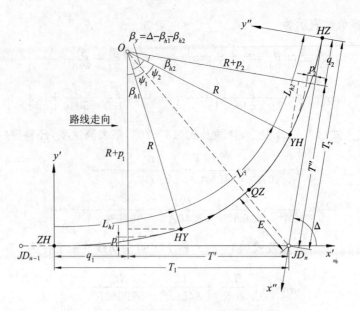

图 13 - 15　非对称基本型平曲线要素计算原理

由式(13 - 27),得以弧度为单位的第一与第二缓和曲线的最大原点偏角为

$$\left.\begin{array}{l}\beta_{h1}=\dfrac{L_{h1}}{2R}\\[2mm]\beta_{h2}=\dfrac{L_{h2}}{2R}\end{array}\right\}\tag{13 - 39}$$

由图 13 - 15 可以列出切线方程为

$$\left.\begin{array}{l}T_1=T'+q_1=(R+p_1)\tan(\psi_1+\beta_{h1})+q_1\\[2mm]T_2=T''+q_2=(R+p_2)\tan(\psi_2+\beta_{h2})+q_2\end{array}\right\}\tag{13 - 40}$$

角度方程为

$$\left.\begin{array}{l}\psi_1+\beta_{h1}=\Delta-(\psi_2+\beta_{h2})\\[2mm]\dfrac{\cos(\psi_1+\beta_{h1})}{\cos(\psi_2+\beta_{h2})}=\dfrac{R+p_1}{R+p_2}\end{array}\right\}\tag{13 - 41}$$

将式(13 - 41)的第一式代入其第二式消去 $\psi_1+\beta_{h1}$ 项,展开并化简,得

$$\tan(\psi_2+\beta_{h2})=\dfrac{R+p_1}{R+p_2}\csc\Delta-\cot\Delta\tag{13 - 42}$$

将式(13 - 42)代入式(13 - 40)的第二式,得

$$T_2=(R+p_1)\csc\Delta-(R+p_2)\cot\Delta+q_2\tag{13 - 43}$$

将式(13 - 41)变换为

$$\left.\begin{array}{l}\psi_2+\beta_{h2}=\Delta-(\psi_1+\beta_{h1})\\[2mm]\dfrac{\cos(\psi_2+\beta_{h2})}{\cos(\psi_1+\beta_{h1})}=\dfrac{R+p_2}{R+p_1}\end{array}\right\}\tag{13 - 44}$$

采用上述同样的方法化简,得

$$T_1 = (R+p_2)\csc\Delta - (R+p_1)\cot\Delta + q_1 \tag{13-45}$$

作为特例,当 $A_1 = A_2$ 时,非对称基本型曲线便蜕化为对称基本型曲线,有 $p_1 = p_2 = p$, $q_1 = q_2 = q$ 成立,将其代入式(13-45),并顾及下列半角三角函数恒等式

$$\tan\frac{\Delta}{2} = \frac{1-\cos\Delta}{\sin\Delta} = \csc\Delta - \cot\Delta \tag{13-46}$$

则有

$$T_1 = T_2 = T = (R+p)\tan\frac{\Delta}{2} + q \tag{13-47}$$

4) 主点桩号

由图 13-15 可以列出曲线长公式为

$$\left.\begin{aligned} L_y &= R(\Delta - \beta_{h1} - \beta_{h2}) \\ L &= L_{h1} + L_{h2} + L_y \end{aligned}\right\} \tag{13-48}$$

式中 L_y 为圆曲线长,切曲差为

$$J = T_1 + T_2 - L \tag{13-49}$$

4 个主点桩号为

$$\left.\begin{aligned} Z_{ZH} &= Z_{JD} - T_1 \\ Z_{HY} &= Z_{ZH} + L_{h1} \\ Z_{YH} &= Z_{HY} + L_y \\ Z_{HZ} &= Z_{YH} + L_{h2} = Z_{JD} + T_2 - J \end{aligned}\right\} \tag{13-50}$$

由图 13-15 可以写出外距公式为

$$E = \sqrt{(R+p_1)^2 + (T_1 - q_1)^2} - R \tag{13-51}$$

5) 主点与加桩的中桩坐标

(1) ZH 点与 HZ 点的中桩坐标

设由 JD_{n-1} 与 JD_n 的坐标算出的 $JD_{n-1} \rightarrow JD_n$ 的方位角为 $\alpha_{(n-1)n}$,则 ZH 点的走向方位角与中桩坐标为

$$\left.\begin{aligned} \alpha_{ZH} &= \alpha_{(n-1)n} \\ z_{ZH} &= z_{JD_n} - T_1 \angle\alpha_{ZH} \end{aligned}\right\} \tag{13-52}$$

HZ 点的走向方位角与中桩坐标为

$$\left.\begin{aligned} z_{HZ} &= \alpha_{(n-1)n} + \Delta \\ Z_{HZ} &= z_{JD_n} + T_2 \angle\alpha_{HZ} \end{aligned}\right\} \tag{13-53}$$

式中的转角 Δ 为含 $\pm$ 号的代数值,右转角 $\Delta > 0$,左转角 $\Delta < 0$。边桩坐标的计算公式与式(13-9)和式(13-10)相同,下同。

（2）加桩位于第一缓和曲线段的中桩坐标

设加桩 j 的桩号为 Z_j，当 j 位于第一缓和曲线段时，以 ZH 点为基准计算。设 ZH 点至加桩 j 的曲线长为

$$l_j = Z_j - Z_{ZH} \tag{13-54}$$

将 l_j 代入式（13-29）或式（13-34）算出 j 点的切线支距坐标 $z'_j = x'_j + y'_j \mathrm{i}$，则 ZH 至 j 点的弦长及其弦切角即为 z'_j 的模与辐角

$$\left. \begin{array}{l} c_{ZH-j} = \mathrm{Abs}(z'_j) \\ \theta_{ZH-j} = \mathrm{Arg}(z'_j) \end{array} \right\} \tag{13-55}$$

ZH 至 j 点弦长的方位角及 j 点的走向方位角为

$$\left. \begin{array}{l} \alpha_{ZH-j} = \alpha_{ZH} \pm \theta_{ZH-j} \\ \alpha_j = \alpha_{ZH} \pm \beta_j \end{array} \right\} \tag{13-56}$$

式中，β_j 为 j 点的原点偏角，将 A_1 与 l_j 代入式（13-26）计算。j 点的中桩坐标为

$$z_j = z_{ZH} + c_{ZH-j} \angle \alpha_{ZH-j} \tag{13-57}$$

当 $l_j = L_h$ 时，j 点即为 HY 点。

（3）加桩位于圆曲线段的中桩坐标

以 HY 点为基准计算，HY 点至加桩 j 的弧长为

$$l_j = Z_j - Z_{HY} \tag{13-58}$$

HY 至 j 点的弦切角与弦长为

$$\left. \begin{array}{l} \theta_{HY-j} = \dfrac{l_j}{2R} \\ c_{HY-j} = 2R\sin\theta_{HY-j} \end{array} \right\} \tag{13-59}$$

HY 至 j 点弦长的方位角及 j 点的走向方位角为

$$\left. \begin{array}{l} \alpha_{HY-j} = \alpha_{HY} \pm \theta_{HY-j} \\ \alpha_j = \alpha_{HY} \pm 2\theta_{HY-j} \end{array} \right\} \tag{13-60}$$

j 点的中桩坐标为

$$z_j = z_{HY} + c_{HY-j} \angle \alpha_{HY-j} \tag{13-61}$$

当 $l_j = L_y$ 时，j 点即为 YH 点。

（4）加桩位于第二缓和曲线段的中桩坐标

如图 13-16 所示，有以 YH 点为基准点计算和以 HZ 点为基准点计算两种方法，本书采用前者，它需要在第二缓和曲线的切线支距坐标系 $HZx''y''$ 中算出 YH 点至加桩 j 点的弦长 c_{YH-j} 及其弦切角 $\Delta\theta_{YH-j}$。

将 $A = A_2$ 及 $l = L_{h2}$ 代入式（13-29）或式（13-34）与式（13-26），分别算出 YH 点的切线支距坐标 $z''_{YH} = x''_{YH} + y''_{YH} \mathrm{i}$ 及其原点偏角 β_{h2}，则 j 点至 HZ 点的曲线长为

$$l_j = Z_{HZ} - Z_j \tag{13-62}$$

同理算出 j 点的切线支距坐标 $z_j'' = x_j'' + y_j'' \mathrm{i}$ 及其原点偏角 β_j，则有

$$\left.\begin{array}{l} c_{j-YH} = \mathrm{Abs}(z_{YH}'' - z_j'') \\ \theta_{j-YH} = \mathrm{Arg}(z_{YH}'' - z_j'') \end{array}\right\} \tag{13-63}$$

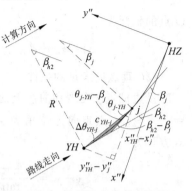

图 13-16　以 YH 点为基点计算加桩 j 的坐标

由图 13-16 可以列出如下角度方程

$$\beta_{h2} - \beta_j = \Delta\theta_{YH-j} + (\theta_{j-YH} - \beta_j)$$

化简上式，可得

$$\Delta\theta_{YH-j} = \beta_{h2} - \theta_{j-YH} \tag{13-64}$$

YH 至 j 点弦长的方位角及 j 点的走向方位角为

$$\left.\begin{array}{l} \alpha_{YH-j} = \alpha_{YH} \pm \Delta\theta_{YH-j} \\ \alpha_j = \alpha_{YH} \pm (\beta_{h2} - \beta_j) \end{array}\right\} \tag{13-65}$$

j 点的中桩坐标为

$$z_j = z_{YH} + c_{j-YH} \angle \alpha_{YH-j} \tag{13-66}$$

　　6）缓和曲线线元的坐标反算原理

　　缓和曲线属于积分曲线，边桩点 j 在缓和曲线上的垂点 p 的桩号与中桩坐标无法一次解算出，本书介绍拟合圆弧法[22]，取计算误差 $\varepsilon = 0.001\mathrm{m}$ 时，它一般只需要计算 2 次即可。

　　（1）拟合圆弧的曲率半径

　　设任意非完整缓和曲线的起点半径为 R_s，原点线长为 l_s；终点半径为 R_e，原点线长为 l_e，$R_s > R_e$，则缓和曲线长为 $L_h = l_e - l_s$，则由式（13-21）得缓和曲线中点 m 的曲率半径 ρ_m 为

$$\rho_m = \frac{A^2}{l_s + \dfrac{L_h}{2}} = \frac{A^2}{\dfrac{2l_s + L_h}{2}} = \frac{2}{\dfrac{l_s}{A^2} + \dfrac{l_c}{A^2}} = \frac{2}{R_s^{-1} + R_e^{-1}} \tag{13-67}$$

　　对于正向完整缓和曲线，有 $R_s \to \infty$，$R_e = R$，故 $R_s^{-1} \to 0$，代入式（13-67）得 $\rho_m = 2R$；同理，对于反向完整缓和曲线，当 $R_s = R$，$R_e \to \infty$，故 $R_e^{-1} \to 0$，代入式（13-67）也得 $\rho_m = 2R$，R 为圆曲线的半径。由此可知，完整缓和曲线中点的曲率半径 ρ_m 为其小半径 R 的 2 倍。设 $R' = 2R$，对于第一缓和曲线，以 ZH 点和 HY 点为端点，以 R' 为半径作圆弧；对于第二缓和曲线，以 YH 点与 HZ 点为端点，以 R' 为半径作圆弧，称该圆弧为缓和曲线的拟合圆弧，简称拟合圆弧。

　　（2）拟合圆弧的圆心坐标

　　如图 13-17 所示，由 ZH 点和 HY 点的中桩坐标，可以算出弦长 c_{ZH-HY} 及其方位角 α_{ZH-HY}，弦长中点 m' 的坐标为

$$z_{m'} = (z_{ZH} - z_{HY})/2 \tag{13-68}$$

设拟合圆弧的圆心为 O'，则直线 $\overline{m'O'}$ 的平距及其方位角为

$$d_{m'O'} = \sqrt{R'^2 - c_{ZH-HY}^2/4}$$
$$\alpha_{m'O'} = \alpha_{ZH-HY} \pm 90° \Big\}\quad (13-69)$$

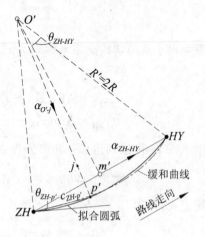

图 13-17 拟合圆弧圆心坐标的计算原理

O' 点的坐标为

$$z_{O'} = z_{m'} + d_{m'O'} \angle \alpha_{m'O'} \qquad (13-70)$$

（3）垂点应满足的条件

设边桩点 j 在缓和曲线上的垂点 p 的坐标为 $z_p = x_p + y_p i$，p 点走向方位角为 α_p，则垂线 $\overline{jp}$ 的点斜式方程为

$$y - y_j = -\frac{x - x_j}{\tan\alpha_p} \qquad (13-71)$$

将 p 点坐标代入式(13-71)，得

$$y_p - y_j = -\frac{x_p - x_j}{\tan\alpha_p} \qquad (13-72)$$

化简后得方程式

$$\begin{aligned}
f(l_p) &= \tan\alpha_p(y_p - y_j) + x_p - x_j \\
&= \tan\alpha_p \Delta y_{jp} + \Delta x_{jp} \\
&= \tan\alpha_p \mathrm{ImP}(z_p - z_j) + \mathrm{ReP}(z_p - z_j)
\end{aligned} \qquad (13-73)$$

式中，$\mathrm{ImP}(z_p - z_j)$ 为复数 $z_p - z_j$ 的虚部，$\mathrm{ReP}(z_p - z_j)$ 为复数 $z_p - z_j$ 的实部，称 $f(l_p)$ 为垂线方程残差。在式(13-73)中，z_p 与 α_p 都是垂点桩号 Z_p 的函数，而 $Z_p = Z_{ZH} + l_p$，故它们也是 ZH 点至 p 点的曲线长 l_p 的函数，因此以 $f(l_p)$ 表示。

（4）垂点的初始桩号及其改正数

如图 13-17 所示，由拟合圆弧的圆心坐标 $z_{O'}$，算出直线 $\overline{O'j}$ 的方位角 $\alpha_{O'j}$ 及平距 $d_{O'j}$，则边桩点 j 在拟合圆弧上的垂点 p' 的坐标为

$$z_{p'} = z_{O'} + R' \angle \alpha_{O'j} \qquad (13-74)$$

在拟合圆弧上，ZH 至 p' 点弦长的弦切角为

$$\theta_{ZH-p'} = \sin^{-1}\frac{c_{ZH-p'}}{2R'} \qquad (13-75)$$

ZH 点至 p' 点的拟合圆弧长为

$$l_{p'} = \frac{\pi\theta_{ZH-p'}R'}{90} \qquad (13-76)$$

缓和曲线垂点 p 桩号的初始值为

$$Z_p^{(0)} = Z_{ZH} + l_{p'} \qquad (13-77)$$

缓和曲线桩号 $Z_p^{(0)}$ 对应的点为 $p^{(0)}$，$l_{p'}$ 为 $p^{(0)}$ 点的缓曲线长，简称初始线长。由此可以

312

算出初始中桩坐标 $z_p^{(0)}$ 与初始走向方位角 $\alpha_p^{(0)}$，$p^{(0)}$ 至边桩点 j 的边距为 $d_{p^{(0)}j}$，方位角为 $\alpha_{p^{(0)}j}$，则边距直线 $\overline{p^{(0)}j}$ 以 $p^{(0)}$ 的走向方位角 $\alpha_p^{(0)}$ 为零方向的走向归零方位角为

$$\alpha'_{p^{(0)}j} = \alpha_{p^{(0)}j} - \alpha_p^{(0)} \tag{13-78}$$

走向归零方位角 $\alpha'_{p^{(0)}j}$ 的标准值，右边桩点应为 $90°$，左边桩点应为 $270°$，由此得边距直线 $\overline{p^{(0)}j}$ 的偏角改正数为

$$\left.\begin{array}{l} \delta_L = \alpha'_{p^{(0)}j} - 270° \\ \delta_R = 90° - \alpha'_{p^{(0)}j} \end{array}\right\} \tag{13-79}$$

如图 13-18 所示，偏角改正数 $\delta(\delta_L$ 或 $\delta_R) > 0$ 时，垂点初始线长 $l_p^{(0)}$ 的改正数 $\mathrm{d}l > 0$，反之 $\mathrm{d}l < 0$。下面讨论 $\mathrm{d}l$ 的计算公式。

如图 13-18(a) 所示，线长改正数 $\mathrm{d}l$ 对直线 $\overline{p^{(0)}j}$ 方位角的影响值为

$$\mathrm{d}\beta_1 = \frac{\mathrm{d}l}{c_{p^{(0)}j}} \tag{13-80}$$

对式(13-25)取微分，得 $\mathrm{d}l$ 对 $p^{(0)}$ 点走向方位角的影响值为

$$\mathrm{d}\beta_2 = \frac{l\mathrm{d}l}{A^2} \tag{13-81}$$

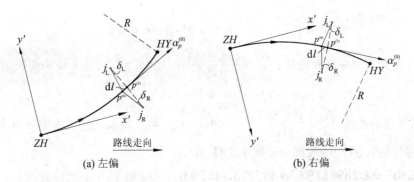

图 13-18　缓和曲线垂点初始桩号改正数与角度改正数的关系

式(13-80)与式(13-81)的代数和应等于式(13-79)的偏角改正数

$$\delta = \frac{\mathrm{d}l}{c_{p^{(0)}j}} \pm \frac{l\mathrm{d}l}{A^2} \tag{13-82}$$

式(13-82)中的"$\pm$"号，与缓和曲线偏转方向(左偏或右偏)、边桩点的位置(路线左侧或右侧)有关，规律如下：

$$\text{右边桩}\begin{cases}\text{路线左偏取"}+\text{"号}\\\text{路线右偏取"}-\text{"号}\end{cases}; \qquad \text{左边桩}\begin{cases}\text{路线左偏取"}-\text{"号}\\\text{路线右偏取"}+\text{"号}\end{cases}$$

由式(13-82)解得缓和曲线初始线长改正数为

$$\mathrm{d}l = \frac{\delta}{c_{p^{(0)}j}^{-1} \pm l/A^2} \tag{13-83}$$

则改正后的垂点桩号为 $Z_p = Z_p^{(0)} + dl$，由 Z_p 算出垂点中桩坐标 z_p 与走向方位角 α_p，将其代入式(13-73)计算垂线方程残差值 $f(l_p)$，如果 $|f(l_p)| < 0.001m$，则结束计算，否则还需再重复计算一次即可。

[例 13-2] 图 13-19 为非对称基本型平曲线设计图，试验算缓和曲线；将 D17 与 D18 两个导线点坐标预先输入到 Mat F 矩阵，以 D18 为测站点，应用 QH2-7T 程序计算加桩 K55+915，K56+163，K56+755 的中、边桩坐标及其坐标放样数据，左右边距均为 12.25m；计算图 13-19 内表所示三个边桩点的坐标反算结果。

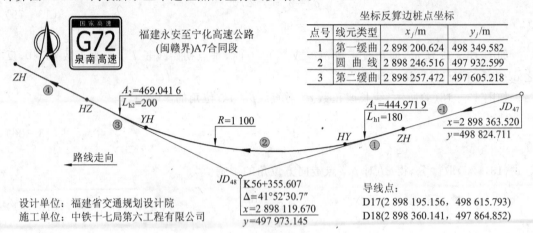

坐标反算边桩点坐标

点号	线元类型	x_j/m	y_j/m
1	第一缓曲	2 898 200.624	498 349.582
2	圆曲线	2 898 246.516	497 932.599
3	第二缓曲	2 898 257.472	497 605.218

图 13-19 非对称基本型平曲线设计数据

[解] ① 验算第一缓和曲线：$\dfrac{A_1^2}{R} = \dfrac{444.9719^2}{1100} = 180m = L_{h1}$，第一缓和曲线为完整缓和曲线。

验算第二缓和曲线：$\dfrac{A_2^2}{R} = \dfrac{469.0416^2}{1100} = 200m = L_{h2}$，第二缓和曲线也为完整缓和曲线。

② 编写与输入 JD_{48} 的数据库子程序文件 $JD48$

56355.607→Z:2898119.67+497973.145i→B↵　　　JD_{48} 桩号/平面坐标复数
41°52′30.7°→Q↵　　　　　　　　　　　　　　正数为右转角
444.9719→E:1100→R:469.0416→F↵　　　第一缓曲参数/圆曲半径/第二缓曲参数
2898363.52+498824.711i→U↵　　　　　JD_{47} 平面坐标复数
35+2S→DimZ↵　　　　　　　　　　　　　定义额外变量维数
Return

将上述子程序输入 fx-5800P，编辑 QH2-7T 主程序，将正数第 10 行的调数据库子程序名修改为 JD48，结果如图 13-20(a)所示。

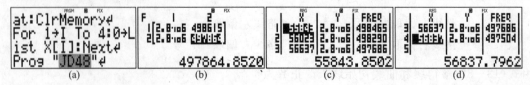

图 13-20 将主程序 QH2-7T 中的数据库子程序名修改为 JD48 及程序计算的串列结果

③ 按 ⓂⓄⒹⒺ① 键进入 **COMP** 模式,按 ⒻⓊⓃⒸⓉⒾⓄⓃ⑧① 键进入矩阵列表菜单,按 ▲ ▲ 键移动光标到 Mat F 矩阵行按 ⒺⓍⒺ ② ⒺⓍⒺ ② ⒺⓍⒺ ⒺⓍⒺ 键,定义 Mat F 矩阵为 2 行×2 列,将图 13-19 的 D17 与 D18 导线点坐标输入矩阵单元,结果如图 13-20(b)所示。

④ 执行 QH2-7T 程序,计算曲线要素与主点数据的屏幕提示及操作过程如下:

屏幕提示	按键	说明
BASIC TYPE CURVE QH2-7D		显示程序标题
NEW(0),OLD(≠0) DATA=?	0 EXE	重新调用数据库子程序
DISP YES(1),NO(≠1)=?	1 EXE	输入 1 显示交点曲线要素/耗时 4.41s
T1(m)=511.7568	EXE	显示第一切线长
T2(m)=520.9973	EXE	显示第二切线长
E(m)=79.2356	EXE	显示外距
Lh1(m)=180.0000	EXE	显示第一缓曲线长
LY(m)=613.9460	EXE	显示圆曲线长
Lh2(m)=200.0000	EXE	显示第二缓曲线长
L(m)=993.9460	EXE	显示总曲线长
J(m)=38.8081	EXE	显示切曲差,计算主点数据/耗时 5.19s
[MODE][4]÷Stop!	ⓂⓄⒹⒺ ④	停止程序并进入 **REG** 模式

当屏幕显示"**[MODE][4]÷Stop!**"时,按 ⓂⓄⒹⒺ④ 键停止程序并进入 **REG** 模式,查看程序算出的 4 个主点桩号与中桩坐标,结果如图 13-20(c)—(d)所示。

⑤ 计算极坐标放样数据的坐标正算

重复执行 QH2-7T 程序,计算本例坐标正算的操作过程如下:

屏幕提示	按键	说明
BASIC TYPE CURVE QH2-7T		显示程序标题
NEW(0),OLD(≠0) DATA=?	3 EXE	用最近调用的数据库子程序计算
STA XY,NEW(0),OLD(1),NO(2)=?	0 EXE	重新输入测站点(station)坐标
STA X(m),Mat F TRA n=?	2 EXE	输入 2 选择 D18 为测站点
Xt+Yt(m)=2898360.141+497864.8520i	EXE	显示 2 号导线点(traverse)坐标复数
PEG→XY(1),XY→PEG(2),Pier(4)=?	1 EXE	输入 1 为坐标正算
+PEG(m),π÷END=?	55915 EXE	输入加桩号
αi=254°45′11.26″	EXE	显示加桩走向方位角/耗时 2.34s
X+Yi(m)=2898241.257+498396.6451i	EXE	显示中桩坐标复数
α=102°36′5.36″	EXE	显示测站→中桩方位角
HD(m)=544.9196	EXE	显示测站→中桩平距
ANGLE(0)÷NO,-L+R(Deg)=?	90 EXE	输入正数为右偏角
WL(m),0÷NO=?	12.25 EXE	输入左边距
XL+YLi(m)=2898229.438+498399.8666i	EXE	显示左边桩坐标复数
α=103°43′42.13″	EXE	显示测站→左边桩方位角
HD(m)=550.7485	EXE	显示测站→左边桩平距
WL(m),0÷NO=?	0 EXE	输入 0 结束左边桩坐标计算
WR(m),0÷NO=?	12.25 EXE	输入右边距
XR+YRi(m)=2898253.075+498393.4236i	EXE	显示右边桩坐标复数
α=101°27′2.51″	EXE	显示测站→右边桩方位角
HD(m)=539.3060	EXE	显示测站→右边桩平距
WR(m),0÷NO=?	0 EXE	输入 0 结束右边桩坐标计算
+PEG(m),π÷END=?	SHIFT π EXE	输入 π 结束程序
QH2-7T÷END		程序结束显示

请读者自行计算加桩 K56+163 与 K56+755 的中、边桩坐标。

⑥ 不计算极坐标放样数据的坐标反算

重复执行 QH2-7T 程序,计算本例坐标反算的操作过程如下:

屏幕提示	按键	说明
BASIC TYPE CURVE QH2-7T		显示程序标题
NEW(0),OLD(≠0) DATA=?	5 [EXE]	用最近调用的数据库子程序计算
STA XY,NEW(0),OLD(1),NO(2)=?	2 [EXE]	输入 2 为不计算极坐标放样数据
PEG→XY(1),XY→PEG(2),Pier(4)=?	2 [EXE]	输入 2 为坐标反算
XJ(m),π⇒END=?	2898200.624 [EXE]	输入 1 号边桩点坐标(图 13-19 内表)
YJ(m)+ni=?	498349.582 [EXE]	
p PEG(m)+ni=55970.3380+1.0000i	[EXE]	显示垂点桩号/耗时 6.40s
αp=256°20′7.95″	[EXE]	显示垂点走向方位角
Xp+Ypi(m)=2898227.374+498343.0786i	[EXE]	显示垂点中桩坐标复数
HDp→J -L,+R(m)=-27.5292	[EXE]	显示负数为左边距
XJ(m),π⇒END=?	[SHIFT] [π] [EXE]	输入 π 结束程序
QH2-7T⇒END		程序结束显示

请读者自行计算 2 号,3 号边桩的坐标反算成果。QH2-7T 允许用户在执行程序前,将路线附近的已知导线点坐标输入到 Mat F 矩阵(最多允许输入 10 个导线点坐标),执行 QH2-7T 程序,当屏幕提示"STA X(m),Mat F TRA n=? "时,可以直接输入导线点号选择 Mat F 矩阵中的导线点作为测站点。

13.6 断链计算

因局部改线或分段测量等原因造成的桩号不相连接的现象称为"断链",桩号重叠的称长链,桩号间断的称短链[15]。桩号不相连接的中桩称为断链桩,设计图纸应在断链桩处标明它的后、前桩号与断链值(以路线走向为前进方向),格式为:后桩号=前桩号,断链值=后桩号-前桩号。长链的断链值>0,案例如图 13-1 所示;短链的断链值<0,案例如图 13-21 所示。

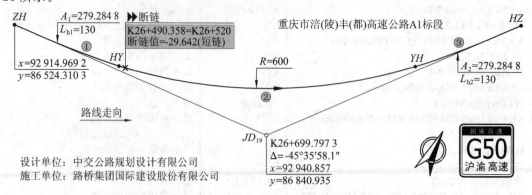

图 13-21 对称基本型平曲线含短链案例

1) 坐标正算的桩号处理

图 13-1 所示的长链存在两个重桩区间,分长链桩后重桩区间与长链桩前重桩区间,后、前重桩区间的总宽度为两倍长链值。坐标正算时,如果用户输入的加桩号位于重桩区间 K53+563.478—K53+570.416 内时,应提示用户在长链桩后(BACK)重桩区间与长链桩前(FRONT)重桩区间选择。

图 13-21 所示的短链存在一个空桩区间 K26＋490.358—K26＋520,区间宽度为短链值,该区间内的桩号在实际路线中是不存在的。坐标正算时,如果用户输入的加桩号位于该空桩区间 K26＋490.358—K26＋520 内时,程序不能计算并提示用户重新输入加桩号。

称不考虑断链的桩号为连续桩号,顾及断链的桩号为设计桩号。执行 QH2-7T 程序正算时,用户输入的桩号应为设计桩号,主程序自动调用 SUB2-7A 子程序将其变换为连续桩号才能计算。

2) 坐标反算的桩号处理

坐标反算求出的桩号为连续桩号,主程序自动调用 SUB2-79 子程序将其变换为设计桩号后,才发送到屏幕显示。

3) 短链计算案例

[例 13-3] 试验算图 13-21 所示平曲线的缓和曲线,用 QH2-7T 程序计算其主点数据,并计算加桩 K26＋510,K26＋480,K26＋530 的中桩坐标。

[解] ① 验算缓和曲线：$\dfrac{A^2}{R}=\dfrac{279.2848^2}{600}=130\text{m}=L_{h1}=L_{h2}$,第一与第二缓和曲线均为完整缓和曲线。

② 编写与输入 JD_{19} 的数据库子程序文件 $JD19$

26699.7973→Z:92940.857＋86840.935i→B↵	JD_{19} 桩号/平面坐标复数
-45°35′58.1°→Q↵	负数为左转角
279.2848→E:600→R:279.2848→F↵	第一缓曲参数/圆曲半径/第二缓曲参数
92914.9692＋86524.3103i→U↵	ZH 点平面坐标复数
1→D↵	断链桩数
35＋2S→DimZ↵	定义额外变量维数
26490.358→List X[5]:26520→List Y[5]↵	断链桩数值
Return	

将上述子程序输入 fx-5800P,编辑 QH2-7T 主程序,将正数第 10 行的调数据库子程序名修改为 $JD19$,结果如图 13-22(a)所示。

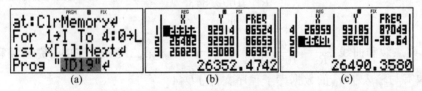

图 13-22　将主程序 QH2-7T 中的数据库子程序名修改为 JD19 及程序计算串列结果

③ 执行 QH2-7T 程序,计算曲线要素与主点数据的屏幕提示及操作过程如下：

屏幕提示	按键	说明
BASIC TYPE CURVE QH2-7T		显示程序标题
NEW(0),OLD(≠0) DATA=?	0 [EXE]	重新调用数据库子程序
DISP YES(1),NO(≠1)=?	1 [EXE]	输入 1 显示交点曲线要素/耗时 4.85s
T1(m)=317.6811	[EXE]	显示第一切线长
T2(m)=317.6811	[EXE]	显示第二切线长
E(m)=52.1271	[EXE]	显示外距
Lh1(m)=130.0000	[EXE]	显示第一缓和曲线长
LY(m)=347.5166	[EXE]	显示圆曲线长

屏幕提示	按键	说明
Lh2(m)=130.0000	EXE	显示第二缓和曲线长
L(m)=607.5166	EXE	显示总曲线长
J(m)=27.8457	EXE	显示切曲差,计算主点数据/耗时 5.03s
[MODE][4]≑Stop!	MODE 4	停止程序并进入 REG 模式

当屏幕显示"**[MODE][4]≑Stop!**"时,按MODE 4键停止程序并进入 REG 模式,察看程序算出的 4 个主点桩号、中桩坐标与断链桩数据,List Freq[5]为程序计算的断链值(负数为短链),结果如图 13-22(b)—(c)所示。含有断链时,存储在 List X[1]~List X[4]的主点桩号为连续桩号。

④ 坐标正算

重复执行 QH2-7T 程序,计算本例坐标正算操作过程如下:

屏幕提示	按键	说明
BASIC TYPE CURVE QH2-7T		显示程序标题
NEW(0),OLD(≠0) DATA=?	4 EXE	用最近调用的数据库子程序计算
STA XY,NEW(0),OLD(1),NO(2)=?	2 EXE	输入 2 不计算极坐标放样数据
PEG→XY(1),XY→PEG(2),Pier(4)=?	1 EXE	输入 1 为坐标正算
+PEG(m),π≑END=?	26510 EXE	输入加桩号
in -Break PEG n=1.0000	EXE	显示加桩位于 1 号短链空桩区
+PEG(m),π≑END=?	26480 EXE	输入加桩号
αi=79°21′9.95″	EXE	显示加桩走向方位角/耗时 2.59s
X+Yi(m)=92929.7633+86650.9132i	EXE	显示中桩坐标复数
ANGLE(0)≑NO,-L +R(Deg)=?	0 EXE	输入 0 不计算边桩坐标
+PEG(m),π≑END=?	SHIFT π EXE	输入 π 结束程序
QH2-7T≑END		程序结束显示

请读者自行计算加桩 K26+530 的中桩坐标。

4)长链计算案例

[例 13-4] 试验算图 13-1 所示平曲线的缓和曲线,用 QH2-7T 程序计算其主点数据,并计算长链重桩区加桩 K53+566 的中桩坐标。

[解] ① 验算第一缓和曲线:$\dfrac{A_1^2}{R}=\dfrac{424.64^2}{1092.843}=165\text{m}=L_{h1}$,第一缓和曲线为完整缓和曲线。

验算第二缓和曲线:$\dfrac{A_2^2}{R}=\dfrac{376.9212^2}{1092.843}=130\text{m}=L_{h2}$,第二缓和曲线也为完整缓和曲线。

② 编写与输入 JD_{44} 的数据库子程序文件 $JD44$。

53225.5324→Z:681771.709+505360.386i→B↵	JD_{44} 桩号/平面坐标复数
29°59′48.75°→Q↵	正数为右转角
424.64→E:1092.843→R:376.9212→F↵	第一缓曲参数/圆曲半径/第二缓曲参数
682078.7648+505145.5161i→U↵	ZH 点平面坐标复数
1→D↵	断链桩数
35+2S→DimZ↵	定义额外变量维数
53570.416→List X[5]:53563.478→List Y[5]↵	断链桩数值
Return	

将上述子程序输入 fx-5800P,编辑 QH2-7T 主程序,将正数第 10 行的调数据库子程序名修改为 $JD44$,结果如图 13-23(a)所示。

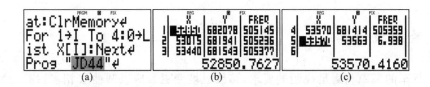

图 13-23　将主程序 QH2-7T 中的数据库子程序名修改为 JD44 及程序计算串列结果

③ 执行 QH2-7T 程序,计算曲线要素与主点数据的屏幕提示及操作过程如下:

屏幕提示	按键	说明
BASIC TYPE CURVE QH2-7T		显示程序标题
NEW(0),OLD(≠0) DATA=?	**0** EXE	重新调用数据库子程序
DISP YES(1),NO(≠1)=?	**1** EXE	输入 1 显示交点曲线要素/耗时 4.78s
T1(m)=374.7697	EXE	显示第一切线长
T2(m)=358.7465	EXE	显示第二切线长
E(m)=39.4140	EXE	显示外距
Lh1(m)=165.0000	EXE	显示第一缓和曲线长
LY(m)=424.6516	EXE	显示圆曲线长
Lh2(m)=130.0000	EXE	显示第二缓和曲线长
L(m)=719.6517	EXE	显示总曲线长
J(m)=13.8646	EXE	显示切曲差,计算主点数据/耗时 5.34s
[MODE][4]⇀Stop!	MODE 4	停止程序并进入 **REG** 模式

当屏幕显示"**[MODE][4]⇀Stop!**"时,按 MODE 4 键停止程序并进入 **REG** 模式,查看程序算出的 4 个主点桩号、中桩坐标与断链桩数据,List Freq[5]为程序计算的断链值(正数为长链),结果如图 13-23(b)—(c)所示。

④ 坐标正算

重复执行 QH2-7T 程序,计算本例坐标正算的操作过程如下:

屏幕提示	按键	说明
BASIC TYPE CURVE QH2-7T		显示程序标题
NEW(0),OLD(≠0) DATA=?	**4** EXE	用最近调用的数据库子程序计算
STA XY,NEW(0),OLD(1),NO(2)=?	**2** EXE	输入 2 不计算极坐标放样数据
PEG→XY(1),XY→PEG(2),Pier(4)=?	**1** EXE	输入 1 为坐标正算
+PEG(m),π⇀END=?	**53566** EXE	输入加桩号
BACK(0),+Break,FRONT(≠0)=?	**0** EXE	输入 0 选择长链后重桩区
αi=175°0′34.51″	EXE	显示加桩走向方位角/耗时 1.40s
X+Yi(m)=681418.7179+505391.1847i	EXE	显示中桩坐标复数
ANGLE(0)⇀NO,-L +R(Deg)=?	**0** EXE	输入 0 不计算边桩坐标
+PEG(m),π⇀END=?	**53566** EXE	输入加桩号
BACK(0),+Break,FRONT(≠0)=?	**5** EXE	输入≠0 的数选择长链前重桩区
αi=175°0′48.66″	EXE	显示加桩走向方位角/耗时 1.40s
X+Yl(m)=681411.8062+505391.7879i	EXE	显示中桩坐标复数
ANGLE(0)⇀NO,-L +R(Deg)=?	**0** EXE	输入 0 不计算边桩坐标
+PEG(m),π⇀END=?	SHIFT π EXE	输入 π 结束程序
QH2-7T⇀END		程序结束显示

13.7 竖曲线计算

为了行车的平稳和满足视距的要求,路线纵坡变更处应以圆曲线相接,称这种曲线为竖曲线,纵坡变更处称为变坡点,也称竖交点,用 SJD 表示。竖曲线按其变坡点 SJD 在曲线的上方或下方分别称为凸形或凹形竖曲线。如图 13-24 所示,路线上有三条相邻纵坡 $i_1(+)$、$i_2(-)$、$i_3(+)$,在 i_1 和 i_2 之间设置凸形竖曲线;在 i_2 和 i_3 之间设置凹形竖曲线。

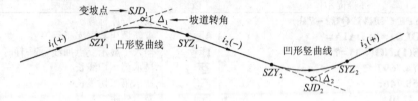

图 13-24 竖曲线及其类型

《公路路线设计规范》规定,路线最大纵坡应符合表 13-11 的规定。

表 13-11 最大纵坡

设计速度/(km/h)	120	100	80	60	40	30	20
最大纵坡/%	3	4	5	6	7	8	9

竖曲线的最小半径与竖曲线长度应符合表 13-12 的规定。

表 13-12 竖曲线最小半径与竖曲线长度

设计速度/(km/h)		120	100	80	60	40	30	20
凸形竖曲线半径/m	一般值	17 000	10 000	4 500	2 000	700	400	200
	极限值	11 000	6 500	3 000	1 400	450	250	100
凹形竖曲线半径/m	一般值	6 000	4 500	3 000	1 500	700	400	200
	极限值	4 000	3 000	2 000	1 000	450	250	100
竖曲线长度/m	一般值	250	210	170	120	90	60	50
	最小值	100	85	70	50	35	25	20

1)计算原理

如图 13-25 所示,设 s 为路线起点,其桩号与高程分别为 Z_s 与 H_s,变坡点 SJD_1 的桩号与高程分别为 Z_{SJD_1} 与 H_{SJD_1},变坡点 SJD_2 的桩号与高程分别为 Z_{SJD_2} 与 H_{SJD_2};设 SJD_1 的竖曲线半径为 R,$s \to SJD_1$ 的纵坡为 i_1,$SJD_1 \to SJD_2$ 的纵坡为 i_2。

$i_1 - i_2 > 0$ 时为凸形竖曲线,有两种情形的凸形竖曲线:图 13-25(a)为 $i_1 > 0$ 的凸形竖曲线,图 13-25(b)为 $i_1 < 0$ 的凸形竖曲线。$i_1 - i_2 < 0$ 时为凹形竖曲线,有两种情形的凹形竖曲线:图 13-26(a)为 $i_1 < 0$ 的凹形竖曲线,图 13-26(b)为 $i_1 > 0$ 的凹形竖曲线。

（1）竖曲线要素的计算

在竖曲线设计资料中,虽然同时给出了 Z_s,H_s,Z_{SJD_1},H_{SJD_1},Z_{SJD_2},H_{SJD_2},i_1,i_2 等数据,但在编程计算输入已知数据时,纵坡 i_1 与 i_2 是不需要输入的,它们可以由下列公式反算出。

$$i_1 = \frac{H_{SJD_1} - H_s}{Z_{SJD_1} - Z_s}$$
$$i_2 = \frac{H_{SJD_2} - H_{SJD_1}}{Z_{SJD_2} - Z_{SJD_1}}$$

$$(13-84)$$

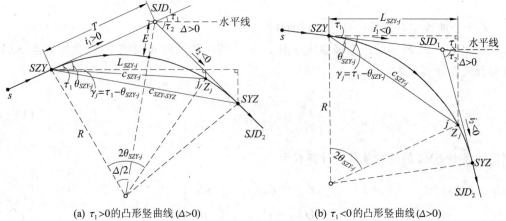

(a) $\tau_1 > 0$ 的凸形竖曲线 $(\Delta > 0)$ (b) $\tau_1 < 0$ 的凸形竖曲线 $(\Delta > 0)$

图 13-25　两种情形凸形竖曲线的主点桩号与高程计算原理

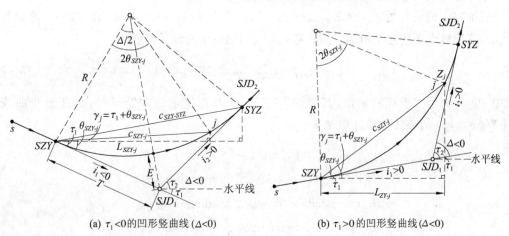

(a) $\tau_1 < 0$ 的凹形竖曲线 $(\Delta < 0)$ (b) $\tau_1 > 0$ 的凹形竖曲线 $(\Delta < 0)$

图 13-26　两种情形的凹形竖曲线的主点桩号与高程计算原理

变坡点 SJD_1 的竖曲线要素包括竖曲线长 L_y、切线长 T、外距 E 和坡道转角 Δ。由图 13-25 或图 13-26 所示的几何关系,可得

$$\Delta = \tau_1 - \tau_2$$
$$\tau_1 = \tan^{-1} i_1$$
$$\tau_2 = \tan^{-1} i_2$$

$$(13-85)$$

式(13-85)中的坡道转角 Δ,对于凸形竖曲线,$\Delta > 0$;对于凹形竖曲线,$\Delta < 0$。

竖曲线其余要素的计算公式为

$$\left.\begin{array}{l} L_y = \dfrac{\pi}{180^\circ}|\Delta|R \\[2mm] T = R\tan\dfrac{|\Delta|}{2} \\[2mm] E = R\left(\sec\dfrac{|\Delta|}{2}-1\right) \end{array}\right\} \qquad (13-86)$$

（2）竖曲线主点桩号与设计高程的计算

在图 13-25 所示的凸形竖曲线或图 13-26 所示的凹形竖曲线中，竖曲线起点 SZY 的桩号及其设计高程为

$$\left.\begin{array}{l} Z_{SZY} = Z_{SJD_1} - T\cos\tau_1 \\[2mm] H_{SZY} = H_{SJD_1} - T\sin\tau_1 \end{array}\right\} \qquad (13-87)$$

竖曲线终点 SYZ 的桩号及其设计高程为

$$\left.\begin{array}{l} Z_{SYZ} = Z_{SJD_1} + T\cos\tau_2 \\[2mm] H_{SYZ} = H_{SJD_1} + T\sin\tau_2 \end{array}\right\} \qquad (13-88)$$

（3）竖曲线圆曲线段加桩设计高程的计算

设加桩 j 的桩号为 Z_j，则 $L_{SZY-j}=Z_j-Z_{SZY}$ 即为 $SZY \to j$ 的平距，设 $ZY \to j$ 的弦长为 c_{SZY-j}，弦长与水平线的夹角为 $\gamma_j = \tau_1 \mp \theta_{SZY-j}$，则加桩 j 的设计高程为

$$H_j = H_{SZY} + L_{SZY-j}\tan(\tau_1 \mp \theta_{SZY-j}) \qquad (13-89)$$

式中，θ_{SZY-j} 为恒大于零的正角，其中的"$\mp$"号，对凸形竖曲线取"$-$"号；为凹形竖曲线取"$+$"号。θ_{SZY-j} 的公式推导过程如下

$$\begin{aligned} L_{SZY-j} &= c_{SZY-j}\cos(\tau_1 \mp \theta_{SZY-j}) \\ &= 2R\sin\theta_{SZY-j}(\cos\tau_1\cos\theta_{SZY-j} \pm \sin\tau_1\sin\theta_{SZY-j}) \\ &= 2R(\cos\tau_1\sin\theta_{SZY-j}\cos\theta_{SZY-j} \pm \sin\tau_1\sin^2\theta_{SZY-j}) \\ &= 2R\cos^2\theta_{SZY-j}(\cos\tau_1\tan\theta_{SZY-j} \pm \sin\tau_1\tan^2\theta_{SZY-j}) \end{aligned}$$

将三角函数恒等式 $\cos^2\theta_{SZY-j}=\dfrac{1}{1+\tan^2\theta_{SZY-j}}$ 代入上式，得

$$L_{SZY-j} = \dfrac{2R}{1+\tan^2\theta_{SZY-j}}(\cos\tau_1\tan\theta_{SZY-j} \pm \sin\tau_1\tan^2\theta_{SZY-j})$$

化简，得

$$\begin{aligned} & L_{SZY-j} + L_{SZY-j}\tan^2\theta_{SZY-j} = 2R\cos\tau_1\tan\theta_{SZY-j} \pm 2R\sin\tau_1\tan^2\theta_{SZY-j} \\ & (\pm 2R\sin\tau_1 - L_{SZY-j})\tan^2\theta_{SZY-j} + 2R\cos\tau_1\tan\theta_{SZY-j} - L_{SZY-j} = 0 \end{aligned} \qquad (13-90)$$

式(13-90)为一元二次方程，其中的"$\pm$"号，对凸形竖曲线取"$+$"号；为凹形竖曲线取"$-$"号。设方程式的系数为

$$\left.\begin{array}{l} a = \pm 2R\sin\tau_1 - L_{SZY-j} \\ b = 2R\cos\tau_1 \\ c = -L_{SZY-j} \end{array}\right\} \qquad (13-91)$$

则方程式(13-90)的两个解为

$$\tan\theta_{SZY-j} = \frac{-b \pm \sqrt{b^2 - 4ac}}{2a} \qquad (13-92)$$

应取满足条件

$$0 < \theta_{SZY-j} \leqslant \frac{|\Delta|}{2} \qquad (13-93)$$

的解为方程式(13-90)的解。

(4) 竖曲线直线坡道加桩设计高程的计算

当加桩位于 SYZ 前,纵坡为 i_2 的直线坡道时,其设计高程为

$$H_j = H_{SYZ} + (Z_j - Z_{SYZ})i_2 \qquad (13-94)$$

2) 竖曲线设计数据的输入

QH2-7T 程序要求在数据库子程序中,将竖曲线变坡点数输入到 S 变量,从 Z[34]开始输入竖曲线起点桩号与高程复数,详细参见表 13-13。

表 13-13 　　　　　　　　　　　　　　竖曲线设计数据的输入位置

单元	数据内容	数据类型
Z[34]	起点设计桩号+高程 i	复数
Z[35]	SJD_1 设计桩号+高程 i	复数
Z[36]	SJD_1 半径 R_1	实数
⋮	⋮	⋮
Z[35+2S]	终点设计桩号+高程 i	复数

13.8　路基超高与边桩设计高程的计算

圆曲线半径小于表 13-10 规定的不设超高的最小半径时,应在曲线上设置超高。路基由直线段的双向路拱横断面逐渐过渡到圆曲线段的全超高单向横断面,其间必须设置超高过渡段。

二级、三级、四级公路的圆曲线半径 $R \leqslant 250$m 时,应设置加宽。圆曲线上的路面加宽应设置在圆曲线的内侧。设置缓和曲线或超高过渡段时,加宽过渡段长度应采用与缓和曲线或超高过渡段长度相同的数值。

四级公路的直线和小于表 13-10 不设超高的圆曲线最小半径相连接处,和半径 $\leqslant$ 250m 的圆曲线径相连接处,应设置超高、加宽过渡段。

《公路路线设计规范》将超高过渡方式分"无中间带公路"与"有中间带公路"两类,图 13-27 为有中间带公路超高过渡的三种方式。

| (a) 绕中间带的中心线旋转 | (b) 绕中央分隔带边缘旋转 | (c) 绕各自行车道中线旋转 |

图 13-27　有中间带公路的三种超高过渡方式

① 绕中间带的中心线旋转：先将外侧行车道绕中间带的中心线旋转，待达到与内侧行车道构成单向横坡后（图 13-27(a)虚线所示），整个断面一同绕中心线旋转，直至超高横坡值。此时，中央分隔带呈倾斜状，中间带宽度≤4.5m 的公路可采用。

② 绕中央分隔带边缘旋转：将两侧行车道分别绕中央分隔带边缘旋转，使之各自成为独立的单向超高断面，此时，中央分隔带维持原水平状态，各种宽度中间带的公路均可采用。

③ 绕各自行车道中线旋转：将两侧行车道分别绕各自行车道中线旋转，使之各自成为独立的单向超高断面，此时中央分隔带两边缘分别升高与降低而成为倾斜断面，车道数大于 4 条的公路可采用。

本节只讨论图 13-27(b)所示绕中央分隔带边缘旋转的超高过渡方式。

在路线设计图纸中，纵、横坡正负值的定义是相反的。纵坡>0 时为升坡，纵坡<0 时为降坡；横坡>0 为降坡，横坡<0 为升坡。

1）路基超高的渐变方式

设 i_s 为路基超高过渡段的起点横坡，i_c 为终点横坡，L_C 为超高过渡段长，l 为超高过渡段内任意点 j 至起点的线长，$k=l/L_C$ 为 0~1 之间的系数。采用线性渐变方式计算 j 点超高横坡的公式为

$$i_j=i_s=(i_c-i_s)k \tag{13-95}$$

采用三次抛物线渐变方式计算 j 点超高横坡的公式为

$$i_j=i_s+(i_c-i_s)(3k^2-2k^3)=i_s+(i_c-i_s)k^2(3-2k) \tag{13-96}$$

路基超高数据及其采用的渐变方式在路线纵断面图的最底行给出，在设计说明文件中也会给出相应的文字说明。图 13-3 为图 13-1 所示 JD_{44} 的纵断面图底部的超高表，它有下面 4 个超高过渡段：

① K52+850.763—K52+908.514，超高过渡段长 57.751m；

② K52+908.514—K53+015.763，超高过渡段长 107.249m；

③ K53+015.763—K53+440.414，超高过渡段长 424.651m；

④ K53+440.414—K53+570.414，超高过渡段长 130m。

因图 13-3 的超高线为折线连接，所以，其超高渐变方式为线性渐变。

为比较超高横坡线性渐变与三次抛物线渐变的差异，分别用式(13-95)与式(13-96)计算超高过渡段 K53+440.414—K53+570.414 左幅的超高横坡，结果如图 13-28 所示。

2）边桩设计高程计算原理

加桩边桩设计高程的计算依据是：加桩的中桩设计高程、路基标准横断面设计图与路基超高横坡设计数据。图 13-29 为广西河池至都安高速公路 3-1 标段的路基标准横断面设计图，图中的"设计标高"即为竖曲线算出的设计高程位置。在标准横断面图上，一般应给出填方边坡与挖方边坡的设计数据，每级边坡的设计数据有 4 个：边坡坡率 1：n，坡高 H，平

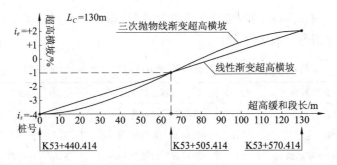

图 13-28　K53+440.414～K53+570.414 段左幅两种超高过渡方式比较

台宽 d，平台横坡 i。图中，虽然挖方边坡数据绘制于路线左幅，填方边坡数据绘制于路线右幅，但这并不代表加桩左幅一定是挖方边坡，右幅一定是填方边坡，应根据实际地形情况选择挖填边坡。

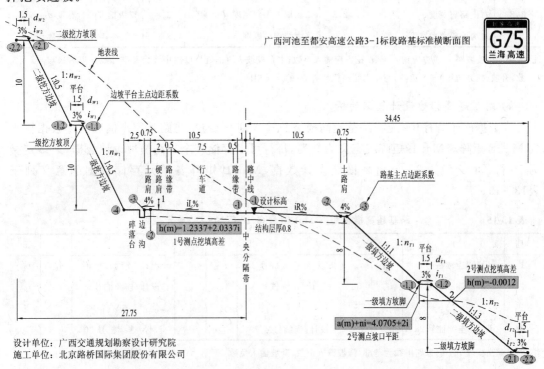

图 13-29　广西河池至都安高速公路 3-1 标段路基标准横断面设计图及其主点边距系数的意义

在图 13-29 中，土路肩横坡为 4%，当路基横坡小于 4% 时，土路肩横坡取 4%；当路基横坡大于 4% 时，土路肩横坡应取路基横坡，以满足路面排水的需要。

"边沟+碎落台"一般设置在土路肩与挖方边坡之间，其设计高程取土路肩外缘的设计高程。

3）路基标准横断面设计数据的输入

在数据库子程序中，应将路基标准横断面设计数据输入到 Mat A 矩阵。Mat A 矩阵应定义为 3 行×9 列，其中，第 1 行用于输入路中线分别至左、右土路肩的路基标准横断面设计数据，第 2 行用于输入一、二级填方边坡的设计数据，第 3 行用于输入一、二级挖方边坡的设计数据,Mat A[3,9]单元输入超高渐变方式控制系数,输入 0 为线性渐变,输入≠0 的数为三次抛物线渐变,详细列于表 13－14。

表 13－14　　　　　路基标准横断面设计数据矩阵 Mat A(3 行×9 列)单元规划

行,列	车道与路缘数据	行,列	填方数据	行,列	挖方数据
1,1	左土路肩宽度	2,1	一级填方边坡坡率 n_{T1}	3,1	一级挖方边坡坡率 n_{W1}
1,2	左土路肩横坡	2,2	一级填方边坡高度 H_{T1}	3,2	一级挖方边坡高度 H_{W1}
1,3	左路缘＋车道＋硬路肩宽	2,3	一级填方平台坡度 i_{T1}	3,3	一级挖方平台坡度 i_{W1}
1,4	中央分隔带左宽度	2,4	一级填方平台宽度 d_{T1}	3,4	一级挖方平台宽度 d_{W1}
1,5	中央分隔带右宽度	2,5	二级填方边坡坡率 n_{T2}	3,5	二级挖方边坡坡率 n_{W2}
1,6	右路缘＋车道＋硬路肩宽	2,6	二级填方边坡高度 H_{T2}	3,6	二级挖方边坡高度 H_{W2}
1,7	右土路肩横坡	2,7	二级填方平台坡度 i_{T2}	3,7	二级挖方平台坡度 i_{W2}
1,8	右土路肩宽度	2,8	二级填方平台宽度 d_{T2}	3,8	二级挖方平台宽度 d_{W2}
1,9	边沟＋碎落台宽度	2,9	路面结构层厚度	3,9	0 线性,≠0 三次抛物线

注:表中的边坡坡率 n,填方应输入正数,挖方应输入负数;平台横坡 i 的正负是以路中线为基准,降坡(填方边坡)输入正数,升坡(挖方边坡)输入负数,与路基超高横坡 i_L,i_R 的定义相同。

4) 路基超高横坡设计数据的输入

在数据库子程序中,应将路基超高横坡数输入到 C 变量,将路基超高横坡设计数据输入到 Mat B 矩阵。Mat B 矩阵应定义为 9 列,每行可以存储 3 个超高横坡设计数据,最多定义为 10 行,可以存储 30 个超高横坡设计数据,Mat B 矩阵各单元存储数据的意义列于表13－15。

表 13-15　　　　　路基超高横坡矩阵 Mat B(最多 10 行×9 列)单元规划

\列	1	2	3	4	5	6	7	8	9
1	设计/连续桩号 1	i_{L1}	i_{R1}	设计/连续桩号 2	i_{L2}	i_{R2}	设计/连续桩号 3	i_{L3}	i_{R3}
2	设计/连续桩号 4	i_{L4}	i_{R4}	设计/连续桩号 5	i_{L5}	i_{R5}	设计/连续桩号 6	i_{L6}	i_{R6}
⋮	⋮	⋮	⋮	⋮	⋮	⋮	⋮	⋮	⋮
10	设计/连续桩号 28	i_{28}	i_{R28}	设计/连续桩号 29	i_{L29}	i_{R29}	设计/连续桩号 30	i_{L30}	i_{R30}

注:路基超高横坡 i_L,i_R,以路中线为基准,降坡输入正数,升坡输入负数。

通过数据库子程序输入到 Mat B 矩阵第 1,4,7 列单元的超高横坡桩号应为设计桩号,当有断链时,程序将其逐个变换为连续桩号后,再存回原单元。

5) 中边桩设计高程计算案例

[例 13－5]　试用 QH2－7T 程序计算图 13－1 所示交点曲线加桩 K52＋920 的中边桩三维设计坐标,用全站仪实测 1 号边桩点的三维坐标为(682 027.768,505 193.643,289.173),2 号边桩点的三维坐标为(682007.735,505164.189,277.443),它位于填方边坡,试计算这两点的设计高程与挖填高差。

[解]　① 将图 13－1 内表的竖曲线数据、图 13－3 所示的路基超高横坡数据、图 13－2 或图 13－29 所示的路基标准横断面数据,按表 13－13 至表 13－15 与表 13－20 的要求,添加到[例 13－4]的数据库子程序 JD44 中,结果见如下灰底色背景语句所示:

53225.5324→Z:681771.709+505360.386i→B↵ JD_{44} 桩号/平面坐标复数

29°59'48.75"→Q↵   正数为右转角

424.64→E:1092.843→R:376.9212→F↵   第一缓曲参数/圆曲半径/第二缓曲参数

682078.7648+505145.5161i→U↵ ZH 点平面坐标复数

1→D:1→S:5→C↵   断链桩数/竖曲线变坡点数/超高横坡数

35+2S→DimZ↵   定义额外变量维数

53570.416→List X[5]:53563.478→List Y[5]↵   断链桩数值

52150+285.467i→Z[34]↵   竖曲线起点桩号+高程复数

53160+288.493i→Z[35]:49000→Z[36]↵   竖曲线变坡点桩号+高程复数/竖曲线半径

54600+274.733i→Z[37]↵   竖曲线终点桩号+高程复数

[[0.75,4,10.5,1,1,10.5,4,0.75,2.5][1.1,8,3,1.5,1.3,8,3,1.5,0.8][-0.5,10,-3,1.5,-0.5,10,-3,1.5,0]]

→Mat A↵   路基标准横断面设计数据矩阵

Mat A[2,9]=0.8 为路面结构层厚度，Mat A[3,9]=0 时超高横坡过渡方式为线性渐变

[[52850.763,0,0,52908.514,-2,2,53015.763,-4,4]

[53440.414,-4,4,53570.414,2,2,0,0,0]]→Mat B↵   路基超高横坡矩阵赋值

  Return

将 QH2 - 7T 主程序第 10 行的数据库子程序修改为 $JD44$（与图 13 - 23(a)相同）。

② 平竖曲线主点数据计算及坐标正算

执行 QH2 - 7T 程序，计算加桩 K52+920 的中边桩坐标的操作过程如下：

屏幕提示	按键	说明
BASIC TYPE CURVE QH2-7T		显示程序标题
NEW(0),OLD(≠0) DATA=?	**0** [EXE]	重新调用数据库子程序
+Break Z(m)=53570.4140+1.0000i	[EXE]	超高横坡桩号位于长链重桩区/耗时 4.40s
BACK(0),+Break,FRONT(≠0)=?	**0** [EXE]	输入 0 选择长链后重桩区
DISP YES(1),NO(≠1)=?	**0** [EXE]	输入 0 不显示交点平面曲线要素/耗时 3.86s
[MODE][4]⇒Stop!	[EXE]	继续执行程序/耗时 6.74s
STA XY,NEW(0),OLD(1),NO(2)=?	**2** [EXE]	输入 2 不计算极坐标放样数据
PEG→XY(1),XY→PEG(2),Pier(4)=?	**1** [EXE]	输入 1 为坐标正算
+PEG(m),π⇒END=?	**52920** [EXE]	输入加桩号
αi=145°46'41.7"	[EXE]	显示加桩走向方位角/耗时 2.54s
X+Yi(m)=682021.8625+505184.9605i	[EXE]	显示中桩坐标复数
H(m)=287.7290	[EXE]	显示中桩设计高程
ANGLE(0)⇒NO,-L+R(Deg)=?	**-90** [EXE]	输入负数为左偏角
iL(%)=-2.2142	[EXE]	显示左横坡/耗时 4.40s
WL(m),0⇒NO=?	**6.25** [EXE]	输入行车道内左边距
XL+YLi(m)=682025.3775+505190.1284i	[EXE]	显示左边桩坐标复数
HL(m)=287.8452+287.0452i	[EXE]	显示左边桩路面+路基 i 设计高程复数
WL(m),0⇒NO=?	**23.75** [EXE]	输入挖方边坡左边距
XL+YLi(m)=682035.2194+505204.5986i	[EXE]	显示左边桩坐标复数
T(>0),W(<0),NO(0)=?	**-3** [EXE]	输入任意负数为挖方边坡
HL(m)=302.9765	[EXE]	显示左边桩设计高程
WL(m),0⇒NO=?	**0** [EXE]	输入 0 结束左边桩坐标计算
iR(%)=2.2142	[EXE]	显示右横坡
WR(m),0⇒NO=?	**12.25** [EXE]	输入土路肩外缘右边距
XR+YRi(m)=682014.9731+505174.8313i	[EXE]	显示右边桩坐标复数
HR(m)=287.4665+286.6665i	[EXE]	显示右边桩路面+路基 i 设计高程复数
WR(m),0⇒NO=?	**21.8** [EXE]	输入填方边坡右边距
XR+YRi(m)=682009.6022+505166.9348i	[EXE]	显示右边桩坐标复数
T(>0),W(<0),NO(0)=?	**2** [EXE]	输入任意正数为填方边坡
HR(m)=279.4440	[EXE]	显示右边桩设计高程
WR(m),0⇒NO=?	**0** [EXE]	输入 0 结束右边桩坐标计算
+PEG(m),π⇒END=?	[SHIFT] [π] [EXE]	输入 π 结束程序
QH2-7T⇒END		程序结束显示

程序结束后,按 @ 4 键进入 **REG** 模式,可以察看平竖曲线主点数据计算结果,本例结果如图 13-30 所示。平曲线 4 个主点数据存储在统计串列的 1—4 行,第 5 行存储一个断链桩数据,List X 与 List Y 的 6—9 行分别存储竖曲线起点 $SJD16$,$SJD17$ 的两个主点 $SZY17$,$SYZ17$ 与终点 $SJD18$ 的连续桩号与高程;List Freq[6]存储起点的走向纵坡(‰),List Freq[7]存储 SJD17 的竖曲线半径,List Freq[8]与 List Freq[9]均为存储 SYZ17 的走向纵坡。

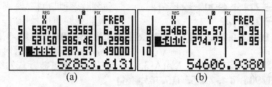

图 13-30　竖曲线主点数据计算结果

图 13-29 所示的路基标准横断面设计图是将左幅边坡绘制为挖方边坡,右幅边坡绘制为填方边坡,这仅仅是为了标注边坡设计数据的需要。施工时,应根据实际地形及设计图纸的规定,当屏幕显示"T(>0),W(<0),NO(0)=?"时,通过输入正数或负数按实选择边坡类型。

当输入的左、右边距值小于等于土路肩外缘边距时,屏幕显示的边桩设计高程为"路面设计高程+路基设计高程 i"复数,其中,路基设计高程=路面设计高程-结构层厚度。结构层厚度通过数据库子程序输入到 Mat A[2,9]单元。

图 13-29 所示的二级填方平台外缘边距为 34.45m,当输入的填方边坡边距大于该值时,程序只显示边桩的平面坐标,不显示设计高程;二级挖方平台外缘边距为 27.75m,当输入的挖方边距大于该值时,程序只显示边桩的平面坐标,不显示设计高程。

③ 路基与边坡平台主点三维设计坐标计算

执行 QH2-7T 程序的坐标正算功能,屏幕显示"**WL(m),0÷NO=?**"或"**WR(m),0÷NO=?**"时,输入正数响应为边距值,输入规定的负数响应为路基主点或边坡平台主点的边距系数。

如图 13-29 所示,QH2-7T 程序将路基的中分带外缘点、硬路肩外缘点、土路肩外缘点、边沟+碎落台外缘点的边距系数分别定义-1、-2、-3、-4,将一级边坡平台的内外主点分别定义为-1.1、-1.2,将二级边坡平台的内外主点分别定义为-2.1、-2.2,屏幕显示"**WL(m),0÷NO=?**"或"**WR(m),0÷NO=?**"时,输入边距系数为计算路基或边坡平台主点的三维设计坐标。

重复执行 QH2-7T 程序,计算加桩 K52+920 的路基与边坡平台主点三维设计坐标的操作过程如下:

屏幕提示	按键	说明
BASIC TYPE CURVE QH2-7T		显示程序标题
NEW(0),OLD(≠0) DATA=?	1 EXE	用最近调用的数据库子程序计算
STA XY,NEW(0),OLD(1),NO(2)=?	1 EXE	输入 1 使用最近输入的测站点数据
PEG→XY(1),XY→PEG(2),Pier(4)=?	1 EXE	输入 1 为坐标正算
+PEG(m),π÷END=?	52920 EXE	输入加桩号
αi=145°46′41.7″	EXE	显示加桩走向方位角/耗时 2.54s

X+Yi(m)=682021.8625+505184.9605i	EXE	显示中桩坐标复数
H(m)=287.7290	EXE	显示中桩设计高程
ANGLE(0)÷NO,-L +R(Deg)=?-90.0000	EXE	使用偏角原值
iL(%)=-2.2142	EXE	显示左横坡/耗时 4.40s
WL(m),0÷NO=?	-1 EXE	输入中分带外缘点边距系数
XL+YLi(m)=682022.4249+505185.7873i	显示左边桩坐标复数
HL(m)=287.7290+286.9290i	EXE	显示左边桩路面+路基 i 设计高程复数
WL(m),0÷NO=?	-2 EXE	输入硬路肩外缘点边距系数
XL+YLi(m)=682028.3301+505194.4694i	EXE	显示左边桩坐标复数
HL(m)=287.9615+287.1615i	EXE	显示左边桩路面+路基 i 设计高程复数
WL(m),0÷NO=?	-3 EXE	输入土路肩外缘点边距系数
XL+YLi(m)=682028.7519+505195.0896i	EXE	显示左边桩坐标复数
HL(m)=287.9315+287.1315i	EXE	显示左边桩路面+路基 i 设计高程复数
WL(m),0÷NO=?	-4 EXE	输入"边沟+碎落台"外缘点边距系数
XL+YLi(m)=682030.1579+505197.1568i	EXE	显示左边桩坐标复数
HL(m)=287.9315	EXE	显示左边桩设计高程
WL(m),0÷NO=?	-1.1 EXE	输入一级边坡平台内缘点边距系数
T(>0),W(<0),NO(0)=?	-3 EXE	输入任意负数为挖方边坡
XL+YLi(m)=682032.9698+505201.2911i	EXE	显示左边桩坐标复数
HL(m)=297.9315	EXE	显示左边桩设计高程
WL(m),0÷NO=?	-1.2 EXE	输入一级边坡平台外缘点边距系数
T(>0),W(<0),NO(0)=?	-3 EXE	输入任意负数为挖方边坡
XL+YLi(m)=682033.8134+505202.5314i	EXE	显示左边桩坐标复数
HL(m)=297.9765	EXE	显示左边桩设计高程
WL(m),0÷NO=?	-2.1 EXE	输入二级边坡平台内缘点边距系数
T(>0),W(<0),NO(0)=?	-3 EXE	输入任意负数为挖方边坡
XL+YLi(m)=682036.6254+505206.6657i	EXE	显示左边桩坐标复数
HL(m)=307.9765	EXE	显示左边桩设计高程
WL(m),0÷NO=?	-2.2 EXE	输入二级边坡平台外缘点边距系数
T(>0),W(<0),NO(0)=?	-3 EXE	输入任意负数为挖方边坡
XL+YLi(m)=682037.4690+505207.9060i	EXE	显示左边桩坐标复数
HL(m)=308.0215	EXE	显示左边桩设计高程
WL(m),0÷NO=?	0 EXE	输入 0 结束左边桩坐标计算
iR(%)=2.2142	EXE	显示右横坡
WR(m),0÷NO=?	-1 EXE	输入中分带外缘点边距系数
XR+YRi(m)=682021.3001+505184.1336i	EXE	显示右边桩坐标复数
HR(m)=287.7290+286.9290i	EXE	显示右边桩路面+路基 i 设计高程复数
WR(m),0÷NO=?	-3 EXE	输入土路肩外缘点边距系数
XR+YRi(m)=682014.9731+505174.8313i	EXE	显示右边桩坐标复数
HR(m)=287.4665+286.6665i	EXE	显示右边桩路面+路基 i 设计高程复数
WR(m),0÷NO=?	-2.2 EXE	输入二级边坡平台外缘点边距系数
T(>0),W(<0),NO(0)=?	5 EXE	输入任意正数为填方边坡
XR+YRi(m)=682002.4879+505156.4749i	EXE	显示右边桩坐标复数
HR(m)=271.3765	EXE	显示右边桩设计高程
WR(m),0÷NO=?	0 EXE	输入 0 结束右边桩坐标计算
+PEG(m),π÷END=?	SHIFT π EXE	输入 π 结束程序
QH2-7T÷END		程序结束显示

④ 三维坐标反算

重复执行 QH2-7T 程序,进行三维坐标反算的屏幕显示与操作过程如下:

屏幕提示	按键	说明
BASIC TYPE CURVE QH2-7T		显示程序标题
NEW(0),OLD(≠0) DATA=?	2 EXE	用最近调用的数据库子程序计算
STA XY,NEW(0),OLD(1),NO(2)=?	1 EXE	输入 1 使用最近输入的测站点数据
PEG→XY(1),XY→PEG(2),Pier(4)=?	2 EXE	输入 2 为坐标反算
XJ(m),π⇒END=?	682027.768 EXE	输入 1 号边桩点坐标
YJ(m)+ni=?	505193.643 EXE	
HJ(m),0⇒NO=?	289.173 EXE	输入 1 号边桩点高程
p PEG(m)+ni=52920.0000+1.0000i	EXE	显示垂点桩号+平曲线元号 i/耗时 6.30s
αp=145°46′41.69″	EXE	显示垂点走向方位角
Xp+Ypi(m)=682021.8625+505184.9604i	EXE	显示垂点中桩坐标复数
HDp→J -L,+R(m)=-10.5005	EXE	显示负数为左边距
Hp(m)=287.7290	EXE	显示垂点设计高程/耗时 1.32s
HL(m)=287.9393+287.1393i	EXE	显示边桩"路面+路基设计高程 i"复数
h(m)=1.2337+2.0337i	EXE	显示"路面+路基挖填高差 i"复数
XJ(m),π⇒END=?	682007.735 EXE	输入 2 号边桩点坐标(图 13-29 所示)
YJ(m)+ni=?	505164.189 EXE	
HJ(m),0⇒NO=?	277.443 EXE	输入 2 号边桩点高程
p PEG(m)+ni=52919.9997+1.0000i	EXE	显示垂点桩号/耗时 6.23s
αp=145°46′41.68″	EXE	显示垂点走向方位角
Xp+Ypi(m)=682021.8627+505184.9603i	EXE	显示垂点中桩坐标复数
HDp→J -L,+R(m)=25.1205	EXE	显示正数为右边距
Hp(m)=287.7290	EXE	显示垂点设计高程/耗时 1.35s
T(>0),W(<0),NO(0)=?	4 EXE	输入任意正数为填方边坡
HR(m)=277.4442	EXE	显示边桩点设计高程
h(m)=-0.0012	EXE	显示边桩点挖填高差
a(m)+ni=4.0705+2.0000i	EXE	显示"坡口平距+边坡级数 i"复数
XJ(m),π⇒END=?	SHIFT π EXE	输入 π 结束程序
QH2-7T⇒END		程序结束显示

程序显示的边桩点挖填高差 $h(m)$＝实测高程－设计高程,正数为挖方高差,负数为填方高差。当边桩点位于土路肩外缘点以内时,h 的实部数值为边桩点相对路面的挖填高差,虚部数值为边桩点相对路基的挖填高差,两者相差路面结构层厚度;当边桩点位于边坡时,h 只显示实部数值。

只有当边桩点位于边坡时,程序才显示水平移距复数 $a(m)+ni$,其实部数值 $a(m)$＝边桩点边距－最近一个挖方坡顶或填方坡脚的边距,负数表示应向远离路中线方向移动,正数表示靠近路中线方向移动;虚部数值 n 为边桩点所在的边坡级数。

如图 13-29 矩形灰底色背景数字所示,因上表 1 号边桩点位于路基,程序只显示 $h(m)$＝$1.2337+2.0337i$;2 号边桩点位于右幅填方边坡,程序显示 $h(m)$＝-0.0012 与水平移距复数 $a(m)+ni=4.0705+2i$。由图 13-29 可知,因 2 号点的挖填高差接近于 0,因此,2 号点的位置基本为地表线与边坡设计线的交点。

13.9　桥墩桩基坐标验算

《公路工程技术标准》[11]对公路桥梁(bridge)的分类规定如表 13-16 所示。

表 13-16	桥梁分类	
分类	多孔跨径总长 L/m	单孔跨径 L_K/m
特大桥	$L>1000$	$L_K>150$
大桥	$100{\leqslant}L{\leqslant}1000$	$40{\leqslant}L_K{\leqslant}150$
中桥	$30{\leqslant}L{\leqslant}100$	$20{\leqslant}L_K<40$
小桥	$8{\leqslant}L{\leqslant}30$	$5{\leqslant}L_K<20$

桥梁施工图应给出每个桥墩（pier）的墩台中心设计桩号、法向偏距、走向偏角和每个桩基的测量坐标，施工前，应验算每个桩基的坐标，并与设计坐标相符后才能放样桥墩桩基。

1）桥墩桩基坐标的计算原理

桥梁属于路线构筑物的组成部分，桥墩桩基的平面位置及其排列方向是以墩台中心的平面坐标及其走向方位角为基准，按一定的法向偏距与走向偏角设计的，而墩台中心的平面坐标及其走向方位角可以使用设计给出的墩台中心设计桩号，根据路线平曲线设计数据算出，因此，桥墩桩基坐标与路线平曲线的关系是通过墩台中心设计桩号联系的。

如图 13-31 所示，设图纸给出的 $j\#$ 桥墩墩台中心设计桩号为 $Z_{j\#}$，法向偏距为 d_X，走向偏角为 δ，图中桩基与承台的尺寸从墩台大样图获取。

设根据墩台中心设计桩号 $Z_{j\#}$ 算出的 $j\#$ 桥墩中心的走向方位角为 $\alpha_{j\#}$，中桩坐标复数为 $z_{j\#}$；设 1 号桩基在图 13-31 所示的墩台中心坐标系 $XO_{j\#}Y$ 中的坐标复数为 $z_1'=Y_1+X_1\mathrm{i}$，则 $O_{j\#}\rightarrow 1$ 号桩基的测量方位角为

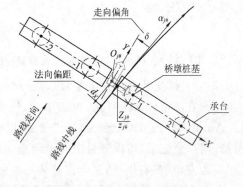

图 13-31 桥墩桩基坐标计算原理

$$\alpha_{O_{j\#}1}=\alpha_{j\#}+\delta+\mathrm{Arg}(z_1') \qquad (13-97)$$

式中，$\mathrm{Arg}(z_1')$ 为复数 z_1' 的辐角；走向偏角 δ，当 $+Y$ 轴偏向走向方位角 $\alpha_{j\#}$ 左侧时为负角，偏向右侧时为正角。

当 $j\#$ 桥墩设置有法向偏距 d_X 时，表示墩台中心 $O_{j\#}$ 不在路线中线上，其测量坐标复数为

$$z_{O_{j\#}}=z_{j\#}+|d_X|\angle(\alpha_{j\#}\pm 90°) \qquad (13-98)$$

式中的法向偏距 d_X，当 $O_{j\#}$ 位于走向方位角 $\alpha_{j\#}$ 左侧时为负数，位于右侧时为正数；式中的"±"，$d_X>0$ 时取"+"，$d_X<0$ 时取"−"。由此得 1 号桩基的测量坐标复数为

$$z_1=z_{O_{j\#}}+\mathrm{Abs}(z_1')\angle\alpha_{O_{j\#}1} \qquad (13-99)$$

本节以 205 国道江苏淮安西绕城段淮涟三干渠中桥为例，介绍使用 QH2-7T 程序计算桥墩桩基坐标的方法。

2）编写桥墩类号

将桥墩桩基完全相同的桥墩合并为同类，并编著墩类号。如图 13-32(d) 所示，三干渠中桥共有 4 个桥墩，墩类号编为 1,2,3，其中 0$\#$ 墩为 1 类墩，1$\#$，2$\#$ 墩为 2 类墩，3$\#$ 墩为 3 类墩。

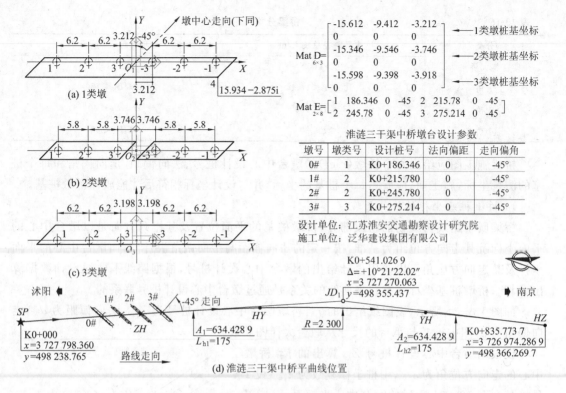

图 13-32 205 国道江苏淮安西绕城段淮涟三干渠中桥平曲线、墩台设计参数与桥墩桩基大样图

3）桩基墩台中心坐标的采集与输入

在 AutoCAD 中,以 m 为单位,按 1:1 的比例分别绘制 1,2,3 类墩的桩基大样图,执行 AutoCAD 的"UCS/新建(N)"命令,鼠标对象捕捉图 13-32(a)中的 O_1 点,建立图示的 XO_1 Y 用户坐标系,简称墩台中心坐标系。由于这三类墩的桩基都是关于 Y 轴对称的图形,故只需为左幅(或右幅)的三个桩基编写桩基号 1,2,3,右幅对称桩基号分别为 -1,-2,-3;在 AutoCAD 中执行 id 命令,分别对象捕捉 1,2,3 号桩基点,将 AutoCAD 命令行显示的墩台中心坐标输入到 Mat D 矩阵的 1—2 行。重复上述操作,分别采集 2 类与 3 类墩台 1,2,3 号桩基的墩台中心坐标,并输入到 Mat D 矩阵的 3—6 行。

Mat D 矩阵最多可定义为 10 行×10 列,可以输入 5 类墩台、每类墩台最多可以输入 1—10 号桩基的墩台中心坐标,本例 Mat D 矩阵的结果如图 13-32 右上图所示。

4）墩台设计参数的输入

每个桥墩的墩台设计参数有 4 个:墩类号、墩台中心设计桩号、法向偏距、走向偏角。墩台设计参数应输入到 Mat E 矩阵。Mat E 矩阵最多可定义为 10 行×8 列,可以输入 0#— 19# 桥墩、共 20 个墩台的设计参数。本例 Mat E 矩阵的结果如图 13-32 右上图所示。

在 fx-5800P 中,Mat D 与 Mat E 矩阵的数据可以手动输入机器内存,也可以在数据库子程序中输入。手动输入是按 MODE 1 键进入 COMP 模式,再按 MODE 8 1 键进入矩阵列表进行。下面介绍在数据库子程序 JD1 中输入的方法。

5）编写与输入 JD_1 的数据库子程序文件 JD1。

332

541.0269→Z:3727270.063+498355.437i→B ↵ JD_1桩号/平面坐标复数

10°21′22.02°→Q ↵   正数为右转角

634.4289→E:2300→R:634.4289→F ↵   第一缓曲参数/圆曲半径/第二缓曲参数

3727798.36+498238.765i→U ↵   起点平面坐标复数

35+2S→DimZ ↵   定义额外变量维数

[[[-15.612,-9.412,-3.212][0,0,0][-15.346,-9.546,-3.746][0,0,0]

[-15.598,-9.398,-3.198][0,0,0]]→Mat D ↵   1-3 类桥墩 1-3 号桩基的墩台中心坐标

[[1,186.346,0,-45,2,215.78,0,-45][2,245.78,0,-45,3,275.214,0,-45]]→Mat E ↵

Return   0#-3#桥墩墩台设计参数

将上述子程序输入 fx-5800P,编辑 QH2-7T 主程序,将 QH2-7T 主程序第 10 行的数据库子程序修改为 $JD1$。

6) 执行 QH2-7T 程序,计算曲线主点数据与桥墩桩基坐标的屏幕提示及操作过程如下:

屏幕提示	按键	说明
BASIC TYPE CURVE QH2-7T		显示程序标题
NEW(0),OLD(≠0) DATA=?	0 [EXE]	重新调用数据库子程序
DISP YES(1),NO(≠1)=?	0 [EXE]	输入 0 不显示交点曲线要素/耗时 5.25s
[MODE][4]⇒Stop!	[EXE]	继续执行程序/耗时 5.40s
STA XY,NEW(0),OLD(1),NO(2)=?	2 [EXE]	输入 2 不计算极坐标放样数据
PEG→XY(1),XY→PEG(2),Pier(4)=?	4 [EXE]	输入 4 为桥墩(pier)桩基坐标计算
Pier n(0→19),π⇒END=?	0 [EXE]	输入 0#桥墩
Pier PEG(m)+ni=186.3460+1.0000i	[EXE]	显示 0#桥墩桩号+墩类号复数
αi=167°32′46.98″	[EXE]	显示墩台中心走向方位角/耗时 1.34s
X+Yi(m)=3727616.399+498278.9504i	[EXE]	显示墩台中心坐标复数
Sn,X+Yi(m),π⇒Next=?	1 [EXE]	输入 1 号桩基(stake)
X+YSi(m)=3727629.559+498287.3493i	[EXE]	显示 1 号桩基坐标复数
Sn,X+Yi(m),π⇒Next=?	-3 [EXE]	输入 -3 号桩基(stake)
X+YSi(m)=3727613.691+498277.2224i	[EXE]	显示 -3 号桩基坐标复数
Sn,X+Yi(m),π⇒Next=?	15.934 [−] 2.875 [i] [EXE]	输入承台角点墩台中心坐标复数
X+YSi(m)=3727604.514+498267.9546i	[EXE]	显示 4 号点坐标复数
Sn,X+Yi(m),π⇒Next=?	[SHIFT] [π] [EXE]	输入 π 结束 0#桥墩计算
Pier n(0→19),π⇒END=?	3 [EXE]	输入 3#桥墩
Pier PEG(m)+ni=275.2140+3.0000i	[EXE]	显示 3#桥墩桩号+墩类号复数
αi=167°36′40.08″	[EXE]	显示墩台中心走向方位角/耗时 1.34s
X+Yi(m)=3727529.619+498298.1036i	[EXE]	显示墩台中心坐标复数
Sn,X+Yi(m),π⇒Next=?	1 [EXE]	输入 1 号桩基(stake)
X+YSi(m)=3727542.758+498306.5099i	[EXE]	显示 1 号桩基坐标复数
Sn,X+Yi(m),π⇒Next=?	[SHIFT] [π] [EXE]	输入 π 结束 3#桥墩计算
Pier n(0→19),π⇒END=?	[SHIFT] [π] [EXE]	输入 π 结束程序
QH2-7T⇒END		程序结束显示

限于篇幅,上述只计算了部分桥墩桩基坐标。图 12-33 为设计图纸给出的淮涟三干渠中桥 24 个桩基的设计坐标,上述计算结果与设计值基本相符。

205 国道江苏淮安西绕城段淮涟三干渠中桥桩基坐标表

墩号	桩基	x/m	y/m	墩号	桩基	x/m	y/m
0#	1	3 727 629.558 6	498 287.349 1	2#	1	3 727 571.299 1	498 300.023 1
	2	3 727 624.332 3	498 284.013 6		2	3 727 566.409 9	498 296.902 8
	3	3 727 619.105 9	498 280.678 1		3	3 727 561.520 8	498 293.782 5
	4(−3)	3 727 613.691 5	498 277.222 5		4(−3)	3 727 555.205 5	498 289.752 0
	5(−2)	3 727 608.465 1	498 273.887 1		5(−2)	3 727 550.316 3	498 286.631 7
	6(−1)	3 727 603.238 8	498 270.551 6		6(−1)	3 727 545.427 2	498 283.511 4
1#	1	3 727 600.593 2	498 293.553 6	3#	1	3 727 54.758 1	498 306.509 9
	2	3 727 595.704 1	498 290.433 3		2	3 727 537.535 5	498 303.168 5
	3	3 727 590.814 9	498 287.313 0		3	3 727 532.312 9	498 299.827 1
	4(−3)	3 727 584.499 6	498 283.282 5		4(−3)	3 727 526.925 3	498 296.380 1
	5(−2)	3 727 579.610 5	498 280.162 2		5(−2)	3 727 521.702 7	498 293.038 7
	6(−1)	3 727 574.721 3	498 277.041 9		6(−1)	3 727 516.480 2	498 289.697 3

说明:① 平面坐标系为淮安市独立坐标系。

② 本图提供的数据需经施工单位核实无误后方可施工,并需用桩号和纵横向距离相互校核。

图 13-33 淮涟三干渠中桥桥墩桩基坐标设计值

在图 12-32(a)中,1 类墩台承台角点的墩台中心坐标没有输入到 Mat D 矩阵,可以直接输入该点的墩台中心坐标复数计算其测量坐标。当用户输入了测站点坐标时,程序将计算并显示墩台桩基的坐标放样数据,可以直接用全站仪放样桩基的平面位置。

使用 QH2-7T 程序计算墩台桩基坐标时,数据库子程序可以不输入路线的竖曲线设计数据。

13.10　隧道超欠挖计算

隧道属于路线的重要构造物之一,其平面位置由平曲线设置,高程由竖曲线设置,开挖断面由各级围岩衬砌断面图与隧道地质纵断面图设置。按开挖方式,隧道施工可以分为钻爆法与盾构法,只有钻爆法需要进行超欠挖计算。

在无棱镜测距全站仪出现以前,隧道施工测量的主要内容是放样隧道的中线与腰线,中线控制隧道的平面位置,腰线控制隧道的高程,但断面开挖的控制就比较麻烦。无棱镜测距全站仪出现以后,使得测量隧道掌子面上任意点的三维坐标变得非常简单,只要算出掌子面系列测点距离隧道轮廓线的法距,就同时控制了隧道的平面与高程位置及其断面形状。本节以八亩隧道右洞为例,介绍使用 QH2-7T 程序进行隧道超欠挖计算的方法。

1)隧道设计图纸简介

(1)平竖曲线设计图

图 13-34 为八亩隧道右洞的平竖曲线设计图纸,在 JD_{16} 的平曲线段,共有八亩、斜飞凤与南龙三座隧道。

(2)隧道二衬轮廓线与地质纵断面设计图

图 13-35 左图为八亩隧道的二衬轮廓线设计图,右图为 SVq 级围岩的衬砌断面图,图

13-36 为八亩隧道右洞的地质纵断面设计图。

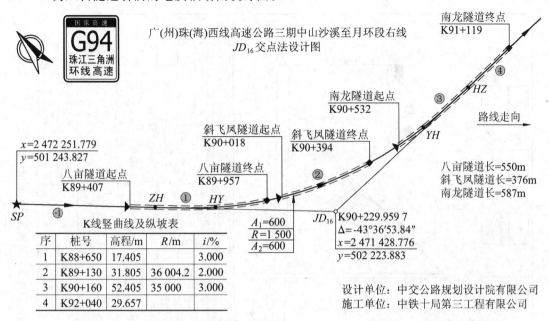

广(州)珠(海)西线高速公路三期中山沙溪至月环段右线 JD_{16} 交点法设计图

南龙隧道终点 K91+119

南龙隧道起点 K90+532

斜飞凤隧道起点 K90+018

斜飞凤隧道终点 K90+394

八亩隧道终点 K89+957

$x = 2\,472\,251.779$
$y = 501\,243.827$

八亩隧道起点 K89+407

路线走向

八亩隧道长=550m
斜飞凤隧道长=376m
南龙隧道长=587m

序	桩号	高程/m	R/m	i/%
1	K88+650	17.405		3.000
2	K89+130	31.805	36 004.2	2.000
3	K90+160	52.405	35 000	3.000
4	K92+040	29.657		

K线竖曲线及纵坡表

$A_1 = 600$
$R = 1\,500$
$A_2 = 600$

JD_{16} K90+229.959 7
$\Delta = -43°36'53.84''$
$x = 2\,471\,428.776$
$y = 502\,223.883$

设计单位：中交公路规划设计院有限公司
施工单位：中铁十局第三工程有限公司

图 13-34 广(州)珠(海)西线高速公路三期中山沙溪至月环段右线 JD_{16} 平曲线与竖曲线设计图纸

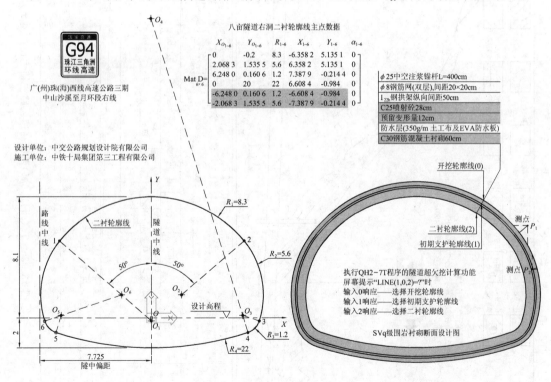

八亩隧道右洞二衬轮廓线主点数据

$$\text{Mat } D = \underset{6\times6}{\begin{bmatrix} X_{O_{1-6}} & Y_{O_{1-6}} & R_{1-6} & X_{1-6} & Y_{1-6} & \alpha_{1-6} \\ 0 & -0.2 & 8.3 & -6.358\,2 & 5.135\,1 & 0 \\ 2.068\,3 & 1.535\,5 & 5.6 & 6.358\,2 & 5.135\,1 & 0 \\ 6.248\,0 & 0.160\,6 & 1.2 & 7.387\,9 & -0.214\,4 & 0 \\ 0 & 20 & 22 & 6.608\,4 & -0.984 & 0 \\ -6.248\,0 & 0.160\,6 & 1.2 & -6.608\,4 & -0.984 & 0 \\ -2.068\,3 & 1.535\,5 & 5.6 & -7.387\,9 & -0.214\,4 & 0 \end{bmatrix}}$$

广(州)珠(海)西线高速公路三期
中山沙溪至月环段右线

设计单位：中交公路规划设计院有限公司
施工单位：中铁十局集团第三工程有限公司

$\phi 25$中空注浆锚杆L=400cm
$\phi 8$钢筋网(双层)，间距20×20cm
I_{22b}钢拱架纵向间距50cm
C25喷射砼28cm
预留变形量12cm
防水层(350g/m²土工布及EVA防水板)
C30钢筋混凝土衬砌60cm

开挖轮廓线(0)
二衬轮廓线(2)
初期支护轮廓线(1)
测点 P_1
测点 P_2

执行QH2-7T程序的隧道超欠挖计算功能
屏幕提示"LINE(1,0,2)=?"时
输入0响应——选择开挖轮廓线
输入1响应——选择初期支护轮廓线
输入2响应——选择二衬轮廓线

SVq级围岩衬砌断面设计图

路线中线
二衬轮廓线
隧道中线

$R_1 = 8.3$
$R_2 = 5.6$
$R_3 = 1.2$
$R_4 = 22$

8.1
50° 50°
设计高程
7.725
隧中偏距

图 13-35 二衬轮廓线主点数据与SVq级围岩衬砌断面设计图

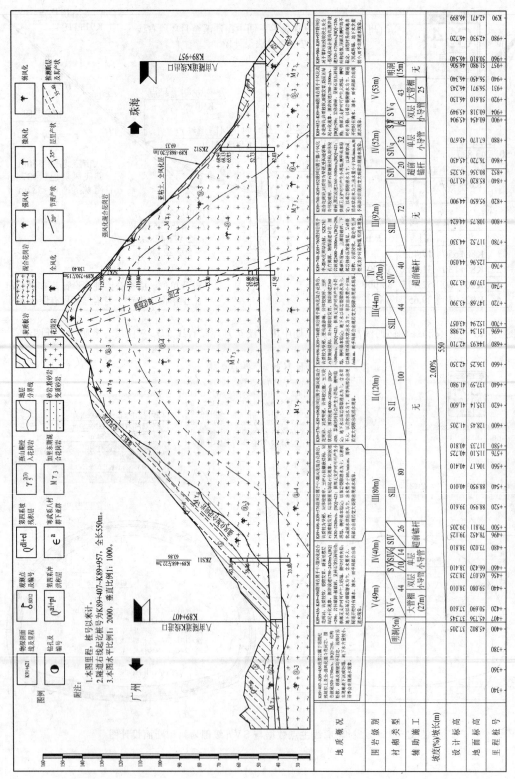

图 13-36 广(州)珠(海)西线高速公路三期中山沙溪至月环段八亩隧道右洞地质断面纵断面设计图

336

由图 13-35 右图可知,隧道断面由 C25 钢拱架喷射砼(简称喷射层)与 C30 钢筋混凝土衬砌(简称二衬)构成,SVq 级围岩的喷射层厚为 28cm,二衬厚为 60cm,喷射层与二衬之间的预留变形量为 12cm。称隧道的喷射层厚、二衬厚与预留变形量为洞身支护参数。围岩级别不同,其洞身支护参数也不相同。由图 13-36 可知,八亩隧道右洞的围岩级别有 SVq,SV,SⅣq,SⅣ,SⅢ,SⅡ 等六种,其洞身支护参数列于表 13-17,其中,SVq 级围岩的洞身支护参数如图 13-35 右图所示,其余五种围岩的洞身支护参数为直接从设计蓝图获取。

表 13-17   八亩隧道右洞围岩洞身支护参数

序	设计桩号	围岩	二衬厚+预留 变形量 δ_1/m	喷射层 厚 δ_2/m	隧中偏距 δ_3/m
	K89+407	明洞			
1	K89+412	SVq	0.72	0.28	7.725
2	K89+456	SV	0.72	0.26	7.725
3	K89+466	SⅣq	0.63	0.26	7.725
4	K89+480	SⅣ	0.58	0.24	7.725
5	K89+506	SⅢ	0.51	0.18	7.725
6	K89+586	SⅡ	0.45	0.10	7.725
7	K89+686	SⅢ	0.51	0.18	7.725
8	K89+730	SⅣ	0.58	0.24	7.725
9	K89+770	SⅢ	0.51	0.18	7.725
10	K89+842	SⅣ	0.58	0.24	7.725
11	K89+862	SⅣq	0.63	0.26	7.725
12	K89+894	SV	0.72	0.26	7.725
13	K89+899	SVq	0.72	0.28	7.725
	K89+942	明洞			
	K89+957	终点			

2) QH2-7T 数据库子程序隧道设计数据的输入方法

要使用 QH2-7T 程序的隧道超欠挖计算功能,除了在数据库子程序中输入隧道的平竖曲线设计数据外,还应输入隧道二衬轮廓线主点数据与围岩洞身支护参数。

(1) 二衬轮廓线主点数据的输入

① 隧中坐标系的建立

图 13-35 左图所示的二衬轮廓线由 6 段圆弧线元径相连接而成,轮廓线关于隧道中线对称。以隧道设计高程线(竖曲线计算的高程线)为 X 轴,隧道中线为 Y 轴,建立图示的隧中坐标系 XOY。在 AutoCAD 中,按图示尺寸精确绘制八亩隧道的二衬轮廓线图;执行"UCS/新建(N)"命令,建立原点为 O 点用户坐标系;执行 id 命令,测量圆弧线元的圆心与连接点的隧中坐标。

② 二衬轮廓线线元的编号

以拱顶圆弧为 1 号线元,顺时针方向编号,1 号线元的圆心为 O_1,半径为 R_1,起点为 1 号点,其余线元类推,结果如图 13-35 左图所示。

③ 二衬轮廓线主点数据的输入

在数据库子程序中,应将二衬轮廓线线元个数输入到 L 变量。

二衬轮廓线主点数据包括线元圆心隧中坐标 X_{Oj},Y_{Oj},线元半径 R_j、线元起点隧中坐标 X_j,Y_j 等 5 个数据,应输入到 Mat D 矩阵。Mat D 矩阵应定义为 6 列,其中 1—5 列用于输入二衬轮廓线线元的上述 5 个数据,第 6 列应输入 0,用于存储程序算出的线元圆心→线元起点的隧中坐标方位角 α_{Oj-j}。Mat D 矩阵各单元数据的意义列于表 13-18。

表 13-18　　　　　隧道二衬轮廓线主点数据矩阵 Mat D(最多 10 行×6 列)单元规划

行\列	1	2	3	4	5	6
1	X_{O1}	Y_{O1}	R_1	X_1	Y_1	α_{O1-1}
2	X_{O2}	Y_{O2}	R_2	X_2	Y_2	α_{O2-2}
⋮	⋮	⋮	⋮	⋮	⋮	⋮
10	X_{O10}	Y_{O10}	R_{10}	X_{10}	Y_{10}	α_{O10-10}

本例二衬轮廓线的线元数为 6,在数据库子程序中,应将 Mat D 矩阵需要定义为 6 行×6 列,结果如图 13-35 顶部所示。由于二衬轮廓线关于 Y 轴对称,因此,图 13-35 顶部的 Mat D 矩阵只需要在 1—4 行、分别输入 1—4 号线元的主点数据,5—6 行的数据可以都输入 0,执行 QH2-7T 程序后,程序按对称原理自动生成 5～6 行的主点数据。

④ 围岩洞身支护参数的输入

在数据库子程序中,应将围岩洞身支护参数个数输入到 W 变量。

每个围岩的洞身支护参数数据包括围岩起始设计桩号 Z_j、"二衬厚＋预留变形量" δ_{j-1}、喷射层厚 δ_{j-2}、隧中偏距 δ_{j-3} 等 4 个数据,应输入到 Mat E 矩阵。Mat E 矩阵一般应定义为 8 列,每行可以存储 2 个围岩洞身支护参数,当定义为 10 行时,最多可以存储 20 个围岩洞身支护参数。Mat E 矩阵各单元数据的意义列于表 13-19。

表 13-19　　　　　围岩洞身支护参数矩阵 Mat E(最多 10 行×8 列)单元规划

行\列	1	2	3	4	5	6	7	8
1	Z_1	δ_{1-1}	δ_{1-2}	δ_{1-3}	Z_2	δ_{2-1}	δ_{2-2}	δ_{2-3}
2	Z_3	δ_{3-1}	δ_{3-2}	δ_{3-3}	Z_4	δ_{4-1}	δ_{4-2}	δ_{4-3}
⋮	⋮	⋮	⋮	⋮	⋮	⋮	⋮	⋮
10	Z_{19}	δ_{19-1}	δ_{19-2}	δ_{19-3}	Z_{20}	δ_{20-1}	δ_{20-2}	δ_{20-3}

由于明洞不需要进行超欠挖计算,因此,只需要将表 13-17 灰色背景的数据输入到 Mat E 矩阵,本例有 13 个洞身支护参数,需要将 Mat E 矩阵定义为 7 行×8 列,结果如下:

$$\mathop{\text{Mat E}}_{7\times 8}=\begin{pmatrix} 89412 & 0.72 & 0.28 & 7.725 & 89456 & 0.72 & 0.26 & 7.725 \\ 89466 & 0.63 & 0.26 & 7.725 & 89480 & 0.58 & 0.24 & 7.725 \\ 89506 & 0.51 & 0.18 & 7.725 & 89586 & 0.45 & 0.1 & 7.725 \\ 89696 & 0.51 & 0.18 & 7.725 & 89730 & 0.58 & 0.24 & 7.725 \\ 89770 & 0.51 & 0.18 & 7.725 & 89842 & 0.58 & 0.24 & 7.725 \\ 89862 & 0.63 & 0.26 & 7.725 & 89894 & 0.72 & 0.26 & 7.725 \\ 89899 & 0.72 & 0.28 & 7.725 & 0 & 0 & 0 & 0 \end{pmatrix}$$

3) 数据库子程序

数据库子程序名:JD16

90229.9597→Z:2471428.776+502223.883i→B↵	JD_{16}桩号/平面坐标复数
-43°36′53.84°→Q↵	负数为左转角
600→E:1500→R:600→F↵	第一缓曲参数/圆曲半径/第二缓曲参数
2472251.779+501243.827i→U↵	起点平面坐标复数
2→S:6→L:13→W↵	竖曲线变坡点数/二衬线元数/洞身支护参数个数
35+2S→DimZ↵	定义额外变量维数
88650+17.405i→Z[34]↵	竖曲线起点桩号+高程 i 复数
89130+31.805i→Z[35]:36004.2→Z[36]↵	SJD_1桩号+高程 i 复数/竖曲线半径
90160+52.405i→Z[37]:35000→Z[38]↵	SJD_2桩号+高程 i 复数/竖曲线半径
92040+29.657i→Z[39]↵	竖曲线终点桩号+高程 i 复数

[[0,-0.2,8.3,-6.3582,5.1351,0][2.0683,1.5355,5.6,6.3582,5.1351,0]
[6.248,0.1606,1.2,7.3879,-0.2144,0][0,20,22,6.6084,-0.984,0][0,0,0,0,0,0][0,0,0,0,0,0]]
→Mat D↵   八亩隧道二衬轮廓线 4 个线元主点数据

[[89412,0.72,0.28,7.725,89456,0.72,0.26,7.725]
[89466,0.63,0.26,7.725,89480,0.58,0.24,7.725][89506,0.51,0.18,7.725,89586,0.45,0.1,7.725]
[89686,0.51,0.18,7.725,89730,0.58,0.24,7.725][89770,0.51,0.18,7.725,89842,0.58,0.24,7.725]
[89862,0.63,0.26,7.725,89894,0.72,0.26,7.725][89899,0.72,0.28,7.725,0,0,0,0]]→Mat E↵

Return   八亩隧道右洞 13 个洞身支护参数

由于桥墩桩基坐标计算与隧道超欠挖计算都需要使用 Mat D 与 Mat E 矩阵存储设计数据,因此,QH2-7T 程序的桥墩桩基坐标计算与隧道超欠挖计算功能只能是二选一,当数据库子程序中的 $L>0$,$W>0$ 时,程序自动选择隧道超欠挖计算功能,否则自动选择桥墩桩基坐标计算功能。

将上述数据库子程序以文件名 JD16 输入 fx-5800P,编辑 QH2-7T 主程序,将正数第10 行的数据库子程序名修改为 JD16。

4) 八亩隧道右洞超欠挖计算案例

(1) 计算主点数据

执行 QH2-7T 程序,计算曲线要素与主点数据的屏幕提示及用户操作过程如下:

屏幕提示	按键	说明
BASIC TYPE CURVE QH2-7T		显示程序标题
NEW(0),OLD(≠0) DATA=?	**0** EXE	重新调用数据库子程序
DISP YES(1),NO(≠1)=?	**1** EXE	输入 1 显示交点曲线要素/耗时 8.42s
T1(m)=720.7987	EXE	显示第一切线长
T2(m)=720.7987	EXE	显示第二切线长
E(m)=117.3408	EXE	显示外距
Lh1(m)=240.0000	EXE	显示第一缓曲线长
LY(m)=901.8369	EXE	显示圆曲线长
Lh2(m)=240.0000	EXE	显示第二缓曲线长
L(m)=1381.8369	EXE	显示总曲线长
J(m)=59.7605	EXE	显示切曲差,计算主点数据/耗时 6.86s
[MODE][4]⇒Stop!	(MODE) **4**	停止程序并进入 **REG** 模式

当数据库子程序中的字母变量 $L>0$,$W>0$ 时,执行 QH2-7T 程序,除计算平曲线主点数据、断链值($D>0$ 时)、竖曲线主点数据($S>0$ 时)并存入统计串列外,还自动生成二衬轮廓线矩阵 Mat D 中 $n/2+1$~n 行对称线元的主点数据,计算 n 个线元圆心→起点的隧中

方位角并存入 Mat D 矩阵相应行的第 6 列。当断链数 $D>0$ 时,QH2 - 7T 程序还将 Mat E 矩阵 1 列,5 列的洞身支护参数设计桩号全部变换为连续桩号,并存回原位。

(2) 八亩隧道右洞 K89+540 断面开挖轮廓线放样

重复执行 QH2 - 7T 程序的隧道超欠挖功能,选择开挖轮廓线为基准线,计算 4 个掌子面测点超欠挖值的屏幕提示与用户操作过程如下:

屏幕提示	按键	说明
BASIC TYPE CURVE QH2−7T		显示程序标题
NEW(0),OLD(≠0) DATA=?	2 EXE	输入≠0 数用最近调用的数据库子程序计算
STA XY,NEW(0),OLD(1),NO(2)=?	2 EXE	输入 2 为计算极坐标放样数据
PEG→XY(1),XY→PEG(2),μr(3)=?	3 EXE	输入 3 选择隧道超欠挖计算
LINE(1,0,2)=?	0 EXE	输入 0 选择隧道开挖轮廓线
XJ(m),π÷END=?	2471866.311 EXE	输入全站仪实测 1 号掌子面测点坐标
YJ(m)+ni=?	501690.35 EXE	
HJ(m)=?	48.985 ЕЛЕ	
p PEG(m)+ni=89540.0000+1.0000i	EXE	显示垂点桩号+平曲线元号复数/耗时 6.24s
X+Yi(m)=0.3294+8.9800i	EXE	显示测点隧中坐标复数/耗时 2.68s
μr(m)+ni=0.1959+1.0000i	EXE	显示超挖径距+测点线元号复数/耗时 3.90s
a+hi(m)=0.1960i	EXE	只显示垂直移距 i
XJ(m),π÷END=?	2471862.461 EXE	输入全站仪实测 2 号掌子面测点坐标
YJ(m)+ni=?	501687.126 EXE	
HJ(m)=?	46.707 EXE	
p PEG(m)+ni=89540.0003+1.0000i	EXE	显示垂点桩号+平曲线元号复数/耗时 6.27s
X+Yi(m)=5.3510+6.7020i	EXE	显示测点隧中坐标复数/耗时 2.62s
μr(m)+ni=-0.2567+1.0000i	EXE	显示欠挖径距+测点线元号复数/耗时 3.89s
a+hi(m)=-0.4094−0.3221i	EXE	显示水平移距+垂直移距 i 复数
XJ(m),π÷END=?	2471861.142 EXE	输入全站仪实测 3 号掌子面测点坐标
YJ(m)+ni=?	501686.021 EXE	
HJ(m)=?	45.657 EXE	
p PEG(m)+ni=89540.0001+1.0000i	EXE	显示垂点桩号+平曲线元号复数/耗时 6.18s
X+Yi(m)=7.0717+5.6520i	EXE	显示测点隧中坐标复数/耗时 2.69s
μr(m)+ni=0.1892+2.0000i	EXE	显示超挖径距+测点线元号复数/耗时 3.89s
a+hi(m)=0.2475+0.3046i	EXE	显示水平移距+垂直移距 i 复数
XJ(m),π÷END=?	2471872.996 EXE	输入全站仪实测 4 号掌子面测点坐标
YJ(m)+ni=?	501695.949 EXE	
HJ(m)=?	42.047 EXE	
p PEG(m)+ni=89540.0003+1.0000i	EXE	显示垂点桩号+平曲线元号复数/耗时 6.24s
X+Yi(m)=-8.3906+2.0420i	EXE	显示测点隧中坐标复数/耗时 2.61s
μr(m)+ni=0.0526+6.0000i	EXE	显示超挖径距+测点线元号复数/耗时 3.99s
a+hi(m)=0.0527	EXE	只显示水平移距
XJ(m),π÷END=?	SHIFT π EXE	输入 π 结束程序
QH2−7T÷END		程序结束显示

需要说明的是,当选择 QH2 - 7T 程序的隧道超欠挖功能时,无论是否输入测站点坐标,程序都不计算测点垂点的极坐标放样数据。

上述算出的 1—4 号测点的"水平移距+垂直移距 i"复数的几何意义见图 13 - 37 所示,说明如下:

① 如图 13 - 37(a)所示,1 号测点的超挖值为 0.1959m,因过 1 号测点的水平线与开挖轮廓线无交点,因此,屏幕只显示垂直移距 0.1960m。

② 如图 13 - 37(b)所示,2 号测点的欠挖值为-0.2567m,设过 2 号测点的水平线与开

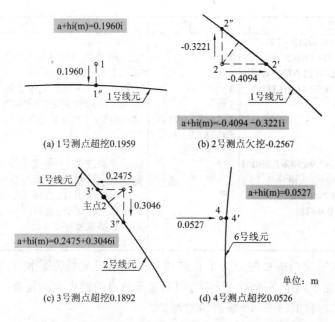

图 13-37　四个测点"水平移距＋垂直移距 i"复数的几何意义

挖轮廓线的交点为 2′,过 2 号测点的垂直线与开挖轮廓线的交点为 2″,2→2′的水平移距为
−0.4094m,显示为复数的实部,需要向洞外方向移动;2→2″的垂直移距为−0.3221m,显示
为复数的虚部,也需要向洞外方向移动。

③ 如图 13-37(c)所示,3 号测点的超挖值为 0.1892m,设过 3 号测点的水平线与开挖
轮廓线的交点为 3′,过 3 号测点的垂直线与开挖轮廓线的交点为 3″,3→3′的水平移距为
0.2475m,显示为复数的实部,需要向洞内方向移动;3→3″的垂直移距为 0.3046m,显示为
复数的虚部,也需要向洞内方向移动。

④ 图 13-37(d)所示,4 号测点的超挖值为 0.0526m,由于过该测点的垂直线与开挖轮
廓线无交点,因此,屏幕只显示水平移距 0.0527。

实际施工时,每测量并完成一个测点的计算后,需要用红油漆在掌子面标注程序算出的
测点水平移距与垂直移距值,用以指导施工。因屏幕显示了每个测点的隧中坐标复数 $X_i +$
$Y_i i$,过测点水平移动距离 X_i 可得隧道中线的位置,垂直移动高差 Y_i 可得隧道设计高程的
位置。

(3) 八亩隧道右洞 K89＋540 断面初期支护轮廓线放样

重复执行 QH2-7T 程序的隧道超欠挖功能,选择初期支护轮廓线为基准线,计算 1 个
掌子面测点的屏幕提示与用户操作过程如下:

屏幕提示	按键	说明
BASIC TYPE CURVE QH2－7T		显示程序标题
NEW(0),OLD(≠0) DATA=?	2 EXE	输入≠0 数用最近调用的数据库子程序计算
STA XY,NEW(0),OLD(1),NO(2)=?	2 EXE	输入 2 为计算极坐标放样数据
PEG→XY(1),XY→PEG(2),μr(3)=?	3 EXE	输入 3 选择隧道超欠挖计算
LINE(1,0,2)=?	1 EXE	输入 1 选择初期支护轮廓线
XJ(m),π⇒END=?	2471861.091 EXE	输入全站仪实测 1 号掌子面测点坐标
YJ(m)+ni=?	501685.978 EXE	
HJ(m)=?	45.033 EXE	
p PEG(m)+ni=89539.9998+1.0000i	EXE	显示垂点桩号+平曲线元号复数/耗时 6.24s
Hp+Xi(m)=40.0050+7.1384i	EXE	显示垂点设计高程+测点隧中 X 复数/耗时 2.62s
μr(m)+ni=0.0466+2.0000i	EXE	显示超挖径距+测点线元号复数/耗时 3.93s
a+hi(m)=0.0567+0.0828i	EXE	显示水平移距+垂直移距 i 复数
XJ(m),π⇒END=?	SHIFT π EXE	输入 π 结束程序
QH2－7T⇒END		程序结束显示

放样初期支护轮廓线的目的是为了在隧道掌子面附近现场安装钢拱架,屏幕增加显示"垂点设计高程＋测点隧中 X 坐标 i"复数,但不显示测点的隧中坐标复数。

(4) 八亩隧道右洞 K89＋540 断面净空测量

重复执行 QH2－7T 程序的隧道超欠挖功能,选择二衬轮廓线为基准线,计算 1 个掌子面测点的屏幕提示与用户操作过程如下:

屏幕提示	按键	说明
BASIC TYPE CURVE QH2－7T		显示程序标题
NEW(0),OLD(≠0) DATA=?	2 EXE	输入≠0 数用最近调用的数据库子程序计算
STA XY,NEW(0),OLD(1),NO(2)=?	2 EXE	输入 2 为计算极坐标放样数据
PEG→XY(1),XY→PEG(2),μr(3)=?	3 EXE	输入 3 选择隧道超欠挖计算
LINE(1,0,2)=?	2 EXE	输入 2 选择隧道二衬轮廓线
XJ(m),π⇒END=?	2471861.068 EXE	输入全站仪实测 1 号掌子面测点坐标
YJ(m)+ni=?	501685.959 EXE	
HJ(m)=?	43.953 EXE	
p PEG(m)+ni=89540.0000+1.0000i	EXE	显示垂点桩号+平曲线元号复数/耗时 6.24s
X+Yi(m)=7.1682+3.9480i	EXE	显示测点隧中坐标复数/耗时 2.61s
μr(m)+ni=0.0418+2.0000i	EXE	显示超挖径距+测点线元号复数/耗时 3.83s
XJ(m),π⇒END=?	SHIFT π EXE	输入 π 结束程序
QH2－7T⇒END		程序结束显示

净空测量计算的显示内容为测点的隧中坐标复数与超欠挖值,用户应记录每个测点的屏幕显示数据,以便于室内使用 AutoCAD 绘制隧道断面图。

《公路隧道施工技术细则》[13]规定,隧道竣工测量应在直线段每 50m、曲线段每 20m 及需要加测断面处,测绘以路线中线为准的隧道实际净空,标出拱顶高程、起拱线宽度、路面水平宽度。

5) 隧道超欠挖计算原理简介

用户输入了测点 j 的三维坐标(x_j, y_j, H_j)后,程序应用其平面坐标(x_j, y_j)反算该点在路线中线的垂点连续桩号 Z'_p 及其中桩坐标(x_p, y_p)、设计高程 H_p、边距代数值 d_j(左偏为负数,右偏为正数);根据 Z'_p 的值,在洞身支护参数矩阵 Mat E 第 1 或第 5 列单元中搜索该点所在的围岩起始连续桩号所在的行号,根据行号从 Mat E 矩阵的第 4 或第 8 列提取该点围岩的隧道中线偏距 δ_3,并计算测点 j 的隧中坐标

$$Y_j = H_j - H_p \\ X_j = d_j - \delta_3 \Bigg\} \qquad (13-100)$$

由测点隧中坐标(X_j, Y_j)与二衬轮廓线主点数据矩阵 Mat D,计算测点的超欠挖值 μ_j 与"水平移距＋垂直移距 i"复数。

本章小结

(1) 路线中线属于三维空间曲线,中线投影到水平面构成平曲线、投影到竖直面构成竖曲线,平、竖曲线联系的纽带为桩号,桩号为中线上某点距路线起点的水平距离,也称里程数。

(2) 路线平曲线由直线、圆曲线、缓和曲线三种线元,按设计需要径相连接组合而成,其中缓和曲线为半径连续渐变的积分曲线,称一端半径为∞的缓和曲线为完整缓和曲线,缓和曲线半径为∞的端点为切线支距坐标系的原点;两端半径均≠∞的缓和曲线为非完整缓和曲线。

(3) 缓和曲线参数定义为 $A = \sqrt{RL_h}$,缓和曲线上任意点 j 的原点偏角为 $\beta_j = l_j^2/2A^2$,其中 l_j 为缓和曲线原点至 j 点的线长。缓和曲线 j 点的切线支距坐标公式(13-34)的第一式适用于原点偏角 $\beta_j < 50°$ 的切线坐标计算,式(13-34)的第二式适用于原点偏角 $\beta_j < 65°$ 的支距坐标计算,否则应使用积分公式(13-29)计算。

(4) 称给定桩号计算其中、边桩三维设计坐标为坐标正算。由于公路路线设计图纸一般只给出了 20m 中桩间距的逐桩坐标,不能满足路线平曲线详细测设的需求,因此需要使用程序 QH2-7T 频繁地计算加桩的中、边桩三维设计坐标。根据全站仪测定的边桩三维坐标反求垂点桩号、走向方位角、中桩坐标、边距、设计高程、挖填高差、坡口平距称为坐标反算。坐标正、反算是路线施工测量中使用频率最高的计算工作。

(5) 根据桥墩桩基大样图、墩台设计参数计算桥墩桩基的测量坐标称为桥墩桩基坐标计算。

(6) 隧道超欠挖计算时,应在开挖轮廓线、初期支护轮廓线与二衬轮廓线中选择一种作为计算的基准线。测点距离基准线的法向距离 μ_j 称为超欠挖值,$\mu_j > 0$ 为超挖,$\mu_j < 0$ 为欠挖。

(7) 全站仪的普及,使得测定与测设任意点的三维坐标变得容易和简单。只要点的三维设计坐标已知,使用全站仪的坐标放样功能,就能方便快捷地测设出该点的地面位置。fx-5800P 程序 QH2-7T 适用于在现场准确、快速、高效地计算路线中、边桩的三维设计坐标。

(8) 编写 QH2-7T 程序的数据库子程序时,设计数据赋值给变量的规定列于表13-20。

表 13-20　　　　　　　　　　　　**QH2-7T 程序数据库子程序字母变量赋值表**

序	数据内容	变量名	数据类型	说明
1	交点设计桩号	**Z**	实数	
2	交点平面坐标	**B**	复数	
3	交点转角	**Q**	实数	左转角输入负数,右转角输入正数
4	第一缓曲参数+R_{ZH}i	**E**	实数/复数	完整缓和曲线的 R_{ZH} 输入 0,此时 **E** 变量为实数
5	圆曲线半径	**R**	实数	
6	第二缓曲参数+R_{HZ}i	**F**	实数/复数	完整缓和曲线的 R_{HZ} 输入 0,此时 **F** 变量为实数
7	起点平面坐标	**U**	复数	
8	断链桩数	**D**	实数	1 号断链桩旧桩号输入到 List X[5],新桩号输入到 List Y[5]其余断链桩数据的存储位置依次类推
9	竖曲线变坡点数	**S**	实数	
10	路基超高横坡数	**C**	实数	
11	隧道二衬轮廓线元数	**L**	实数	
12	隧道洞身支护参数数	**W**	实数	

思考题与练习题

[13-1]　什么是转角?其正负是如何定义的?

[13-2]　路线平曲线,在什么情况下需要设置缓和曲线?

[13-3]　什么情况下圆曲线需要设置加宽?高速公路的圆曲线是否需要设置加宽?

[13-4]　什么情况下圆曲线需要设置超高?如何设置超高过渡段?超高过渡方式有哪些?

[13-5]　什么情况下需要设置超高、加宽过渡段?

[13-6]　图 13-38 所示的交点平曲线无第一缓和曲线,试验算第二缓和曲线;假设全站仪已安置在导线点 B2 并完成后视定向,用 QH2-7T 程序计算加桩 YK72+860,YK72+940 的中桩坐标、设计高程及其极坐标放样数据,取左右边距为 12.25m,计算边桩坐标;计算图中内表所列 1,2 号边桩点的坐标反算结果。

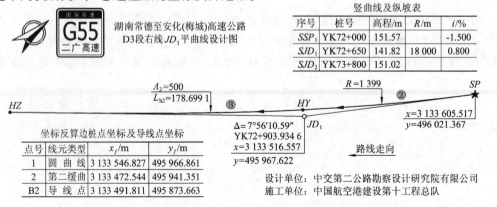

图 13-38　无第一缓和曲线的交点法平曲线及其竖曲线设计图

[13-7] 图 13-39 所示的交点平曲线为非对称基本型平曲线,试验算缓和曲线并计算 HY 与 YH 点的原点偏角,用 QH2-7T 程序计算加桩 K18+720,K19+102,K19+110 的中桩坐标及其设计高程,取左右边距为 12.25m 计算边桩坐标;计算边桩(46 860.648, 81 104.298)的坐标反算结果。

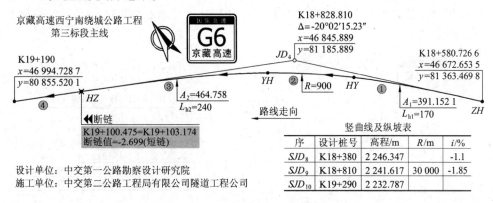

图 13-39 交点法非对称基本型平曲线及其竖曲线设计图

[13-8] 图 13-40 所示的交点平曲线无第一缓和曲线,试验算第二缓和曲线并计算 YH 与 GQ 点的原点偏角;用 QH2-7T 程序计算平曲线要素、主点数据与加桩 K11+456, K11+575 的中桩坐标;计算边桩点(2 626 915.844,50 260.159)与(2 626 974.101,5 076.745)的坐标反算结果。

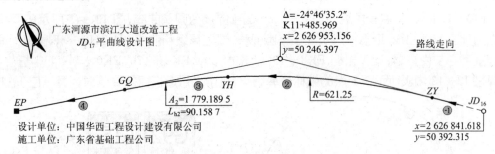

图 13-40 无第一缓和曲线的交点法基本型平曲线设计图

[13-9] 图 13-41 所示的交点平曲线无第一缓和曲线,试验算第二缓和曲线并计算 YH 与 EP 点的原点偏角;用 QH2-7T 程序计算平曲线要素、主点数据与加桩 ZK27+540, ZK27+700 的中桩坐标;计算边桩点(4 161 574.237,527 406.248)与(4 161 419.102, 527 453.953)的坐标反算结果。

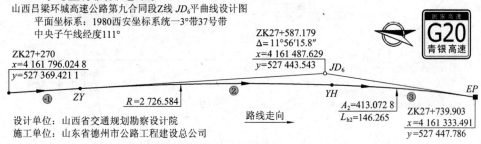

图 13-41 无第一缓和曲线的交点法基本型平曲线设计图

[13-10] 图 13-42 所示的交点平曲线为非对称基本型曲线,试验算缓和曲线并计算 HY,YH 与 GQ 点的原点偏角;用 QH2-7T 程序计算平曲线要素、主点数据;以 2 号导线点 为测站点,计算加桩 AK0+800 的中边桩坐标及其极坐标放样数据,在左右边距分别取 5m 与 7.5m;以 1 号导线点为测站点,计算图中内表 3 个边桩点的垂点桩号、中桩坐标、边距及其极 坐标放样数据。要求先将 1,2 号导线点的坐标输入到 fx-5800P 的 Mat F 矩阵,再从 Mat F 矩阵中选择测站点。

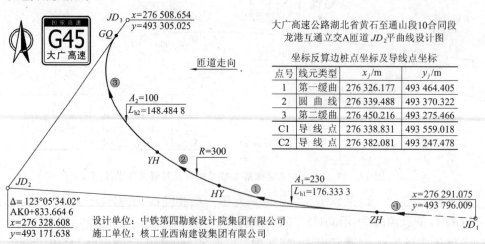

大广高速公路湖北省黄石至通山段10合同段
龙港互通立交A匝道 JD_2 平曲线设计图

坐标反算边桩点坐标及导线点坐标

点号	线元类型	x_j/m	y_j/m
1	第一缓曲	276 326.177	493 464.405
2	圆 曲 线	276 339.488	493 370.322
3	第二缓曲	276 450.216	493 275.466
C1	导 线 点	276 338.831	493 559.018
C2	导 线 点	276 382.081	493 247.478

设计单位:中铁第四勘察设计院集团有限公司
施工单位:核工业西南建设集团有限公司

图 13-42 交点法非对称基本型平曲线设计图

[13-11] 称交点转角绝对值大于 180° 的平曲线为回头曲线,图 13-43 所示的回头曲 线为对称基本型曲线,且圆曲线长大于半圆弧长,试验算缓和曲线;用 QH2-7T 程序计算平 曲线要素与主点数据;计算加桩 EK0+130,EK0+200,EK0+470,EK0+562 的中桩坐标; 计算图 13-43 内表所示 3 个点的坐标反算结果,其中 3 号边桩点需要同时计算其位于-1 号

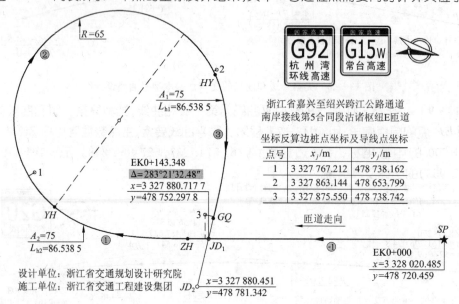

浙江省嘉兴至绍兴跨江公路通道
南岸接线第5合同段沽诸枢纽E匝道

坐标反算边桩点坐标及导线点坐标

点号	x_j/m	y_j/m
1	3 327 767.212	478 738.162
2	3 327 863.144	478 653.799
3	3 327 875.550	478 738.742

设计单位:浙江省交通规划设计研究院
施工单位:浙江省交通工程建设集团

图 13-43 对称基本型回头曲线设计图

线元与 3 号线元的垂点数据。

[**13-12**] 图 13-44 上图的对称基本型平曲线与图 13-34 完全相同,且第一与第二缓和曲线均为完整缓和曲线,用 QH2-7T 程序计算斜交涵洞轴线左右边桩 A,B 点的设计坐标。

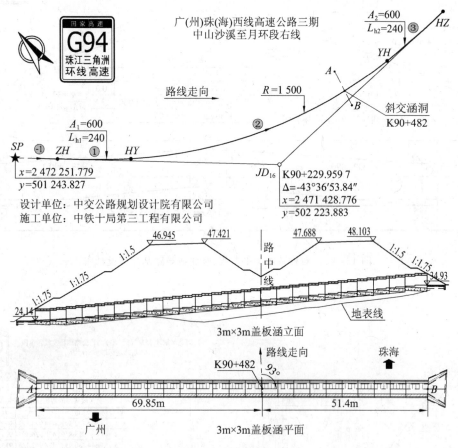

图 13-44 对称基本型平曲线与斜交涵洞设计图

[**13-13**] 图 13-45 上图为对称基本型平曲线与竖曲线设计图,下图为其横断面设计图,图 13-46 为路基标准横断面设计图,试完成下列计算内容:

① 验算缓和曲线,使用 QH2-7T 程序计算平竖曲线主点数据;

② 设加桩 K65+200 的左边坡为填方边坡,右边坡为挖方边坡,计算该加桩的中桩坐标、设计高程,取左边距分别为 10m 与 30m,计算边桩坐标及其设计高程;取右边距分别为 10m 与 24m,计算边桩坐标及其设计高程;

③ 用全站仪实测的 4 个边桩三维坐标列于图 13-46 内表,试计算这 4 个点的挖填高差及距离边坡坡口的平距。

[**13-14**] 图 13-47 为卜鱼沟大桥所在的 JD_{59} 平曲线设计图,卜鱼沟大桥全长 990m,设有 0#—33# 共 34 个桥墩,位于 JD_{59}~JD_{60} 平曲线之间,其中 0#—10# 桥墩位于 JD_{59} 平曲线段内;图 13-48 为卜鱼沟大桥 0#~3# 桥墩桩基大样图、墩台设计数据及桩基坐标表,试验算缓和曲线,使用 QH2-7T 程序验算这 4 个桥墩的 8 个桩基坐标,并在 MS-Excel 中比较桩基坐标设计值与计算值的差异。

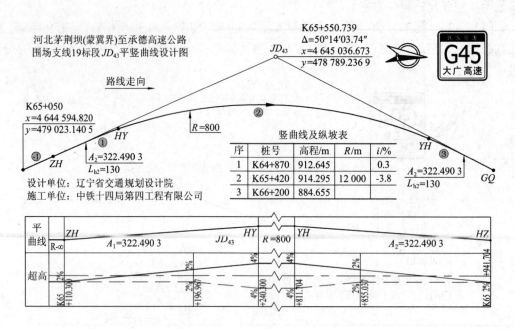

竖曲线及纵坡表

序	桩号	高程/m	R/m	i/%
1	K64+870	912.645		0.3
2	K65+420	914.295	12 000	-3.8
3	K66+200	884.655		

设计单位：辽宁省交通规划设计院
施工单位：中铁十四局第四工程有限公司

图 13-45 对称基本型平曲线、竖曲线与路基超高设计图

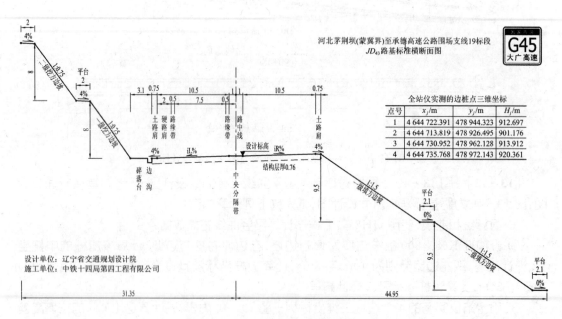

全站仪实测的边桩点三维坐标

点号	x_j/m	y_j/m	H_j/m
1	4 644 722.391	478 944.323	912.697
2	4 644 713.819	478 926.495	901.176
3	4 644 730.952	478 962.128	913.912
4	4 644 735.768	478 972.143	920.361

设计单位：辽宁省交通规划设计院
施工单位：中铁十四局第四工程有限公司

图 13-46 JD_{43} 路基标准横断面设计图

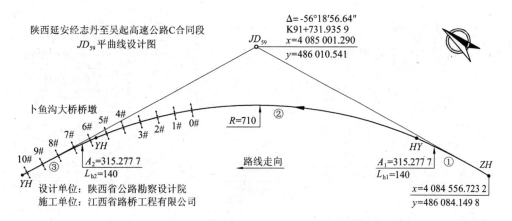

图 13-47 对称基本型平曲线及其卜鱼沟大桥桥墩桩基设计图

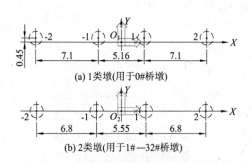

(a) 1类墩(用于0#桥墩)

(b) 2类墩(用于1#—32#桥墩)

卜鱼沟大桥0#~3#桥墩墩台设计参数

墩号	墩类号	设计桩号	法向偏距	走向偏角
0#	1	K91+810	0	-1.2105°
1#	2	K91+840	0	0
2#	2	K91+870	0	0
3#	2	K91+900	0	0

注：施工单位应仔细复核桥梁墩、台坐标的准确性后，才能进行后续施工。

卜鱼沟大桥0#—3#桥墩桩基设计坐标表

墩号	墩台桩号	点号	x/m	y/m	墩号	墩台桩号	点号	x/m	y/m
0#	K91+810	-2	4 085 017.048	485 853.748	2#	K91+870	-2	4 085 055.908	485 809.455
		-1	4 085 022.293	485 858.533			-1	4 085 061.212	485 813.710
		1	4 085 026.105	485 862.010			1	4 085 065.541	485 817.183
		2	4 085 031.351	485 866.795			2	4 085 070.845	485 821.439
1#	K91+840	-2	4 085 036.904	485 832.140	3#	K91+900	-2	4 085 073.936	485 785.986
		-1	4 085 042.024	485 836.616			-1	4 085 079.415	485 790.014
		1	4 085 046.202	485 840.269			1	4 085 083.887	485 793.301
		2	4 085 051.322	485 844.745			2	4 085 089.365	485 797.329

图 13-48 卜鱼沟大桥0#—3#桥墩大样图、墩台中心设计参数与桩基设计坐标

[**13-15**] 图 13-49 为洛石碑隧道左洞所在的 JD_7 的平竖曲线设计图,图 13-50 为隧道二衬轮廓线断面设计图,表 13-21 为其洞身支护参数,试验算缓和曲线;在 AutoCAD 中按图 13-50 所示尺寸绘制隧道二衬轮廓线图,并采集其主点数据;使用 QH2-7T 程序、选择开挖轮廓线为基准线,计算图 13-50 内表所列 4 个测点的超欠挖值。

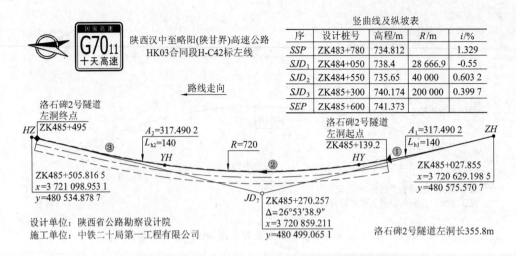

竖曲线及纵坡表				
序	设计桩号	高程/m	R/m	i/%
SSP	ZK483+780	734.812		1.329
SJD_1	ZK484+050	738.4	28 666.9	-0.55
SJD_2	ZK484+550	735.65	40 000	0.603 2
SJD_3	ZK485+300	740.174	200 000	0.399 7
SEP	ZK485+600	741.373		

图 13-49 洛石碑隧道左洞平竖曲线设计图

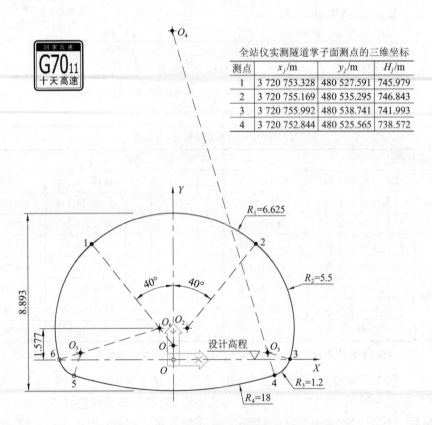

全站仪实测隧道掌子面测点的三维坐标			
测点	x_j/m	y_j/m	H_j/m
1	3 720 753.328	480 527.591	745.979
2	3 720 755.169	480 535.295	746.843
3	3 720 755.992	480 538.741	741.993
4	3 720 752.844	480 525.565	738.572

图 13-50 洛石碑隧道二衬轮廓线设计图

表 13 - 21　　　　　洛石碑隧道左洞围岩洞身支护参数

序	设计桩号	围岩	二衬厚+预留变形量 δ_1/m	喷射层厚 δ_2/m	隧中偏距 δ_3/m
1	ZK485+139.2	SD	0.67	0.26	−5.72
2	ZK485+159.2	SV−1	0.67	0.26	−5.72
3	ZK485+173.2	SIV−3	0.48	0.20	−5.72
4	ZK485+218.8	SIII	0.40	0.12	−5.72
5	ZK485+225	SIV−1 加强	0.50	0.24	−5.72
6	ZK485+260	SIV−1	0.50	0.22	−5.72
7	ZK485+290	SIV−2	0.48	0.22	−5.72
8	ZK485+310	SIII 加强	0.40	0.20	−5.72
9	ZK485+386.5	SIV−3	0.48	0.20	−5.72
10	ZK485+453.5	SV−1	0.67	0.26	−5.72
11	ZK485+465	SD	0.67	0.26	−5.72

[13-16]　图 13-51 为松垭互通式立交 D 匝道 JD_3 的平曲线设计图,试完成下列计算内容:

①　验算缓和曲线,使用 QH2-7T 程序计算平曲线主点数据;

②　计算加桩 DK0+285 与 DK0+455 的中边桩坐标,其中左边距取 3.5m,右边距取 5m;

③　用全站仪实测的 2 个边桩三维坐标列于图 13-51 内表,试反计算其桩号与桩坐标。

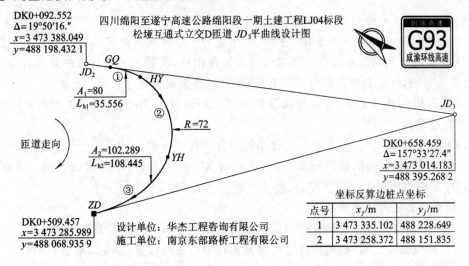

图 13-51　四川绵阳遂宁高速公路绵阳段一期土建工程 LJ04 标段松垭互通式立交 D 匝道平曲线设计图

附录 A 测量实验

测量实验须知

一、测量实验规定

1）测量实验前，应复习教材中的相关内容，预习实验项目，明确目的与要求、熟悉实验步骤、注意有关事项。

2）实验分小组进行，组长负责组织协调工作，办理所用仪器工具的借领和归还手续。

3）实验应在规定的时间进行，不得无故缺席或迟到早退；应在指定的场地进行，不得擅自改变地点或离开现场。

4）应严格遵守"测量仪器工具的借领与使用规则"和"测量记录与计算规则"。

5）服从教师的指导，每人都应认真、仔细地操作，培养独立工作能力和严谨的科学态度，应发扬互相协作精神。每项实验都应取得合格的成果并提交规范的实验报告，经指导教师审阅签字后，方可交还测量仪器和工具，结束实验。

6）实验过程中，应遵守纪律，爱护现场的花草、树木和农作物，爱护周围的各种公共设施。

二、测量仪器工具的借领与使用规则

1）测量仪器工具的借领

（1）在教师指定的地点办理借领手续，以小组为单位领取仪器工具。

（2）借领时应当场清点检查。实物与清单是否相符，仪器工具及其附件是否齐全，背带及提手是否牢固，脚架是否完好等。如有缺损，可以补领或更换。

（3）离开借领地点之前，应锁好仪器箱并捆扎好各种工具；搬运仪器工具时，应轻取轻放，避免剧烈震动。

（4）借出仪器工具之后，不得与其他小组擅自调换或转借。

（5）实验结束，应及时收装仪器工具，送还借领处检查验收，消除借领手续。如有遗失或损坏，应写出书面报告说明情况，并按学校的规定给予赔偿。

2）测量仪器使用注意事项

（1）携带仪器时，应注意检查仪器箱盖是否关紧锁好，拉手、背带是否牢固。

（2）打开仪器箱之后，要看清并记住仪器在箱中的安放位置，避免以后装箱困难。

（3）提取仪器之前，应注意先松开制动螺旋，再用双手握住支架或基座轻轻取出仪器，放在三脚架上，保持一只手握住仪器，另一只手拧连接螺旋，最后旋紧连接螺旋使仪器与脚架连接牢固。

（4）装好仪器之后，注意随即关闭仪器箱盖，防止灰尘和湿气进入箱内。

（5）人不离仪器，应有人看护，切勿将仪器靠在墙边或树上，以防跌损。

（6）野外使用仪器时应撑伞，严防日晒雨淋。

（7）发现透镜表面有灰尘或其他污物时，应先用软毛刷轻轻拂去，再用镜头纸擦拭，严禁用手帕、粗布或其他纸张擦拭，以免损坏镜头。观测结束后应及时套好物镜盖。

（8）各制动螺旋勿扭过紧，微动螺旋和脚螺旋不要旋到顶端。使用各种螺旋都应均匀用力，以免损伤螺纹。

（9）转动仪器时，应先松开制动螺旋，再平衡转动。使用微动螺旋时，应先旋紧制动螺旋。

（10）使用仪器时，对仪器性能尚未了解的部件，未经指导教师许可，不得擅自操作。

（11）仪器装箱时，要放松各制动螺旋，装入箱后先试关一次，在确认安放稳妥后，再拧紧各制动螺旋，以免仪器在箱内晃动、受损，最后关箱上锁。

（12）测距仪、电子经纬仪、电子水准仪、全站仪、GNSS 接收机等电子测量仪器，在野外更换电池时，应先关闭仪器电源；装箱之前，也应先关闭电源。

（13）仪器搬站时，对于长距离或难行地段，应将仪器装箱，再行搬站。在短距离和平坦地段，先检查连接螺旋，再收拢脚架，一手握基座或支架，一手握脚架，竖直地搬移，严禁横扛仪器进行搬移。罗盘仪搬站时，应将磁针固定，使用时再将磁针放松。装有自动归零补偿器的经纬仪搬站时，应先旋转补偿器关闭螺旋将补偿器托起才能搬站，观测时应记住及时打开。

3）测量工具使用注意事项

（1）水准尺、标杆禁止横向受力，以防弯曲变形。作业时，水准尺、标杆应由专人认真扶直，不准贴靠树上、墙上或电线杆上，不能磨损尺面分划和漆皮。使用塔尺时，应注意接口处的正确连接，用后及时收尺。

（2）测图板的使用，应注意保护板面，不得乱写乱扎，不能施以重压。

（3）使用钢尺时，应防止扭曲、打结和折断，防止行人踩踏或车辆碾压，尽量避免尺身着水。携尺前进时，应将尺身提起，不得沿地面拖行，以防损坏分划。用完钢尺，应擦净、涂油，以防生锈。

（4）小件工具如垂球、测钎、尺垫等的使用，应用完即收，防止遗失。

（5）发现测距用棱镜表面有灰尘或其他污物，应先用软毛刷轻轻拂去，再用镜头纸擦拭，严禁用手帕、粗布或其他纸张擦拭，以免损坏镜面。

三、测量记录与计算规则

1）所有观测成果均应使用 2H 铅笔记录，同时熟悉表上各项内容及填写、计算方法。

2）记录观测数据之前，应将表头的仪器型号、日期、天气、测站、观测者及记录者姓名等无一遗漏地填写齐全。

3）观测者读数后，记录者应先复诵回报，观测者无异议后，随即在测量手簿上的相应栏内填写，不得另纸记录事后转抄。

4）记录时要求字体端正清晰，字体的大小一般占格宽的一半左右，字脚靠近底线，留出空隙作改正错误用。

5）数据要全，不能省略零位。如水准尺读数 1.300，度盘读数 30°00′00″中的"0"均应填写。

6）水平角观测，秒值读记错误应重新观测，度、分读记错误可在现场更正，但同一方向盘左、盘右不得同时更改相关数字。竖角观测中分的读数,在各测回中不得连环更改。

7) 距离测量和水准测量中,cm 及以下数值不得更改,m 和 dm 位的读记错误,在同一距离、同一高差的往、返测或两次测量的相关数字不得连环更改。

8) 更正读记错误的数字、文字时,应将错误数字、文字整齐划去,在上方另记正确数字、文字。划改的数字和超限划去的成果,均应注明原因和重测结果的所在页数。

9) 按四舍六入,五前单进双舍(或称奇进偶不进)的取数规则进行计算。如数据 1.1235 和 1.1245 进位均为 1.124。

实验 1 水准测量

一、目的与要求

1) 掌握图根闭合水准路线的施测、记录、计算、闭合差调整及高程计算方法。

2) 实测的高差闭合差 f_h 不得大于 $\pm 12\sqrt{n}(\mathrm{mm})$,$n$ 为测站数,超限应重测。

二、准备工作

1) 场地布置

选一适当场地,在场中选 1 个坚固点作为已知高程点 A,选定 B,C,D 三个坚固点作为待定高程点,进行图根闭合水准路线测量。由水准点到待定点的距离,以能安置 2～3 站仪器为宜。

2) 仪器和工具

DS3 微倾式水准仪 1 台(含三脚架),水准尺 2 把,fx - 5800P 计算器 1 台(已传输好 QH4 - 5 程序),记录板 1 块,尺垫 2 个,测伞 1 把。

3) 人员组织

每 4 人一组,分工为:立尺 2 人,观测 1 人,记录计算 1 人,轮换操作。

三、实验步骤

1) 安置水准仪于 A 点和转点 TP_1 大致等距离处,进行粗略整平和目镜对光。

2) 后视 A 点上的水准尺,精平后读取后视读数,记入手簿;前视 TP_1 点上的水准尺,精平后读取前视读数,记入手簿,计算第一次观测的高差。

3) 将仪器升高或降低 10cm,在原地重新安置仪器,重复上述操作,计算第二次观测高差,两次观测高差之差不应大约 ± 5mm,满足要求时,取两次观测高差的平均值为本站高差的结果;否则应重新观测。

4) 沿着选定的路线,将仪器搬至 TP_1 点和下一个转点 TP_2 点大致等距离处,仍用第一站施测的方法进行观测。依次连续设站,分别经过 B,C,D 点,连续观测,最后返回 A 点。

5) 高差闭合差的计算及其调整。

计算各站高差观测之和,得闭合水准路线的高差闭合差 f_h,符合要求时,使用 fx - 5800P 程序 QH4 - 5 调整闭合差并计算 B,C,D 点的高程,结果填入下列表格:

点名	测站数 n_i	观测高差 h_i/m	改正后高差 $\hat{h}_i/m$	高程 H/m
A				
B				
C				
D				
A				
Σ				

四、注意事项

1）立尺员应思想集中，立直水准尺；水准仪的安置位置应保持前、后视距大致相等。前尺员可以先用脚步丈量后视尺至测站的脚步数，再从测站向水准路线前进方向用脚步丈量同样的脚步数，使前、后视距大致相等。

2）在已知水准点和待定水准点上不能放尺垫；仪器未搬迁，后视点尺垫不能移动；仪器搬迁时，前视点尺垫不能移动，否则应从起点 A 开始重新观测。

3）尺垫应尽量置于坚固地面上，需要置于软土地面上时，应踏入土中；观测过程中不得碰动仪器或尺垫。

五、两次仪器高法水准测量记录手簿

班级 _____ 组号 _____ 组长（签名）_____ 仪器 _____ 编号 _____

成像 _____ 测量时间：自 _____：_____ 测至 _____：_____ 日期：_____年_____月_____日

测站	点号	水平尺读数/mm		高差/m	平均高差/m	高程/m	备 注
		后视	前视				
检核计算	Σ						

实验 2　测回法测量水平角

一、目的与要求

　　1）掌握光学对中法安置经纬仪的方法、DJ6 级经纬仪瞄准目标和读数的方法。

　　2）掌握测回法测量水平角的操作、记录及计算方法。

　　3）光学对中误差应≤1mm；上下半测回角值互差不超过±42″，各测回角值互差不超过±24″。

二、准备工作

　　1）场地布置：在场地一侧按组数打下木桩若干，桩上钉一小钉，作为测站点 C。在场地另一侧距测站 40~50m 处选定两点，左边点为 A，右边点为 B，在点上用三根竹竿做支撑悬挂垂球，作为观测目标。

　　2）仪器和工具：DJ6 级光学经纬仪 1 台（含三脚架），记录板 1 块，测伞 1 把。

三、人员组织

　　每组 4 人，观测、记录计算轮换操作。

四、实验步骤

　　1）光学对中法安置经纬仪于测站点 C

　　旋转光学对中器目镜调焦螺旋使对中标志分划板十分清晰，再旋转物镜调焦螺旋[或拉伸光学对中器]看清地面测点 C 的标志。

　　粗对中：双手握紧三脚架，眼睛观察光学对中器，移动三脚架使对中标志基本对准测站点的中心（注意保持三脚架头面基本水平），将三脚架的脚尖踩入土中。

　　精对中：旋转脚螺旋使对中标志准确地对准测站点的中心，光学对中的误差应≤1mm。

　　粗平：伸缩脚架腿，使圆水准气泡居中。

　　精平：转动照准部，旋转脚螺旋，使管水准气泡在相互垂直的两个方向居中。精平操作会略微破坏前已完成的对中关系。

　　再次精对中：旋松连接螺旋，眼睛观察光学对中器，平移仪器基座（注意不要有旋转运动），使对中标志准确地对准测站点标志，拧紧连接螺旋。旋转照准部，在相互垂直的两个方向检查照准部管水准气泡的居中情况。如果仍然居中，则仪器安置完成，否则应从上述的精平开始重复操作。

　　2）水平度盘配置

　　每人各观测水平角一测回，测回间水平度盘配置的增量角为 180°/4＝45°，也即，第 1,2,3,4 号同学观测时，零方向的水平度盘读数应分别配置为 0°,45°,90°,135°。

　　左边点 A 为零方向的水平度盘配置方法为：瞄准目标 A，打开度盘变换器护罩（或按下保护卡），旋转水平度盘变换螺旋，使读数略大于应配置值，关闭水平度盘变换器护罩（或自动弹出保护卡）。

3) 一测回观测

盘左:瞄准左目标 A,读取水平度盘读数 a_1 并记入手簿;顺时针旋转照准部(右旋),瞄准右目标 B,读数 b_1 并记录,计算上半测回角值 $\beta_左 = b_1 - a_1$。

盘右:瞄准右目标 B,读数 b_2 并记录;逆时针旋转照准部(左旋),瞄准左目标 A,读数 a_2 并记录,计算下半测回角值 $\beta_右 = b_2 - a_2$。

上、下半测回角值互差未超过 $\pm 42''$ 时,计算一测回角值 $\beta = (\beta_左 + \beta_右)/2$。

更换另一名同学继续观测其他测回,注意变换零方向 A 的度盘位置。测站观测完毕后,应立即检查各测回角值互差是否超限,并计算各测回平均角值。

五、测回法测量水平角记录手簿

班级_____ 组号_____ 组长(签名)_____ 仪器_____ 编号_____

成像_____ 测量时间:自____:____ 测至____:____ 日期:____年____月____日

测站	目标	竖盘位置	水平度盘读数/°′″	半测回角值/°′″	一测回平均角值/°′″	各测回平均值/°′″

实验3 竖直角与经纬仪视距三角高程测量

一、目的与要求

1) 掌握竖直角观测、记录及计算的方法,熟悉仪器高的量取位置。

2) 掌握用经纬仪望远镜视距丝(上、下丝)读取标尺读数并计算视距和三角高差的方法。

3) 同一测站观测标尺的不同高度时,竖盘指标差互差不得超过 $\pm 25''$,计算出的三角高差互差不得超过 $\pm 2cm$。

二、准备工作

在建筑物的一面墙上,固定一把 3m 水准标尺,标尺的零端为 B 点;在距离水准标尺约 40~50m 处选择一点做为测站点 A。

三、仪器和工具

DJ6 级光学经纬仪 1 台(含三脚架),小钢尺 1 把,fx-5800P 计算器 1 台(已传输好 P4-

2 程序),记录板 1 块,测伞 1 把。

四、人员组织

每组 4 人,观测、记录计算轮换操作。

五、实验步骤

1）在 A 点安置经纬仪,使用小钢尺量取仪器高 i。

2）盘左瞄准 B 目标竖立的标尺,用十字丝横丝切于标尺 2m 分划处,读出上、下丝读数 a,b,并记入下列实验表格的相应位置;旋转竖盘指标管水准器微动螺旋,使竖盘指标管水准气泡居中(仪器有竖盘指标自动归零补偿器时,应打开补偿器开关)。读取竖盘读数 L,并记入实验表格的相应位置。

3）盘右瞄准 B 目标上的标尺,用十字丝横丝切于标尺 2m 分划处,同法观测,读取盘右的竖盘读数 R,并记入实验表格的相应位置。

六、计算公式与程序

1）计算盘左竖直角:$\alpha_L = 90° - L$

2）计算盘右竖直角:$\alpha_R = R - 270°$

3）计算竖盘指标差:$x = (\alpha_R - \alpha_L)/2$

4）计算竖直角的平均值:$\alpha = (\alpha_R + \alpha_L)/2$

5）视距测量平距公式:$D_{AB} = 100(b-a)\cos^2\alpha$

6）视距测量高差公式:$h_{AB} = D_{AB}\tan\alpha + i - (a+b)/2$

其中的平距 D_{AB} 与高差 h_{AB},用下列 fx-5800P 程序计算。

fx-5800P 计算程序:P4-2

"STADIA SUR P4-2"↵	显示程序标题
Deg:Fix 3↵	设置角度单位与数值显示格式
"i(m)="?I↵	输入仪器高
Lbl 0:"a(m),<0⇒END="?→A↵	输入上丝读数
A<0⇒Goto E↵	上丝读数为负数结束程序
"b(m)="?→B↵	输入下丝读数
"α(Deg)="?→W↵	输入竖直角
100Abs(B−A)cos(W)²→D↵	计算测站至标尺的平距
Dtan(W)+I−(A+B)÷2→G↵	计算测站至标尺的高差
"Dp(m)=":D◢	显示平距
"hp(m)=":G◢	显示高差
Goto 0:Lbl E:"P4-2⇒END"	

七、竖直角与经纬仪视距三角高程测量记录手簿

358

班级 _____
成像 _____
组号 _____
测量时间:自 ____:____
组长(签名)_____
测至 ____:____
仪器 _____
日期:_____
____年 __月 __日
编号 _____

测站	瞄准标尺位置	竖盘位置	竖盘读数/° ′ ″	半测回竖直角/° ′ ″	指标差 x	一测回竖直角/° ′ ″	上丝读数/m 下丝读数/m	平距/m	三角高差/m	观测者
案例	1.6m	左	85 26 12	+4 33 48	−12	+4 33 36	1.064	106.52	12.79	许三多
	2.0m	右	274 33 24	+4 33 24			2.136			
		左								
	2.2m	右								
A	2.4m	左								
		右								
	2.6m	左								
		右								

实验 4　全站仪放样建筑物轴线交点

一、目的与要求

1) 熟悉全站仪的基本操作,了解全站仪机载软件的菜单结构。

2) 掌握使用全站仪坐标放样命令放样房屋轴线交点平面位置的方法。

二、准备工作

场地布置:按图 A-1 的要求选择 58m×30m 的开阔平坦地面作为实验场地,图中的 S1—S10 点和 B 点的三维坐标已测定,其中 S1~S10 为 1~10 组的测站点,B 为放样测量的后视点,每个组需要放样建筑物 4 个轴线交点的平面位置,例如,1-1,1-2,1-3,1-4 为第一组需要放样的 4 个轴线交点。10 个组共需要放样 40 个轴线交点,加上 11 个已知控制点,共有 51 个点的坐标,需要预先上载到全站仪内存文件中。

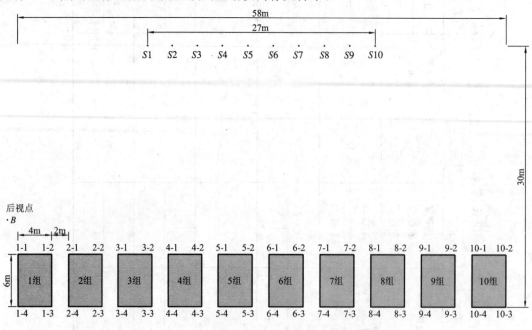

图 A-1　建筑物轴线交点放样场地布置略图

三、仪器和工具

全站仪 1 台(含三脚架),棱镜及对中杆 1 个,步话机 1 对,30m 钢尺 1 把,木桩和小钉各 4 个,铁锤 1 把,记录板 1 块,测伞 1 把。

四、人员组织

每组 4 人,分工为:2 人在测站,2 人在镜站,轮换操作。

五、实验步骤

1) 在 S1—S10 点中,选择与自己组号相应的点上安置全站仪,以 B 点为后视方向,在全站仪上执行"放样\测站定向"命令,从内存文件中调取测站点与后视点坐标,瞄准后视点标志,完成测站定向操作。

2) 依次从内存文件中调取本组的放样点放样。

3) 用钢尺依次丈量本组四个轴线交点之间的平距,结果记入下表。实测平距值与设计平距值之差不得大于 3mm,否则,应重新放样距离差值超限的点。

六、建筑物轴线交点放样检核记录手簿

班级_____ 组号_____ 组长(签名)_____ 仪器_____ 编号_____

成像_____ 测量时间:自____:____ 测至____:____ 日期:____年____月____日

边名	设计平距/m	实测平距/m	差/m	边名	设计平距/m	实测平距/m	差/m
1—2	4.000			3—4	4.000		
2—3	6.000			4—1	6.000		

实验 5 　全站仪放样对称基本型平曲线主点平面位置

一、目的与要求

1) 掌握执行全站仪"坐标放样"命令放样路线平曲线主点的方法,掌握使用数字键输入测站点、后视点与放样点坐标的方法。

2) 掌握使用 QH2-7T 程序计算进行坐标正反算的操作方法。

二、准备工作

场地布置:按图 A-2 的要求选择一 180m×50m 的开阔平坦地面作为本实验场地,作为测量课程实验基地建设的内容之一,可以将本实验场地与建筑物放样实验场地合并在一起,也即选择图 A-1 中的 S1—S10 为 10 个组的 JD_{111} 点,再测定 10 个组的转点 ZD,要求 ZD 与 JD_{111} 间的水平距离应等于 61.835m,如图 A-2 所示。

三、仪器和工具

全站仪 1 台(含三脚架),步话机 1 对,棱镜及对中杆 1 个,小钢尺 1 把,木桩和小钉各 5 个,铁锤 1 把,fx-5800P 计算器 1 台(已传输好 QH2-7T 程序),记录板 1 块,测伞 1 把。

四、人员组织

每组 4 人,分工为:2 人在测站,2 人在镜站,轮换操作。

五、实验步骤

1) 编写 JD_{111} 的数据库子程序 JD111 如下:

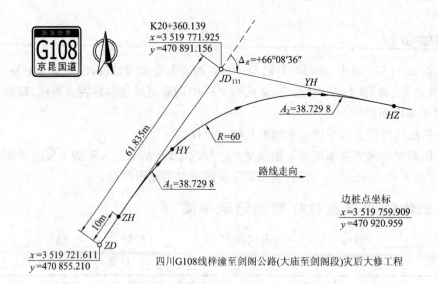

图 A - 2　对称基本型平曲线放样场地布置略图

20360.139→Z:3519771.925+470891.156i→B　　　　JD_{111} 的桩号与平面坐标复数

66°8′36″→Q　　　　　　　　　　　　　　　　　　　JD_{111} 的转角,左负右正

38.7298→E:60→R:38.7298→F　　　　　　　　　JD_{111} 入口缓曲参数,圆曲半径,出口缓曲参数

3519721.611+470855.21i→U　　　　　　　　　　ZD 的平面坐标复数

Return

将上述数据库子程序输入 fx - 5800P,编辑 QH2 - 7T 主程序,将正数第 10 行的数据库子程序名修改为 JD111。

2) 执行 QH2 - 7T 程序,计算 JD_{111} 路线曲线的主点数据及及边桩点坐标的反算数据,将程序计算结果填入下表:

曲线要素	名称	值/m	主点	Z/桩号	x/m	y/m
T	切线长		ZH			
L_h	缓曲线长		HY			
L_y	圆曲线长		YH			
E	外距		HZ			
J	切曲差		垂足点			

3) 在 S1—S10 点中,选择与自己组号相符的点上安置全站仪作为 JD_{111} 点,以本组的 ZD 点为后视方向,在全站仪上执行"放样\测站定向"命令,使用数字键手工输入图 A - 2 中的 JD_{111} 点与 ZD 点的坐标,瞄准后视点标志完成测站定向操作。

4) 执行放样命令,使用数字键依次输入 ZH,HY,YH,HZ,垂足点坐标进行放样。

5) 切线长检核:执行全站仪的"对边测量"命令,测量 $JD_{111}→ZH$ 与 $JD_{111}→HZ$ 的平距,应与切线长 T 相符,边长相对误差应≤1/3000。

参考文献

[1] 中华人民共和国国家标准(GB 50026 - 2007).工程测量规范[S].中华人民共和国建设部与国家技术监督检验检疫总局 2007 - 10 - 25 联合发布.2008 - 05 - 01 实施.北京:中国计划出版社,2008.

[2] 覃辉,徐卫东,任沂军.测量程序与新型全站仪的应用[M].2 版.北京:机械工业出版社,2007.

[3] 朱华统,杨元喜,吕志平.GSP 坐标系统的变换[M].北京:测绘出版社.1994.

[4] 中华人民共和国国家标准(GB/T 13989 - 92).国家基本比例尺地形图分幅和编号[S],国家技术监督局批准.1992 - 12 - 17 批准,1993 - 07 - 01 实施.北京:中国标准出版社,1993.

[5] 中华人民共和国国家标准(GB/T 20257.1 - 2007).国家基本比例尺地形图图式,第 1 部分:1:500 1:1000 1:2000 地形图图式[S].2007 - 08 - 30 发布,2007 - 12 - 01 实施.北京:中国标准出版社,2007.

[6] 中华人民共和国国家标准(GB/T 20257.1 - 2007).国家基本比例尺地形图图式,第 2 部分:1:5000 1:10000 地形图图式[S].2006 - 05 - 24 发布,2006 - 10 - 01 实施.北京:中国标准出版社,2006.

[7] 中华人民共和国行业标准(JGJ/T 8 - 97).建筑变形测量规程[S].中华人民共和国建设部发布,1999 - 06 - 01 实施.北京:中国建筑工业出版社,1998.

[8] 中华人民共和国行业推荐性标准(JTG/T C10 - 2007).公路勘测规范[S].中华人民共和国交通部 2007 - 04 - 13 发布,2007 - 07 - 01 实施.北京:人民交通出版社,2007.

[9] 中华人民共和国行业推荐性标准(JTG/T C10 - 2007).公路勘测细则[S].中华人民共和国交通部 2007 - 04 - 13 发布,2007 - 07 - 01 实施.北京:人民交通出版社,2007.

[10] 中华人民共和国行业标准(JTG D02 - 2006).公路路线设计规范[S].中华人民共和国交通部 2006 - 07 - 07 发布,2006 - 10 - 01 实施.北京:人民交通出版社,2006.

[11] 中华人民共和国行业标准(JTG B01 - 2003).公路工程技术标准[S].中华人民共和国交通部 2004 - 01 - 29 发布,2004 - 03 - 01 实施.北京:人民交通出版社,2004.

[12] 中华人民共和国行业标准(JTG F60 - 2009).公路隧道施工技术规范[S].中华人民共和国交通部 2009 - 08 - 25 发布,2009 - 10 - 01 实施.北京:人民交通出版社,2009.

[13] 中华人民共和国行业推荐性标准(JTG F60 - 2009).公路隧道施工技术细则[S].中华人民共和国交通部 2009 - 08 - 25 发布,2009 - 10 - 01 实施.北京:人民交通出版社,2009.

[14] 中华人民共和国行业标准(JTJ 061 - 99).公路勘测规范[S].中华人民共和国交通部 1999 - 06 - 04 发布,1999 - 12 - 01 实施.北京:人民交通出版社,1999.

[15] 中华人民共和国行业标准(GBJ 124 - 88).道路工程术语标准[S].中华人民共和国国家计划委员会 1988 - 03 - 31 发布,1988 - 12 - 01 实施.北京:中国计划出版社,1989.

[16] 中华人民共和国国家标准(GB/T 12897 – 2006).国家一、二等水准测量规范[S].2006 – 05 – 24 发布,2006 – 10 – 01 实施.北京:中国标准出版社,2006.5.

[17] 中华人民共和国国家标准(GB/T 12898 – 2009).国家三、四等水准测量规范[S].2009 – 05 – 06 发布,2009 – 10 – 01 实施.北京:中国标准出版社,2009.8.

[18] 覃辉,伍鑫,唐平英等.土木工程测量[M].3 版.上海:同济大学出版社,2008.

[19] 覃辉,段长虹.CASIO fx – 5800P 矩阵编程计算器原理与实用测量程序[M].上海:同济大学出版社,2007.

[20] 覃辉.CASIO fx – 4800P/fx – 4850P 与 fx – 5800P 编程计算器功能比较与程序转换[M].上海:同济大学出版社,2009.

[21] 覃辉.CASIO fx – 5800P 编程计算器公路与铁路施工测量程序[M].上海:同济大学出版社,2009.

[22] 覃辉.CASIO fx – 5800P 编程计算器公路与铁路施工测量程序[M].2 版.上海:同济大学出版社,2011.

[23] 覃辉,覃楠.CASIOfx – 5800P 编程计算器基于数据库子程序的测量程序与案例[M].上海:同济大学出版社,2010.

[24] 覃辉,段长虹,覃楠.CASIO fx – CG20 中文图形编程计算器电子手簿与隧道超欠挖程序[M].上海:同济大学出版社,2011.

[25] 覃辉,段长虹.CASIO fx – 9750GⅡ图形机编程原理与路线施工测量程序[M].郑州:黄河水利出版社,2012.